기초부터 심화까지 총정리한

화학공학총론

平田雄志 · 幸田淸一郞 저
정민철 · 양오봉 역

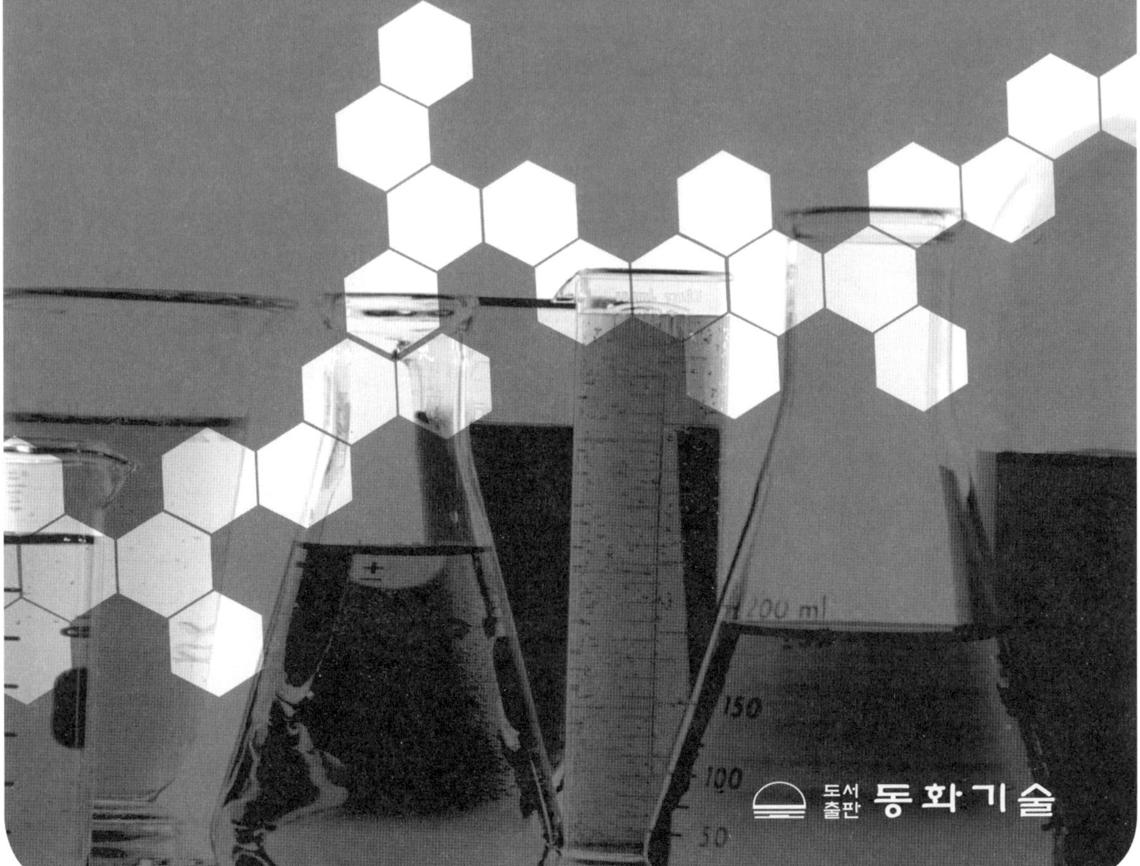

도서출판 동화기술

基礎からの

化学工学

平田雄志・幸田清一郎 著

KISOKARA NO KAGAKU KOGAKU (ISBN 978-4-8079-0652-9)

저자 머리말

화학공학은 그 영어명 Chemical Engineering이 나타내듯이 화학의(화학에 관한, 화학을 위한) 공학이며, 화학분야의 지견을 실용화시키기 위한 공학이라고 말할 수 있다. 구체적으로는 화학공학은 장치 내의 화학현상의 분석과 모델화, 화학공정 개발, 화학공정에서 이용되는 장치나 그 조합인 플랜트 설계·운전·관리를 위해 필요한 지식을 정리하여 그 방법론을 구축하는 공학으로서 발전되어 왔다. 현재는 화학공학은 화학산업 뿐만 아니라 섬유·플라스틱·식품·의료품·석유정제나 환경보전 등 각종 산업분아에서 널리 활용되어 지구환경을 배려한 지속가능한 산업을 구축해가는 데 그 역할이 더욱 중요해지고 있다.

이 책은 연구 성과의 실용화, 공업화에 흥미를 가지고, 장차 화학기술자로서 기업에서 활약할 학생이나 기업 현장에서 일하기 시작한 사람들을 대상으로 적절한 화학공학의 기초지식을 제공하는 것을 목표로 하고 있다. 이 책의 구성은 화학실험을 하는 사람이 이해하기 쉬운 조작 순서, 즉 반응에 의한 목적물질의 합성, 생성된 혼합물에서 목적물질을 분리·정제하는 순서로 설명하고, 집필에 있어서는 화학공학의 기본적인 견해가 수지론, 속도론 및 평형론에 근거하는 것을 각장·각 절에서 독자에게 명확하게 전하도록 노력했다.

이 책은 전부 10장으로 이루어져 있다. 제1장부터 제3장은 뒤로 이어지는 장의 내용을 이해하기 위한 기초 단원이며, 제1장에서는 화학공정의 구성과 화학공학의 학문체계의 개념을 설명하고, 전체 단원에 걸쳐 공통된 물질과 에너지 수지 식을 다루었다. 제2장에서는 물질과 열의 이동을 다루는 기초를, 제3장에서는 공업적인 반응을 대상으로 할 경우 기초 반응속도론을 설명하고, 뒤이어 제4장에서 균일계 반응을, 제5장에서는 공업적으로 중요한 다상계 반응을 설명했다. 그 뒤로 이어지는 3개의 장에서는 공업적인 분리 정제법을 원리별로 설명하고, 제6장 분리제를 사용한 분리에서는 가스 흡수, 흡착, 추출을, 제7장 상변화를 이용한 분리에서는 증발, 응축, 증류를, 제8장 속도차 분리에서는 입자의 분리와 막 분리를 다루었다. 제9장에서는 화학공정의 각종 조작에서 빼놓을 수 없는 유체의 취급과 장치 내 흐름을, 마지막 제10장에서는 화학공정에서의 물질과 에너지 수지 해석법을 설명했다. 제3장부터 제5장의 반응에 관한 집필은 코다, 그 이외 장의 집필은 히라타와 서로 강론을 거듭하며 집필했다.

이렇듯 이 책에서는 초보자가 화학공학의 전체상을 파악하고, 화학공학 독자적인 견해, 그리고 그 견해가 장치나 공정의 설계이론에 어떻게 응용되는지 학습할 수 있도록 구성되어 있다. 이 책의 제목은 "기초 화학공학"이지만 내용은 기초에 그치지 않고, 기초이론이 어떻게 응용설계로 전개되는지 까지 기술했다. 화학공학, 공업화학, 응용화학계 학부학생, 학부에서 화학공학분야 수업을 수강하지 않은 화학계 대학원생, 기업 화학기술자를 대상으로 했다. 이 책이 화학공학의 교과서로서, 또한 참고서로서 도움이 되길 바란다. 집필에는 충분한 주의를 기울였지만, 오류나 부적절한 기술에 대해서는 독자 여러분의 질타와 가르침을 바란다.

마지막으로 이 책의 집필에 있어 많은 저서와 논물을 참고했다. 여기에 감사의 뜻을 전한다. 또한 이 책의 출판을 권하고 원고가 완성되기를 기다리고, 편집이나 교정에 헌신적으로 노력해주신 동경화학동인의 타카바야시 후지코(高林ふじ子)씨에게 진심으로 감사드린다.

히라타 유우시(平田 雄志)
코다 세이치로(幸田 清一郎)

역자 머리말

이 책은 平田雄志, 幸田清一郎이 지은 "基礎からの化学工学"을 번역한 것이다. 대학에서 화학공학을 전공한 학생이나 화학공학 전공 후 오랫동안 산업체에서 근무하시는 분들이 화학공학을 총정리하기에 알맞은 책이다. 또한 화학공학을 처음 접하는 비전공자 및 화학공학을 전공하려는 분들이 이해하기 쉽도록 핵심적인 부분이 잘 정리 되어 있다. 따라서 화학공학과 관련된 기사, 고시, 회사, 공무원 등 각종 시험을 위한 화학공학 총괄 전문서적으로서 손색이 없다.

이 책은 화학공정을 포함한 화학공학의 체계에 대한 설명부터, 단위조작, 이동현상, 반응속도론, 단일상계 반응와 다상계 반응의 해석과 설계, 분리 및 정제, 장치 내 흐름, 화학공정의 물질 및 에너지 수지 해석을 포함한 내용으로 구성되어 있다. 또한 각 장마다 해당되는 실질적인 예제와 문제가 실려 있고, 문제풀이도 이해하기 쉽게 풀이되어 있어 학습효과에 많은 도움이 될 것으로 생각된다. 그리고 화학공학이라는 분야를 처음으로 접하는 분들을 위해서도 각 장에 책 내용의 이해를 돕기 위해 해당 페이지 하단의 "각주"와 책 속에 나오는 용어나 개념 설명을 위한 별도의 상자 글을 만들어 설명하고 있다.

역자들은 그동안 대학 강단에서 오랫동안 화학공학의 연구와 강의를 하고 있으나 화학공학을 총정리하기에 마땅한 책이 없어 아쉬움이 많았다. 이번 기회에 화학공학 총서로서 가장 알맞은 책을 번역하게 되어 매우 기쁘게 생각하는 바이다. 이 책의 번역으로 화학공학을 공부하는 모든 분들에게 많은 도움이 되었으면 하는 바람과 화학공학을 공부하게 됨으로써 행복한 시간이 많아지기를 기대한다.

끝으로 본 책이 나오기까지 도와준 곽도환 박사, 손석환 군, 류민우 군, 이진우 군 등 연구실의 학생들에게도 감사의 말을 전한다. 또한 본 책이 출판될 수 있도록 협조해 주신 도서출판 동화기술의 정우용 회장님과 편집부 여러분에게도 감사드린다.

역자 **정민철, 양오봉**

차례

CHAPTER 3 반응속도론의 기초

CHAPTER 4 균일계 반응의 해석과 설계

CHAPTER 5

다상계 반응의 해석과 설계

CHAPTER 6

분리제를 이용한 분리 정제

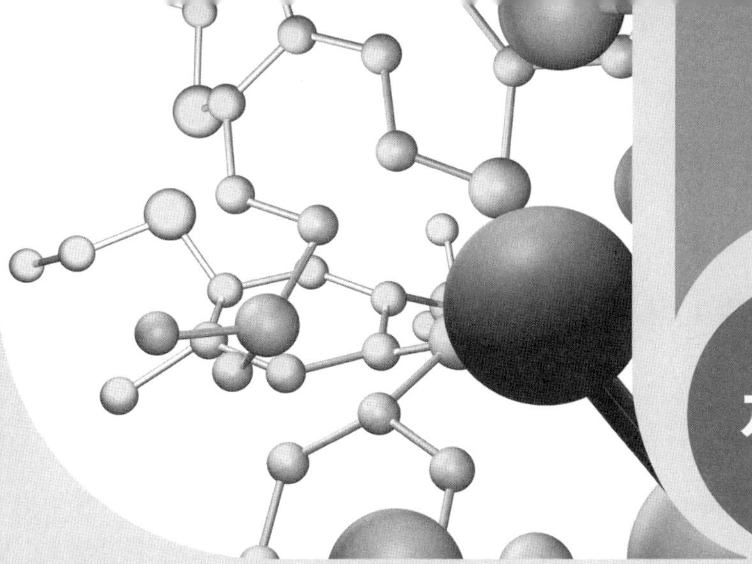

제 1 장

서론 : 화학공학과 수지론

제 1 장 서론 : 화학공학과 수지론

화학공학(chemical engineering)은 20세기 초반 거의 같은 시기에 영국과 미국에서 탄생하여 석유정제장치 설계와 조작 기초를 제공하는 공학으로서 출발했다. 그 후 화학산업의 발전과 함께 화학공학의 학문체계는 진전되어 정비되었다. 그 결과, 현대의 화학공학은 화학산업뿐만 아니라 섬유, 플라스틱, 제철, 금속정련, 식품, 의약품 제조분야, 석유정제, 가스, 원자력, 전지 등 에너지 분야, 폐기물 처리, 환경보전 등 환경분야 등 각종 산업에서 넓게 활용되는 공학이 되었다.

1.1 화학공정의 구성

공정(process)은 ① 현상이나 일이 진행되거나 진행되어온 과정, ② 일이나 작업을 진행하는 순서를, 화학공정(chemical process)은 원료에 화학적 변화나 물리적 변화를 부여해 제품을 만들어내는 일련의 공정을 말한다. 화학공정의 중추는 화학반응을 이용해 원료로부터 목적물질을 생성시키는 반응공정이 있다. 그러나 반응공정만으로 원료가 최종제품으로 제조되는 경우는 드물고, 일반적으로 원료를 조제하기 위한 전 공정 및 반응으로 얻어진 생성물로부터 목적제품을 분리, 정제하고 최종적으로 제품으로 완성시키는 후 공정이 필요하게 된다.

화학공업에서 이용되는 생산방식은 일정량의 원료에 전처리, 반응, 분리, 정제 등 조작을 각각 고유 장치를 이용해 시간 순서대로 제품을 제조하는 방식과, 원료를 연속적으로 공급하여 제품을 연속적으로 제조하는 방식으로 크게 구분된다. 전자를 회분조작(batch operation), 후자를 연속조작(continuous operation)이라고 하며, 각각에 대응하는 공정을 회분공정(batch process), 연속공정(continuous process)이라고 한다. 회분공정은 일반적으로는 다품종 소량생산에 적합하다. 다루는 양이나 장치 스케일이 다르지만 본질적으로는 비커 등을 사용한 화학실험의 조작 같은 경우가 많다. 한편, 연속공정은 대량생산에 적합한 공정이다.

다음에 기초화학원료인 메탄올의 제조공정을 예로 나타내어, 연속공정이 어떻게 구성되어 있는가를 설명하겠다.

▌메탄올 합성 공정 ▌

공업적인 메탄올 생산에는 나프타(원유의 상압증류로 얻어지는 끓는점 약 35～180℃의 유분, 탄소수 5~10의 탄소수소), 석유가스(PG), 천연가스(NG) 등의 탄소자원으로 제조되는 합성가스가 원료로 사용된다. 합성가스는 수소, 일산화탄소를 주성분으로 하고, 다음 반응에 의해 메탄올이 생성된다고 여겨진다.

$$CO + 2H_2 \rightarrow CH_3OH$$

$$CO + H_2O \rightarrow CO_2 + H_2$$

$$CO_2 + 3H_2 \rightarrow CH_3OH + H_2O$$

공업적으로는 $Cu-ZnO-Al_2O_3$계의 혼합촉매를 이용하여, 보통 온도 약 250℃, 압력 5~10 MPa의 조건에서 반응을 실행한다.

메탄올 합성 공정의 개략도를 그림 1.1과 같다. 합성가스는 압축기로 승압되어, 열교환기로 예열된 후, 반응기인 메탄올 합성탑에 공급된다. 반응기의 출구가스에는 생성된 메탄올, 물 외에 미반응 원료인 수소, 일산화탄소, 이산화탄소 및 반응에 관여하지 않는 질소, 메탄 등의 불활성가스가 포함된다.

반응기에서 나온 고온가스는 원료가스를 예열시키는 열교환기 및 냉각기를 지난 후, 기액분리기로 들어가, 메탄올과 물의 응축액(거의 메탄올)과 비응축 가스로 분리된다. 비응축 가스 중의 미반응 원료는 원료로써 다시 이용하기 위해 재활용 되어 합성가스 원료와 혼합되어 반응기에 공급된다. 이 반응 루프 내에서 불활성가스가 축적되는 것을 막기 위해, 비응축 가스의 일부는 퍼지가스로서 계 밖으로 빼낸다. 기액 분리기에서 나온 메탄올은 증류공정으로 보내져 정제되어 메탄올이 제조된다.

메탄올 합성 플랜트의 개요를 그림 1.2에 나타냈다. 중앙 왼쪽이 메탄올 합성탑, 오른쪽이 증류탑이다. 반응 장치, 분리장치 이외에 그림 1.1에는 표시되지 않는 열이나 동력을 회수하는 여러 기구나 장치가 설치되어 에너지 절약을 하고 있다.

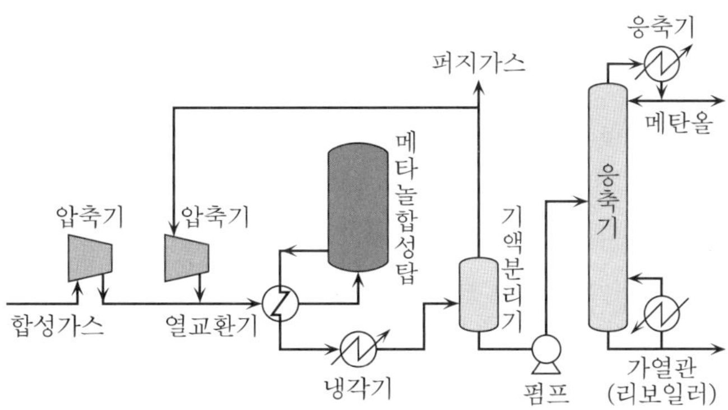

┃그림 1.1┃ 합성가스로부터의 메탄올 합성 공정

┃그림 1.2┃ 메탄올 합성 플랜트 [미츠비시 가스화학(주) 제공]

각종 연속 화학공정을 종합하면, 그 기본적인 구성은 그림 1.3에 나타냈다. 전처리공정에서는 반응을 적절하게 진행시키기 위한 원료조제를 한다. 구체적으로는 고체원료의 분쇄 미립화, 원료의 정제, 건조, 원료와 용매 혼합이나 촉매 조제 등이다. 또한 후처리 공정에는 반응생성물로부터 분리된 미반응 원료를 재활용해서 반응공정에 공급하고, 또한 반응생성물로부터 주생성물과 부생성물을 분리, 정제하고, 최종제품으로 완성시킨다. 이러한 공정에서 소정의 농도, 순도를 얻기 어려운 경우에는 같은 공정을 직렬로 연결하거나, 다른 원리로 분리를 하는 공정을 조합시킨다. 따라서 화학공정은 반응공정보다도 분리 공정의 수가 많은 것이 일반적이다. 회분공정은 하나의 공정이 종료된 후, 다음 공정이 시작되기까지 그림 1.3과 같은 공정조작을 시간 순서대로 하게 된다.

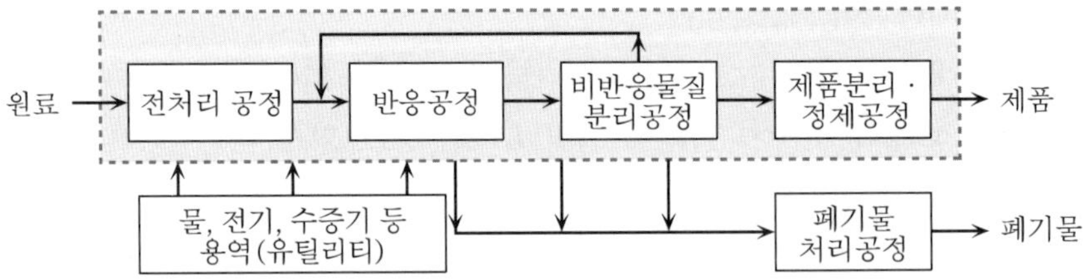

┃그림 1.3┃ 화학공정의 구성

공업생산에 유효하게 이용할 수 없는 물질은 최종적으로 폐기물로서 공정에서 배출된다.

그 때 환경에 영향을 끼치지 않기 위한 처리공정도 필요하다. 또한 공정의 장치나 기구를 움직이게 하기 위해 필요한 전기, 증기, 냉각수, 순수한 물, 건조공기, 불활성 가스인 질소 등을 총칭하여 유틸리티(utility)라고 하며, 그들을 공급하기 위한 공정이나 장치도 필요에 따라 설치된다.

이렇듯 화학공정은 각 공정의 조합으로 구성된다. 각 공정에는 고유 장치나 기구가 사용되어, 그들을 조합시켜 만들어진 대규모 장치군이 화학플랜트(chemical plant)이다. 이러한 이유에서 화학산업은 공정산업, 장치산업이라고 불린다.

1.2 화학공정의 조작

이번 절에서는 화학공정의 전처리공정, 반응공정, 분리·정제공정에서 이루어지는 조작 예를 들어, 화학공학을 배우는 데 중요한 포인트를 설명한다.

1.2.1 반응조작

반응양식은 기상반응, 액상반응, 고상반응으로 크게 구분되는데, 기상반응, 액상반응에서도 공업적으로는 고체촉매를 이용하는 경우가 많다. 또한 기체를 액체에 흡수시키는 기액반응이나, 액체나 기체와 고체의 반응도 이루어진다. 따라서 공업적인 반응의 대부분은 다상계 반응이다. 더욱이, 연속반응, 병렬반응 등 복수의 반응이 경합하여 진행되는 경우가 많고, 제품이 되는 주생성물 뿐만 아니라, 부생성물도 동시에 생성된다.

이러한 다상복합반응에서는 농도, 온도, 압력이나 반응시간의 설정뿐만 아니라, 반응의 진행에 효과가 있는 다상흐름을 만들어내는 것도 중요하다. 특히, 고체가 관여하는 반응에서는 반응특성, 입자크기에 따라 반응유체 중에서 고체를 현탁, 장치 내에서 고체입자를 점차 이동, 또는 유체가 가진 운동에너지를 이용하여 고체를 부유 유동화 시켜서 반응시킬 필요가 있다.

발열 또는 흡열을 동반하는 반응에서는 제열 또는 가열을 해서 반응온도를 제어한다. 반응속도가 빠른 고온열분해반응에서는 급속 냉각에 의해 반응을 정지시킬 필요가 있다. 또한 발열반응에서는 장치의 제열능력을 파악해두어야 한다. 고체 촉매의 열화 속도가 늦은 경우에는, 촉매입자를 충진한 반응 장치가 일반적으로 사용되고 있지만, 촉매의 노화속도가 빠른 경우에는 촉매를 연속적으로 배출하고 재생하여 원료와 함께 공급한다.

이렇듯, 반응 장치 설계나 조작조건 설정에 있어서는 반응유체의 유동혼합, 열적조작, 또한 고체입자, 촉매의 취급도 고려하여 목적하는 생성물의 수율, 선택률을 가능한 높이기 위한 반응도, 농도, 압력, 촉매량, 반응시간, 장치 내 유동 등을 검토할 필요가 있다.

1.2.2 분리조작

그림 1.1의 메탄올 합성공정에서 합성탑을 나온 가스는 냉각된 후 기액 분리기에서 메탄올 수용액과 비응축가스로 나눠져 증류탑의 탑정에서 정제메탄올을 얻을 수 있다. 황화철광을

원료로 하는 황산제조공정에서는 배소로를 나온 가스 중에 존재하는 매진(煤塵)이나 불순물은 집진기, 세정탑, 필터에 의해 제거되어 정제된 이산화유황가스가 반응 공정에 공급된다. 혼합물에서 목적물질을 분리하여 순도를 높이는 조작은 반응원료의 조제공정, 반응생성물의 분리 공정이나 제품완성공정 등 화학공정의 여러 군데에서 이루어진다. 구체적으로는 증발, 응축, 건조, 가스 흡수, 증류, 추출, 흡착, 정석(결정석출), 침강분리, 여과, 막 분리 등이며, 그것들은 화학실험이나 분석실험에서 사용되는 조작과 원리적으로 같은 것이 많다.

이러한 분리조작은 가스 흡수, 추출, 흡착과 같이 분리제를 이용하는 방법, 증발, 응축, 증류, 결정석출과 같이 상변화를 이용하는 방법, 또한 외부 힘이나 필터, 막 등의 장벽을 이용해 유체 중의 입자를 분리하는 방법으로 크게 구분된다. 분리제를 사용하는 분리법으로는 분리제의 용해도나 흡착에 관한 평형관계뿐만 아니라, 가스와 흡수액, 원료액과 추출용매, 유체와 흡착제의 접촉 방법이나 유체 중의 용질의 확산이 분리성능에 영향을 끼친다. 상변화를 이용하는 방법으로는 증기압과 온도, 농도 등의 열역학적 평형관계와 가열냉각의 전열속도가 분리성능을 지배한다. 또한 외부 힘이나 장벽을 이용한 분리법으로는 유체 중의 입자 운동이나 필터나 막재를 유통시킬 때의 입자의 운동이 분리효율에 직접 영향을 끼친다.

1.2.3 단위조작

화학공정은 반응조작, 분리조작 이외에도 여러 가지 조작이 이루어진다. 유체의 수송이나 교반을 하는 조작, 가열·냉각을 하는 전열조작은 반응공정이나 분리 공정 여러 군데에서 이용된다. 고체입자를 다루는 조작으로는 고체의 생성, 분쇄, 분급, 혼합, 조립, 집진, 여과 등이 있다. 분급은 입자경의 크기에 따라 분체의 등급을 나누는 조작, 조립(造粒)은 과립(顆粒), 복합입자 등 분체 제품을 제조하는 조작이다.

반응공정 전후로 이루어지는 분리 정제조작이나 고체입자를 다루는 조작의 대부분은 물리적조작이다. 유체수송, 교반조작, 전열조작과 함께 이들 조작은 원리별로 장치에 설계조작법으로서 정리되어 단위조작(unit operation)이라고 한다.

1.2.4 첨단기술

첨단 과학기술의 진전에 따라 화학산업에서도 고순도, 고품질, 고성능 재료가 제조되고 있다. 유체물질의 고순도화에는 증류, 추출, 흡착기술이, 고체물질의 고순도화에는 정석기술이 이용된다. 반도체 기판이나 태양전지 재료에 이용되는 실리콘 제조공정은, 트리클로로실란($SiHCl_3$) 정제에 증류기술이 사용되고 있는 것이 그 좋은 예이다. 트리클로로실란을 수소환원시켜 얻어진 고품위 다결정 실리콘[1] 은 단결정화기술을 이용해서 더욱 초고순도화되어 반도체 기판재료가 된다. 또한 재료를 미립화 또는 박막화시키면 표면특성에 따른 기능이 발현되어 고성능재료가 만들어진다. 그러한 박막생성, 미립자 생성 등의 나노 테크놀로지에는 기상반응이나 액상반응이 이용된다. 또한 각종 기능성 고분자 필름이나 막의 제조에는 도막·건조기술이 중요해진다. 이렇듯 화학공학이 길러온 반응기술, 분리기술은 더욱 진화되어 첨단재료의 제조기술에 응용되고 있다.

1.3 화학공학의 체계

화학공학은 화학공정의 개발, 화학공정의 모든 공정에서 이용되는 각종 장치 및 그들의 조합인 플랜트의 설계, 운전, 관리를 위해 필요한 지식을 정리하여 그들의 방법론을 구축하는 공학으로서 발전되어왔다. 화학공학에서 역사상 최초로 체계화가 다뤄진 분야는 단위조작이다. 단위조작은 현대에도 유용한 많은 내용을 포함하고 있고, 화학공학 분야의 핸드북이나 편람의 주된 구성요소이다. 하지만 처음 화학공학을 배우는 사람에게는 단위조작의 내용은 각론적으로 전문성이 높기 때문에 단위조작을 통해 화학공학의 전체상을 파악하기는 어렵다. 현대 화학공학이, (a) 열역학과 물성 추산, (b) 이동현상, (c) 반응공학, (d) 분리공학, (e) 분체공학, (f) 공정 시스템공학의 6분야로 구성되었다고 생각하면 전체상을 파악하기 쉬워진다.

a. **열역학과 물성추산(thermodynamics and estimation of material properties)** 화학공정 개발이나 장치 설계는 열화학, 열과 일의 변환, 상평형이나 반응평형 등의 열역학에 관한 지식을 활용한다. 또한 밀도, 열용량, 점도, 확산계수 등의 물성치, 생성열, 반응열, 연소열 등의 열역학 데이터, 또는 $p-V-T$ 관계, 기액, 액액, 고액평형 데이터 등 많은 물성치에 관한 지식이 필요해진다. 설계에 필요한 물성치 데이터가 없는 경우에는 물성치 추산을 하는 경우도 많다. 이렇듯, 화학공정에 관한 열역학과 물성추산법 지식은 중요하다.

b. **이동현상(transport phenomena)** 이동현상은 수송현상 또는 이동현상론, 수송현상론이라고도 한다. 화학공정은 유체물질을 다루는 경우가 많은데, 장치 설계나 조작조건 설정을 적절히 하기 위해서는 유체의 운동 및 유체 중의 물질이나 열 이동에 관련된 지식이 필요해진다. 유체는 가해진 힘에 의해 점성변형하여 운동한다. 힘의 표현으로는 질량 × 가속도 또는 운동량의 시간변화로 가능하지만, 후자의 표현을 사용하면 운동량, 질량, 열에너

1) 태양전지 그레이드 실리콘(태양전지용 규소)의 순도는 7 N(99.99999%, seven nines)인데, 반도체 그레이드 실리콘(집적 회로 등 반도체에 이용되는 규소)의 순도는 11 N 이상이다. 이들 실리콘은 증류법으로 정제된 초고순도 트리클로로실란으로 제조된다.

지 이동 사이의 상이성을 의론할 수 있다. 이러한 관점에 따라 운동량, 물질, 열에너지 이동기구를 하나의 이론체계로 정리한 것이 이동현상이며 공정 장치 내에서 발생하는 물리적 현상을 구명하는 기초이론으로서 중요하다.

c. **반응공학**(chemical reaction engineering, reaction engineering) 대부분의 경우, 공업반응은 부반응을 동반하는 다상계 복합반응이다. 목적물질의 수율이나 선택률을 최대로 하는 반응조작조건을 구하기 위해서는 반응 장치 내의 복잡한 반응진행을 반응속도론적인 관점뿐만 아니라, 반응유체 내의 물질 확산, 2상 계면에서의 물질이동, 다공성 촉매 내의 물질이동과 반응, 반응열의 이동 등 현상을 모델화시켜, 종합적인 반응현상으로서 해석할 필요가 있다. 반응공학은 이러한 공업반응속도론에 근거하여, 반응 장치의 설계나 최적조작조건 설정에 관한 방법론을 다룬다.

d. **분리공학**(separation engineering) 이미 설명했듯이 분리공정에서 이용되는 조작은 ① 분리제를 이용하는 방법, ② 상변화를 이용하는 방법, ③ 외부 힘이나 장벽을 이용하는 방법으로 크게 나눠진다. ①, ②의 분리법은 2개 상의 공존상태가 발생하기 때문에 상평형 관계가 분리의 기본이 된다. 가스 흡수나 추출 등의 분리법 ①은 계면을 통과해 물질이 이동하고, 그 결과로써 특정성분의 분리가 이루어진다. 2상간의 비평형 정도가 강할수록, 또한 2상간의 경계면적이 클수록, 물질 이동량은 커진다. 그 결과, 분리에 필요한 시간이 단축되고, 또한 장치가 소형화된다.

즉, 분리제의 특성, 물질 이동 속도와 2상간의 경계면적의 크기가 분리성능을 지배한다. 상변화를 이용하는 방법 ②는 계를 가열 또는 냉각시키는 전열속도가 증발, 응축, 증류 속도를 지배한다. 분리법 ③은 유체매체 중에 존재하는 입자물질(분자, 이온 등도 입자로 본다)에 중력, 원심력, 전자기력 등 외부힘을 인가하고, 또한 장벽을 이용하는 분리는 필터나 막 등의 장벽을 사용하여 유체매체와 입자, 또는 입자끼리에 상대적인 속도차를 부여하여 혼합물에서 목적물질을 분리시킨다. 따라서 입자물질에 작용하는 힘과 유체매체 중에서의 이동속도의 관계가 중요해진다. 분리공학은 이들 원리에 근거하여 분리장치 설계법이나 조작법을 다루는 공학이다.

e. **분체공학**(powder technology and engineering) 고체를 다루는 공정은 고체를 미립화시켜 분립체로 만드는 경우가 많다. 미립화시킴으로써 고체 수송이 용이해지고 또한 표면적이 증대되어 반응성이 향상되기 때문이다. 최종제품은 분립체 형태로 출하되는 경우도 많고, 또한 나노입자 등 기능성 고체제품도 만들어지고 있다. 분립체는 액체, 기체, 고체와는 다른 고유의 성질을 가지고, 생산공정에서는 부착, 비산, 막힘 등이 발생하여 트러블발생의 원인이 되기 쉽다. 더욱이 유체에서 미립체를 분리하는 조작은, 제조공정뿐만 아니라 폐기

물을 주위 환경에 배출 처리하는 공정에서도 중요하다. 분체공학은 이러한 분립체의 기초 물성과 측정, 분립체의 생성, 분산, 분급, 분리 조작법 등을 다루는 공학이다.

f. **공정 시스템 공학**(process system engineering) 화학공정 중 같은 원리로 조작되는 부분을 하나의 요소로 하면, 각각의 요소는 독자적인 기능을 가지게 된다. 이러한 요소가 다수 연결되어 구성된 화학공정은 물질이나 에너지가 흐르면서 전체적으로 기능을 발휘하는 시스템으로써 볼 수 있다. 공정 시스템 공학은 이와 같이 화학공정을 시스템으로 보고, 경제성을 고려한 설계, 운전, 제어, 관리에 필요한 지식이나 방법론을 다룬다. 그 특징은 화학공정의 모델화와 제어, 시뮬레이션 해석, 최적화를 위한 방법론을 개발하고 시스템전체로써 문제를 해결하는 점에 있다.

위에 설명한 체계 중에서 반응공학과 분리공학은 화학공학의 핵심이라고도 할 수 있는 영역이다. 두 개의 설계이론에는 공통된 기반이 있다. 그것은 ① 수지론 : 질량보존의 법칙, 에너지 보존의 법칙에 근거한 물질과 에너지 수지, ② 평형론 : 순수 물질의 상평형, 다상계 혼합물의 화학평형, ③ 속도론 : 비평형상태 하의 물질과 에너지의 이동속도, 반응에 의한 물질 변환속도, 즉 반응속도이다.

이 책에서는 이러한 수지론, 평형론, 속도론이 공정 장치 내 반응현상, 분리현상의 정량적인 해석에 어떻게 적용되는지, 그리고 그 해석결과가 어떻게 장치설계나 조작조건 설정으로 이어지는지에 초점을 맞추고 화학공학의 견해나 방법론을 설명한다.

물질이나 에너지의 이동속도, 반응속도, 화학평형의 정량적인 취급에 대해서는 각각 관련 단원에서 설명할 것인데, 물질수지와 에너지 수지 기본식은 공통되므로 그것들을 다음 절에서 도출하겠다. 또한 화학공정의 물질수지, 에너지 수지 해석에 대해서는 10장에서 다루겠다.

1.4 물질수지와 에너지 수지

화학공정 내에서 일어나는 여러 현상에 대해, 물질에는 질량보존의 법칙이 성립하고, 에너지에는 에너지 보존의 법칙이 성립된다. 이러한 법칙은 계 내에서 반응에 의한 물질변환이나 열에너지, 기계에너지 수수(授受)를 동반하는 변화가 발생했다고 해도, 계 전체에는 질량과 에너지가 보존되는 것을 나타낸다. 즉, **물질수지**(material balance) 식은 질량보존의 법칙을, **에너지 수**지(energy balance)식은 에너지 보존의 법칙을 정식화시킨 것이다.

연속 공정에 대해 도출된 수지식은 물질의 유입·유출을 없애면 회분 공정도 적용시킬 수 있다. 거기서, 물질의 유입·유출을 동반하는 열린계에 대한 수지식을 도출한다. 대상이 되는 계는 그림 1.4와 같이 공정 전체, 각각 장치, 장치 내 임의의 미소공간, 어느 쪽이든 상관없다. 해석 대상에 대해 적절히 계와 그 경계를 정하고, 일정 시간 간격을 설정하면, 그 기간 내에 경계를 통과해 계에 출입하는 물질이나 에너지 수지는 다음과 같이 나타낼 수 있다.

> 일정기간 동안 경계에서 계로 들어오는 물질이나 에너지의 양, 계 내에서 생성·소멸되는 그들의 양과 계 밖으로 나오는 것들의 양이 균형을 이루지 않으면, 그 차가 계 내에 축적된다.

수지식은 이 표현을 정식화 시킨 것이다.

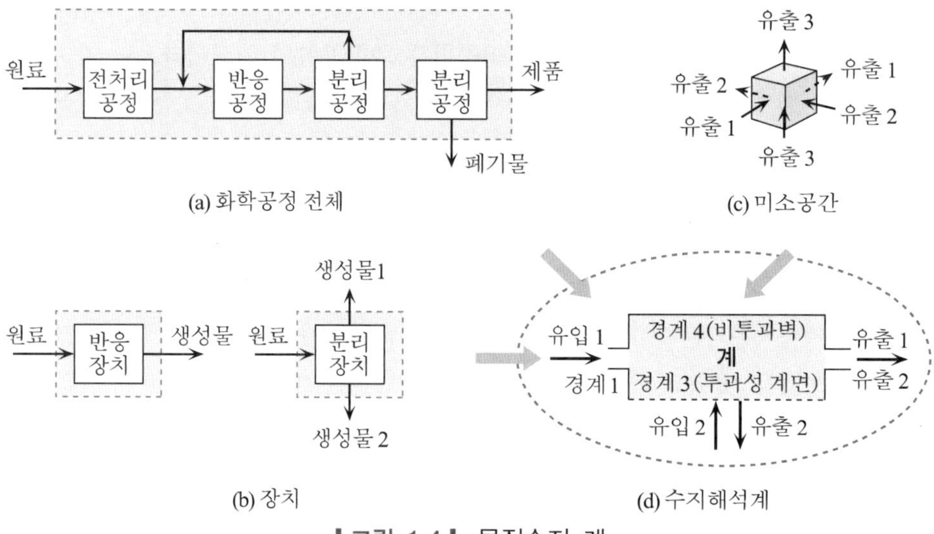

| 그림 1.4 | 물질수지 계

1.4.1 물질수지의 기초식

그림 1.4(d)와 같은 계에 대해서 물질 수지를 생각해보자. 그림의 경계 1, 2는 유체수송의 입구, 출구, 경계 3은 고액, 기액 또는 액액의 2상계면 또는 막이며, 특정 물질이 선택적으로 투과되는 경계, 경계 4는 물질을 통과시키지 않는 비투과벽이다. 이와 같이 계의 경계는 유체의 유통이 있는 경계, 특정 성분만이 유통되는 경계, 또는 액체 유통이 없는 경계로 나눠진다. 물질은 경계 1을 통해 계 내로 유입되고, 경계 2를 통해 계 밖으로 유출된다. 또한 경계 3을 통해 특정 물질의 유입·유출이 있고, 경계 4를 통해서는 물질의 유입·유출이 없다. 계 내에서 반응이 발생하는 경우에는 원료에서 생성물로의 물질변환이 일어나 물질 생성 또는 소비가 발생한다.

지금 하나의 성분에 착안하여 계에 들어오는 방향을 양수, 계에서 나가는 방향을 음수로 보면, 질량 또는 물질(몰)의 성분 수지는 다음 식과 같다.

(계 내에서의 축적량) = (계로 들어오는 유입량) − (계에서 나가는 유출량)
+ (계 내에서의 생성량) − (계 내에서의 소비량) (1.1)

여기서, 식 (1.1)은 설정한 기간에 걸친 수지이다. 그 시간 간격은 연, 일, 시간, 초 또는 미소시간 Δt와 같이, 수지를 구하는 기간에 따라 적절히 정한다. 이후의 식에는 "계 내에서의", "계로 들어오는", "계에서 나가는"을 생략하겠다. 식 (1.1)의 소비량을 마이너스 생성량으로 보면 식 (1.1)은 다음과 같다.

(축적량) = (유입량) − (유출량) + (순 생성량) (1.2)

원소수지에서는 반응 전후의 전체 화합물에 주목한 원자의 질량, 물질의 총합은 보존 법칙에 의해 변화하지 않기 때문에 식 (1.2)의 좌변 제3항은 0이 된다. 단, 에너지와 질량 변환이 발생하는 핵반응에서는 식 (1.1), 식 (1.2)는 성립되지 않는다.

하나의 성분에 대한 수지식 식 (1.2)를 계 내에 존재하는 전체 성분에 더하면 전체 수지식을 얻을 수 있다. 질량에 대해서는 반응 전후로 전체 물질의 질량 총합은 변하지 않기 때문에 식 (1.2)의 우변 제3항의 총 합은 0이 된다.

(전체 질량의 축적량) = (전체 질량의 유입량) − (전체질량의 유출량) (1.3)

한편, 물질(몰)에 대해서는 다음과 같다.

(전체 물질의 축적량) = (전체 물질의 유입량) − (전체 물질의 유출량) +
(전체 물질의 순 생성량) (1.4)

식 (1.4)의 순 생성량은 전체 질량의 수지와는 달라 반드시 0이 되는 것은 아니다. 0이 되는 것은 반응 전후에서 몰수가 변하지 않는 등몰 반응 경우로 한정된다.

위의 식들은 설정 시간간격 내의 물질수지식인데, 구한 식을 그 시간간격으로 나누면, 축적량은 축적속도, 유입량은 유입속도 즉 유입 유량, 유출량은 유출속도 즉 유출 유량, 생성량은 생성속도가 되며, **속도**(rate) 와 **유량**(flow rate)의 관계를 나타내는 다음과 같은 성분 수지식을 구할 수 있다.

(축적속도) = (유입 유량) − (유출 유량) + (순 생성속도) (1.5)

여기서 유량은 질량으로는 **질량 유량**(mass flow rate), 물질로는 **물질 유량**(molar flow rate)이

된다. 또한 식 (1.5)를 전체수지에 적용시킬 때, 순 생성속도는 질량에 대해서는 0이 되지만, 물질에 대해서는 등몰 반응 이외에는 0이 되지 않는다.

계 내의 축적이 없는 **정상상태(steady state)**에서는 성분 수지식과 전체 물질의 수지식은 식 (1.4), 식 (1.5)를 통해 다음과 같이 나타낼 수 있다.

$$(\text{유출 유량}) = (\text{유입 유량}) + (\text{순 생성속도}) \tag{1.6}$$

또한 전체 질량 수지식은 다음 식과 같다.

$$(\text{전체 질량의 유입 유량}) = (\text{전체질량의 유출 유량}) \tag{1.7}$$

더욱이 식 (1.5)에서 유입 유량, 유출 유량을 0으로 하면 닫힌 계, 즉 회분계 물질수지식을 얻을 수 있다.

$$(\text{축적속도}) = (\text{순 생성속도}) \tag{1.8}$$

1.4.2 공정의 유닛과 물질수지

연속공정은 각 공정을 구성하는 장치가 관으로 연결되어 원료나 생성물이 연속적으로 수송되어 제품이 생산된다. 그것을 위한 수송유로를 배관이라고 하는데, 실제로 배관계에는 단순히 장치와 장치 사이를 잇는 배관뿐만 아니라, 복수의 유로가 하나의 유로로 합류하는 부분이나 하나의 유로가 복수의 유로로 분류되는 부분이 관련되어 있다. 합류부에서는 조성, 유량이 다른 유체가 합류하여 혼합한 후 유출된다. 분류부에서는 유입 유체가 유량이 다른 복수의 유로로 나눠진다.

반응공정은 원료와는 다른 물질이 생성된다. 분리 공정은 원료가 유입되어 조성이 다른 복수의 혼합물로 나눠지는 경우와, 원료와 분리제가 장치에 유입되어 원료 중의 목적물질이 분리제상으로 이동해 유출되는 경우로 나눠진다. 녹지 않는 비평형의 두 개의 상이 접촉될 때, 일반적으로는 경계면을 통해 쌍방향으로 물질 이동이 일어나기 때문에, 후자의 분리 공정을 물질이 교환하는 공정으로 보고, 전자와 구별한다. 이렇게 보면 연속화학공정은 그림 1.5와 같은 합류부(a), 분류부(b), 분리기(c), 교환기(d), 반응기(e)를 유닛으로서 구성되는 것이 된다. 이러한 유닛에 대해 위에서 설명한 물질수지식이 어떻게 적용되는가를 다음에 설명하겠다. 또한 화학공정의 물질수지에 관한 더욱 자세한 해석법에 대해서는 제10장에서 다루겠다.

반응기 이외의 유닛에서는 물질의 변화가 없기 때문에 유입·유출되는 유체의 유량에 대해서는 물질, 질량 중 어떤 유량을 이용해도 상관없다. 단, 조성에 대해서는 물질수지에서는 몰분율, 질량수지에서는 질량분율을 사용한다.

a. **합류부** 그림 1.5(a)와 같이 두 개의 유체 1, 2가 유량 X_1, X_2로 유입하고, 합류부에서 균일하게 혼합되어 유량 Y에서 유출되는 경우 유입되는 유체 1, 2 중의 물질 A의 분율을 x_{A1}, x_{A2}, 유출되는 유체의 분율을 y_A로 하면, 전체수지와 성분 수지는 다음 식으로 나타낼 수 있다.

전체수지 : $Y = X_1 + X_2$ (1.9)

물질 A의 수지 : $y_A Y = x_{A1} X_1 + x_{A2} X_2$ (1.10)

b. **분류부** 조성의 변화는 없다. 그림 1.5(b)와 같이 하나의 유체 1이 유량 X로 유입되어, 유량 Y_1, Y_2의 흐름으로 분기하는 경우, 전체 수지는 다음 분리기의 식 (1.11)로 나타낼 수 있다.

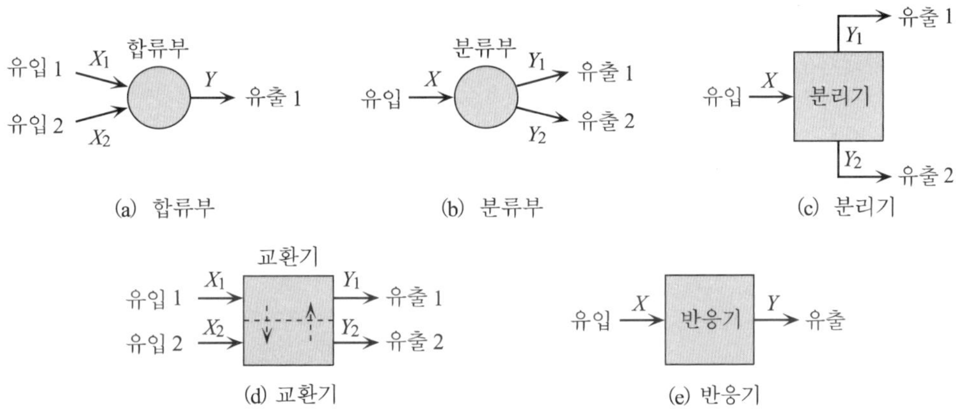

| 그림 1.5 | 합류부, 분리기, 교환기, 반응기의 물질수지

c. **분리기** 분리기에서는 원료혼합물을 조성이 다른 2종류 이상의 혼합물로 바꾸는 조작이 이루어진다. 그림 1.5(c)와 같이 분리기에서 조성이 다른 2유체가 유출될 경우, 전체 수지와 성분 수지는 다음 식과 같다.

전체수지 : $X = Y_1 + Y_2$ (1.11)

물질 A의 수지 : $x_A X = y_{A1} Y_1 + y_{A2} Y_2$ (1.12)

d. **교환기** 그림 1.5(d)와 같이 유체 1, 2가 교환기에 유입되어, 유체계면을 통해 각각 성분의 일부가 다른 쪽으로 이동하여, 교환기에서 유출되는 경우이다.

유체 1의 전체수지 : $X_1 + X_2 = Y_1 + Y_2$ (1.13)

물질 A의 수지 : $x_{A1} X_1 + x_{A2} X_2 = y_{A1} Y_1 + y_{A2} Y_2$ (1.14)

e. 반응기 원료 A, B가 반응기에 공급되어, $aA + bB \rightarrow cC + dD$의 반응에 의해 주생성물 C, 부생성물 D가 생성되는 경우를 생각해보자. 각 성분의 양은 반응식에 따라 변하기 때문에, 반응기에서는 물질의 수지를 취하는 것이 일반적이다. 그림 1.5(e)와 같이 유입되는 원료유량을 X, 유출되는 반응생성물의 유량을 Y라고 하고, 성분 A를 한정반응물질[2], 그 반응률을 f_A로 한다. 식 (1.5)의 순 생성속도를 R로 하면, 성분 A~D의 생성속도는 다음 식과 같다.

$$\text{성분 A : } R_A = -f_A x_A X \tag{1.15}$$

$$\text{성분 B : } R_B = -(b/a) f_A x_A X \tag{1.16}$$

$$\text{성분 C : } R_C = (c/a) f_A x_A X \tag{1.17}$$

$$\text{성분 D : } R_D = (d/a) f_A x_A X \tag{1.18}$$

정상상태에서는 각성분의 물질수지는 유출 유량 = 유입 유량 + 생성속도이기 때문에

$$\text{성분 A : } y_A Y - x_A X - f_A x_A X = (1 - f_A) x_A X \tag{1.19}$$

$$\text{성분 B : } y_B Y = x_B X - (b/a) f_A x_A X \tag{1.20}$$

$$\text{성분 C : } y_C Y = (c/a) f_A x_A X \tag{1.21}$$

$$\text{성분 D : } y_D Y = (d/a) f_A x_A X \tag{1.22}$$

이 된다. 또한 위 식의 총 합을 구하면 다음 식과 같아진다.

$$\begin{aligned} Y &= [(x_A + x_B) - (1/a)(a + b - c - d) f_A x_A] X \\ &= [1 - (1/a)(a + b - c - d) f_A x_A] X \end{aligned} \tag{1.23}$$

$a + b = c + d$가 성립되는 등몰 반응에서는 $X = Y$가 된다.
이와 같이 유출 유체의 조성은 다음 식으로 구할 수 있다.

$$y_A = [(1 - f_A) x_A] / [1 - (1/a)(a + b - c - d) f_A x_A] \tag{1.24}$$

$$y_A = [x_B - (b/a) f_A x_A] / [1 - (1/a)(a + b - c - d) f_A x_A] \tag{1.25}$$

$$y_A = [(c/a) f_A x_A] / [1 - (1/a)(a + b - c - d) f_A x_A] \tag{1.26}$$

$$y_A = [(d/a) f_A x_A] / [1 - (1/a)(a + b - c - d) f_A x_A] \tag{1.27}$$

위 식이 나타내듯이 유출 유체의 조성은 유입 유체의 조성, 반응식의 계수(이것을 양론계

2) 한정반응물질에 대해서는 3.2.1절을 참고

수라고 한다. 제3장에서 자세히 설명하겠다)와 반응률에 관계하여, 입구유량 X에는 의존하지 않는다. 따라서 유량의 시간 단위를 생략하고, 예를 들어 X = 100 mol이라고 계산하기 쉽게 값을 선정하고, 각성분의 유출 유량을 식 (1.19)~(1.22)로 계산하여, 식 (1.23)에서 전체 유출 유량 Y를 구하면, 출구조성은 식 (1.24)~(1.27)로 구할 수 있다.

예제 1.1

충진물을 채운 탑의 밑 부분에서 25 mol%의 암모니아를 포함하는 공기를 20 kg/min의 유량으로 공급하고, 탑 윗부분에서 물을 흘려보내 암모니아를 흡수시키자, 탑정에서 배출되는 공기 중의 암모니아농도는 0.50 mol%가 되었다. 세정수의 공급유량이 30 kgmin^{-1}일 때, 탑 밑부분에서 배출되는 세정수 중의 암모니아 농도를 구하라. 단, 물의 증발, 공기가 물에 용해되는 것은 무시할 수 있고, 또한 공기의 조성은 산소 21 mol%, 질소 79 mol%이다.

해답

교환기에 관한 문제이다. 암모니아를 성분 A, 공기를 성분 B라 하고, 암모니아의 몰분율을 질량분율로 변환한다. 공기의 평균몰질량 (0.21)(32) + (0.79)(28) = 28.8 g/mol[3], 암모니아의 몰질량 17 g/mol이므로,
유입공기 중의 NH_3 질량분율

$$x_{A1} = (0.25)(17) / [(0.25)(17) + (0.75)(28,8)] = 0.164$$

유출공기 중의 NH_3의 질량분율

$$y_{1A} = (0.0050)(17) / [(0.0050)(17) + (0.9950)(28.8)] = 2.96 \times 10^{-3}$$

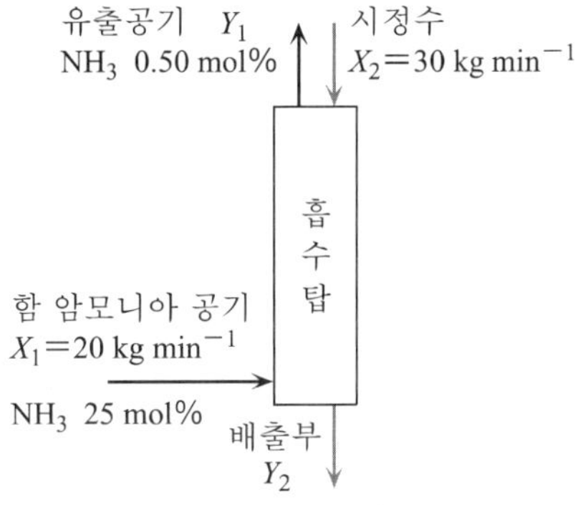

유입가스 중의 공기의 질량 유량

$X_{B1} = (1 = x_{A1})X_1 = (1 - 0.164)(20) = 16.7$ kg/min

유출가스의 질량 유량을 Y_1으로 하면,
유입공기와 유출공기의 질량 유량은 같기 때문에
$X_{B1} = (1 - y_{A1})Y_1$이므로 $Y_1 = 16.7$ kg/min
흡수된 암모니아 양은 $X_1 - Y_1 = 3.3$ kg/min

3) 이 책에서는 단위가 필요한 해답일 경우, 원칙적으로 연산 최종 끝 쪽에만 단위를 붙이겠다. 단, 이해를 돕기 위해 도중 식에 단위를 표기할 수도 있다.

물의 증발량은 무시할 수 있으므로, 세정수의 유출 유량은

$Y_2 = X_2 + 3.3 = 33.3$ kg/min

따라서 유출세정수의 암모니아 질량분율은 $y_{A2} = 3.3 / 33.3 = 0.099$

예제 1.2

암모니아가스를 산소로 연소시켜 일산화질소를 제조하는 공정에서 다음 반응식과 같은 이론량에 대해 20%과잉의 산소를 공급했을 때 반응률은 75%였다. 연소가스의 조성을 구하라.

$$4NH_3 + 5O_2 \rightarrow 4NO + 6H_2O$$

해답

NH_3가스의 공급량을 100 mol로 계산한다. (다음의 계산에서는 단위 mol을 생략)

원료 NH_3 : 100, O_2(20% 과잉) : (1.20)(5/4)(100) = 150

반응한 NH_3 : (0.75)(100) = 75

연소가스량

  미반응가스 NH_3 : (0.25)(100) = 25, O_2 : 150 − (5/4)(75) = 56.3

  생성가스 NO : 75, H_2O : (6/4)(75) = 112.5

  연소가스의 전체량 : 25 + 56.3 + 75 + 112.5 = 268.8

연소가스의 조성(몰분율)

  NH_3 : (25)/(168.8) = 0.0930, O_2 : 0.209, NO : 0.279, H_2O : 0.419

1.4.3 에너지 수지식

연속 공정에서는 수송되는 유체는 속도를 가지고, 수송관의 높이 변화에 따라 위치도 변한다. 따라서 에너지 수지는 유체가 가진 에너지로써 내부에너지 외에, 운동에너지와 포텐셜 에너지(위치에너지)를 고려할 필요가 있다. 이후 이들 에너지의 총 합을 전체에너지라고 하겠다.

그림 1.6(a)와 같은 반응공정에 대해서 생각해보자. 원료는 펌프에 의해 반응기로 공급되어 반응생성물이 반응기를 나온다. 반응기에는 열교환기가 설치되어, 열교환기 내를 흐르는 유체는 반응열 제거에 의해 그들 자신의 온도가 상승한다. 그림의 점선으로 둘러싸인 계를 설정하면 경계 1, 2를 통해 원료의 공급과 반응생성물의 배출, 경계 3, 4를 통해 냉각유체의

유통이 있기 때문에 두 유체의 유입, 유출을 다루는 것이 된다. 반응기를 흐르는 액체에만 주목하여 그림 1.6(b)를 이용해 에너지 수지식을 도출한다.

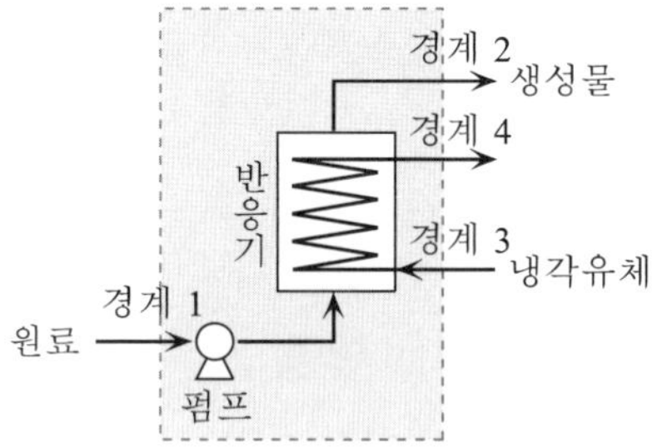

(a) 유통계 반응장치

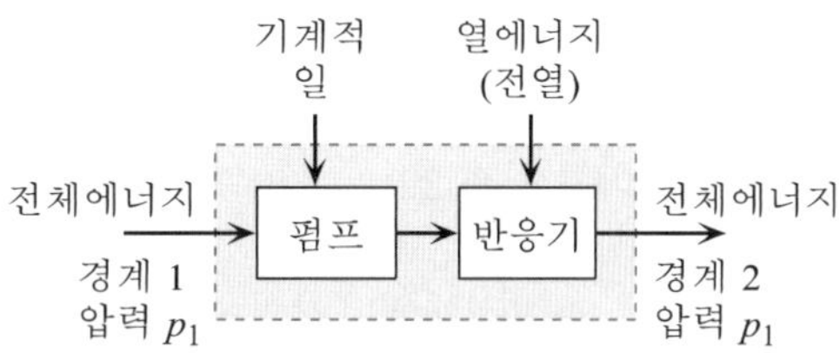

(b) 반응유체의 에너지수지

| 그림 1.6 | 에너지 수지의 흐름도와 계의 설정

원료유체의 전체에너지가 경계 1에서 갖고 들어가 펌프의 기계적인 일을 받은 후, 반응기로 보내져, 반응생성물의 전체에너지가 경계 2에서 갖고 나온다. 이렇듯 유통계에서는 경계 1을 통해 계 내로 유체를 보내, 경계 2를 통해 계 밖으로 유체를 내보내는 일이 필요하다. 또한 반응기내에서는 열교환기의 벽을 통해, 열에너지가 이동한다.

이들 에너지양의 수지를 일정 기간에 걸쳐 구해, 만약 이들이 균형이 맞지 않는 경우에는 계 내의 전체에너지양이 변화하게 된다. 경계를 통과해 열이 계 내로 유입되는 경우를 플러스, 기계적 일이 계 내의 유체에 가해지는 경우를 플러스로 하면 에너지 수지는 다음 식으로 나타낼 수 있다.

(전체에너지 축적량) = (전체에너지 유입량) − (전체에너지 유출량)
+ (유체를 계 내로 보내는 일량) − (유체를 계 밖으로 보내는 일량)
+ (계 내로 유입되는 열에너지량) + (계에 가해지는 기계적 일량)
(1.28)

다음으로 유체를 경계 1에서 계 내로 보내는 일을 평가하겠다. 에너지 수지를 취하는 기간에 걸쳐 경계 1에서 계 내로 유입된 유체의 질량을 M_1, 유체의 밀도를 ρ_1, 경계 1의 압력을 p_1으로 하면, 압력 p_1하에 체적 $V_1 = M_1/\rho_1$의 유체를 경계 1에서 계 내로 보낼 수 있게 되므로 그것에 필요한 일은 $p_1 V_1$이 된다. 유체의 단위질량당 내부에너지를 $\widehat{U}$, 운동에너지를 $\widehat{E_K}$, 위치에너지를 $\widehat{E_P}$, 유체의 비용적을 $\widehat{v} = 1/\rho$로 하면, 식 (1.28)의 우변 제1항과 제3항의 합은

$$(\text{전체에너지의 유입량}) + (\text{유체를 계 내로 보내는 일량}) = M_1(\widehat{U}_1 + \widehat{E}_{K1} + \widehat{E}_{P1} + p_1\widehat{v}_1) \quad (1.29)$$

가 된다. $\widehat{H}$를 단위질량당 엔탈피(비(比)엔탈피라고 한다)로 하면, 내부에너지 $\widehat{U}$ 와의 사이에 다음 관계

$$\widehat{H} = \widehat{U} + p\widehat{v} \quad (1.30)$$

가 있기 때문에, 식 (1.29)는 다음과 같다.

$$\begin{aligned}&(\text{전체에너지의 유입량}) + (\text{액체를 계 내로 보내는 일량})\\ &= M_1(\widehat{H} + \widehat{E}_{K1} + \widehat{E}_{P1}) = (H + E_K + E_P\text{의 유입량})\end{aligned} \quad (1.31)$$

마찬가지로, 유체를 경계 2에서 보내는 일에 대해서 생각해보면, 식 (1.29)의 우변 제2항과 제4항의 합은 $H + E_K + E_P$의 유출양이 되므로 식 (1.28)은

$$\begin{aligned}(U + E_K + E_P\text{의 축적량}) &= (H + E_K + E_P\text{의 유입량}) - (H + E_K + E_P\text{의 유출량})\\ &+ (\text{열에너지의 유입량}) + (\text{계에 가해지는 기계적 일량})\end{aligned} \quad (1.32)$$

이 된다. 위 식을 회분공정에 적용하여 E_K, E_P 및 유입량, 유출량을 0으로 하면, 닫힌 계의 열역학 제1법칙을 나타내는 식이 된다.

물질수지식과 마찬가지로 단위시간당 에너지 수지를 생각하면, 축적량은 축적속도, 유입·유출량은 유입·유출속도, 열에너지의 유입량은 열에너지의 유입속도, 일량은 동력이 되며, 식 (1.32)는 다음과 같아진다.

$$\begin{aligned}(U + E_K + E_P\text{의 축적속도}) &= (H + E_K + E_P\text{의 유입속도}) - (H + E_K + E_P\text{의 유출속도})\\ &+ (\text{열에너지의 유입속도}) + (\text{계에 가해지는 기계적 동력})\end{aligned} \quad (1.33)$$

식 (1.33)을 변수로 이용해 나타내면 식 (1.34)가 된다.

$$\begin{aligned}\mathrm{d}(U + E_K + E_P)_{\mathrm{sys}}/\mathrm{d}t &= (H + E_K + E_P)_{in} - (H + E_K + E_P)_{\mathrm{out}} + Q + W\\ &= G_{\mathrm{in}}(\widehat{H} + \widehat{E}_K + \widehat{E}_P)_{in} - G_{out}(\widehat{H} + \widehat{E}_K + \widehat{E}_P)_{\mathrm{out}} + Q + W\end{aligned} \quad (1.34)$$

좌변의 첨자 sys는 계를 나타낸다. 또한 G_{in}, G_{out}은 유입유체, 유출유체의 질량유량, Q는 열에너지의 유입속도, W는 계에 가해진 기계적 동력을 나타낸다.

정상상태에서는 식 (1.7)에서 유입되는 유체의 질량속도는 유출되는 질량속도와 같으므로, 질량속도 G, 유출유체와 유입유체의 단위질량당 엔탈피, 운동에너지, 위치에너지의 차를 각

각 $\Delta\widehat{H}$, $\Delta\widehat{E_{\mathrm{K}}}$, $\Delta\widehat{E_{\mathrm{P}}}$, 유체의 단위질량당 열에너지의 유입속도를 $\widehat{Q}=Q/G$, 기계적 동력을 $\widehat{W}=W/G$라고 하면, 최종적으로 다음 식을 구할 수 있다.

$$G(\Delta\widehat{H}+\Delta\widehat{E_{\mathrm{K}}}+\Delta\widehat{E_{\mathrm{P}}})=Q+W \tag{1.35}$$

또는

$$\Delta\widehat{H}+\Delta\widehat{E_{\mathrm{K}}}+\Delta\widehat{E_{\mathrm{P}}}=\widehat{Q}+\widehat{W} \tag{1.36}$$

여기서 Δ는 변화 후(유출 유체) 양에서 변화 전(유입 유체) 양을 뺀 것을 나타낸다. 위 식은 유체에 가해진 열적 에너지와 기계적 에너지만큼 유체의 엔탈피, 운동에너지, 위치에너지가 변화하는 것을 나타내고 있다. 보통 유체의 운동에너지와 위치에너지의 변화는 엔탈피 변화에 비해 작기 때문에 식 (1.36)은 다음과 같이 간략화 된다.

$$G\Delta\widehat{H}=Q+W \text{ 또는 } \Delta\widehat{H}=\widehat{Q}+\widehat{W} \tag{1.37}$$

물질의 유입·유출이 없는 회분공정의 에너지 수지는 내부에너지 U의 축적속도를 dU/dt라고 하면, 식 (1.34)를 다음 식으로 나타낼 수 있다.

$$\frac{dU}{dt}=Q+W \tag{1.38}$$

다음으로 유체의 엔탈피 변화와 온도변화의 관계 및 열교환기의 에너지 수지를 설명하겠다. 일정 압력 하의 엔탈피의 온도변화는 다음 식에 의해 정압열용량 c_p와 관련지을 수 있다.

$$c_p=\left(\frac{\partial Q}{\partial T}\right)_p=\left(\frac{\partial H}{\partial T}\right)_p \tag{1.39}$$

위 식을 단위질량당으로 나타내면 정압비열용량(비열) $\widehat{c_p}$와 비엔탈피 $\widehat{H}$의 관계를 구할 수 있다.

$$\widehat{c_p}=\left(\frac{\partial\widehat{Q}}{\partial T}\right)_p=\left(\frac{\partial\widehat{H}}{\partial T}\right)_p \tag{1.40}$$

$\widehat{c_p}$가 일정한 경우, 일정 압력하의 $\widehat{H}$의 변화는 다음 식으로 온도변화와 관련지을 수 있다.

$$\widehat{H}(T,p)=\widehat{H}(T_0,p)+\widehat{c_p}(T-T_0) \tag{1.41}$$

여기서, $\widehat{H}(T_0,p)$는 기준온도 T_0에서의 비엔탈피이다.

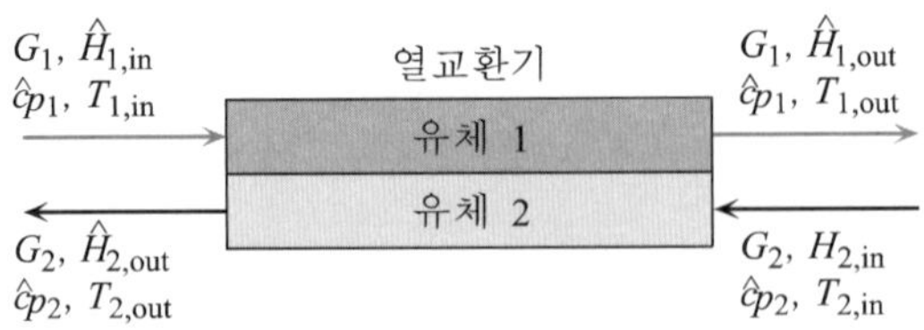

| 그림 1.7 | 열교환기

그림 1.7과 같은 열교환기 내에서 고온유체 1과 저온유체 2가 유통하여, 벽을 통과해 열이동이 있을 때, 유체 1과 2의 엔탈피 수지에서 열이동량 Q는 다음 식으로 나타낼 수 있다.

$$\text{고온유체 1}\quad Q = G_1(\hat{H}_{1,in} - \hat{H}_{1,out}) = \hat{c}_{p1}G_1(T_{1,in} - T_{1,out}) \tag{1.42}$$

$$\text{저온유체 2}\quad Q = G_2(\hat{H}_{2,out} - \hat{H}_{2,in}) = \hat{c}_{p2}G_2(T_{2,out} - T_{2,in}) \tag{1.43}$$

$$\text{장치전체로는}\quad G_1\hat{H}_{1,in} + G_2\hat{H}_{2,in} = G_1\hat{H}_{1,out} + G_2\hat{H}_{2,out} \tag{1.44}$$

$$\hat{c}_{p1}G_1(T_{1,in} - T_{1,out}) = \hat{c}_{p2}G_2(T_{2,out} - T_{2,in}) \tag{1.45}$$

단, 열교환기 내에서 증발이나 응축의 상변화가 발생할 경우 엔탈피 수지식은 성립하지만 온도로 나타낸 열수지식은 성립하지 않는다.

일정압력 조건으로 고온유체가 온도 $T_{1,in}$의 과열증기 상태로 유입하여 온도 T_V로 응축된 후, 온도 T_{out}의 액체로서 유출될 경우 유체단위질량당 엔탈피 변화는 증기의 현열(sensible heat) 변화, 증기에서 액체로의 변화(잠열 : latent heat)와 액의 현열변화의 합으로써 다음 식으로 나타낼 수 있다.

$$\Delta\hat{H} = \hat{H}_{in} - \hat{H}_{out} = \hat{c}_{pG}(T_{in} - T_v) + \Delta\hat{H}_v + \hat{c}_{pL}(T_v - T_{out}) \tag{1.46}$$

여기서, $\Delta\hat{H}_v$는 온도 T_v에서의 증발잠열, $\hat{c}_{pG}$, $\hat{c}_{pL}$은 각각 과열증기와 액의 비열용량이다. 또한 과열증기는 온도가 포화증기온도 이상의 증기이다. 또한 위 식은 액체의 증발, 응고, 고체의 융해 등 상변화를 동반하는 경우의 엔탈피 변화에 대해서도 적용할 수 있다. 고상과 액상의 상변화에서는 잠열로써는 응고열을 이용한다.

서로 녹지 않는 두 액체가 장치에 공급되어 장치 내에서 혼합될 경우, 동일온도로 유출될 때, 상변화가 없는 경우의 유출 유체 온도 T_{out}은 식 (1.45)에서 다음 식으로 나타낼 수 있다.

$$T_{out} = \frac{\hat{c}_{p1} G_1 T_{1,in} + \hat{c}_{p2} G_2 T_{2,in}}{\hat{c}_{p1} G_1 + \hat{c}_{p2} G_2} \tag{1.47}$$

서로 녹는 액체이고, 혼합열을 무시할 수 있는 경우에도 유출 유체의 온도는 식 (1.47)로 나타낼 수 있다.

제10장에서는 반응을 동반하는 경우를 포함해서 화학공정의 에너지 수지 해석법을 설명하겠다.

예제 1.3

열교환기에 공급된 1기압, 110℃의 과열수증기가 80℃의 응축수로서 유출될 때 증기 1 kg당 가열량을 구하라. 단, 증발잠열은 2257 kJkg^{-1}, 과열수증기와 응축수의 비열용량은 각각 1.88 $\text{kJkg}^{-1}\text{K}^{-1}$, 4.18 $\text{kJkg}^{-1}\text{K}^{-1}$이다.

해답

식 (1.46)을 이용한다. 1 kg당 가열량은

$$\hat{Q} = \Delta\hat{H} = (1.88)(110 - 100) + 2257 + (4.18)(100-80) = 2.36 \times 10^3 \text{ kJs}^{-1}$$

현열변화(우변 제1항 + 제3항)은 증발잠열(제2항)의 4.5%이며, 증기의 응축이 가열량의 대부분을 차지하고 있다는 것을 알 수 있다.

예제 1.4

1) 온도 70℃, 질량 유량 30 kgs^{-1}의 물이 온도 30℃, 비열용량 2.50 $\text{kJkg}^{-1}\text{K}^{-1}$, 질량 유량 70 kgs^{-1}의 유기액체와 합류한다. 합류 후의 2액분산유체의 온도를 구하라.
2) 온도 70℃의 물 10 kg에 0℃의 1.0 kg의 얼음을 투입했다. 투입 후의 수온은 몇 ℃가 되는가?
3) 문제 2)에서 투입하는 얼음이 10 kg일 경우, 수온은 몇 ℃가 되는가? 단, 물의 비열용량은 4.18 $\text{kJkg}^{-1}\text{K}^{-1}$, 얼음의 융해열은 335 kJkg^{-1}로 한다.

해답

1) 식 (1.47)에서

$$T_{\text{out}} = [(4.18)(30)(70) + (2.50)(70)(30)] / [(4.18)(30) + (2.50)(70)] = 46.7℃$$

2) 식 (1.44)를 이용한다. 질량 유량 G를 질량 M으로 바꾸고, 혼합 전(변화 전) 상태에 첨자 in을, 혼합 후 상태에 첨자 out을 대용하여, 혼합 전의 물에 첨자 1을, 얼음에 첨자 2를 붙이면 식 (1.44)는 다음과 같아진다.

$$M_1 \widehat{H}_{1,\mathrm{in}} + M_2 \widehat{H}_{2,\mathrm{in}} = M_1 \widehat{H}_{1,\mathrm{out}} + M_2 \widehat{H}_{2,\mathrm{out}}$$

0℃의 물을 기준으로 엔탈피를 구하면,

얼음의 비엔탈피는	$-335\ \mathrm{kJkg^{-1}}$
혼합 전 물의 엔탈피	$H_{1,\mathrm{in}} = (70)(4.18)(10) = 2.93 \times 10^3\ \mathrm{kJkg^{-1}}$
0℃ 얼음의 엔탈피	$H_{2,\mathrm{in}} = (-335)(1.0) = -0.335 \times 10^3\ \mathrm{kJ}$
물과 얼음의 전체 엔탈피	$H_{\mathrm{in}} = H_{1,\mathrm{in}} + H_{2,\mathrm{in}} = 2.59 \times 10^3\ \mathrm{kJ}$

혼합 전후의 엔탈피는 같고, $H_{\mathrm{out}} = H_{\mathrm{in}} > 0$이기 때문에 얼음은 전부 융해된다.

물의 질량은 $(M_1 + M_2)_{\mathrm{out}} = (M_1 + M_2)_{\mathrm{in}} = 11\ \mathrm{kg}$이므로

$$\text{수온은 } T_{\mathrm{out}} = (2.59 \times 10^3) / (4.18)(11) = 56.4\,℃$$

3) 혼합 전의 전체 엔탈피를 구하면,

$$H_{\mathrm{in}} = (70)(4.18)(10) + (-335)(10) = -0.424 \times 10^3\ \mathrm{kJ}$$

혼합 후의 엔탈피는 $H_{\mathrm{out}} = H_{\mathrm{in}} < 0$이 되고, 얼음이 잔존하는 상태가 된다.

따라서 수온은 0℃

또한 잔존하는 얼음의 양은 $0.424 \times 10^3 / 335 = 1.27\ \mathrm{kg}$

문 제

1.1 배수로 상류에서 질량분율 0.20의 염수용액을 0.5 $kgmin^{-1}$의 유량으로 배수에 주입하여, 혼합이 충분히 이루어진 하류지점에서 배수의 염농도를 측정하자, 5.0×10^2 ppm이었다. 배수의 유량을 구하라. 단, 트레이서 주입지점에서 상류측 배수의 염농도는 50 ppm이었다.

1.2 연속식 열풍건조기에 습윤고체를 100 kgh^{-1}의 속도로 보내, 수분을 질량분율 0.20에서 0.03까지 증발시킨다. 건조기에 절대습도 $H = 0.005$ kg - 물 / kg - 건조공기의 열풍을 질량 유량 300 kgh^{-1}로 공급할 때, 건조기에서 나오는 열풍의 절대습도를 구하라. 또한 건조공기 1 kg당 포함된 수증기의 질량을 나타내는 절대습도 H(H는 humidity의 약칭)은, 건조의 설계계산에 이용되는 습도이다.

1.3 질량분율 0.15의 $NaHCO_3$수용액을 30℃로 조작되는 결정석출 반응기에 질량 유량 100 $kgmin^{-1}$로 공급, 결정과 용액을 연속적으로 분리하여 배출한다. 30℃의 $NaHCO_3$의 용해도(물 100 g당 용해되는 용질의 g수)는 11.1이다. 배출되는 결정에 부착된 물의 질량분율이 0.02일 때, 결정과 용액의 배출유량을 구하라.

1.4 프로판을 20%과잉 공기로 완전연소시켰을 때의 연소가스의 조성을 구하라. 단, 공기의 조성은 산소 21 mol%, 질소 79 mol%이다.

1.5 성이 수소 75.08 mol%, 질소 25.66 mol%, 아르곤 0.26 mol%의 원료가스를 반응기에 공급하여 암모니아 합성반응을 한다. 이 조성조건의 한정반응물질은 수소, 질소 중 어느 것인가? 한정반응물질에 대한 반응률이 20%일 때의 반응생성가스의 조성을 구하라.

1.6 이중원관의 내관 쪽에 30℃의 물을 유량 3.0×10^{-2} m^3min^{-1}로 흘려보내고, 환상 부분을 유량 0.060 m^3min^{-1}로 흐르는 유기액체를 80℃에서 40℃까지 냉각시킨다. 열교환량과 출구의 수온을 구하라. 단, 물의 밀도는 992 kgm^{-3}, 비열용량은 4.18 $kJkg^{-1}K^{-1}$, 유기액체의 밀도는 860 kgm^3, 비열용량은 2.20 $kJkg^{-1}K^{-1}$로 한다. 또한 물과 유기액체를 흘려보내는 방향은 같은 방향, 반대방향 어느 것인가?

1.7 다관식열교환기(원통 동체 내부에 다수의 원관이 삽입된 열교환기)의 원관 안쪽에 35℃의 중유(비열용량 3.37 $kJkg^{-1}K^{-1}$)을 유량 50 $kgmin^{-1}$로 흘려보내고, 관 바깥의 몸 쪽에 공급한 100℃의 포화수증기를 사용해서 85℃까지 가열한다. 수증기의 응축속도를 구하라. 단, 100℃의 물의 증발잠열은 2257 $kJkg^{-1}$이다.

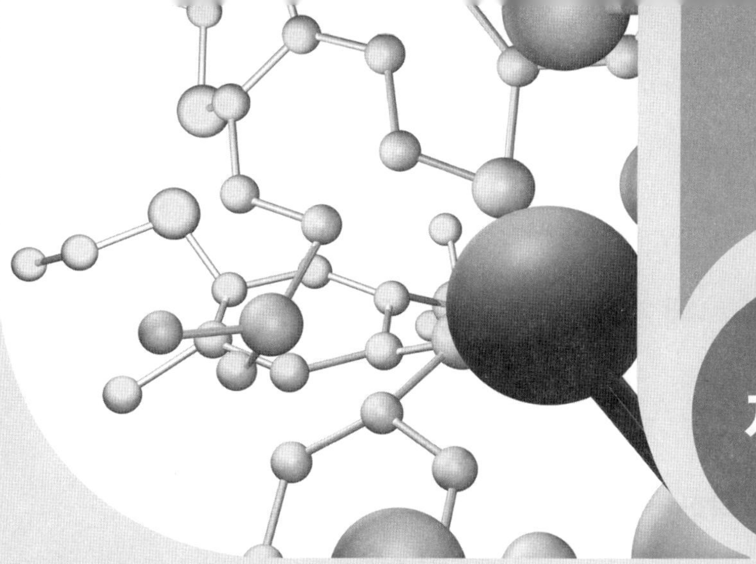

제 2 장

이동현상론의 기초

제 2 장 이동현상론의 기초

2.1 유체 중의 분자 확산

혼합 유체의 농도가 공간적으로 불균일한 경우, 유체 중에는 농도의 불균형이 생긴다. 그 농도 불균형은 시간의 경과와 함께 분자의 랜덤운동에 의해 점점 사라져 최종적으로 농도는 공간전역에서 균일해진다. 이 과정을 농도가 정의할 수 있을 만큼 많은 분자를 모아서 관찰하면, 물질은 농도가 높은 영역에서 낮은 영역으로 이동하게 된다. 이러한 현상을 분자확산(molecular diffusion)이라고 한다.

유체가 정지되어있는 경우, 농도의 균일화는 분자확산에 의해서만 진행된다. 한편 유체가 움직이고 있는 경우에는 각각 분자는 랜덤운동하면서 동시에 유체로서의 속도로 이동한다. 균일흐름 및 단순 전단류의 한 점에 순간적으로 염료를 주입했을 때의 확산 모습을 그림 2.1에 나타냈다. 균일흐름에서는 염료는 구형으로 퍼져가지만, 전단류에서는 염료는 유속분포에 따라 이동하여 그 퍼지는 모습은 구형에서 일그러진다. 보통 각각 분자는 유체의 전체적인 운동과는 독립적으로 랜덤 운동하기 때문에 분자운동에 의한 확산현상은 거시적인 유체전체의 움직임과 분리해서 논의할 필요가 있다.

그림 2.1 균일흐름과 단순 전단류의 염료 확산

2.1.1 확산 유속

성분 A와 성분 B로 이루어진 2성분계 유체의 확산현상을 생각해보자. 랜덤운동을 하면서 흐름을 타고 이동하는 각각의 분자를 농도 가정의 가능한 수를 모아 동일분자 집단으로써 보면, 그 집단은 일정 속도를 가지고 공간 내를 이동하게 된다. 거기서, 동일분자가 집단으로써 이동하는 속도를 그 성분의 이동속도로 하고, 그것을 농도와 마찬가지로 공간위치의 물리량으로써 정의한다.

(a) 고정좌표계에서의 성분 A와 성분 B의 이동

(b) 몰평균속도 u^*를 기준으로 한 성분 A와 성분 B의 상대적인 이동

| 그림 2.2 | 성분 A, B의 절대속도와 몰평균 속도 u^*에 대한 상대속도

그림 2.2(a)와 같이 고정좌표계에서의 성분 A, 성분 B의 속도 벡터를 각각 u_A, u_B라 하고, 성분 A, 성분 B가 단위면적·단위시간당 이동하는 물질(몰) N_A, N_B를 각각의 몰농도 C_A, C_B를 이용해 다음 식으로 나타낼 수 있다.

$$N_A = C_A u_A, \ N_B = C_B u_B \tag{2.1}$$

N_A는 u_A방향의 단위면적·단위시간당 이동하는 성분 A의 물질을 나타낸다. 이것을 물질유속(molar flux)이라고 한다. N_A의 SI 단위는 mol $m^{-2}S^{-1}$이다. 마찬가지로 질량유속(mass flux) n_A, n_B를 각각의 성분의 밀도 ρ_A, ρ_B를 사용해서

$$n_A = \rho_A u_A, \ n_B = \rho_B u_B \tag{2.2}$$

로 나타낼 수 있다. n_A의 SI 단위는 kg $m^{-2}S^{-1}$이다. 또한 물질, 질량 중 어떤 유속을 다루는지가 명확한 경우에는 이들을 단순히 물질유속이라고 하는 경우가 많다.

성분 A, B의 속도 u_A, u_B에는 유체로서 속도와 농도의 불균일에 의해 발생하는 확산속도가 모두 포함되어 있다. 확산속도를 결정하기 위해서는 처음에 유체가 전체로써 이동하는 속도를 정의해둘 필요가 있다. 지금, 유체속도로서 물질평균의 속도를 채용하면 그것은 몰분율 x_A, x_B를 사용해 다음 식으로 나타낼 수 있다.

$$u^* = x_A u_A + x_B u_B \tag{2.3}$$

식 (2.3)으로 나타낼 수 있는 평균속도는 물질 정의에서, 성분 A와 B의 분자 개수 평균속도와 동일해진다. 이후 u^*를 몰평균 속도라고 하겠다.

다른 평균속도를 정의하는 것도 가능하다. 예를 들어, 유체현상을 질량을 사용해 해석하는 경우에는 질량분율 w_A, w_B를 무게로 한 평균속도를 이용한다.

$$u = w_A u_A + w_B u_B \tag{2.4}$$

이 책에서는 몰평균속도 u^*를 이용해 확산의 기초식을 도출하겠다.

유체 중의 확산현상은 A, B의 2성분이 유체의 평균속도에 타면서 상대적으로 어떻게 이동하는가를 생각할 필요가 있다. 이 상대운동을 생각하면서, 확산현상을 유체의 전체적인 움직임에서 독립시켜 정식화시킬 수 있다. 몰평균속도 u^*로 움직이는 전체적인 흐름에 대한 A, B 두 성분의 상대적인 이동속도는 $\boldsymbol{u}_A - \boldsymbol{u}^*$, $\boldsymbol{u}_B - \boldsymbol{u}^*$로 표기할 수 있고[그림 2.2(b)], 그 물질유속은 다음 식과 같다.

$$\boldsymbol{J}_A = C_A (\boldsymbol{u}_A - \boldsymbol{u}^*) \tag{2.5}$$

$$\boldsymbol{J}_B = C_B (\boldsymbol{u}_B - \boldsymbol{u}^*) \tag{2.6}$$

이렇게 정의된 $\boldsymbol{J}_A$, $\boldsymbol{J}_B$를 물질 확산유속(molar diffusion flux) 또는 단순히 확산유속(diffusion flux)이라고 한다.

식 (2.5), 식 (2.6)을 변형하면 다음과 같은 식을 구할 수 있다.

$$\boldsymbol{J_A} = \boldsymbol{N_A} - C_A \boldsymbol{u}^* = \boldsymbol{N_A} - Cx_A (x_A \boldsymbol{u_A} + x_B \boldsymbol{u_B}) = \boldsymbol{N_A} - x_A (\boldsymbol{N_A} + \boldsymbol{N_B}) \tag{2.7}$$

$$\boldsymbol{J_B} = \boldsymbol{N_B} - C_B \boldsymbol{u}^* = \boldsymbol{N_B} - Cx_B (x_A \boldsymbol{u_A} + x_B \boldsymbol{u_B}) = \boldsymbol{N_B} - x_B (\boldsymbol{N_A} + \boldsymbol{N_B}) \tag{2.8}$$

여기서 $C(= C_A\ C_B)$는 전체 몰 농도이다. 식 (2.7), 식 (2.8)은 $\boldsymbol{J}_A + \boldsymbol{J}_B = 0$을 만족시키기 때문에 성분 A가 일정방향으로 확산될 때, 성분 B는 그것과는 반대방향으로 같은 물질유속으로 확산하게 된다.

위에서 설명한 관계는 간단히 다성분계로 확장된다. n성분계 혼합 유체의 몰평균 속도는 다음 식으로 정의되고,

$$\boldsymbol{u}^* = \sum_{i=1}^{n} x_i \boldsymbol{u_i} \tag{2.9}$$

제 i성분의 확산유속은 다음 식으로 나타낼 수 있다.

$$\boldsymbol{J}_i = c_i (u_i - \boldsymbol{u}^*) = \boldsymbol{N}_i = x_i (\boldsymbol{N}_1 + \boldsymbol{N}_2 + \ \cdots\ + \boldsymbol{N}_i + \ \cdots\ + \boldsymbol{N}_n) \tag{2.10}$$

예제 2.1

수소 20 mol%, 질소 80 mol%의 혼합기체 중에서 수소와 질소가 속도비 2 : 1로 같은 방향으로 이동하고 있다.

1) 몰평균속도 $\boldsymbol{u}^*$와 질소의 속도 비를 구하라.
2) 질량평균속도 $\boldsymbol{u}$와 몰평균속도 $\boldsymbol{u}^*$를 비교하라.

해답

수소를 A, 질소를 B라 한다.

1) $u_{\mathrm{A}}/u_{\mathrm{B}}=2$이므로, $u^*=0.2u_{\mathrm{A}}+0.8u_{\mathrm{B}}=1.2u_{\mathrm{B}}$, $u^*/u_{\mathrm{B}}=1.2$
2) 수소, 질소의 분자량을 M_{A}, M_{B}, 질량분율을 w_{A}, w_{B}라 한다.
   $w_{\mathrm{A}}=M_{\mathrm{A}}x_{\mathrm{A}}/(M_{\mathrm{A}}x_{\mathrm{A}}+M_{\mathrm{B}}x)=0.0175$, $w_{\mathrm{B}}=1-w_{\mathrm{A}}=0.9825$
   $u=0.0175u_{\mathrm{A}}+0.9826u_{\mathrm{B}}=1.02u_{\mathrm{B}}$
   따라서 $u/u^*=0.85$
   분자량이 다른 물질의 혼합 유체에서는 몰평균 속도와 질량평균 속도는 다르다.

2.1.2 픽(Fick's)의 확산법칙

앞에서 정의한, 유체의 전체적인 운동에 대해 상대적으로 이동하는 물질의 유속이 분자운동에 의해 확산하는 유속에 대응한다. 분자확산은 현상론적으로 농도가 높은 영역에서 낮은 영역으로 향해 일어나기 때문에 확산 유속이 공간적인 농도 구배에 비례하여 변화한다고 보면, 1차원방향(z 방향)의 성분 A, B의 확산유속은 다음 식으로 나타낼 수 있다.

$$J_{\mathrm{Az}}=-D_{\mathrm{AB}}C\frac{dx_{\mathrm{A}}}{dz} \tag{2.11}$$

$$J_{\mathrm{Bz}}=-D_{\mathrm{BA}}C\frac{dx_{\mathrm{B}}}{dz} \tag{2.12}$$

여기서 D_{AB}, D_{BA}는 확산계수(diffusivity)이다. 위 식의 마이너스 부호는 확산이 농도가 높은 영역에서 낮은 영역으로 향해 일어나는 것을 나타낸다. 또한 $J_{\mathrm{Az}}+J_{\mathrm{Bz}}=0$이므로 $D_{\mathrm{AB}}=D_{\mathrm{BA}}$가 된다. 또한 확산계수의 SI 단위는 $\mathrm{m^2s^{-1}}$이다. 공기 중의 확산계수와 물속의 확산계수를 표 2.1, 표 2.2에 나타냈다. 기상과 액상은 확산계수는 자리수체계가 다르다. 일반적으로 식량(분자량)이 클수록 그 물질의 확산계수는 작다. 또한 액상에서는 점도가 클수록 용질의 확산계수가 작다.

3차원 공간 내에서는 성분 A의 확산유속 $\boldsymbol{J}_A$는 벡터량으로서 다음 식과 같다.

$$\begin{aligned}\boldsymbol{J}_A &= J_{Ax}\boldsymbol{i} + J_{Ay}\boldsymbol{j} + J_{Az}\boldsymbol{k} \\ &= -D_{AB}C\left[\left(\frac{\partial x_A}{\partial x}\right)\boldsymbol{i} + \left(\frac{\partial x_A}{\partial y}\right)\boldsymbol{j} + \left(\frac{\partial x_A}{\partial z}\right)\boldsymbol{k}\right] = -D_{AB}C\nabla x_A \qquad (2.13)\end{aligned}$$

| 표 2.1 | 공기 중에서 가스의 확산계수 D_{AB} (298.2 K)*

물 질	D_{AB} / 10^4 m^2s^{-1}
CO_2	0.138
NH_3	0.247
H_2O (수증기)	0.251
CH_4	0.196
C_6H_6	0.083
CH_3OH	0.130
C_2H_5OH	0.100

* "화학공학편람", 개정 6판, p.110, 마루젠(丸善)(1999)에 기재된 수치를 기반으로, 25℃ = 298.2 K의 수치를 추산했다.

| 표 2.2 | 물속에서의 확산계수 D (298.2K)*

용해기체	D / $10^{-9}m^2s^{-1}$	용해기체	D / $10^{-9}m^2s^{-1}$
H_2	4.06	O_2	2.51
N_2	2.34	Cl_2	1.42

전해질 수용액	D / $10^{-9}m^2s^{-1}$ C = 0.05 mol dm^{-3}	D / $10^{-9}m^2s^{-1}$ C = 1.0 mol dm^{-3}
HCl	3.07	3.43
KCl	1.864	1.892
NaCl	1.507	1.484
$CaCl_2$	1.978	1.203
$(NH_4)_2SO_4$	1.778	1.011

* "화학편람 기초편 II", 개정 4판, p.61～63, 마루젠(丸善), (1993)에 근거한다.

여기서 x, y, z는 3차원좌표, $\nabla = i\frac{\partial}{\partial x} + j\frac{\partial}{\partial y} + k\frac{\partial}{\partial z}$ 는 벡터 미분연산자이며, 확산유속의 각 성분은 다음 식과 같다.

$$J_{Ax} = -D_{AB}C\frac{\partial x_A}{\partial x},\quad J_{Ay} = -D_{AB}C\frac{\partial x_A}{\partial y},\quad J_{Az} = -D_{AB}C\frac{\partial x_A}{\partial z} \tag{2.14}$$

∇x_A는 성분 A의 몰분율의 최대구배의 크기와 방향을 나타낸다. 식 (2.13)은 성분 A가 등몰분율 분포면에 수직인 최대 경사선에 따라 몰분율의 낮은 쪽으로, 구배에 비례한 물질이 확산하는 것을 나타낸다. 2차원($y-z$좌표계)의 경우를 그림 2.3에 나타냈다. 확산유속 벡터 j_A는 등농도곡선에 수직으로 몰분율이 낮아지는 방향으로 향한다.

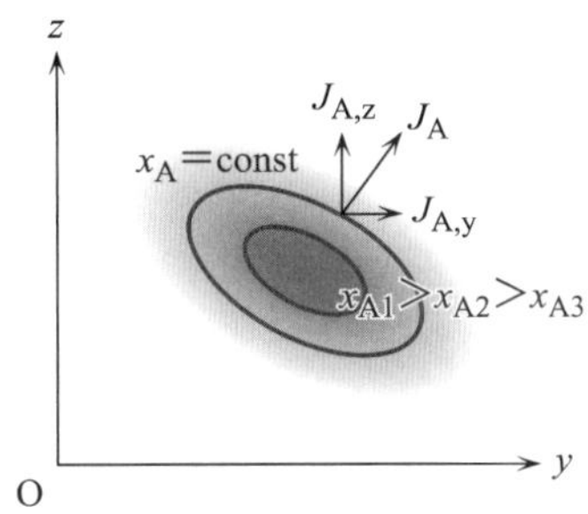

| 그림 2.3 | 등몰분율(등농도)의 곡선과 확산유속
(등몰분포곡선을 등온곡선으로 보면, 이 그림은 등온곡선과 열유속의 관계를 나타낸다)

식 (2.11)~식 (2.13)을 픽의 확산법칙(Fick's diffusion law)이라고 한다. 만약 전체 농도 C가 일정하면, 식 (2.11), 식 (2.13)은 농도 구배를 추진력으로 하는 다음 식과 같아진다[4].

$$J_{Az} = -D_{AB}\frac{dC_A}{dz} \tag{2.15}$$

$$\boldsymbol{J}_A = D_{AB}\left[\left(\frac{\partial C_A}{\partial x}\right)\boldsymbol{i} + \left(\frac{\partial C_A}{\partial y}\right)\boldsymbol{j} + \left(\frac{\partial C_A}{\partial z}\right)\boldsymbol{k}\right] = -D_{AB}\nabla C_A \tag{2.16}$$

픽의 법칙을 다성분계로 확장시킬 때에는 주의가 필요하다. A, B, C의 3성분계의 혼합기체는 A분자의 확산에는 B분자와의 충돌, C분자와의 충돌하여 두 경우가 영향을 끼친다. 확

4) 일차원확산유속을 나타내는 식 (2.11)로는 농도 구배가 아닌 몰분율구배를 이용해 정의했다. 그것은 식 (2.11)을 질량에 관한 확산유속으로 변환하면 식 (2.11)과 같은 형태의 $j_{Az} = -D_{AB}\rho dw_A/d_z$가 도출되기 때문이다.

산은 A, B, C의 각 기체성분이 분압구배를 가지기 때문에 생기고, 각 성분간의 분자충돌이 없다면 쉽게 확산이 진행된다. 이 점을 고려하여, 저항의 개념을 도입해 확산유속을 "확산유속= 추진력 / 저항 = 농도구배 / 저항 = 분압구배 / 저항"의 형태로 표현하면 다성분계의 확산을 합리적으로 다룰 수 있다. 이것을 바탕으로 확산유속과 추진력의 관계를 나타낸 것이 맥스웰－스테판(Mazwell-stefan)의 식이다.[5),6)] 다성분계의 확산문제에 픽의 법칙을 확장하여, 예를 들어 식 (2.11)에 따라 i성분의 확산유속을 $J_{iz} = -D_i C\,dx_i/dz$로 나타내는 경우에는 일반적으로 확산계수 D_i를 일정하게 다룰 수 없다*.

하지만 용질이 미량인 다성분계에서는 미량용질의 상호 영향은 용매의 영향에 비해 미미하기 때문에, 각각의 용질의 확산을 용매와의 2성분계 확산으로 보고, 픽의 법칙을 확장한 $J_{iz} = -D_i C\,dx_i/dz = D_i dC_i/dz$를 사용할 수 있다.

2.2 1차원 확산 현상

z방향의 1차원 확산 현상은 식 (2.7)과 식 (2.11)을 조합한 다음 식으로 나타낼 수 있다.

$$J_{Az} = N_{Az} - x_A(N_{Az} + N_{Bz}) = -D_{AB}C\,dx_A/dz \tag{2.17}$$

위 식은 고정좌표계에서의 성분 A의 이동이 몰분율구배 dx_A/dz뿐만 아니라, 유체의 전체적인 움직임 $N_{Az} + N_{Bz}$에도 영향을 받는 것을 나타내고 있다. 이것을 이해하기 위해 그림 2.4와 같은 원통(길이 L, 단면적 S) 내의 1차원확산의 물질 유속과 농도 분포의 관계를 검토해보자.

정상상태에서는 물질 이동 속도 $N_{Az}S$, $N_{Bz}S$는 임의의 단면에서 일정하기 때문에 N_{Az}, N_{Bz}도 일정하다. 전체 농도 C를 일정하다고 보고 다음의 분석을 해보자.

5) R..Taylor, R. Krishna, "Multicomponent Mass Transfer", p. 52, Wiley, New York (1993).

6) J. A.Wesselingh, R. Krishna, : "Mass Transfer in multicomponet Mixrures" Delft University Press (2000).

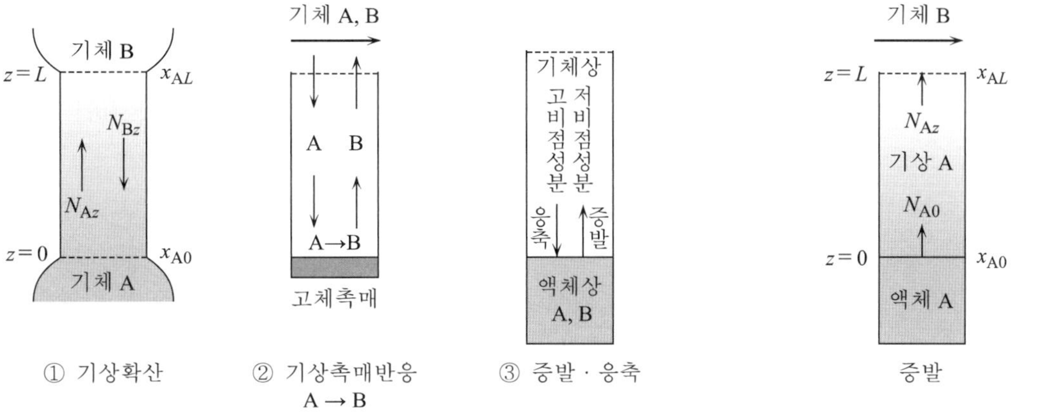

(a) 등몰 상호 확산($N_{Az} = -N_{Bz}$) (b) 일방 확산($N_{Bz} = 0$)

▌그림 2.4▐ 등몰 상호 확산과 일방 확산

2.2.1 등몰 상호 확산

그림 2.4(a) ①과 같이, 기체 A를 넣은 용기와 기체 B를 넣은 용기의 연결관 내에서 등온·등압의 두 기체가 서로 반대방향으로 확산하는 경우를 생각해보자. 용기 내의 기체의 물질은 일정하기 때문에 $N_{Az} + N_{Bz} = 0$ 의 관계가 충족되어 식 (2.17)은

$$N_{Az} = N_{A0} = -CD_{AB}dx_A/dz \tag{2.18}$$

이 된다. 여기서 N_{A0}은 원통의 끝 $z = 0$에서의 물질유속이다. 경계조건 $z = 0$에서, $x_A = x_{A0}$을 이용하여 식 (2.18)을 적분하면 다음 식이 된다.

$$N_{A0} = CD_{AB}\frac{x_{A0} - x_{AL}}{z} = D_{AB}\frac{C_{A0} - C_{AL}}{z} \tag{2.19}$$

또한 원통의 상단 $z = L$에서는 $x_A = x_{AL}$, $C_A - C_{AL}$이므로, 다음 식을 구할 수 있다.

$$N_{A0} = CD_{AB}\frac{x_{A0} - x_{AL}}{L} = D_{AB}\frac{C_{A0} - C_{AL}}{L} \tag{2.20}$$

성분 A와 성분 B가 같은 물질 유속($N_A =- N_B$)으로 서로 반대방향으로 확산하는 현상을 등몰 상호 확산(equimolar diffusion)이라고 한다. 혼합 유체의 몰평균속도 u^*는 0이며, 식 (2.19)에서 농도는 직선적으로 변화한다.

그림 2.4(a) ②와 같이, 원통 상부에서 확산해온 기체 A가 아랫면에서 촉매반응[A(g) → B(g)]에 의해 기체 B로 변해, 생성된 B가 상부로 확산하는 경우, 기체 A가 밑면의 고체 S와 반응해서 기체 B를 생성시키고[A(g) + S(s) →B(g)], 생성된 기체 B가 상부로 확산하는 경우에는, 기체 중의 확산 현상은 등몰 상호 확산이 된다.

또한 등몰 상호 확산은 2성분계 증류에서도 일어날 수 있는 현상이다. 증류는 고비점 성분의 응축과 저비점 성분의 증발이 동시에 일어난다. 두 성분의 몰증발잠열이 같은 경우에는 고비점성분의 응축속도와 그 응축열에 의해 증발하는 저비점 성분의 증발속도가 같아지며, 등몰 상호 확산 조건이 성립한다[그림 2.4(a) ③].

2.2.2 일방 확산

그림 2.4(b)와 같이 원통 아랫부분에 넣은 순수액체 A가 증발하여, 원통 안을 확산하여 상부개방단에서 기체 B로 나가는 경우를 생각해보자. 단, 기체 B는 액체 A에 흡수되지 않는다. 정상상태에서는 성분 A만 이동하고, 성분 B는 이동하지 않으므로 $N_{Bz} = 0$이다. 이러한 확산을 일방 확산(unidirectional diffusion)이라고 한다.

성분 A의 물질 이동량 $N_{Az}S$는 액면으로부터의 증발량 $N_{A0}S$와 같기 때문에 식 (2.17)을 변형하면 J_{Az}는 다음 식으로 나타낼 수 있다.

$$J_{Az} = (1 - x_A) N_{A0} = -CD_{AB}\frac{dx_A}{dz} \tag{2.21}$$

위식 $z = 0$에서, $x_A = x_{A0}$의 경계조건을 이용해 적분하면,

$$\ln\left(\frac{1 - x_A}{1 - x_{A0}}\right) = \frac{N_{A0}}{CD_{AB}}z \tag{2.22}$$

가 되며, 원통출구($z = L$)에서의 성분 A의 몰분율을 x_{AL}로 하면 다음 식을 얻을 수 있다.

$$N_{A0} = \frac{CD_{AB}}{L}\ln\left(\frac{1 - x_{AL}}{1 - x_{A0}}\right) \tag{2.23}$$

식 (2.22), 식 (2.23)으로부터 농도 분포는 다음 식으로 나타낼 수 있다.

$$\left(\frac{1 - x_A}{1 - x_{A0}}\right) = \left(\frac{1 - x_{AL}}{1 - x_{A0}}\right)^{z/L} \quad \text{또는} \quad \left(\frac{x_B}{x_{B0}}\right) = \left(\frac{x_{BL}}{x_{B0}}\right)^{z/L} \tag{2.24}$$

식 (2.23)을 식 (2.20)의 형태로 변형시키면 다음과 같아진다.

$$N_{A0} = \frac{CD_{AB}(x_{A0} - x_{AL})}{L} \frac{\ln[(1 - x_{AL})/(1 - x_{A0})]}{x_{A0} - x_{AL}} \tag{2.25}$$

$$= \frac{CD_{AB}(x_{A0} - x_{AL})}{L} \frac{\ln(x_{BL}/x_{B0})}{x_{BL} - x_{B0}} = \frac{D_{AB}(C_{A0} - C_{AL})}{Lx_{Blm}}$$

여기서 x_{Blm}은 x_{B0}과 x_{BL}의 대수평균 $x_{Blm} = (x_{BL} - x_{B0})/\ln(x_{BL}/x_{B0})$이다. 대수평균 x_{Blm}은 산술평균 $(x_{B0} + x_{BL})/2$보다도 작지만, $1/1.5 < x_{BL}/x_{B0} < 1.5$의 범위에서는 그 차이는 1.4% 이하이기 때문에, 대수평균 대신 산술평균을 이용할 수 있다. 또한 x_{A0}, $x_{AL} \ll 1$의 경우에는 $x_{Blm} \approx 1$이 되기 때문에 식 (2.23)은 식 (2.20)으로 근사된다.

성분 A의 농도차 $C_{A0} - C_{AL}$이 같은 경우에 대해서 식 (2.20)과 식 (2.25)를 비교하면, 일방확산인 N_{A0}가 $(1/x_{Blm})$배 더 크다. 이것은 성분 A의 확산 이외에 전체적인 흐름에 의해 성분 A가 운반되기($N_{Az} = J_{Az} + x_A N_{Az}$) 때문이다.

2.2.3 일반적인 경우($N_{Az} + N_{Bz} \neq 0$)

N_{Az}= 일정 $= N_{A0}$, N_{Bz}= 일정 $= N_{B0}$, $N_{Az} + N_{Bz} \neq 0$의 조건에서 식 (2.1)을 적분하면 다음 식과 같아진다.

$$\frac{1}{N_{A0} + N_{B0}} \ln \frac{N_{A0} - x_A(N_{A0} + N_{B0})}{N_{A0} - x_{A0}(N_{A0} + N_{B0})} = \frac{z}{CD_{AB}} \tag{2.26}$$

위 식은 일반적인 확산조건 하의 농도 분포에 대한 흐름의 영향을 나타낸다.

예제 2.2

온도 25℃, 대기압의 실내에서 수직시험관의 상단에서 5.0 cm의 위치까지 메탄올을 넣었을 때, 메탄올의 액면 강하속도를 구하라. 단, 관 상단에서의 메탄올 증기농도는 희박하고 0과 근사하다. 또한 25℃의 공기 중의 메탄올 확산계수는 $1.30 \times 10^{-5} m^2 s^{-1}$, 포화증기압은 16.9 kPa, 액체 밀도는 0.787×10^3 kg m^{-3}이다.

해답

이상기체의 법칙을 이용하면 $C = p/RT = 1.013 \times 10^5 / (8.314 \times 298) = 40.9$ mol m^{-3}

액표면의 메탄올 증기 농도는 $x_{A0} = 16.9 \times 10^3 / 101.3 \times 10^3 = 0.167$

원통 상단에서는 $x_{AL} = 0$

이것들을 식 (2.23)에 대입하면,

$$N_{A0} = (CD_{AB}/L)\ln[(1-x_{AL})/(1-x_{A0})] = 1.94 \times 10^{-3}\ \text{mol m}^{-2}\text{s}^{-1}$$

메탄올의 몰질량과 액체밀도를 이용해 단위면적당 체적증발속도, 즉 액면강하속도를 구하면,

$$\text{액면강하속도} = (1.94 \times 10^{-3})(0.032) / (0.787 \times 10^3) = 7.89 \times 10^{-8}\text{ms}^{-1}$$

액면은 1시간당 0.284 mm 강하한다.
만약 식 (2.20)을 이용하면 $N_{A0} = 1.78 \times 10^{-3}$ mol m^{-2}s^{-1}이 되고, 식 (2.23)으로 구한 $N_{A0} = 1.94 \times 10^{-3}$ mol m^{-2}s^{-1}의 92%가 된다.

예제 2.3

그림 2.4 ②에서 기체 A가 원통 밑면에 확산하여 고체석출반응[A(g) → 2B(g) + C(s)]에 의해 생성된 기체 B가 원통 상단에서 유출되는 경우의 성분 A의 농도 분포와 물질유속의 관계를 도출하라.

해답

반응에 의해 1 mol의 A에서 2 mol의 B가 생성되어 두 기체는 서로 반대방향으로 이동하기 때문에, 정상상태에서는 $N_{B0} = -2N_{A0}$의 관계가 성립한다.
성분 A의 몰분율을 원통 밑면에서 x_{A0}, 원통 상단에서 x_{AL}이라고 하면 식 (2.26)으로 N_{A0}은 다음 식과 같아진다.

$$N_{A0} = -(CD_{AB}/L)\ln[(1+x_{AL})/(1+x_{A0}) \tag{1}$$

마이너스 부호는 기체 A가 원통의 밑을 향해 확산하는 것을 나타낸다. 또한 반응이 빠른 경우에는 $x_{A0}=0$과 근사할 수 있다.

2.3 경막설과 물질 이동 계수

용해성 고체입자(물질 A)가 용매 B에 용해될 때의 성분 A의 농도는 그림 2.5와 같이 입자표면(고액계면)에서의 농도 C_{Ai}부터 용매본체의 농도 C_{Ab}까지 연속적으로 감소한다. 용매가 충분히 교반혼합되어 있는 경우에는 농도가 변하는 영역은 입자표면에 몹시 가까운 곳으로 한정된다. 입자의 단위표면적당 성분 A의 용해속도는 용해된 성분 A가 고액계면에서 액체본체 속으로 확산하는 물질유속 N_A와 같다. 일반적으로 x_A가 작기 때문에 식 (2.21)은 다음

식으로 근사된다.

$$N_A = -D_{AB}C\frac{dx_A}{dz}\bigg|_{z=0} = -D_{AB}\frac{dC_A}{dz} \tag{2.27}$$

고체표면에서의 농도 분포의 접선을 연장하여 액체 본체의 C_{Ab}가 되는 위치 $z=\delta_C$로 하면, 용해속도 N_A는 다음 식과 같다.

$$N_A = D_{AB}C\frac{x_{Ai}-x_{Ab}}{\delta_C} = D_{AB}\frac{C_{Ai}-C_{Ab}}{\delta_C} \tag{2.28}$$

실제 농도 분포는 연속적으로 변화하지만, 용해속도가 식 (2.28)과 같이 농도 분포를 직선 근사한 영역을 농도 경막(concentration film), 그 두께 δ_C를 농도 경막 두께(concentration film thickness)라고 한다. 또한 이러한 표면에서의 물질유속을 경막 두께와 관련짓는 모델을 경막설(film theory)이라고 한다.

확산계수 D_{AB}, 추진력의 몰분율차 $x_{Ai}-x_{Ab}$와 농도 경막 두께 δ_C를 알면 식 (2.28)로 용 해속도 N_A를 구할 수 있는데 보통은 다음 식을 이용해 N_A를 평가한다.

$$N_A = k_x(x_{Ai}-x_{Ab}) \qquad N_A = k_c(C_{Ai}-C_{Ab}) \tag{2.29}$$

식 (2.28)을 식 (2.29)와 비교하면, 다음 식을 얻을 수 있다.

$$k_x = D_{AB}C/\delta_c \qquad k_c = D \tag{2.30}$$

D_{AB}가 클수록 δ_C가 얇을수록 k_x, k_C의 값이 크다. 이 물질 이동의 용이함을 나타내는 k_x, k_C를 물질 이동 계수(mass transfer coefficient)라고 한다.

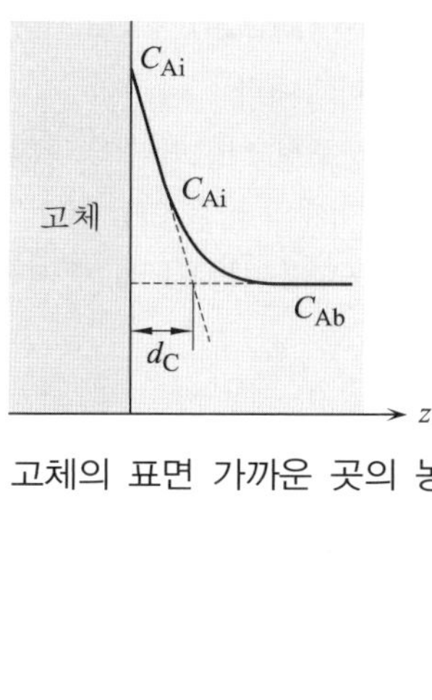

그림 2.5 용해성 고체의 표면 가까운 곳의 농도 분포와 농도 경막

물질 이동 계수는 가스 흡수, 액액추출 등에서 물질 이동 속도를 평가하기 위해 이용된다. 추진력으로서 농도차 $C_{\mathrm{Ai}}-C_{\mathrm{Ab}}$나 분압차 $p_{\mathrm{Ai}}-p_{\mathrm{Ab}}$가 이용되는 경우도 많다. 이 경우의 물질유속은 물질 이동 계수 k_C, k_p를 이용해 다음 식으로 나타낼 수 있다.

$$N_{\mathrm{A}}=k_C(C_{\mathrm{Ai}}-C_{\mathrm{Ab}}) \tag{2.31}$$

$$N_{\mathrm{A}}=k_p(p_{\mathrm{Ai}}-p_{\mathrm{Ab}}) \tag{2.32}$$

또한 액상에서는 k_L 기상에서는 k_G가 이용되는 경우도 있다. 물질 이동 계수의 SI 단위는 k_x [mol m^{-2}s^{-1}], k_C [m s^{-1}], k_p [mol Pa^{-1}m^{-2}s^{-1}]이다.

2.2절에서 설명한 원통 내 1차원 확산현상의 해석에서 원통의 길이 L을 경막 두께 δ_C로 변환한 관계식은 경막설을 바탕으로 한 해석결과로서 이용할 수 있다. 경막 내 농도 분포의 직선근사는 등몰 상호 확산 또는 확산성분의 농도가 작은 경우에 한정된다. 일방확산에서는 식 (2.25)의 변수 $N_{\mathrm{A}0}$, $C_{\mathrm{A}0}$, $C_{\mathrm{A}L}$을 각각 N_{A}, C_{Ai}, C_{Ab}로 변환하면, 물질유속은 $N_{\mathrm{A}}=D_{\mathrm{AB}}(C_{\mathrm{Ai}}-C_{\mathrm{Ab}})/(\delta_C\,x_{\mathrm{Blm}})$으로 나타낼 수 있다. 성분 A가 희박한 경우에는 $x_{\mathrm{Blm}}\approx 1$이므로 그 때의 물질 이동 계수를 $k_C{}^0=D_{\mathrm{AB}}/\delta_C$라 하면, 일방확산의 물질 이동 계수 $k_C=N_{\mathrm{A}}/(C_{\mathrm{Ai}}-C_{\mathrm{Ab}})=D_{\mathrm{AB}}/(\delta_C\,x_{\mathrm{Blm}})$와 $k_C{}^0$ 사이에는 경막 두께 δ_C가 일정하면 $k_C=k_C{}^0/x_{\mathrm{Blm}}$의 관계가 성립한다. 이렇듯 경막 내 농도 분포는 물질유속의 영향을 받기 때문에, 물질 이동 계수도 그 영향을 받는다.

예제 2.4

공기 중에 둔 구형 나프탈렌의 승화속도에 관한 다음의 질문에 답하라. 단, 공기 중의 나프탈렌 농도는 희박하며, 또한 나프탈렌의 승화는 구면 전체에 걸쳐 일정하게 발생한다.

1) 구형 나프탈렌의 반경이 R일 때, 정지공기 중에서의 승화속도 N_{A}를 구하라.
2) 정지공기 중의 승화속도 N_{A}에 대해 식 (2.29), 식 (2.31)을 적용하여 물질 이동 계수 k_C를 확산계수 D_{AB}, 반경 R을 이용해 나타내라.
3) 25℃ 대기압의 공기흐름 속에 매단 구형 나프탈렌의 승화속도를 측정했을 때, 구의 직경이 10 mm일 때 1시간당 4.4 mg이었다. 이때의 물질 이동 계수 k_{C}와 경막 두께 δ_{C}를 구하라. 또한 나프탈렌의 분자량은 128, 25℃의 포화증기는 11 Pa, 공기 중의 확산계수는 6.0×10^{-5}m^{2}s^{-1}이다.

해답

나프탈렌을 성분 A, 공기를 성분 B로 한다. 구 중심에서의 반경을 r이라 한다.

1) $x_{\mathrm{A}} \ll 1$일 때 식 (2.21)은 다음 식으로 나타낼 수 있다.

$$J_{\mathrm{A}r} = -CD_{\mathrm{AB}}(dx_{\mathrm{A}}/dr) = N_{\mathrm{A}r} \tag{1}$$

승화속도는 늦기 때문에 공기 중의 임의의 반경 r의 구면을 지나, 확산하는 나프탈렌의 전체량 $4\pi r^2 N_{\mathrm{A}r}$은 구형 나프탈렌 전표면에서의 승화속도 $4\pi R^2 N_{\mathrm{A}}$와 같다고 가정한다. 이것을 준정상상태의 가정이라고 한다. 그 결과, 다음 식이 성립된다.

$$N_{\mathrm{A}r} = (R^2/r^2)N_{\mathrm{A}} \tag{2}$$

식 (1)을 식 (2)로 대입하여 정리하면 다음 식을 얻을 수 있다.

$$\frac{dx_{\mathrm{A}}}{dr} = -\frac{R^2 N_{\mathrm{A}}}{CD_{\mathrm{AB}}}\frac{1}{r^2} \tag{3}$$

$r = R$이고, $x_{\mathrm{A}} = x_{\mathrm{Ai}}$의 경계조건 하에 위 식을 풀면 다음 식이 된다.

$$x_{\mathrm{Ai}} - x_{\mathrm{A}} = \frac{R^2 N_{\mathrm{A}}}{CD_{\mathrm{AB}}}\left(\frac{1}{R} - \frac{1}{r}\right) \tag{4}$$

공기본체 중 $(r = \infty)$에서는 $x_{\mathrm{A}} = x_{\mathrm{Ab}} = 0$에 의해 상승속도 N_{A}는 다음 식과 같다.

$$N_{\mathrm{A}} = (CD_{\mathrm{AB}}/R)x_{\mathrm{Ai}} = (D_{\mathrm{AB}}/R)C_{\mathrm{Ai}} \tag{5}$$

2) 위 식을 식 (2.31)과 비교하면, 물질 이동 계수 k_C는 다음 식과 같다.

$$k_C = D_{\mathrm{AB}}/R \tag{6}$$

3) 승화속도로부터 구형 나프탈렌 표면에서의 물질유속 N_{A}를 구한다.

$$N_{\mathrm{A}} = [(4.4 \times 10^{-6})/(0.128)]\ /\ [\pi(0.01)^2(3600)] = 3.04 \times 10^{-5}\ \mathrm{mol\,m^2 s^{-1}}$$

나프탈렌의 분압은 공기본체에서는 0, 구 표면에서는 포화증기압과 같다고 가정하면,

$$C_{\mathrm{Ab}} = 0\ ,\ \ C_{\mathrm{Ai}} = p_{\mathrm{Ai}}/RT = (11)/[(8.314)(298)] = 4.44 \times 10^{-3}\ \mathrm{mol\,m^{-3}}$$

식 (2.31)에서 $k_C = (3.04 \times 10^{-5})/(4.44 \times 10^{-3} - 0) = 6.85 \times 10^{-3}\ \mathrm{m s^{-1}}$

식 (2.30)에서 $\delta_{\mathrm{C}} = D_{\mathrm{AB}}/k_C = 8.6 \times 10^{-4}\mathrm{m} = 0.88\mathrm{mm}$, 경막 두께는 구 직경의 8.8%

정지공기 중에서는 식 (6)으로부터

$$k_C = (6.0 \times 10^{-6})/(5 \times 10^{-3}) = 1.2 \times 10^{-3}\ \mathrm{m\,s^{-1}}$$

이다.

공기가 흐르고 있으면 물질 이동 계수는 크고 승화속도도 크다. 또한 구 표면에 서의 몰분율은 $x_{Ai} = 11/1.013 \times 10^5 = 1.09 \times 10^{-4}$, 공기 흐름 속에서는 $x_A = 0$이기 때문에 얻어진 물질 이동 계수 k_C는 희박농도의 물질 이동 계수 $k_C{}^0$에 해당한다.

2.4 이중 경막설과 총괄물질 이동 계수

가스 흡수나 액액추출에서는 계면을 사이에 둔 두 쪽의 유체상 내에서 농도 분포가 발생한다. 계면에 접한 각각 유체 상에 농도 경막을 설정하고, 물질 이동 속도를 정량화시키는 모델을 이중 경막설(two-film theory, double-film theory)이라고 한다.

그림 2.6과 같이 성분 A가 유체상 1에서 유체상 2로 이동하는 경우, 성분 A의 유체상 1의 농도를 $C_{A,1}$, 유체상 2의 농도를 $C_{A,2}$라고 하면 C_A는 유체상 1에서 유체상 2를 방향으로 감소한다. 이때, 유체상 1측의 계면농도와 유체상 2측의 계면농도는 일반적으로 다르다. 이 경우의 물질유속을 나타내는 방법을 설명하겠다.

계면을 통한 물질 이동은 두 상 속의 화학포텐셜이 다를 경우에 일어난다. 유체상 1의 성분 A의 화학포텐셜을 활량 a_A를 이용해 $\mu_{A,1} = \mu^\circ{}_{A,1} + RT \ln a_{A,1}$, 유체상 2에서 그것을 $\mu_{A,2} = \mu^\circ{}_{A,2} + RT \ln a_{A,2}$로 나타내면, 성분 A가 유체상 1에서 유체상 2로 이동하는 경우에는 $\mu_{A,1} > \mu_{A,2}$가 된다. 성분 A의 화학포텐셜은 그림 2.6(b)와 같이 유체상 1에서 유체상 2방향으로 감소하고 계면에서는 유체상 1과 2의 화학포텐셜은 연속한다.

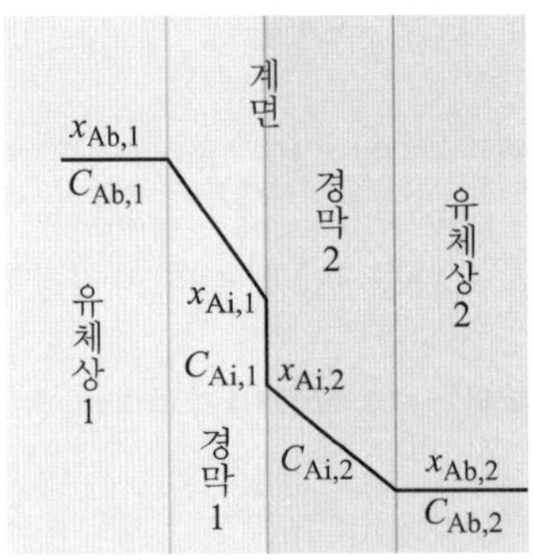

(a) 농도분포, 몰분율분포

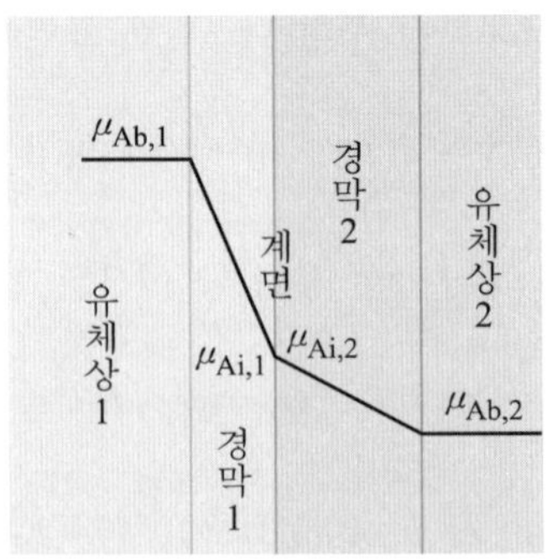

(b) 화학 포텐셜분포

| 그림 2.6 | 이중 경막의 개념도

활량은 활량계수 r_A와 몰분율 x_A를 이용해 $a_A = r_A x_A$로 나타낸다. 여기서는 계면물질 이동의 기본적인 생각을 설명하기 위해 이상유체라 가정하고 $r_A = 1$로 한다. 계면에서 두 상의 화학포텐셜이 같으므로 $\mu_{Ai,1} = \mu_{Ai,2}$가 성립되고,

$\mu°_{A,1} + RT\ln x_{Ai,1} = \mu°_{A,2} + RT\ln x_{Ai,2}$에서 두 상의 계면농도는 다음 식으로 관계된다.

$$x_{Ai,1} = m x_{Ai,2} \tag{2.33}$$

여기서 $m = \exp[(\mu°_{A,2} - \mu°_{A,1})/\mathrm{RT}]$ 물질 이동이 발생하는 경우에도 두 상의 계면이 평형상태로 유지된다면, 계수 m은 두 상 속의 성분 A의 평형관계로부터 정해진다.

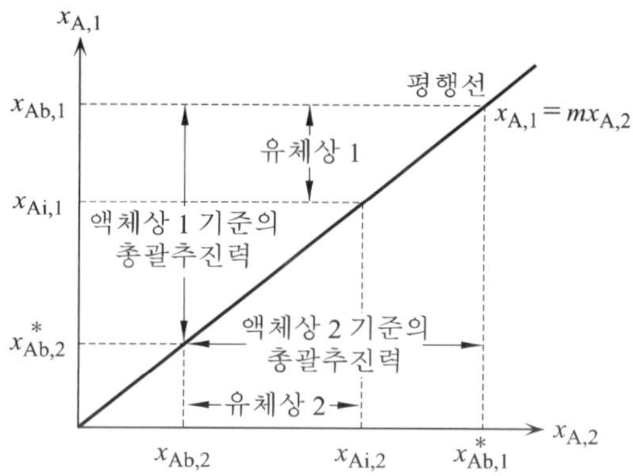

| 그림 2.7 | 계면에서 접촉하는 유체상의 평형 관계와 추진력

유체상 1과 2의 평형관계 및 유체본체와 계면의 몰분율은 그림 2.7과 같다. 유체상 1, 2에 대해 식 (2.29)를 적용해서 물질유속을 나타내면

$$N_A = k_1(x_{Ab,1} - x_{Al,1}) = k_2(x_{Ai,2} - x_{Ab,2}) \tag{2.34}$$

가 되며, 위 식을 변형하면 다음 식을 얻을 수 있다.

$$N_A = \frac{x_{Ab,1} - x_{Ai,1}}{1/k_1} = \frac{x_{Ai,2} - x_{Ab,2}}{1/k_2} \tag{2.35}$$

좌변은 물질 유속, 우변의 분자는 몰분율차로 나타낸 물질 이동의 추진력이다.

이 식을 전류와 전압 관계에 적용하여 옴 법칙 $I = \Delta V/R$로 비교하면 좌변의 물질유속이 전류에, 우변의 몰분율차가 전위차에 대응한다. 하지만 식 (2.35)의 유체상 1의 몰분율차와 유체상 2의 몰분율차는 같은 기준을 바탕으로 한 추진력이 아니다. 그때 식 (2.33)의 관계를

고려하여, 식 (2.35)를 변형하면 다음과 같아진다.

$$N_A = \frac{x_{Ab,1} - x_{Ai,1}}{1/k_1} = \frac{m(x_{Ai,2} - x_{Ab,2})}{m/k_2} = \frac{x_{Ab,1} - mx_{Ab,2}}{1/k + m/k_2}$$

$$= K_1(x_{Ab,1} - x^*{}_{Ab,2}) = \frac{(x_{Ab,1} - x^*{}_{Ab,2})}{1/K_1} \tag{2.36}$$

여기서, $x^*{}_{\mathrm{Ab,2}}$는 다음 식으로 정의된다.

$$x^*{}_{\mathrm{Ab,2}} = mx_{\mathrm{Ab,2}} \tag{2.37}$$

유체상 2의 본체 속에서 몰분율 $x_{\mathrm{Ab,2}}$에 평형인 유체상 1의 몰분율을 나타내는(그림 2.7 참고) 식 (2.36)은 유체상 1을 기준으로 했을 때의 두 유체상의 추진력과 물질 유속의 관계를 나타내고, 계수 K_1을 유체상 1 기준의 총괄물질 이동 계수(overall mass transeter coeffciemt) 라고 한다. 분모의 제1항 $1/k_1$은 유체상 1의 물질 이동저항 제2항 m/k_2는 유체상 2의 물질 이동저항을 나타내고 K_1과 다음과 같은 관계가 성립된다.

$$\frac{1}{K_1} = \frac{1}{k_1} + \frac{m}{k_2} \tag{2.38}$$

$1/K_1$은 유체상 1을 기준으로 한 경막 전체의 총괄물질 이동 저항을 나타낸다.

한편, 유체상 2의 물분율을 이용해 물질 이동의 추진력을 나타내면 유체상 2 기준의 총괄 물질 이동 계수 K_2(총괄물질 이동저항 $1/K_2$)를 얻을 수 있다.

$$N_{\mathrm{A}} = K_2(x^*{}_{\mathrm{Ab,1}} - x_{\mathrm{Ab,2}}) \tag{2.39}$$

여기서,

$$x^*{}_{\mathrm{Ab,1}} = x_{\mathrm{Ab,1}}/m \tag{2.40}$$

$$1/K_2 = 1/mk_1 + 1/k_2 \tag{2.41}$$

$x^*{}_{\mathrm{Ab,1}}$은 유체상 1의 몰분율 $x_{\mathrm{Ab,1}}$에 평형인 유체상 2의 몰분율이다.

각각 유체상의 물질 이동 계수는 유동혼합상태에 따라 변환한다. 혼합상태가 좋으면 농도 경막이 얇아지고, 물질 이동 계수가 크다. 또한 유체상 1에 비해 유체상 2가 성분 A를 잘 녹이는 경우에는 $m \ll 1$이므로 식 (2.39)에서 $K_1 = k_1$이 되고 물질유속 N_{A}는 다음 식과 같다.

$$N_A = \frac{x_{Ab,1}}{1/k_1} = k_1(x_{Ab,1} - 0) \tag{2.42}$$

즉, 유체상 1의 물질 이동이 전체 과정의 저항이 되어, 물질 이동 속도는 유체상 1의 물질 이동 속도에 의해 정해진다. 또한 순수기체 A의 기포를 액체 속으로 발생시켜서 흡수시키는 경우에는 기체 A의 유체상 1 내에서는 농도 구배가 발생하지 않으므로, 유체상 2의 물질 이동이 전체물질 이동을 지배한다. 이러한 직렬과정으로 이루어진 현상 중에서 전체의 속도를 지배하는 과정을 율속과정(rate conrtolling process, rate determining process, rate limiting process)이라고 한다.

또한 물질 이동 계수, 총괄물질 이동 계수를 이용한 설계법에 대해서는 각각 관련 장에서 설명하겠다.

예제 2.5

물을 이용한 가스 흡수 장치의 물질 이동 계수가, 액상에서 k_x = 0.05 mol $m^{-2}s^{-1}$, 기상에서 k_y = 0.30 mol $m^{-2}s^{-1}$일 때 액상기준, 기상기준의 총괄물질 이동 계수 K_x, K_y와 전체 물질 이동저항에 대한 기상에서의 물질 이동저항의 비율을 구하라. 단, 이 가스 흡수의 평형관계는 $y = 0.20x$로 표시된다.

해답

상 1을 기상, 상 2를 액상으로 한다. 평형관계이므로 m =0.20

식 (2.38)에 의해 기상 기준의 총괄물질 이동 계수 K_y = 0.14 mol $m^{-2}s^{-1}$

식 (2.41)에 의해 액상 기준의 총괄물질 이동 계수 K_x = 0.027 mol $m^{-2}s^{-1}$

전체 저항에 대한 기상측 저항의 비율 (1/0.30) / (1/0.30 + 0.20/0.050) = 0.45

2.5 열전도

일정한 온도 T_0으로 유지된 평판의 밑면온도를 T_0으로 유지한 채 윗면온도를 순간적으로 T_1까지 올려 일정하게 유지시키면, 평판 내의 온도는 그림 2.8과 같이 윗면부근부터 변화하기 시작해 장시간 경과 후에는 직선분포가 된다. 이러한 변화는 열은 온도가 높은 윗면에서 진입하여 평판 내부의 온도를 상승시킨 후 밑면을 향해 흐르기 때문에 발생한다. 이러한 열의 이동을 전도전열(conductive heat transfer)이라고 한다.

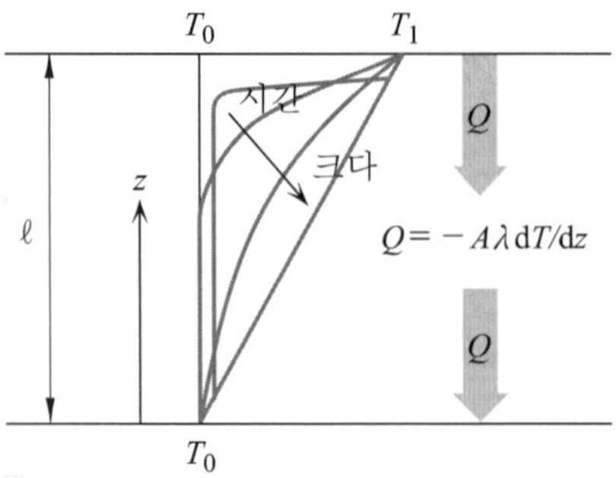

그림 2.8 평판 내부의 온도변화(개념도). (평판 윗면이 T_0에서 T_1로 계단상으로 변화한 경우)

2.5.1 푸리에(Fourier)의 열전도 법칙

그림 2.8의 직선상 온도분포가 형성된 정상상태에서는 평판의 면적 A, 위아래면의 온도차 $\Delta T = T_1 - T_0$가 클수록, 또한 평판의 두께 ℓ이 얇을수록 평판을 흐르는 열량 Q는 크다. 그때 단위면적당 전열량 $q = Q/A$와 온도구배 $\Delta T/\ell$의 관계를 다음 식으로 나타낸다.

$$q = \frac{Q}{A} = \frac{\lambda \Delta T}{\ell} \tag{2.43}$$

이 단위시간·단위면적당 이동하는 열량 q를 열유속(heat flux), λ를 열전도율(또는 열전도도, thermal conductivity)이라고 한다. 위 식의 변수를 SI 단위를 이용해 나타내면 Q의 단위는 $\mathrm{Js^{-1} = W}$, q의 단위는 $\mathrm{Wm^{-2}}$이므로 열전도율 λ의 단위는 $\mathrm{Js^{-1}m^{-1}K^{-1}}$또는 $\mathrm{Wm^{-1}K^{-1}}$이 된다.

주요 금속, 고체, 유체(기체, 액체)의 열전도율 값을 표 2.3에 나타냈다. 일반적으로는 고체, 액체, 기체 순서로 열전도율이 작아진다. 금속의 열전도도가 높은 것은, 자유전자의 운동이 열이동에 관계되기 때문이다.

식 (2.43)에서 $\ell = \Delta z$라 하면 z방향의 열유속 q_z는 다음과 같은 미분형이 된다.

$$q_z = \lim_{\Delta x \to 0}\left(-\lambda \frac{\Delta T}{\Delta z}\right) = -\lambda \frac{dT}{dz} \tag{2.44}$$

열은 온도가 높은 영역에서 낮은 영역으로 이동하므로 열 이동방향을 나타내기 위해 식 (2.44)에는 마이너스 부호가 붙어있다.

| 표 2.3 | 물질·재료의 열전도율 λ (온도지정이 없는 경우는 300 K) 7)

금속, 합금 등	λ/Wm^{-1}K^{-1}	유리, 고분자 등	λ/Wm^{-1}K^{-1}	유체	λ/Wm^{-1}K^{-1}
알루미늄	237	석영유리	1.38	물(액)	0.610
동	402	유리섬유	0.034	메탄올(액)	0.202
탄소강	50	염화비닐수지	0.16	공기	0.0265
스테인레스강	17	불소수지	0.33	이산화탄소	0.0166
다이아몬드	900	내화벽돌 (500 K)	0.10~0.221	나트륨 (용해금속 700 K)	71.5

열유속 q는 벡터양이며, 3차원공간에서는 다음 식으로 나타난다.

$$\boldsymbol{q} = q_x\boldsymbol{i} + q_y\boldsymbol{j} + q_z\boldsymbol{k} = -\lambda\left(\frac{\partial T}{\partial x}\boldsymbol{j} + \frac{\partial T}{\partial y}\boldsymbol{j} + \frac{\partial T}{\partial z}\boldsymbol{k}\right) = -\lambda\nabla T \tag{2.45}$$

∇T는 국소의 최대 온도구배를 나타내며, 그것에 비례한 열량이 등온도면에 수직으로 온도가 낮은 방향을 향해 흐르는 것을 식 (2.45)에 나타냈다. 열유속 q의 x, y, z방향성분은 각각 다음 식과 같다.

$$q_x = -\lambda\frac{dT}{dx}, \quad q_y = -\lambda\frac{dT}{dy}, \quad q_z = -\lambda\frac{dT}{dz} \tag{2.46}$$

식 (2.43)~(2.46)의 관계식을 푸리에의 열전도의 법칙(Fourier's law of heat conduction)이라고 한다. 식 (2.45)를 식 (2.16)과 비교하면 두 식은 같은 형태인 것을 알 수 있다. 그림 2.3의 등온도선을 등온선 확산유속 J_{Ay}, J_{Az}를 열유속 q_y, q_z로 치환하면 그림 2.3은 2차원온도분포와 열유속의 관계를 나타낸다.

2.5.2 전열 저항

푸리에의 열전도 법칙을 옴의 저항법칙 $I = \Delta V/R$과 비교해 보자. 전열량 Q를 전류 I에 대응시켜서 열전도의 식 (2.43)을 변형하면 다음과 같다.

$$Q = \lambda A\frac{\Delta T}{\ell} = \frac{\Delta T}{\ell/(\lambda A)} \tag{2.47}$$

---

7) "화학편람 기초편 II", 개정 4판, P.66~70, 마루젠(丸善)(1993)에서 발췌

전위차 ΔV는 전하이동(전류)의 추진력, 또한 온도차 ΔT는 열이동의 추진력이다. 식 (2.47)은 이동량 = 추진력 / 저항의 형태로 표시되며, 분모의 $\ell/(\lambda A)$를 전열저항(thermal resistance)이라고 한다. 판의 두께가 얇고, 열전도율과 면적이 클수록, 전열저항이 작아지며, 보다 큰 열량이 흐르는 것을 식 (2.47)을 나타내고 있다.

2.6 다층벽의 열전도

2.6.1 평판벽

그림 2.9와 같이 재질이 다른 n장의 다층 평판 내의 정상열전도를 생각해보자. j층째의 평판의 두께를 ℓ_j, 열전도율을 λ_j, 밑면과 윗면의 온도를 T_{j-1}, T_j, 다층 평판의 가장 아랫면과 가장 윗면의 온도를 T_0, T_n, 또한 각 평판의 면적을 A_j(평판에서는 일정)로 한다.

각 평판을 흐르는 열량 Q는 같기 때문에 식 (2.47)로부터 다음 식이 성립된다.

$$Q = \frac{\Delta T_1}{\ell_1/(\lambda_1 A_1)} = \cdots = \frac{\Delta T_n}{\ell_n/(\lambda_n A_n)} = \frac{T_n - T_0}{\sum_{j=1}^{n} \ell_j/(\lambda_j A_j)} \tag{2.48}$$

위 식의 분모 $\ell_j/(\lambda_j A_j)$는 j번째의 평판의 전열저항이며, 다층평판 전체의 온도차 $T_n - T_0$을 전열저항의 총합 $\sum_{j=1}^{n} \ell_j/(\lambda_j A_j)$로 나누면 전열량 Q를 구할 수 있다.

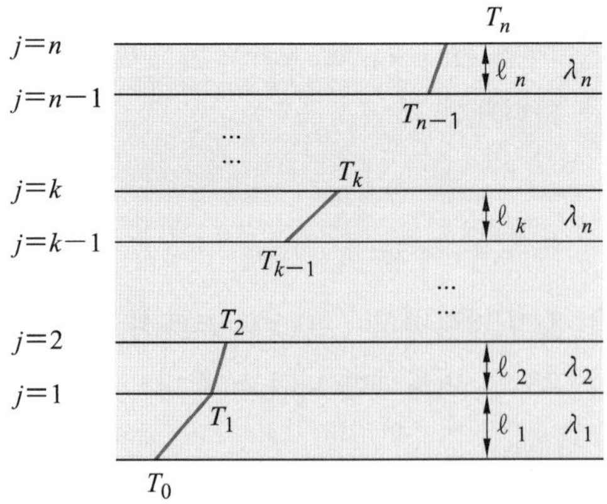

그림 2.9 다층평판 내 전도 전열

2.6.2 원통벽

그림 2.10과 같이 내반경 R_i, 외반경 R_o, 길이 L의 원통의 내표면과 외표면의 온도가 각각 일정의 T_i과 T_o으로 유지될 때, 열은 원통벽 내를 반경방향으로 흘러, 푸리에의 법칙에 의해 반경방향의 열유속 q_r은 다음 식으로 나타낼 수 있다.

$$q_r = -\lambda dT/dr \tag{2.49}$$

여기서, λ은 원통벽의 열전도율이다. 반경 r의 위치에서 전열면적은 $2\pi rL$이므로, 전체 열량 Q는 다음 식과 같다.

$$Q = 2\pi rLq_r = -\lambda 2\pi r L dT/dr \tag{2.50}$$

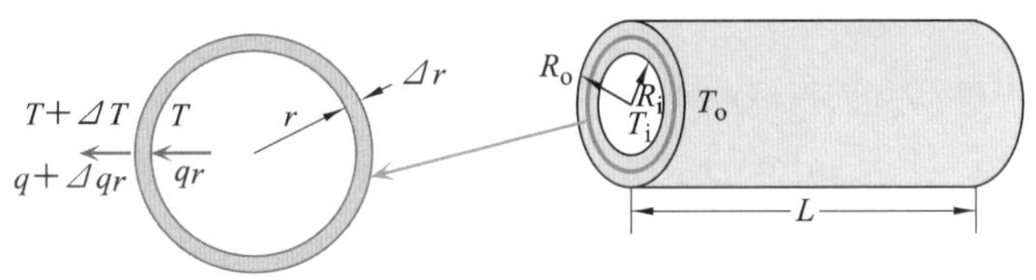

| 그림 2.10 | 원관벽의 미소 환상부의 열수지

전체 전열량 Q는 r과 상관없이 일정하므로 식 (2.50)을 다음과 같이 변형하면

$$Q dr/r = -\lambda 2\pi L dT \tag{2.51}$$

위 식을 $r = R_i$, $T = T_i$에서 $r = R_o$, $T = T_o$까지 적분하면

$$Q \ln(R_o/R_i) = \lambda 2\pi L(T_i - T_o) \tag{2.52}$$

를 얻을 수 있고 전열량 Q는 다음 식으로 나타낼 수 있다.

$$Q = \frac{\lambda 2\pi L(T_i - T_o)}{\ln(R_o/R_i)} = \frac{\lambda 2\pi L(R_o - R_i)}{\ln(R_o/R_i)} \frac{\Delta T}{R_o - R_i} = \lambda \frac{A_o - A_i}{\ln(A_o/A_i)} \frac{\Delta T}{\ell} \tag{2.53}$$

여기서 A_o, A_i는 각각 원통의 외표면적, 내표면적이고, $\ell = R_o - R_i$는 원관의 두께이다. 식 (2.53)을 평균 전열면적 A_{av}를 이용해 식 (2.47)의 형태로 변형시키면,

$$Q = \lambda A_{av} \frac{\Delta T}{\ell} = \frac{\Delta T}{\ell/(\lambda A_{av})} \tag{2.54}$$

가 된다. A_{av}는 다음 식으로 정의되는 A_o과 A_i의 대수평균 A_{lm}이 된다.

$$A_{av} = A_{lm} = \frac{A_o - A_i}{\ln(A_o / A_i)} \tag{2.55}$$

n층으로 겹쳐진 원통벽의 전열량 Q는 식 (2.48)의 전열면적 A_j 대신 j번째의 원통 대수평균면적 A_{jav}를 이용해 다음 식으로 표시된다.

$$Q = \frac{\Delta T}{\sum_{j=1}^{n} \frac{\ell_j}{\lambda_j A_{jav}}} \tag{2.56}$$

2.6.3 구각벽

내반경 R_i, 외반경 R_o의 구(球)에서 내표면온도를 T_i, 외표면온도를 T_o으로 한다. 반경 r에서의 열유속 q_r은 식 (2.49)와 같고 구 표면전체에서 전체 전열량 Q는 일정하므로, 다음 식이 성립된다.

$$Q = 4\pi r^2 q_r = -4\pi r^2 \lambda dT/dr \tag{2.57}$$

위 식을 변형하여 내표면온도 T_i와 외표면온도 T_o를 이용해 적분하면

$$\int_{R_i}^{R_o} \frac{-Q}{r^2} dr = \int_{T_i}^{T_o} 4\pi\lambda dT \tag{2.58}$$

이 되며, 전열량 Q는 다음 식과 같다.

$$Q = 4\pi R_i R_0 \lambda \frac{T_i - T_0}{R_0 - R_i} = 4\pi R_i R_0 \lambda \frac{\Delta T}{\ell} = A_{av} \lambda \frac{\Delta T}{\ell} \tag{2.59}$$

여기서 $\Delta T = T_i - T_o$, $A_{av} = \sqrt{A_i A_o}$, $\ell = R_o - R_i$이다. 즉, 구의 평균열면적 A_{av}는 내표면적 A_i와 외표면적 A_o의 기하평균이 된다.

다층 구의 전열량 Q는 j번째의 전열면적으로서 구의 전열평균전열면적 A_{jav}를 이용해 식 (2.48)로 구할 수 있다.

예제 2.6

1) 두께 6 mm, 열전도율 0.9 $Wm^{-1}K^{-1}$의 창문 유리가 있다. 유리 양면의 온도차가 10℃일 때의 유리를 통과하는 전열량을 구하라.
2) 두께 6 mm의 창문유리 대신 두께 3 mm의 창문유리 2장을 10 mm 떨어뜨린 이중유리를 설치한다. 유리사이의 공기층이 정지(靜止)되어 있을 때 이중유리 사용에 의해 단열성능은 어느 정도 향상되는가? 단, 공기의 열전도율은 0.026 $Wm^{-1}K^{-1}$이다.

해답

1) 식 (2.43)에 수치를 대입

   단위면적당 전열저항 $R_s = \ell/\lambda = 6.67 \times 10^{-3}\ Km^2W^{-1}$

   전열량 $q_s = \dfrac{Q}{A} = \dfrac{\Delta T}{R_s} = \dfrac{10}{6.67 \times 10^{-3}} = 1.50\ Wm^{-2}$

2) 이중유리는 식 (2.48)을 이용한다.

   전열저항 $R_p = \dfrac{3 \times 10^{-3}}{0.9} + \dfrac{0.010}{0.026} + \dfrac{3 \times 10^{-3}}{0.9} = 0.391\ Km^2W^{-1}$

   열유속 $q_p = \dfrac{\Delta T}{R_p} = \dfrac{10}{0.391} = 25.6\ Wm^{-2}$

   2장의 이중유리의 두께는 6 mm이므로 1)의 두께와 같다. 공기층만큼 전열저항이 늘어 전체 전열저항은 1장 유리의 58.6배가 된다. 공기층의 단열성능이 얼마나 뛰어난지 알 수 있다.

2.7 열전달 계수와 총괄열전달 계수

2.7.1 전열 경막과 열전달 계수

탱크 내의 액체를 측벽을 통해 가열할 때, 내부 온도 T는 탱크의 벽 온도 T_w보다 낮다. 액체의 혼합상태가 양호한 경우에는 액체온도가 변화하는 영역은 벽 가까운 곳으로 한정되어 그림 2.11과 같은 온도분포가 형성된다.

벽면에서의 열유속 q_w는 푸리에의 법칙으로 다음 식과 같다.

$$q_w = -\lambda \frac{dT}{dz}\bigg|_{z=0} \tag{2.60}$$

벽면에서의 온도분포 접선을 연장하여 $T = T_b$가 되는 z의 위치를 δ_T라 하면

$$q_w = \lambda (T_w - T_b)/\delta_T \tag{2.61}$$

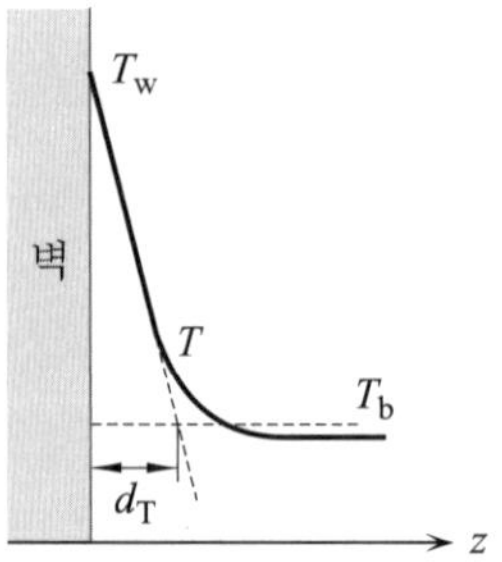

▌그림 2.11▐ 벽 부근의 온도분포와 온도경막

가 성립된다. 여기서

$$h = \lambda / \delta_T \tag{2.62}$$

로 하고, 식 (2.61)을 다음 식으로 나타낼 수 있다.

$$q_w = h(T_w - T_b) \tag{2.63}$$

위 식의 h를 열전달 계수(heat transfer coefficient) 또는 전열계수, 경막전열계수라고 한다. 그 SI 단위는 $Jm^{-2}s^{-1}K^{-1}$ 또는 $Wm^{-2}K^{-1}$이다. 유체의 혼합상태가 양호할수록 온도분포는 보다 균일해지므로 전열 경막 두께 δ_T는 작아지며, 그 결과 열전달 계수 h는 커진다. 따라서 열전달 계수 h는 흐름의 상태, 유체속도, 유체의 열물성, 전열면의 형상에 따라 변화한다.

2.7.2 총괄열전달 계수

보통의 열교환기에서는 고체벽을 끼고, 한쪽에 고온유체를, 다른 쪽에 저온유체를 흘려보내 가열·냉각을 한다. 이렇게 유체 자신의 이동에 따라 열을 수송하여 열교환을 하는 형태를 대류전열(convective heat transfer)이라고 한다. 고온유체가 옮기는 열이 고체벽을 통해 저온유체로 이동할 때 형성되는 온도경막이 그림 2.12와 같다.

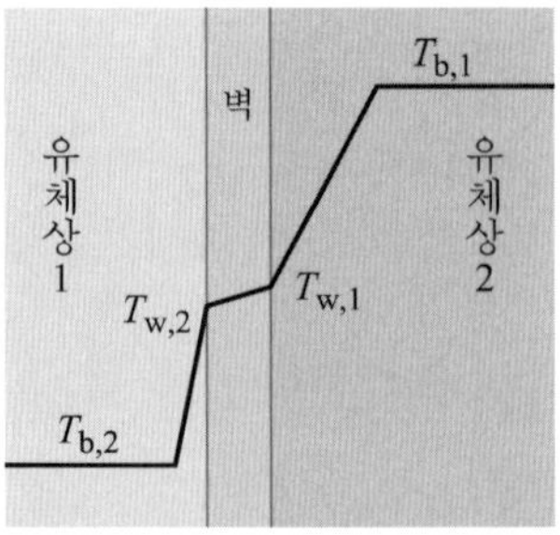

▌그림 2.12▐ 전열벽을 사이에 두는 2액체의 경막

정상상태에서는 고온유체의 전열 경막, 고체벽, 저온유체의 전열 경막을 지나는 전열량은 모두 같으므로 다음 식이 성립된다.

$$Q = h_1 A_1 (T_{b,1} - T_{w,1}) = (\lambda/\ell) A_{av} (T_{w,1} - T_{w,2}) = h_2 A_2 (T_{w,2} - T_{b,2})$$
$$= \frac{T_{b,1} - T_{b,2}}{(1/h_1 A_1) + (\ell/\lambda A_{av}) + (1/h_2 A_2)} \tag{2.64}$$

위 식의 분모는 고온유체측 경막, 전열벽, 저온유체측 경막의 전열저항의 합을 나타낸다. 식 (2.64)를 총괄열전달 계수(overall heat transfer coefficient, 총괄전열계수라고도 한다) U를 이용해 다음과 같이 바꿔 쓸 수 있다.

$$Q = U_1 A_1 (T_{b,1} - T_{b,2}) = U_{av} A_{av} (T_{b,1} - T_{b,2}) = U_2 A_2 (T_{b,1} - T_{b,2}) \tag{2.65}$$

여기서 U와 A의 아래 첨자는 대응하고 있고, U_1, U_{av}, U_2를 각각 전열면적 A_1, A_{av}, A_2기준의 총괄열전달 계수라고 한다. 식 (2.64), 식 (2.65)를 통해

$$\frac{1}{U_1 A_1} = \frac{1}{U_{av} A_{av}} = \frac{1}{U_2 A_2} = \frac{1}{h_1 A_1} + \frac{1}{(\lambda A_{av}/\ell)} + \frac{1}{h_2 A_2} \tag{2.66}$$

의 관계가 성립된다.

원통관처럼 A_1(내표면적), A_{av}(평균면적), A_2(외표면적)이 다른 경우에는 U_1, U_{av}, U_2의 값도 다르다. 또한 U의 단위는 열전달 계수 h의 단위와 같다.

예제 2.7

외경 42.7 mm, 내경 35.7 mm의 강관($\lambda = 46.5\ \mathrm{Wm^{-1}K^{-1}}$)의 바깥측 고온유체를 흘려보내고 안쪽을 흐르는 유체를 가열한다. 관 밖의 열전달 계수는 $9.5 \times 10^3\ \mathrm{Wm^{-2}K^{-1}}$, 관내의 열전달 계수는 $1.8 \times 10^3\ \mathrm{Wm^{-2}K^{-1}}$이다. 관내 표면적기준의 총괄열전달 계수를 구하라.

해답

관 안쪽에 첨자 1, 관 바깥쪽에 첨자 2를 이용한다. 식 (2.66)에 의해 U_1은

$$\frac{1}{U_1} = \frac{1}{h_1} + \frac{1}{(\lambda/\ell)(A_{av}/A_1)} + \frac{1}{h_2(A_2/A_1)} \tag{1}$$

면적비를 관경 비로 구하면

$$\frac{A_{av}}{A_1} = \frac{(D_2/D_1)-1}{\ln(D_2/D_1)} = 1.095 \qquad \frac{A_2}{A_1} = 1.196$$

벽의 두께는 $\ell = 3.5$ mm이므로, 식 (1)에서

$$\frac{1}{U} = \frac{1}{1.8\times10^3} + \frac{1}{(46.5/0.0035)(1.095)} + \frac{1}{(9.5\times10^3)(1.196)} = 7.12\times10^{-4}$$

가 되며, 관내 표면적 기준의 총괄열전달 계수는 $U_1 = 1.4\times10^3\ \mathrm{Wm^{-2}K^{-1}}$
관 안쪽의 열전달 계수가 작기 때문에 그것이 주된 전열저항이 된다.

2.8 열교환기의 설계

총괄열전달 계수를 이용한 장치설계법에 대해 가장 간단한 2중관형 열교환기를 이용해 설명하겠다. 2중관형 열교환기는 그림 2.13과 같이 외관의 내부에 내관이 삽입된 구조를 가지며 내관내부를 흐르는 유체와 내관 바깥쪽의 환상부를 흐르는 유체 사이에서 열교환이 이루어진다. 그때 열은 고온유체에서 저온유체를 향해 흐르므로 2중관 축에 수직인 단면 내 유체온도는 내관 단면에서 외부의 환상부 단면에 걸쳐 변화한다. 이 열교환기를 이용해 예를 들어, 유체온도를 40℃부터 80℃까지 올리고 싶을 때 이들의 온도는 단면 내에서 분포하는 유체온도와 어떤 관계에 있을까? 열교환기의 설계 방정식을 도출하기 전에 이 온도에 대해서 설명하겠다.

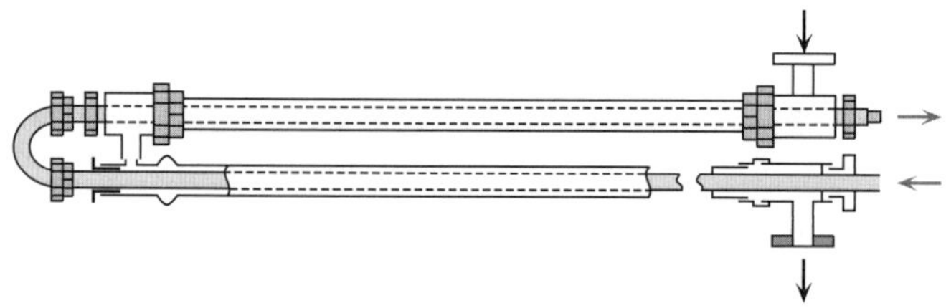

▌그림 2.13▐ 이중관형 열교환기

2.8.1 유체평균온도

내관 안을 흐르는 유체의 속도 u, 온도 T가 축 대칭인 분포 $u(r)$, $T(r)$을 가지는 경우, 내관 안의 반경 r과 $r+dr$의 원에 둘러싸인 미소면적 $\mathrm{dA}(=2\pi \mathrm{rdr})$에 유입되는 질량 유량은 $\rho u dA(=\rho u 2\pi r dr)$, 열량은 $\rho \hat{c_p} u T dA(=\sigma \hat{c_p} u T 2\pi r dr)$이 된다. 이것들을 중심($r=0$이고 $A=0$)에서 내관의 벽($r=R$이고 $A=A$)까지 적분하여 단면을 흐르는 질량 유량과 열량

을 구할 수 있다. 단면 내의 $\rho\hat{c_p}$의 변화는 작다고 가정해서 다음 식에서 유체평균온도 T_b를 정의한다.

$$T_b = \int_0^A \rho\,\hat{c}_p u T dA \Big/ \hat{c}_p \int_0^A \rho u dA \tag{2.67}$$

비원형 단면을 가지는 유로에 대해서도 유체평균온도 T_b는 식 (2.67)로 정의된다. 이식이 나타내듯이 유체평균온도 T_b는 단면을 통과하는 유체의 열량을 유체의 열용량으로 나눈 온도이며, 유체온도 T만을 적분평균한 단면평균온도와는 다르다. 열교환기의 설계에 이용되는 온도는 식 (2.69)로 정의되는 유체평균온도 T_b이다.[8)]

2.8.2 이중관형 열교환기의 설계

열교환기 유체를 흘려보내는 방법으로는 고온유체와 저온유체를 같은 방향으로 흘리는 병류(concurrent flous, parallel, flow) 방식과 반대방향으로 흘려보내는 향류(countercurrernt flow) 방식이 있다. 각각 유체의 온도변화는 그림 2.14와 같다.

비열용량 $\hat{c_\mathrm{h}}$의 고온유체(첨자 h)가 질량 유량 G_h로 관 안을 흐르고 환상부를 질량 유량 G_c로 흐르는 비열용량 $\hat{c_\mathrm{c}}$의 저온유체(첨자 c)와 열교환하는 경우를 생각해보자. 그림 2.15와 같이 고온측 유체의 입구를 위치 '1', 출구를 위치 '2'라 하고, 위치 '1'에서의 고온측 유체온도를 $T_{\mathrm{h}1}$, 저온측 유체온도를 $T_{\mathrm{c}1}$, 위치 '2'에서의 각각 유체의 온도를 $T_{\mathrm{h}2}$, $T_{\mathrm{c}2}$로 한다. 또한 위치 '1'에서 거리 z의 단면까지의 길이를 L, 전열면적을 A라 하고, 거리 z(전열면적 A)에서의 두 유체의 온도를 T_h, T_c, 거리 $z+dz$(전열면적 $A+dA$)에서의 두 유체의 온도를 $T_\mathrm{h}+dT_\mathrm{h}$, $T_\mathrm{c}+dT_\mathrm{c}$로 한다.

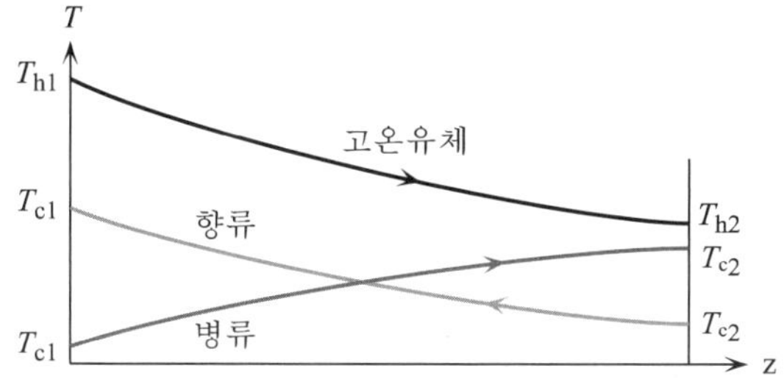

▌그림 2.14▐ 병류와 향류의 온도변화

8) 유체본체의 농도 C_b도 식 (2.67)과 마찬가지로 다음 식으로 정의된다. $C_\mathrm{b} = \int_0^A CudA \Big/ \int_o^A udA$ 이 C_b가 물질수지에 이용되는 농도이다.

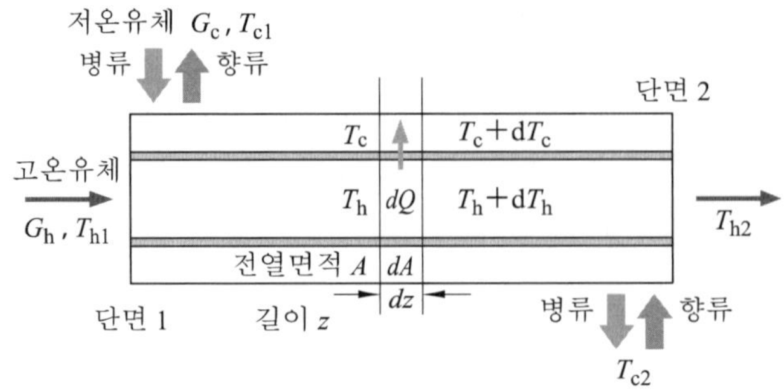

▌그림 2.15▐ 열교환기를 흐르는 두 유체의 열수지

두 유체의 비열용량을 일정하다고 하면 전체 열수지는 다음 식과 같다.

$$Q = \hat{c}_h G_h (T_{h1} - T_{h2}) \tag{2.68a}$$

$$= \hat{c}_c G_c (T_{c2} - T_{c1}) \tag{2.68b}$$

또한 위치 z와 $z+dz$의 구간에서의 열교환량 dQ는 다음 식과 같다.

$$dQ = \hat{c}_h G_h [T_h - (T_h + dT_h)] = -dT_h/(1/\hat{c}_h G_h) \text{ (고온유체)} \tag{2.69}$$

$$= \hat{c}_c G_c [(T_c + dT_c) - T_c] = dT_c/(1/\hat{c}_c G_c) \qquad \text{(저온유체)}$$

$$= -d(T_h - T_c)/[(1/\hat{c}_h G_h) + (1/\hat{c}_c G_c)] \qquad \text{(전체)}$$

미소거리 dz구간의 전열면적은 dA이므로, 국소의 전열량 dQ는 총괄열전달 계수 U를 이용해 다음 식으로 나타낼 수 있다.

$$dQ = (T_h - T_c)(UdA) \tag{2.70}$$

식 (2.69), 식 (2.70)으로 다음 식을 구할 수 있다.

$$\frac{d(T_h - T_c)}{T_h - T_c} = -\left(\frac{1}{\hat{c}_h G_h} + \frac{1}{\hat{c}_c G_c}\right) UdA \tag{2.71}$$

$T_h - T_c = \Delta T$로 하고, 식 (2.68)의 관계를 대입하면, 식 (2.71)은 다음과 같아진다.

$$\frac{d(\Delta T)}{\Delta T} = -(\Delta e T_1 - \Delta T_2)\frac{U}{Q} dA \tag{2.72}$$

위 식을 위치 '1' ($z = 0$이고 $A = 0$)에서 위치 '2' ($z = L$이고 $A = A$)까지 적분하면,

$$\ln(\Delta T_2/\Delta T_1) = -(\Delta T_1 - \Delta T_2)(UA/Q) \tag{2.73}$$

이 되고, 위 식을 변형시키면 최종적으로 다음 식과 같아진다.

$$Q = \frac{UA(\Delta T_1 - \Delta T_2)}{\ln(\Delta T_1 / \Delta T_2)} = UA\Delta T_{1m} \tag{2.74}$$

여기서 $\Delta T_{lm} = (\Delta T_1 - \Delta T_1)/\ln(\Delta T_1/\Delta T_2)$를 대수평균온도차라고 한다. 또한 도출된 식은 병류, 향류 어떤 유통 방식에도 성립된다.

전열관의 내표면적은 $A_i = \pi d_i L$, 외표면적은 $A_o = \pi d_o L$이다. 총괄열전달 계수 U에는 전열면적 A로서 내표면적 A_i를 이용하는 경우에는 내표면적기준의 U_i와 외표면적 A_o를 이용하는 경우에는 외표면 기준의 U_o을 이용한다.

다관원통형 열교환기 등 공업적으로 이용되는 열교환기는 장치 내부에서 향류와 병류가 조합된 흐름이 형성되는 구조가 많다. 그러한 경우에는 식 (2.74)의 대수평균온도차를 보정해서 장치설계가 이루어진다.

예제 2.8

외경 34.0 mm, 내경 27.6 mm의 강관에 온도 40℃의 유기액체를 질량 유량 0.50 kgs^{-1}로 흘려보내 외부에서 125℃의 포화수증기로 가열하여 90℃까지 온도를 상승시킨다. 열전달 계수는 수증기 측에서 1.3×10^4 $Wm^{-2}K^{-1}$, 유기액체 측에서 1.2×10^3 $Wm^{-2}K^{-1}$일 때 필요한 전열관의 길이를 구하라. 단, 유기액체의 비열용량은 2.1 $kJkg^{-1}K^{-1}$, 강관의 열전도율은 46 $Wm^{-1}K^{-1}$이다.

해답

필요전열량 $Q = (2.1 \times 10^3)(0.50)(90-40) = 5.25 \times 10^4$

전열면적의 비 $\dfrac{A_{lm}}{A_i} = 1.112,\ \dfrac{A_o}{A_i} = 1.232$

식 (2.66)을 이용해 관내경 기준의 총괄전달계수를 구한다.

$$\frac{1}{U_i} = \frac{1}{1.2\times10^3} + \frac{3.2\times10^{-3}}{46\times1.112} + \frac{1}{1.3\times10^4\times1.232}$$

이므로 $U_i = 1.04 \times 10^3$ $Wm^{-2}K^{-1}$

포화수증기의 응축열을 이용하여 가열하므로 관외벽온도는 125℃로 일정하게 유지된다.

식 (2.74)에서 전열면적 A_i과 관 길이 L을 구하면,

$$\Delta T_{lm} = \frac{(125-40)-(125-90)}{\ln[(125-40)/(125-90)]} = 56.4\ \mathrm{K}$$

$$A_1 = \frac{Q}{U_i \Delta T_{lm}} = 0895\ \mathrm{m}^2,\ \ L = \frac{A_1}{\pi d_i} = 10.3\ \mathrm{m}$$

2.9 차원해석과 이동계수의 상관변수

이번 장의 전반에서는 물질 이동, 후반에서는 열이동을 다뤘다. 확산성분이 희박한 경우의 물질 이동 계수와 계면물질유속의 관계는 식 (2.27), 식 (2.31)로 다음 식과 같아진다.

$$\text{물질 이동}\ \ N_A = -D_A C\frac{dx}{dz}|_{z=0} = D_A \frac{dC_A}{dz}|_{z=0} = k_C(C_{Ai} - C_{Ab}) \qquad (2.75)$$

한편 열전달 계수와 벽면 열유속의 관계는 식 (2.60), 식 (2.63)으로 다음 식이 된다.

$$\text{열이동}\ \ q = -\lambda\frac{dT}{dz}|_{z=0} = h(T_W - T_b) \qquad (2.76)$$

장치 내 농도 분포, 온도분포가 이론적으로 해석 가능한 경우에는 식 (2.75), 식 (2.76)으로 물질 이동 계수, 열전달 계수와 장치의 크기, 유체의 속도, 물성치의 관계를 해석적으로 구할 수 있다. 하지만 이론해석이 어려운 복잡한 형상을 한 장치 내 물질 이동 계수나 열전달 계수에 대해서는 실험에 의지해야 한다.

최근 컴퓨터를 이용한 유동현상의 수치해석법이 발전되어 장치 내 물질 이동, 열이동의 현상해석이 가능하게 되었다. 수치해석에는 주어진 장치형상, 조작조건에 대해 결과가 수치로 구할 수 있다. 물질 이동 계수나 열전달 계수에 영향을 끼칠 가능성이 있는 인자의 모든 것을 바꾸어 검토하려고 하면 방대한 수치해석을 하게 된다. 도출된 수치결과를 어떻게 관계지을지, 그 상관방법을 미리 검토해두는 것이 중요하다. 다음에 설명할 차원해석은 실험 데이터와 수치데이터를 상관할 때의 변수 선택법에 대해 기본적인 지침을 부여한다.

2.9.1 차원해석

전열관을 예를 들어 차원해석(dimensional analysis)을 설명하겠다. 원관 내 열전달 계수 h에 영향을 끼치는 요인으로서 대표길이(관경) d, 대표속도(단면평균유속) u, 유체의 밀도 ρ,

점도 μ, 비열용량 $\hat{c}_p$, 열전달율 λ을 고려하여 그것들의 거듭제곱의 곱으로 열전달 계수 h를 나타낸다.

$$h = f_n(d, u, \rho, \mu, \hat{c}_p, \lambda) = \text{const} \times d^{n_1}, u^{n_2}, \rho^{n_3}, \mu^{n_4}, \hat{c}_p^{\,n_5}, \lambda^{n_6} \tag{2.77}$$

위 식이 건전한 식이기 위해서는 차원에 대해서도 등호가 성립해야 한다. 각각 변수의 단위를 SI기본단위로 나타내면 $h\,[\mathrm{Wm^{-2}K^{-1}}] = h\,[\mathrm{kg\,s^{-3}K^{-1}}]$, $d\,[\mathrm{m}]$, $u\,[\mathrm{ms^{-1}}]$, $\rho\,[\mathrm{kg\,m^{-3}}]$, $\mu\,[\mathrm{Pas}] = \mu[\mathrm{kg\,m^{-1}s^{-1}}]$, $\hat{c}_p[\mathrm{Jkg^{-1}K^{-1}}] = \hat{c}_p[\mathrm{m^2s^{-2}K^{-1}}]$, $\lambda\,[\mathrm{Wm^{-1}K^{-1}}] = \lambda\,[\mathrm{kg\,ms^{-3}K^{-1}}]$ 이므로 식 (2.77)의 거듭제곱의 지수는 각 차원에 대해 다음과 같은 등식을 만족시킨다.

$$\begin{aligned}
&\text{길이 :} \quad 0 = n_1 + n_2 - 3n_3 - n_4 + 2n_5 + n_6 \\
&\text{질량 :} \quad 1 = n_3 + n_4 + n_6 \\
&\text{시간 :} \ -3 = -n_2 - n_4 - 2n_5 - 3_{n6} \\
&\text{온도 :} \ -1 = -n_5 - n_6
\end{aligned} \tag{2.78}$$

거듭제곱의 지수가 n_1에서 n_6까지의 6개, 식이 4개 있으므로 2개의 지수 n_2와 n_5를 이용해 다른 지수를 나타내면 다음과 같아진다.

$$n_1 = n_2 - 1,\ n_3 = n_2,\ n_4 = n_5 - n_2,\ n_6 = 1 - n_5 \tag{2.79}$$

식 (2.79)의 관계를 식 (2.77)에 대입하면

$$h = \text{const} \times d^{n_2 - 1} u^{n_2} \rho^{n_2} \mu^{n_5 - n_2} \hat{c}_p^{\,n_5} \lambda^{1 - n_5} \tag{2.80}$$

이 되며, 위 식을 정리하면 다음 식과 같아진다.

$$\frac{hd}{\lambda} = const\left(\frac{\rho u d}{\mu}\right)^{n_2}\left(\frac{\hat{c}_p \mu}{\lambda}\right)^{n_5} \tag{2.81}$$

위 식의 hd/λ, $\rho ud/\mu$, $c_p\mu/\lambda$, 은 모두 무차원이다. 차원해석에는 거듭제곱의 지수 n_2, n_5는 정해지지 않는다. 하지만 차원 해석에 의해 열전달 계수 h는 6개의 변수(d, u, ρ, μ, $\hat{c}_p$, λ)에 대해서 각각 독립적으로 의존하는 것이 아니라, 무차원 항 hd/λ으로 변환한 열전달 계수는 2개의 무차원항 $\rho ud/\mu$, $c_p\mu/\lambda$에만 의존하는 것을 알 수 있다.

다음으로 유체가 흐르는 원관 벽의 물질 이동 계수를 차원해석 해보자. 물질 이동 k_C에 영향을 끼치는 인자로서 대표길이 d, 대표유속, u, 유체의 밀도 ρ, 점도 μ, 확산계수 D_A를 고려하여 k_C를 이들 변수의 거듭제곱의 곱으로 나타낸다.

$$k_c = \mathrm{const} \times d^{n_1} u^{n_2} \rho^{n_3} \mu^{n_4} D_A^{\ n_5} \tag{2.82}$$

같은 방법으로 지수 관계를 구하면, 다음의 무차원항의 식이 구해진다.

$$\frac{k_c d}{D_A} = \mathrm{const}\left(\frac{\rho u L}{\mu}\right)^{n_2}\left(\frac{\mu}{\rho D_A}\right)^{1-n_5} \tag{2.83}$$

이 경우도 지수 n_2, n_5는 정해지지 않지만, 무차원항에서 나타낸 물질 이동 계수 $k_C d/D_A$는 $\rho u d/\mu$, $\mu/\rho D_A$의 두 개의 무차원항에 의존하는 것을 알 수 있다.

위에 설명한 차원해석은 현상에 영향을 끼치는 차원을 가진 인자 또는 정수를 물리변수로 하여, 그것들이 어떤 함수관계를 충족시킨다면 그 관계는 차원적으로도 건전해야 한다는 원칙에 근거하는 것이다. 이 원칙은 "n개의 물리변수가 m개의 기본단위 또는 기본차원을 가질 때, 그것들의 물리변수 사이에 함수관계는 $(n-m)$개의 독립된 무차원항으로 나타난다" 라고 일반적으로 기술된다. 이것을 버킹엄(Buckingham)의 Π(pi)정리라고 한다. 식 (2.77)의 적용에는 변수의 수는 n을 포함하여 $n=7$, 차원의 수는 $m=4$, 따라서 $n-m=3$이 되며, 식 (2.77)의 관계는 식 (2.81)과 같은 3개의 무차원수를 이용하여 기술된다.

2.9.2 무차원수

식 (2.81), (2.83)의 결과를 원관 이외의 장치 내 현상에 대해 일반화 시켜보자. 열전달 계수 h, 물질 이동 계수 k_C에 영향을 끼치는 인자가 장치의 대표길이 d(원관에서는 관경), 유체의 대표속도 u, 유체의 밀도 ρ, 점도 μ, 비열용량 $\hat{c}_p$, 열전달율 λ, 확산계수 D_A라 하면, 무차원의 열전달 계수 $Nu = hd/\lambda$는 2개의 독립된 무차원항 $Re = \sigma ud/\mu$과 $\mathrm{Pr} = \hat{c}_p\mu/\lambda$에 의존하고, 또한 무차원의 물질 이동 계수 $Sh = k_C d/D_A$는 2개의 독립된 무차원항 $Re = \rho ud/\mu$와 $Sc = \mu/\rho D_A$에 의존하므로 Sh, Nu는 다음 식과 같다.

$$\text{물질 이동 계수 } Sh = F_M(Re, Sc) \tag{2.84}$$

$$\text{열전달 계수 } Nu = F_H(Re, \mathrm{Pr}) \tag{2.85}$$

위의 무차원항에는 다음의 명칭을 가지고 무차원수로서 이용된다.

$$
\begin{aligned}
&\text{레이놀즈 수(Reynolds number, } Re\text{수)} : Re = \rho u d/\mu \\
&\text{넛셀 수(Nusselt number, } Nu\text{수)} : Nu = hd/\lambda \\
&\text{프란틀 수(Prandtl number, } Pr\text{수)} : Pr = \hat{c}_p \mu/\lambda \\
&\text{셔우드 수(Sherwood number, } Sh\text{수)} : Sh = k_C d/D_A \\
&\text{슈미트 수(Schmidt number, } Sc\text{수)} : Sc = \mu/\rho D_A
\end{aligned}
\tag{2.86}
$$

위에 설명한 인자 이외에도 영향을 끼치는 인자가 있는 경우에는 그것을 포함하여 차원해석을 해서 서로에게 필요한 무차원수나 파라미터를 정한다.

2.10 물질 이동과 열이동의 상이성

확산의 추진력은 농도 구배, 열전도의 추진력은 온도구배이다. 픽의 확산법칙과 푸리에의 열전도 법칙은 모두 "유속 = 물성치 × 추진력"의 형태를 취하고 있기 때문에 두 개 사이에는 상이성이 성립한다.

2.10.1 무차원분포

서로 다른 조건 하에서 물질 이동이나 열이동의 현상을 같은 척도로 검토하기 위해서 식 (2.75), 식 (2.76)의 좌표 z를 장치의 대표길이 d를 이용해 무차원좌표 $z^* = z/d$로 변환하여, 농도, 온도를 농도차$(C_{Ai} - C_{Ab})$, 온도차$(T_W - T_b)$를 이용해 다음과 같이 정규화시킨다.

$$C_A{}^* = (C_{Ai} - C_A)/(C_{Ai} - C_{Ab}) \tag{2.87}$$

$$T^* = (T_W - T)/(T_w - T_b) \tag{2.88}$$

이렇게 정규화시키면 $z^* = 0$이고, $C^* = 0$, $T^* = 0$이 되고, 그림 2.16과 같이 무차원 농도 C^*, 무차원 온도 T^*은 z^*방향으로 증가하는 분포가 된다.

$C_A{}^*$, T^*, z^*를 이용하면 식 (2.75), 식 (2.76)은 다음 식과 같다.

$$\left.\frac{dC_A{}^*}{dz^*}\right|_{z^*=0} = \frac{k_c d}{D_A} = Sh \tag{2.89}$$

$$\left.\frac{dT^*}{dz^*}\right|_{z^*=0} = \frac{hd}{\lambda} = N \tag{2.90}$$

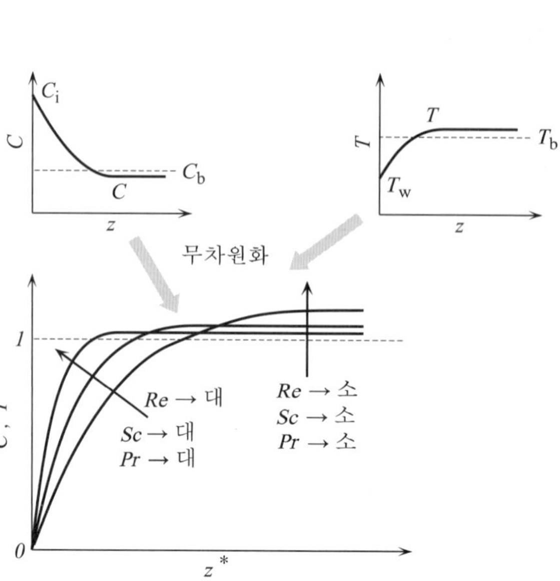

| 그림 2.16 | 농도 분포와 온도분포의 상이성

앞 절에서 도출한 Sh수는 계면에서의 무차원농도 구배 Nu수는 벽면에서의 무차원온도 구배라는 걸 알 수 있다.

2.10.2 물성치와 장치스케일의 영향

확산계수나 열전도율이 큰 유체는 확산이나 열전도의 영향이 계면에서 먼 곳까지 끼치기 때문에, z^*의 증가와 함께 농도나 온도 분포는 전체적으로 평온하게 변화한다. 한편 확삭계수나 열전도율이 작은 유체에서는 계면 가까이서 분포가 급격히 변화한다. 또한 유속이 커지면 대류로 운반되는 물질, 열량이 많아지므로 농도나 온도 분포는 평탄하게 가까워지며, 그 변화는 계면 가까운 곳으로 한정된다.

이러한 분포 변화를 무차원수를 이용해 나타내면 그림 2.16의 화살표와 같이, 유체의 농도나 온도의 변화는 Re수, Sc수, Pr수의 증가와 함께 계면에서 가까운 영역으로 한정되어 Re수, Sc수, Pr수의 감소와 함께 계면에서 멀리 떨어진 영역까지 미치게 된다.

그림 2.17과 같은 기하학적으로 상이하고 대표길이가 다른 2개의 장치 ①, ②(첨자 1, 2)를 생각해보자. Re수, Sc수가 같다면, Sh수는 같은 값이 되며, 두 장치의 물질 이동 계수 사이에는 $k_{C1}d_1/D_{A1} = k_{C2}d_2/D_{Az}$의 관계가 성립된다. 또한 위에 설명한 듯이 Sh수는 무차원 농도 구배를 나타내므로 무차원 농도 분포도 동일해진다. 물성치가 동일한 유체에서는 $k_{C1}d_1 = k_{C2}d_2$가 된다. 단, Re수가 동일한 조건에서는 $Re_1 = Re_2$에서 $u_1d_1 = u_2d_2$가 되며, 두 장치의 유체속도는 다르다. 이것들은 스케일이 다른 장치 내의 물질 이동현상의 상이성을

나타낸다. 전열의 경우도 마찬가지다.

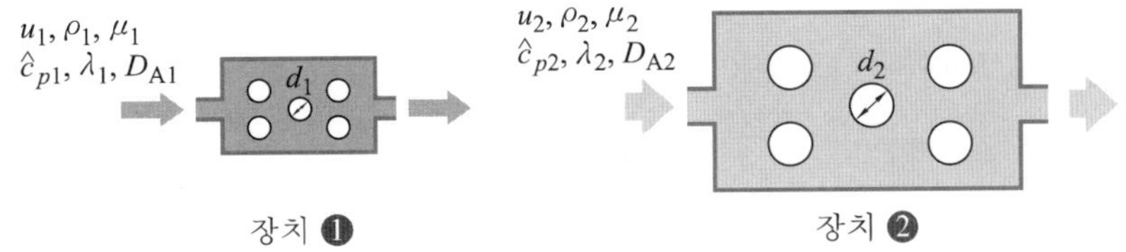

▌그림 2.17▐ 스케일이 다른 장치 내의 이동현상의 상의성

다음으로 Re수가 두 장치에서 같고 장치 ①의 유체의 Sc수와 장치 ②의 유체의 Pr수가 같은 경우를 생각하면 장치 ①의 무차원 농도는 장치 ②의 무차원온도와 같은 분포를 가지게 된다. 이 조건이 성립되는 경우에는 $k_{C1}d_1/D_{A1} = h_2d_2/\lambda_2$가 되며, 장치 ①의 물질 이동 계수는 장치 ②의 열전달 계수와 관계 지어진다. 이것은 물질 이동현상과 열이동현상의 상이성을 나타내고 있다.

2.10.3 상관식의 상이성

여러 장치의 물질 이동 계수나 열전달 계수의 상관식은 편람이나 핸드북에 기재되어 있다. 예를 들어, 관경이 60배 이상 긴 전열관의 열전달 계수는 $Re = 10^4 \sim 1.2 \times 10^5$, $Pr = 0.7 \sim 120$의 조건에서 다음 식으로 계산할 수 있다.

$$Nu = 0.023Re^{0.8}\mathrm{Pr}^{1/3} \tag{2.91}$$

또한 균일 흐름 속에 놓인 구에서 열전달 계수의 상관식은 다음 식으로 나타낼 수 있다.

$$Nu = 2 + 0.6Re^{1/2}\mathrm{Pr}^{1/3} \tag{2.92}$$

식 (2.85)에서 나타낸 Nu수의 상관관계 F_{H}는 실제로는 위식과 같은 형태로 주어진다.

2.10.2절에서 설명했듯이 동일 Re에서, $Sc = Pr$의 경우에는 그림 2.16의 무차원농도와 무차원온도는 동일한 분포가 되므로, 식 (2.91)의 Pr을 Sc로 바꾼 식은 원관 난류의 벽에서 물질 이동이 있을 때의 물질 이동 계수의 상관식이 된다.

$$Sh = 0.023Re^{0.8}Sc^{1/3} \tag{2.93}$$

또한 균일흐름 속의 구의 물질 이동 계수는 다음 식과 같다.

$$Sh = 2 + 0.6 Re^{1/2} Sc^{1/3} \tag{2.94}$$

예제 2.4에서는 정지유체 중($Re = 0$)의 구형 나프탈렌의 승화속도를 해석하고 물질 이동 계수는 $k_C = D_{AB}/R$로 나타나는 것을 설명했다. 여기에서 위의 식들의 $Sh = 2$를 얻을 수 있다.

이렇듯 초기조건이나 경계조건이 같으면 유체중의 열이나 물질의 이동현상은 상이해지며 식 (2.84)의 Sh수의 상관관계 $F_M(Re, Sc)$과 식 (2.85)의 Nu수의 상관관계 $F_H(Re, Pr)$은 같은 함수표현을 취하는 경우가 많다.

예제 2.9

내경 27.6 mm의 이중식 열교환기의 내관에 물을 유속 1.0 ms^{-1}로 흘려보내고, 포화수증기로 가열하여 물 온도를 25℃에서 55℃로 올린다. 열교환기의 입구와 출구의 평균온도 40℃의 물을 물성치를 이용해 원관 내부의 열전달 계수를 식 (2.91)을 통해 구하라. 단, 40℃의 물성치는 밀도 $\rho = 0.992 \times 10^3$ kg m^{-3}, 점도 $\mu = 0.656$ mPas, 비열용량 $\hat{c}_p = 4.178$ $kJkg^{-2}K^{-1}$, 열전도율 $\lambda = 0.629$ $Wm^{-1}K^{-1}$이다.

해답

$Re = 4.17 \times 10^4$, $Pr = 4.36$을 식 (2.91)에 대입하면 $Nu = 187$

이것으로 열전달 계수 $h = Nu\lambda/d = 4.25 \times 10^3$ $Wm^{-2}s^{-1}$

문 제

2.1 식 (2.26)을 도출하라.

2.2 직경 1 m의 작은 구멍이 뚫린 맨홀이 있고, 뚜껑에서 3 m 아래쪽으로 배수면이 있다. 수면 위에 벤젠이 존재하고 있다고 하고, 1일 당 벤젠증발량을 구하라. 단, 맨홀안의 온도는 25℃, 벤젠의 증기압은 1.27×10^4 Pa, 공기 중의 확산계수는 $0.83 \times 10^{-5} m^2 s^{-1}$이다.

2.3 예제 2.4에서 설명한 정지유체 중의 구형 나프탈렌(밀도 $\rho = 1.14 \times 10^3$ kg m^{-3}, 분자량 $M =$ 128)의 승화에 대해 다음의 질문에 답하라.

1) 구형 나프탈렌의 질량감소속도와 승화속도 N_A 사이에는 다음과 같은 식이 성립한다.

$$-\frac{d}{dt}\left(\frac{4\rho R^3}{3M}\right) = 4R^2 N_A \quad (1)$$

반경 R_0의 구형 나프탈렌이 소멸하는데 필요한 시간 t는 다음 식으로 나타낼 수 있는 것을 증명하라.

$$t = \frac{\rho {R_0}^2}{2MD_{AB}(C_{A,1} - C_{A,b})} \quad (2)$$

2) 1기압, 25℃의 정지공기 중에 놓인 직경 2 cm의 구형 나프탈렌이 소멸하는 일수를 구하라. 단, 공기 중의 나프탈렌 농도는 무시할 수 있다.

2.4 식 (2.83)을 도출하라.

2.5 밀도 ρ, 점도 μ, 유속 u, 유체 중에 직경 d의 구가 놓여 있을 때 구에 작용하는 항력 F와 이들의 파라미터 관계는 $F/\rho u^2 d^2 = f(\rho u d/\mu)$의 형태로 정리할 수 있는 것을 차원해석으로 증명하라.

2.6 25℃의 정지 물속을 상승하는 질소기포에서 질소가 물속에 용해될 때의 물질 이동 계수 k_C를 식 (2.94)를 통해 구하라. 단, 기포직경은 1 mm, 기포의 상승속도는 0.12 ms^{-1}이다. 또한 물의 밀도는 997.1 kg m^{-3}, 점도는 0.89×10^{-3} Pa·s, 물속에서의 질소의 확산계수는 $2.34 \times 10^{-9} m^2 s^{-1}$이다.

2.7 두께 20 mm의 단열재(열전도율 0.05 Wm^{-1}K^{-1})을 두른 외경 60.5 mm, 두께 3.8 mm의 강관 내 (열전도율 46.5 Wm^{-1}K^{-1})를 120℃의 포화수증기가 흐르고 있다. 단열재의 표면온도가 35℃일 때의 관 길이 1 m당 열손실량 및 수증기의 응축량을 구하라. 또한 120℃의 포화수증기의 응축열은 2202 kJkg^{-1}이다.

2.8 1) 외경 1.0 m, 두게 2.0 mm의 강판제 구형 탱크 내에 98℃의 열수가 들어있다. 탱크 벽 외표면의 온도를 측정하자 93℃이었다. 탱크벽 내표면의 온도가 물온도와 같다고 가정하면, 외부로 누설되는 열량은 얼마인가? 단, 탱크벽의 열전도율은 46.5 $Wm^{-1}K^{-1}$이다.

2) 이 탱크의 두께 30 mm의 유리섬유제 단열재(열전도율 0.034 $Wm^{-1}K^{-1}$)로 감쌌다. 보온재의 외표면온도가 30℃일 때의 누설 열량을 구하라.

2.9 내관이 외경 48.6 mm, 두께 3.5 mm의 강관인 2중관형 열교환기가 있다. 이 환상부에 105℃의 포화수증기를 흘려보내 내관을 단면평균유속 1.0 ms^{-1}로 흐르는 유기액체를 40℃에서 80℃까지 가열했다. 이 열교환기의 소요 길이를 구하라. 단, 관 바깥측의 포화수증기의 열전달 계수는 1.3 $\times 10^4$ $Wm^{-2}K^{-1}$이며, 평균온도 60°에서의 유기액체의 물성치는 밀도 868 $kg\,m^{-3}$, 점도 0.42 mPa·s, 비열용량 1.78 $kJkg^{-1}K^{-1}$, 열전도도 0.14 $Wm^{-1}K^{-1}$, 강관의 열전도도는 45.5 $Wm^{-1}K^{-1}$로 한다.

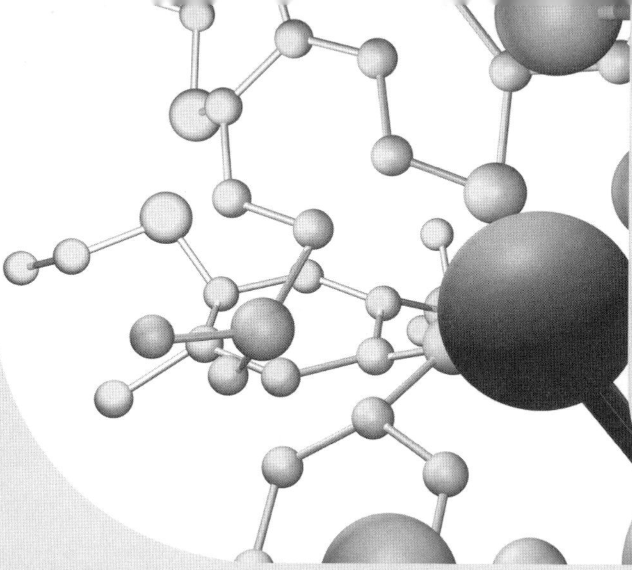

제 3 장

반응속도론의 기초

제 3 장 반응속도론의 기초

3.1 반응속도론과 반응공학

반응속도론은 시간축을 이용해 화학반응의 진행과정을 다루는 기초화학의 한 분야이다. 반응 장치 설계나 조작을 다루는 반응공학에서 반응속도론은 화학반응의 진행에 따른 물질의 양적변화를 기술하는 데 사용된다. 화학종의 변화가 있는 경우, 물질수지는 물질에 따르는 편이 편리하다. 화학반응의 진행에 동반되는 물질수지(mole balance)는 화학양론식(stoichiometric equation)으로 표현되어, 반응속도도 이 화학양론식에 근거하여 정의, 정리되어 해석이나 설계에 이용된다.

화학반응의 진행과정은 그 반응자체가 본래 가지는 특성뿐만 아니라 주어진 환경에도 의존된다. 균일한 용액에서 진행되는지, 또는 고체촉매 표면에서 진행되는지 등이 있다. 전자는 단일상에서 진행하는 균일계 반응(homogeneous reaction)의 예이며, 그 속도는 반응자체의 본래 특성이 결정한다. 한편 기상과 고상 사이의 계면에서 진행되는 고체 촉매 반응에는 직접 두 상이 관계되며, 이것은 다상계 반응(multi-phase reaction)의 일종이다. 다상계 반응은 불균일계 반응(heterogeneous reaction), 이상계반응(異相系反応)이라고 말하기도 한다. 다상계 반응은 각각 상의 접촉 상태, 상간의 물질 이동 속도가 하나의 중요한 인자이다. 이것은 반응하는 화학종끼리 만나기까지의 시간이 전체 반응의 진행과정에도 크게 영향을 끼치기 때문이다. 이러한 물질 이동, 열이동 등도 고려하여 화학반응의 진행과정을 종합적으로 다루는 경우, 이것을 특히 응용반응속도론(또는 공업반응속도론)이라고 한다. 공업적으로 이용되는 반응에는 다상계 반응이 많고, 응용반응속도론의 관점을 빼놓을 수 없다.

제3장에서는 양론관계와 반응 속도의 기초적인 취급에 대해 설명하겠다. 제4장에서는 균일상계반응을 대상으로 반응기 해석과 그 설계의 기초를 설명하는데, 여기에서는 반응의 양론관계나 속도와 반응시간이나 장치 크기의 관계 회분조작과 연속조작의 특징 등을 해석한다. 제5장에서는 물질의 이동속도와 화학반응의 속도의 상호관계를 해석하고 덧붙여 몇 가지 다상계 반응의 장치설계를 설명하겠다.

3.2 반응의 양론관계와 진행과정

3.2.1 반응의 양론관계와 반응진행도

반응에 동반되는 화학종[9]의 변화는 화학반응식(chemical reaction formula ; 화학반응방정식(chemical reaction equation)이라고도 한다)으로 표현된다. 일반적으로 원소의 질량보존 관계도 포함하여, 다음과 같이 기술한다.

$$2H_2 + O_2 \rightarrow 2H_2O \tag{3.1}$$

이 식의 화살표(→)는 반응의 방향을 나타낸다. 일반적으로는 다음과 같이 표기할 수 있다.

$$bB + cC + \ \cdots \ \rightarrow \ sS + tT + \ \cdots \tag{3.2}$$

b, c, s, t 등은 (화학)양론계수(stoichiometric coefficient)라고 하며, ν_i로 표기한다. i는 화학종에 붙인 번호이다.

화학반응식을 이용하여 반응 전후의 물질수지를 구할 수 있다. 식 (3.1)의 예에서는 H_2와 O_2가 상대적인 물질 2 : 1 (예를 들어, 2 mol과 1 mol)로 반응하여 상대적인 물질이 2인 H_2O (2 mol)가 생성되는 것을 나타낸다. 이러한 관계를 양론관계라고 한다. 그 의미로 식 (3.2)는 화학양론식(stoichiometric equation, 또는 양론반응식)이기도 하다.

후에 설명할 반응률 등을 양론 관계에 근거하여 산출하기 위해서는 양론관계에 부호를 정해두는 것이 편하다. 관용적으로 반응물(반응기질 또는 원료물질이라고도 한다)을 마이너스 생성물을 플러스로 취한다.[10] 식 (3.2)를 더 명확하게 양론 관계를 나타낼 때에는

$$\sum_i \nu_i A_i = 0 \tag{3.3}$$

으로 쓴다. 좁은 의미로는 이것을 화학양론식이라고 한다.[11] 단, A_i는 i번째의 화학종이다.

---

9) 물질에 관련된 용어에 대해서 간단히 설명해두겠다. "물질(substance)"은 일반적 개념이다. 구성요소인 분자까지 세분화시키는 관점은 강하게 포함되어있지 않다. "반응물(reactant)", "생성물(product)"은 각각 반응이 일어나고, 또는 생성해가는 물질이라는 개념이다. 한편 "화학종(chemical species)"은 화합물 별로 종류를 나눈 개념, 또는 물질을 분자 또는 분자사이즈의 것으로 본 개념이다. 또한 "성분(component)"은 혼합물을 구성하는 각각의 순물질을 의미한다. 단, 물질, 화학종, 성분의 구분은 별로 엄밀하지 않다.

10) 식 (3.3)에 따라 양론계수를 일반적으로 ν_i라 쓸 때, 이것이 반응물이라면 마이너스 값, 생성물이라면 플러스 값이 된다. 하지만 식 (3.2)의 표현에서 b, c, s, t자체는 양수이다. 즉, 예를 들어 반응물 B에 대해 $\nu_B = -b$이며, 생성물 S에서 $\nu_S = s$이다. 이렇듯 반응물의 양론계수는 부호를 고려하지 않고 양수로 표기되는 경우가 많기 때문에 주의해둘 필요가 있다. 이 책에서 양론계수를 일반적으로 ν_i로 쓸 때에는 그 계수 ν_i자체가 플러스마이너스 부호를 포함한 표기라는 것을 주의하길 바란다.

식 (3.1)에 대응하는 것은

$$-2H_2 - 1O_2 + 2H_2O = 0 \tag{3.4}$$

이다.

양론계수 1은 일반적으로 생략한다. 화학양론식에 따르면 각각 원소의 원자 수(또는 물질)의 산술적인 총합이 각각 0이 된다.

화학반응이 어느 정도 진행되었는지를 나타내는 개념으로 반응진행도와 반응률이 있다. 어느 지점($t=0$)에서 화학종 A_i가 n_{i0} mol만큼 존재하고 시간이 경과하여 n_i mol로 변화했다고 하자. 그때 반응진행도(extent of reaction) ξ를

$$\xi = \frac{n_i - n_{i0}}{\nu_i} \tag{3.5}$$

로 정의한다.

하나의 화학양론식으로 결합된 복수의 화학종이 있는 경우에는 그들의 물질의 관계는

$$n_k = n_{k0} + \nu_k \xi = n_{k0} + \frac{\nu_k}{\nu_i}(n_i - n_{i0}) \tag{3.6}$$

로 구할 수 있다. 예를 들어 식 (3.1)의 반응에서 개시 시에 H_2가 3 mol, O_2가 2 mol, H_2O가 0 mol이었다고 치자. 각각의 화학종의 양론계수 ν_i는 -2, -1, $+2$이다. 식 (3.6)에서의 i번째 화학종으로써 H_2를 선택해보자. 반응에 의해 H_2가 2 mol이 된 지점에서는 식 (3.5)에 의해 반응진행도 ξ는 0.5 mol이 되고, 또한 식 (3.6)을 이용해

$$n_{O_2} = 2 + \frac{-1}{-1}(2-3) = 1.5\,\mathrm{mol} \tag{3.7}$$

$$n_{H_2O} = 0 + \frac{+2}{-2}(2-3) = 1\,\mathrm{mol} \tag{3.8}$$

인 것을 알 수 있다.

한편, 반응률(conversion, 전화률이라고도 한다) f는 다음과 같이 정의된다.

11) 식 (3.3), 식 (3.4)의 기호 "="는 반응 방향과 상관없이 양론계수를 나타낸다. 한편 식 (3.1), 식 (3.2)의 기호 "→"는 큰 의미로 반응의 진행방향을 나타낸다.

$$f_i = \frac{n_{i0} - n_i}{n_{i0}} = 1 - \frac{n_i}{n_{i0}} \tag{3.9}$$

반응률은 어떤 반응물을 사용해 정의해도 되지만, 일반적으로 양론계수로 결정되는 반응에 필요한 물질을 상호 비교하여 가장 적은 물질밖에 없는 반응물을 이용해 표현한다. 이 반응물은 특히 한정반응물질(limiting reactant 또는 한정반응성분)이라고 한다. 앞에서 설명한 H_2 3 mol과 O_2 2 mol의 반응의 경우에는 H_2가 더 한정반응물질이다. H_2가 2 mol이 될 때까지 반응시켰을 때 반응률은 다음 식과 같다.

$$f = 1 - \frac{2}{3} = 0.33 \tag{3.10}$$

3.2.2 단일반응과 복합반응의 양론계수

관계되는 반응물이나 생성물의 양론적 관계를 단일의 화학양론식으로 표기 가능한 경우 이것을 단일반응(single reaction)이라고 한다. 가역반응(reversible reaction)은 정방향, 역방향으로 진행되는 반응이 동일한 양론관계에 의해 표시되는 반응계이기 때문에 양론관계에 관한 한 정역반응(正逆反応)을 아울러 단일반응으로써 다룰 수 있다.

복수의 독립된 반응으로 이루어진 전체의 계를 복합반응(계)(composite reaction, complex reaction)이라고 한다.[12] R개의 화학양론식으로 표현할 수 있는 계(반응번호를 j로 한다)를 생각해보자. 관계되는 화학종 i가 S개 있다면 이 계의 양론식의 표기는

$$\sum_{i=1}^{S} \nu_{ji} A_i = 0 \qquad j = 1, 2, \cdots, R \tag{3.11}$$

의 R개의 식이 된다.

식 (3.11)에서 양론계수 ν_{ji}의 아래 첨자의 첫 번째 j는 반응번호, 두 번째인 i는 화학종번호이다.

그럼 식 (3.11)의 표기가 어느 복합반응계를 나타내는데 필요충분한 것이 되기 위해서는 포함되는 화학 양론식이 서로 1차 독립이어야 한다.

예를 들어, H_2와 O_2의 반응 $2H_2 + O_2 \rightarrow 2H_2O$를 식 (3.4)에 따라

$$-2H_2 - 1O_2 + 2H_2O = 0 \tag{3.4}$$

12) 고려하는 대상의 계가 "복수의 반응으로 이루어진"을 강조하는 경우, "복합반응계"인 경우가 많다. 또한 복합반응계를 구성하는 화학반응식의 집합을 반응기구(reaction mechanism)라고 한다.

를 쓰는 대신

$$-H_2 - \frac{1}{2}O_2 + H_2O = 0 \qquad (3.12)$$

로 썼다고 하자. 이 경우는 식 (3.4)의 모든 계수를 $\frac{1}{2}$배 하면 식 (3.12)를 얻을 수 있으므로 식 (3.4), 식 (3.12)는 서로 1차 독립이 아니다. 하지만 만약,

$$H_2 + O_2 \rightarrow H_2O_2 \qquad (3.13)$$

이라는 반응식을 더하면 식 (3.14)와 식 (3.15)를 얻을 수 있다.

$$-2H_2 - 1O_2 + 2H_2O + 0H_2O_2 = 0 \quad (\text{반응 } 1) \qquad (3.14)$$

$$-H_2 - 1O_2 + 0H_2O + 1H_2O_2 = 0 \quad (\text{반응 } 2) \qquad (3.15)$$

이 경우, 식 (3.14)와 식 (3.15)는 서로 1차 독립이며 아울러 하나의 복합반응계가 표기되게 된다.

단일반응과 소반응(素反応, 기초반응, elementary reaction)

단일반응은 반드시 실제 반응의 진행경로를 그대로 나타내고 있는 게 아니다. 예를 들어, 식 (3.1)은 H_2가 O_2에 의해 완전연소 되었을 때 성립되는 양론적인 화학반응의 진행을 단일반응으로써 기술했다고 볼 수 있는데, 이 기상의 연소반응은 실제로는 다음과 같은 다수의 소반응의 진행 결과이며 복합반응계이다.

$$H_2 + M \rightarrow 2H + M$$
$$H + O_2 \rightarrow HO + O$$
$$O + H_2 \rightarrow OH + H$$
$$H + OH + M \rightarrow H_2O + M$$

이들 소반응(elementary reaction)은 반응으로서 특징을 잃지 않고서는 보다 세밀하게 나눌 수 없는 최소단위 반응으로써 정의되는 것이다. 예를 들어, H_2 + M의 반응은 일반적으로는 M으로 표시되는 계의 원자나 분자(제3체라고 한다)가 소수분자에 충돌하여 그때 에너지가 수소원자 간의 결합에 전해져 이것을 해리시킴으로써 진행되는 반응이다. 이 일련의 진행과정을 미시적으로 더욱 분할해 봐도 각각 분할된 부분은 이미 반응이라는 개념으로는 다룰 수 없다.

만약 반응 과정의 관찰이나 양론적인 관계의 고려를 H, O, OH 등의 원자나 라디칼까지 깊이 파고들려고 하면, 식 (3.1)과 같은 계를 단일반응으로서 기술하지 않고, 소반응 각각을 단일반응으로써 조합되어 만들어진 복합반응계로서 다루는 게 적절하다. 식 (3.1)에서 단일반응으로써 다

뤄진 것은 대상으로 하고 있는 시간이나 정도에서 H, O, OH 등의 화학종의 농도가 반응 진행에는 관계가 없어 항상 무시할 수 있을 정도로 작다고 생각해도 되는 경우이다.

단일반응은 하나의 화학종(성분)을 선택하면 그 증감에 의해 반응진행도를 나타낼 수 있다. R개의 반응으로 이루어진 복합반응계는 각각의 화학양론식에 대해 반응이 진행되므로 화학종 k의 물질 n_k는 각반응의 반응진행도를 ξ_j로 해서

$$n_k = n_{k0} + \sum_{j=1}^{R} \nu_{jk}\, \xi_j \tag{3.16}$$

이 된다. 복합반응계에 포함되는 독립된 화학양론식의 수와 같은 화학종 R개를 독립적으로 선택했을 때 선택한 화학종의 증감을 알면 모든 화학종의 증감을 결정할 수 있다. 이때 선택하는 화학종을 키성분(key component)이라고 한다. 독립된 화학양론식을 계통적으로 선출하는 방법에 대해서는 칼럼 "독립화학양론식의 선정"을 참고하면 된다.

예제 3.1

식 (3.14), 식 (3.15)로 이루어진 복합반응계에서 H_2 3 mol, O_2 2 mol에서 H_2가 2 mol이 되고, 또한 H_2O가 0.8 mol 생성되었다고 하자. 각각 반응의 진행도 및 생성된 O_2, H_2O의 물질을 구하라.

해답

식 (3.16)에 따라 화학종의 물질과 반응진행도에 다음과 같은 관계를 도출할 수 있다.

$$n_{H_2} = n_{H_2} - 2\xi_1 - \xi_2 \tag{1}$$

$$n_{O_2} = n_{O_2,0} - \xi_1 - \xi_2 \tag{2}$$

$$n_{H_2O} = n_{H_2O,0} + 2\xi_1 \tag{3}$$

$$n_{H_2O_2} = n_{H_2O_2,0} + \xi_2 \tag{4}$$

문제에서는 H_2와 H_2O가 키성분으로 선정되어있다. 식 (3)에서 $\xi_1 = 0.4$ mol이고, 이 값을 식 (1)에 대입하여 $\xi_2 = 0.2$ mol이 된다. 구해진 ξ_1이나 ξ_2를 식 (2)에 대입하여 O_2는 1.4 mol이 되고, 한편 식 (4)에 대입하여 H_2O_2는 0.2 mol 생성되게 된다.

독립화학양론식의 선정

화학양론식이 소수이거나 간단한 경우에는 독립된 화학양론식을 시각적으로도 구할 수 있다. 하지만 복잡한 경우는 계통적인 방법이 필요해진다. 식 (3.11)에서 양론계수를 요소로 하는 행렬(양론행렬이라고 한다)을 만들면

$$
\begin{array}{cccccccc}
\text{성분} & A_1 & A_2 & \cdots & A_i & \cdots & A_s & \text{화학양론식}
\end{array}
$$

$$
A = \begin{bmatrix}
\nu_{11} & \nu_{12} & \cdots & \nu_{1i} & \cdots & \nu_{1S} \\
\nu_{21} & \nu_{22} & \cdots & \nu_{2i} & \cdots & \nu_{2S} \\
\vdots & \vdots & & \vdots & & \vdots \\
\nu_{j1} & \nu_{j2} & \cdots & \nu_{ji} & \cdots & \nu_{jS} \\
\vdots & \vdots & & \vdots & & \vdots \\
\nu_{R1} & \nu_{R2} & \cdots & \nu_{Ri} & \cdots & \nu_{RS}
\end{bmatrix}
\begin{array}{c}
(1) \\ (2) \\ \vdots \\ (j) \\ \vdots \\ (R)
\end{array}
$$

이 된다.

화학양론식 중 독립된 것이 r개일 때에는 양론행렬 A의 랭크가 r이 된다. 행렬에 따라, 행의 교환 또는 하나의 행에 다른 몇 개의 행의 1차 결합을 더함으로써 독립된 화학양론식의 양론계수만으로 이루어진 행렬을 구해 그 결과로 r개의 독립 화학양론식으로 이루어진 복합반응계를 쓸 수 있다.

한 예로, $H_2 + Br_2$의 라디칼 연쇄반응을 보자. 일반적인 속도론 모델로는 아래에 표기한 반응기구가 사용된다. 다른 5개의 화학반응식이 화학양론식으로서 독립되어있는가를 알아보자.

$H_2 + Br_2$의 반응기구

$$Br_2 \rightarrow 2Br \tag{a}$$

$$Br + H_2 \rightarrow H + HBr \tag{b}$$

$$Br_2 + H \rightarrow Br + HBr \tag{c}$$

$$H + HBr \rightarrow Br + H_2 \tag{d}$$

$$2Br \rightarrow Br_2 \tag{e}$$

양론행렬을 만들면,

$$
\begin{array}{ccccccc}
\text{성분} & Br_2 & Br & H_2 & H & HBr & \text{화학양론식}
\end{array}
$$

$$
\begin{bmatrix}
-1 & 2 & 0 & 0 & 0 \\
0 & -1 & -1 & 1 & 1 \\
0 & 1 & 1 & -1 & -1 \\
1 & -2 & 0 & 0 & 0
\end{bmatrix}
\begin{array}{c}
(a) \\ (b) \\ (c) \\ (d) \\ (e)
\end{array}
$$

여기서, (e)의 행을 (a)+(e)로, 또한 (d)의 행을 (b)+(d)로 바꾸면

$$
\begin{array}{ccccccc}
\text{성분} & Br_2 & Br & H_2 & H & HBr & \text{화학양론식}
\end{array}
$$

$$\begin{bmatrix} -1 & 2 & 0 & 0 & 0 \\ 0 & -1 & -1 & 1 & 1 \\ -1 & 1 & 0 & -1 & 1 \\ 0 & 0 & 0 & 0 & 0 \\ 0 & 0 & 0 & 0 & 0 \end{bmatrix} \quad \begin{matrix} \text{(a')} \\ \text{(b')} \\ \text{(c')} \\ \text{(d')} \\ \text{(e')} \end{matrix}$$

이 된다. 계수가 모두 0인 양론식은 의미를 가지지 않으므로, 독립된 화학양론식은

$$Br_2 = 2Br \tag{a'}$$

$$Br + H_2 = H + HBr \tag{b'}$$

$$Br_2 + H = Br + HBr \tag{c'}$$

인 것을 알 수 있다. 단 이 세 개의 식 이외의 선택방법도 있다. 예를 들어, (c')의 행을 (b')+(c')로 바꾸면

$$Br_2 + H_2 = 2HBr \tag{c''}$$

를 얻을 수 있으므로, (a'), (b'), (c")를 세 개의 독립 화학양론식으로서 이용할 수 있다.

3.3 균일계 반응의 속도론

3.3.1 반응속도와 속도정수

반응속도(rate of reaction, reaction rate) r은 반응이 일어나고 있는 기체나 용액의 체적당 반응진행도의 시간미분량으로써 정의된다. 촉매반응 등에서는 체적 대신 촉매의 질량을 취하는 경우도 있다. 지금 반응이 체적 V의 균일상에서 일어난다고 하면, 반응속도는

$$r = \frac{1}{V}\frac{d\xi}{dt} \tag{3.17}$$

이다. 속도의 SI 단위는 mol $m^{-3}s^{-1}$이다.

식 (3.17)의 반응속도 r의 값은 사용하는 화학양론식의 표현[예를 들면, 식 (3.4)나 식 (3.12)]에 의존하는데 동일한 화학양론식에 포함되는 어떤 화학종을 이용해서 산출해도 동일한 값이다.

화학종 A_i에 대해 식 (3.5) 식 (3.17)을 적용하면 A_i의 물질을 n_i로 하는 경우

$$r = \frac{1}{V}\frac{d\left(\dfrac{n_i - n_{i0}}{\nu_i}\right)}{dt} = \frac{1}{V\nu_i}\frac{dn_i}{dt} = \frac{r_i}{\nu_i} \tag{3.18}$$

의 관계를 얻을 수 있다. 단, r_i는

$$r_i = \frac{1}{V}\frac{dn_i}{dt} = \nu_i r \tag{3.19}$$

로 정의되어 특정의 화학종 A_i에 대한 반응속도이다. 이 반응속도 r_i의 값은 동일한 화학양론식을 이용해도 화학종 마다 다르지만 이용하는 화학양론식의 표현에는 의존하지 않는다.

지금 반응이 진행되어도 체적의 변화가 발생하지 않는다면 식 (3.18)에서

$$r = \frac{1}{V}\frac{d\left(\dfrac{n_i - n_{i0}}{\nu_i}\right)}{dt} = \frac{1}{\nu_i}\frac{d\left(\dfrac{n_i}{V}\right)}{dt} = \frac{1}{\nu_i}\frac{dC_i}{dt} \tag{3.20}$$

이 된다. 단, C_i는 화학종 A_i의 농도이다.

$$C_i = \frac{n_i}{V} \tag{3.21}$$

이 경우, 반응속도는 농도의 시간미분으로 나타내는 것을 알 수 있다. 보통 용액반응에는 반응에 동반되는 계의 체적 변화는 무시할 수 있지만, 기상 반응에서 몰수가 변화하는 경우에는 압력을 일정히 유지시키면 반응에 동반되어 체적이 변화된다. 반응에 따라 체적이 변화되는 경우에는 식 (3.20)은 성립되지 않는다. 즉,

$$r = \frac{1}{\nu_i V}\frac{dn_i}{dt} = \frac{1}{\nu_i V}\frac{d(C_i V)}{dt} = \frac{1}{\nu_i}\frac{dC_i}{dt} + \frac{C_i}{\nu_i V}\frac{dV}{dt} \tag{3.22}$$

가 되며, 반응속도를 농도의 시간변화로써 정의할 수 없다는 것을 알 수 있다. 단, 몰수가 변화하는 기상반응에서도 일정체적의 반응기를 이용하는 경우나 반응물을 불활성 기체로 엷게 만드는 경우에는 체적 변화 효과는 무시할 수 있다.

반응속도는 일반적으로 농도의 함수는

$$r = f(c) \tag{3.23}$$

으로 나타낼 수 있다. 식 (3.23)의 표현을 반응속도식(rate equation)이라고 한다.

또한 기상반응에서는 농도 대신 분압을 이용할 수도 있다. 속도가 각 화학종의 농도(또는 분압)의 거듭제곱함수로 다음 식과 같은 경우,

$$f(C) = k\prod_i C_i^{\beta_i} = k \times C_1^{\beta_1} \times C_2^{\beta_2} \times \cdots \times C_i^{\beta_i} \times \cdots \tag{3.24}$$

k를 속도정수(rate costant), β_i를 화학종 A_i에 관한 반응차수(reaction order), $\sum \beta_i$를 (전체) 반응차수라고 한다. 속도정수의 단위는 [농도]$^{1-\sum\beta_i}$[시간]$^{-1}$이다.

일반적으로 β_i는 양론계수와는 직접적인 관계가 없고 또한 반드시 정수인 것은 아니다. 이것은 반응차수는 양론관계가 아니라 미시적으로 본 반응기구에 의해 정해지기 때문이다. 단일반응이더라도 소반응의 복합반응계인 경우가 많고 반응속도의 화학종 농도의존성을 식 (3.24)로 표현할 수 없는 경우도 많다.

3.3.2 반응속도식과 화학종 농도의 시간변화

식 (3.23)은 반응 진행에 대응한 물질이나 농도의 시간변화를 나타내는 미분방정식이라고 볼 수 있다. 반응에 따른 체적 변화를 무시할 수 있고, 식 (3.24)로 농도의존성을 나타내는 경우에는

$$r_i = \nu_i r = \frac{dC_i}{dt} = \nu_i k \prod_j C_j^{\beta_j} \tag{3.25}$$

의 관계가 성립된다. 간단한 차수의 반응에 대해서는 이 미분방정식을 해석적으로 풀어 화학종 농도의 시간변화를 알 수 있다. 하지만 미분방정식이 해석적으로 풀 수 없는 경우도 많고, 이 경우에는 적당한 근사를 이용한 해석이나 수치 해석을 통해 농도의 시간변화를 구할 필요가 있다.

제3장에서는 다음에서 특별한 일이 없는 한 체적 변화가 없는 반응계를 다루겠다.

a. 1차 반응 반응속도가 화학종 농도의 1차에 비례하는 경우를 1차 반응(first-order reaction)이라고 한다. 예를 들면, 식 (3.26)

$$\mathrm{A} \rightarrow \mathrm{B} \tag{3.26}$$

이와 같이 화학종 A에서 B가 생성되어 반응속도식이

$$r_\mathrm{A} = \frac{dC_\mathrm{A}}{dt} = -k_1 C_\mathrm{A} \tag{3.27}$$

로 나타낼 수 있는 경우이다. 속도정수 k_1은 시간의 역수의 차원을 가진다. 시간 $t=0$에서, $C_A=C_{A0}$의 경우에는 C_A의 시간변화는 식 (3.27)을 시간으로 적분함으로써

$$\int_{C_{A0}}^{C_A}\frac{dC_A}{C_A}=-k_1\int_0^t dt \tag{3.28}$$

로 구할 수 있다. 따라서

$$C_A=C_{A0}\exp(-k_1 t) \tag{3.29}$$

가 된다. A의 농도가 지수함수에 따라 감소하는 것을 알 수 있다.
일반적으로 반응물의 농도가 반응개시 시 값의 절반이 되는데 필요한 시간을 반감기(half-life period ; $t_{1/2}$)라고 한다. 1차 반응에서는 식 (3.29)에서

$$t_{1/2}=\frac{\ln 2}{k_1} \tag{3.30}$$

이다. 1차 반응에서는 반감기는 초기농도와 상관없다. 다시 말해 1 차 반응에서는 어느 시점에서 측정해도 농도가 측정개시시의 1/2이 되는데 필요한 시간은 같다.

b. **2차 반응** 화학종의 농도에 2차로 의존하는 반응을 2차 반응(second-order reaction)이라고 한다. 예를 들어, 2종류의 반응물이 있는데, 반응속도가 각각의 화학종의 농도의 1차, 따라서 두 개를 합하면 2차에 비례하는 경우를 말한다. 이 경우 반응식, 반응속도식은

$$\mathrm{A + B \rightarrow C + D} \tag{3.31}$$

$$r_A=\frac{dC_A}{dt}=-k_2 C_A C_B \tag{3.32}$$

로 표현할 수 있다. 속도정수 k_2는 농도와 시간의 각각의 역수의 차원을 가진다. 시간 0 $t=0$에서 $C_A=C_{A0}$, $C_B=C_{B0}$(단, $C_{A0}\neq C_{B0}$으로 한다)으로 하고, $t=t$까지의 반응에 대응하는 A의 농도의 변화량을 x로 나타내면, $C_A=C_{A0}-x$, $C_B-C_{B0}-x$이다. 식 (3.32)에서

$$-\frac{dx}{dt}=-k_2(C_{A0}-x)(C_{B0}-x) \tag{3.33}$$

가 된다. $t=0\rightarrow t$, $x=0\rightarrow x$의 범위에서 적분함으로써

$$\frac{1}{C_{A0}-C_{B0}}\ln\left[\frac{(C_{A0}-x)(C_{B0})}{C_{A0}(C_{B0}-x)}\right]=k_2t \tag{3.34}$$

즉,

$$\frac{1}{C_{A0}-C_{B0}}\ln\left[\frac{C_A C_{B0}}{C_{A0}C_B}\right]=k_2t \tag{3.35}$$

을 얻을 수 있다.

2차 반응에는

$$r_A=\frac{dC_A}{dt}=-k_2{C_A}^2 \tag{3.36}$$

의 속도식으로 나타내는 경우도 있지만 이것은 c항에서 설명하는 $n(n\neq 1)$차 반응의 일종으로 다루면 된다.

또한 식 (3.32)에서 $C_{A0}=C_{B0}$의 경우에는, C_A와 C_B는 항상 동일한 값을 얻는다. 따라서 그 반응식은 식 (3.3.6)과 같은 형식이 된다.

c. **$n(n\neq 1)$차 반응** 반응속도식은 다음 식과 같다.

$$r_A=\frac{dC_A}{dt}=-k_n{C_A}^n \tag{3.37}$$

속도정수 k_n은 농도의 $(1-n)$차, 시간의 역수의 차원을 가진다.

n차 반응의 농도와 시간의 관계는 식 (3.37)을 $t=0\rightarrow t$, $C_A=C_{A0}\rightarrow C_A$의 범위로 적분함으로써

$$\frac{1}{n-1}\left(\frac{1}{{C_A}^{n-1}}-\frac{1}{{C_{A0}}^{n-1}}\right)=k_nt \tag{3.38}$$

이다.

d. **해석해를 구할 수 있는 다른 반응** 지금까지 1차 반응, 2차 반응, n차 반응을 설명했는데 이것들 이외에도 반응속도식을 해석적으로 풀 수 있는 것도 많이 알려져 있다. 화학양론식을 단일식으로 나타낼 수 없는 연속반응, 병렬반응의 경우를 포함하여, 몇 개의 대표적인 예가 표 3.1과 같다.

| 표 3.1 | 간단한 차수의 반응속도식과 시간변화

반응종류	반응식	속도식	시간에 따른 농도변화
불가역 1차 반응	$A \xrightarrow{k_1} B$	$\dfrac{dC_A}{dt} = -k_1 C_A$	$C_A = C_{A0}\exp(-k_1 t)$
불가역 2차 반응	$A+B \xrightarrow{k_2} C$	$\dfrac{dC_A}{dt} = -k_2 C_A C_B$	$C_{A0} = C_{B0}$인 경우 $\dfrac{1}{C_A} - \dfrac{1}{C_{A0}} = k_2 t$ $C_{A0} \neq C_{B0}$인 경우 $\dfrac{1}{C_{A0}-C_{B0}} \ln \dfrac{C_{B0}C_A}{C_{A0}C_B} = -k_2 t$
불가역 n차 반응 $(n \neq 1)$	$A \xrightarrow{k_n} B$	$\dfrac{dC_A}{dt} = -k_n {C_A}^n$	$\dfrac{1}{n-1}\left[\dfrac{1}{{C_A}^{n-1}} - \dfrac{1}{{C_{A0}}^{n-1}}\right] = k_n t$
가역 1차 반응	$A \underset{k_{-1}}{\overset{k_1}{\rightleftarrows}} B$	$\dfrac{dC_A}{dt} =$ $-k_1 C_A + k_{-1} C_B$	$\dfrac{C_A - C_{A,eq}}{C_{A0} - C_{A,eq}} = \exp[-(k_1 + k_{-1})t]$ $\left(C_{A,eq} = \dfrac{k_{-1}}{k_1 + k_{-1}}(C_{A0} + C_{B0})\ (\text{평형농도})\right)$
연속 1차 반응	$A \xrightarrow{k_1} B \xrightarrow{k_1'} C$	$\dfrac{dC_A}{dt} = -k_1 C_A$ $\dfrac{dC_B}{dt} = k_1 C_A + k_1' C_B$ $\dfrac{dC_C}{dt} = k_1' C_B$	$C_{B0} = C_{C0} = 0$ 인 경우 $C_A = C_{A0}\exp(-k_1 t)$ $C_B = \begin{cases} \dfrac{k_1 C_{A0}}{k_1' - k_1}[\exp(-k_1 t) - \exp(-k_1' t)] & (k_1 \neq k_1') \\ k_1 C_{A0} t \exp(-k_1 t) & (k_1 = k_1') \end{cases}$ $C_C = C_{A0} - (C_A + C_B)$
병렬 1차 반응	$A \xrightarrow{k_{1,i}} B_i$ $(i = 1, \cdots)$	$\dfrac{dC_A}{dt} = -(\sum k_{1,i}) C_A$ $\dfrac{dC_{B_i}}{dt} = k_{1,i} C_A$	$C_{B_i,0} = 0$ 인 경우 $C_{B_i} = \dfrac{k_{1,i}}{\sum k_{1,i}} C_{A0}[1 - \exp(-\sum_i k_{1,i} t)]$

예제 3.2

n차 반응의 반감기를 구하라. 또한 반감기가 측정개시시의 농도에 의존하지 않는 n차 반응은 1차 반응이라는 것을 나타내라.

해답

식 (3.38) $(n \neq 1)$에서, $C_A = \dfrac{1}{2} C_{A0}$로서 반감기를 구하면

$$t_{\frac{1}{2}} = \frac{2^{n-1}-1}{(n-1)k_n C_{A0}^{n-1}} \tag{1}$$

이다. 따라서 $n \neq 1$의 n차 반응은 반감기는 초기농도 C_{A0}에 의존한다. 1차 반응에서 반감기는 초기농도에 의존하지 않다는 것은 이미 도출했다. 초기농도를 변화시켜서 반감기를 구해 각각을 비교함으로써 1차 반응인지 아닌지를 결정할 수 있다.

반응속도의 정의

반응속도는 일반적으로 식 (3.17)로 정의된다.

$$r = \frac{1}{V}\frac{d\xi}{dt} \tag{3.17}$$

이것은 반응공학에서 일반적으로 이용되는 정의이다. 하지만 반응속도를 식 (3.20)

$$r = \frac{1}{\nu_i}\frac{dC_i}{dt} \tag{3.20}$$

에 의해 정의되는 교과서도 볼 수 있다(보통 $\nu_i = 1$로 하고 있다). 이것은 농도변화속도(rate of concentration change)[13]로 정의되는 양이며, 식 (3.17)의 반응속도의 정의와는 일반적으로 일치하지 않는다. 사실 체적 변화가 있는 계에서 식 (3.17)과 식 (3.20)이 일치하지 않는 것을 식 (3.22)로 나타냈다. 하지만 실험적 연구에서는 일정 체적의 용기 안에서 시간에 따른 농도변화를 측정하여 화학반응을 추적하는 일도 많고, 그 때문에 농도변화속도[식 (3.20)]를 제한조건을 나타내지 않고 반응속도의 정의로써 이용하는 경우가 있다고 볼 수 있다.

여기서 1차 반응에 대해 식 (3.17)의 정의의 의미를 생각해보자. 식 (3.17)에서 $\nu_A = -1$의 반응물 A에 대해서는

$$r_A = \frac{1}{V}\frac{dn_A}{dt} \tag{1}$$

이 성립된다. 1차 반응에 대한 속도식

$$r_A = -k_1 C_A \tag{3.27}$$

을 이용하면,

$$\frac{dn_A}{dt} = r_A V = -k_1\left(\frac{n_A}{v}\right)V = -k_1 n_A \tag{2}$$

13) "IUPA 물리화학에서 사용되는 양·단위·0.기호", 제3판, 일본화학회람편, 강담사 사이엔티픽 p.76 (2009)

의 관계가 도출된다. n_A의 초기물질을 n_{A0}라 하면

$$n_A = n_{A0}\exp(-k_1 t) \tag{3}$$

이 된다. 이 식은 1차 반응에 의한 반응물의 소비는 반응에 따른 체적 변화의 유무에 상관없이 자연계에서 일반적으로 볼 수 있는 지수함수적인 감퇴과정인 것을 나타내고 있다. 이것은 식 (3.17)이 자연과학적으로 봐도 적절한 반응속도의 정의라는 것의 하나의 예증이다.

3.3.3 가역반응과 평형반응률

불가역반응(irreversible reaction)은 평형이 생성계에 현저하게 치우쳐 있어 역반응의 기여가 없는 반응이다. 한편 가역반응(reversible reaction)은 평형이 생성계에 충분히 치우치지 않고, 공통된 양론관계의 정역 반응의 조합을 고려해야한다. 반응이 충분히 진행되어 평형에 도달되었다고 볼 수 있을 때 정반응과 역반응의 속도는 같다. 정반응과 역반응 모두 1차 가역반응

$$\mathrm{A} \rightarrow \mathrm{B} \quad (\text{속도정수 } k_1) \tag{3.39}$$

$$\mathrm{B} \rightarrow \mathrm{A} \quad (\text{속도정수 } k_{-1}) \tag{3.40}$$

을 예를 들어보자. A, B의 초기농도를 각각 C_{A0}, C_{B0}라 한다.

A의 농도변화를 나타내는 반응속도식은

$$\frac{dC_A}{dt} = -k_1 C_A + k_{-1} C_B \tag{3.41}$$

반응에 의한 A의 농도변화량을 x라 하면, x의 시간변화는

$$dx/dt = k_1(C_{A0} - x) - k_{-1}(C_{B0} + x) \tag{3.42}$$

가 되며, 평형은 $dx/dt = 0$에 대응한다. 그 때의 물리량을 아래 첨자 eq로 나타내면

$$x_{eq} = \frac{k_1 C_{A0} - k_{-1} C_{B0}}{k_1 + k_{-1}} \tag{3.43}$$

이 된다. x_{eq}를 사용하여 x의 시간변화를 나타내는 미분방정식은

$$dx/dt = (k_1 + k_{-1})(x_{eq} - x) \tag{3.44}$$

로 쓸 수 있다. 이 식을 $t=0 \to t$, $x=0 \to x$까지 적분하여, 결과를 농도로 다시 적으면

$$\frac{C_{\mathrm{A}}-C_{\mathrm{A,eq}}}{C_{\mathrm{A0}}-C_{\mathrm{A,eq}}}=\exp(-(k_1+k_{-1})t) \tag{3.45}$$

와 같다. 평형도달을 향해 상대적인 농도가 속도정수 (k_1+k_{-1})으로 변화하는 것을 알 수 있다. 평형도달시의 A, B의 농도는

$$C_{\mathrm{A,eq}}=C_{\mathrm{A0}}-x_{eq}=\frac{k_{-1}}{k_1+k_{-1}}(C_{\mathrm{A0}}+C_{\mathrm{B0}}) \tag{3.46}$$

$$C_{\mathrm{B,eq}}=C_{\mathrm{B0}}+x_{\mathrm{eq}}=\frac{k_1}{k_1+k_{-1}}(C_{\mathrm{A0}}+C_{\mathrm{B0}}) \tag{3.47}$$

이며, 또한 평형도달시의 A의 반응률(평형반응률) $f_{\mathrm{A,eq}}$는 다음 식으로 나타낼 수 있다.

$$f_{\mathrm{A,eq}}=1-\frac{C_{\mathrm{A,eq}}}{C_{\mathrm{A0}}}=\frac{k_1}{k_1+k_{-1}}-\frac{k_{-1}}{k_1+k_{-1}}\frac{C_{\mathrm{B0}}}{C_{\mathrm{A0}}} \tag{3.48}$$

평형 도달 시에는 식 (3.41)로, $dC_{\mathrm{A}}/dt=0$에서

$$\frac{C_{\mathrm{B,eq}}}{C_{\mathrm{A,eq}}}=\frac{k_1}{k_{-1}} \tag{3.49}$$

가 성립한다. 여기서 다음 식의 K_C는 가역반응의 평형정수이다.[14)]

$$K_{\mathrm{C}}=\frac{k_1}{k_{-1}} \tag{3.50}$$

공업화학 반응에서는 가역반응도 많이 이용된다. 이 경우, 평형반응률 이상으로 반응을 진행시킬 수는 없다. 반응률의 상한이 평형반응률에 의해 제한되는 경우에는 반응기의 출구에 분리기를 설치하여 생성물과 미반응물을 분리하여, 미반응물을 반응기입구로 재활용함으로

14) 미시적인 반응속도론의 고찰에 의하면, 정역의 반응이 소반응인 경우에는 속도정수와 평형정수에 관한 식 (3.50)이 옳게 성립하지만(상세 균형의 원리라고 한다), 일반적인 복합반응에는 보증되지 않는다. 화학양론상의 단일반응이라도, 대부분은 소반응의 복합반응계이므로 식 (3.50)의 적용은 신중히 판단할 필요가 있다. 또한 K_C는 농도를 기반으로 도출되었고, 한편 열역학에 의한 평형정수 K_{therm}은 활량에 의해 정의된다. 두 개는 활량계수 γ을 사용하여 $K_{\mathrm{therm}}=(\gamma_{\mathrm{B}}/\gamma_{\mathrm{A}})K_{\mathrm{C}}$의 관계에 있다.

써 원료를 유용하게 이용하는 경우가 많다.

3.3.4 복합반응

어느 반응의 생성물이 계속해서 다음 반응으로 이어지는 복합반응을 연속반응(consecutive reaction)이라고 한다. 또한 하나의 반응물에서 다른 복수의 반응이 동시에 진행되는 반응을 병렬반응(simultaneous reaction ; 병발반응이라고도 한다) 복합반응계는 연속반응과 병렬반응의 조합으로써 나타내므로 각각의 속도론상 성질을 아는 것은 중요하다.

a. 연속반응 가장 간단한 연속반응은 연속적으로 1차 반응이 진행되는 것으로 나타낼 수 있다.

$$\mathrm{A} \rightarrow \mathrm{B} \rightarrow \mathrm{C} \tag{3.51}$$

화학양론식은

$$-\mathrm{A} + \mathrm{B} = 0 \quad (\text{속도정수 } k_1) \tag{3.52}$$

$$-\mathrm{B} + \mathrm{C} = 0 \quad (\text{속도정수 } k_1{}') \tag{3.53}$$

이 된다. 키성분으로 A, B를 취하고 A, B, C의 농도의 시간변화를 반응속도식으로 나타내면,

$$r_\mathrm{A} = dC_\mathrm{A}/dt = -k_1 C_\mathrm{A} \tag{3.54}$$

$$r_\mathrm{B} = dC_\mathrm{B}/dt = k_1 C_\mathrm{A} - k_1{}' C_\mathrm{B} \tag{3.55}$$

$$r_\mathrm{C} = dC_\mathrm{C}/dt = k_1{}' C_\mathrm{B} \tag{3.56}$$

이다. $t = 0$일 때, $C_\mathrm{A} = C_{\mathrm{A}0}$의 경우, 식 (3.54)에서 다음 식의 관계를 얻을 수 있다.

$$C_\mathrm{A} = C_{\mathrm{A}0}\exp(-k_1 t) \tag{3.57}$$

식 (3.57)의 C_A의 값을 식 (3.55)에 대입하면,

$$dC_\mathrm{B}/dt = k_1 C_{\mathrm{A}0}\exp(-k_1 t) - k_1{}' C_\mathrm{B} \tag{3.58}$$

이 된다. 이 미분방정식은 정수변화법 등의 일반적인 방법으로 풀 수 있다.[15)]

15) 1계선형 미분방정식 $dy(x)/dx + P(x)y(x) = Q(x)$의 일반해는 $y(x) = e^{-\int P(x)dx}\left(\int e^{\int P(x)dx} Q(x)dx + c\right)$ 이다. 여기에서 c는 적분정수. 경계조건을 부여해서 미정의 적분정수를 결정하면 된다.

또는 다음과 같이 해석할 수도 있다. 즉, 항등적으로 성립하는

$$\frac{d(C_{\mathrm{B}}\exp(k_1{}'t))}{dt} = \frac{dC_{\mathrm{B}}}{dt}\exp(k_1{}'t) + k_1{}'C_{\mathrm{B}}\exp(k_1{}'t) \tag{3.59}$$

관계식의 우변 제1항의 $\frac{dC_{\mathrm{B}}}{dt}$에 식 (3.58)을 대입해서 정리하면

$$\frac{d[C_{\mathrm{B}}\exp(k_1{}'t)]}{dt} = k_1 C_{\mathrm{A}0}\exp[(k_1{}' - k_1)t] \tag{3.60}$$

이 된다. C_{B}의 시간변화는 식 (3.60)을 $t = 0 \rightarrow t$, $C_{\mathrm{B}} = C_{\mathrm{B}0} \rightarrow C_{\mathrm{B}}$까지 적분하여 구할 수 있다.

B의 초기농도가 $0\,(C_{\mathrm{B}} = 0)$의 경우는 다음 식이 된다. 단, $k_1 \neq k_1{}'$이다.

$$C_{\mathrm{B}} = \frac{k_1 C_{\mathrm{A}0}}{K_1{}' - k_1}[\exp(-k_1 t) - \exp(-k_1{}'t)] \tag{3.61}$$

C_{C}는 식 (3.61)의 C_{B}를 식 (3.56)에 대입하여 구할 수 있다. 또는,

$$C_{\mathrm{A}0} = C_{\mathrm{A}} + C_{\mathrm{B}} - C_{\mathrm{B}0} + C_{\mathrm{C}} - C_{\mathrm{C}0} \tag{3.62}$$

의 보존관계에서 구할 수 있다.

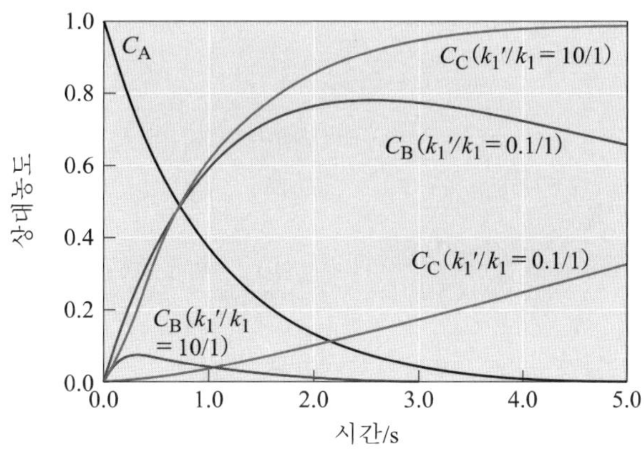

| 그림 3.1 | 연속 1차 반응 $(k_1{}'/k_1 = 10\mathrm{s}^{-1}/1\mathrm{s}^{-1},\ 0.1\mathrm{s}^{-1}/1\mathrm{s}^{-1})$의 $C_{\mathrm{A}0}$에 대한 A, B, C의 상대농도의 시간변화

다음으로, 구체적인 예로서 $k_1 = 1\text{s}^{-1}$로 하고 $k_1' = 10\text{s}^{-1}$ 및 $0.1\,\text{s}^{-1}$의 2가지 조합을 살펴보자. A의 초기농도를 1 mol dm^{-3}, B와 C의 초기농도를 0 mol dm^{-3}으로 했을 때의 A, B, C의 농도변화를 식 (3.57), 식 (3.61), 식 (3.62)에 각각 수치를 대입하여 계산한다. 결과가 그림 3.1과 같다. k_1'이 상대적으로 클 때 B의 농도는 작고 A의 감소와 거의 같은 시간에 C가 급속히 올라간다. 한편 k_1'이 작을 때에는 B의 농도는 크고 C의 농도 상승은 완만해진다.

b. 병렬반응 간단한 병렬반응의 예

$$\text{A} \rightarrow \text{B} \ (\text{속도정수}\ k_{1,1}) \tag{3.63}$$

$$\text{A} \rightarrow \text{C} \ (\text{속도정수}\ k_{1,2}) \tag{3.64}$$

를 해석한다. 이 병렬1차 반응의 경우 속도식은

$$r_\text{A} = dC_\text{A}/dt = -(k_{1,1} + k_{1,2})C_\text{A} \tag{3.65}$$

이므로,

$$C_\text{A} = C_{\text{A}0}\exp[-(k_{1,1} + k_{1,2})t] \tag{3.66}$$

이 된다. 또한 B, C에 대해서도

$$r_\text{B} = dC_\text{B}/dt = k_{1,1}C_\text{A} \tag{3.67}$$

$$r_\text{C} = dC_\text{C}/dt = k_{1,2}C_\text{A} \tag{3.68}$$

에 식 (3.66)의 C_A를 대입하여 풀면

$$C_\text{B} = \frac{k_{1,1}C_{\text{A}0}}{k_{1,1} + k_{1,2}}[1 - \exp(-(k_{1,1} + k_{1,2})t)] \tag{3.69}$$

$$C_\text{C} = \frac{k_{1,2}C_{\text{A}0}}{k_{1,1} + k_{1,2}}[1 - \exp(-(k_{1,1} + k_{1,2})t)] \tag{3.70}$$

를 구할 수 있다(단, $C_{\text{B}0} = C_{\text{C}0} = 0$으로 했다). 또한

$$\frac{C_\text{B}}{C_\text{C}} = \frac{k_{1,1}}{k_{1,2}} \tag{3.71}$$

이 성립한다.

예제 3.3

식 (1), (2)의 반응기구를 설명했듯이 1차 반응과 2차 반응이 병렬반응으로 진행될 때, 반응물 농도의 시간변화를 구하라. 단, 반응에 의한 계의 체적 변화는 없다.

$$\mathrm{A} \rightarrow \mathrm{M} \qquad (\text{속도정수 } k_1) \tag{1}$$

$$\mathrm{A} + \mathrm{A} \rightarrow \mathrm{D} \ (\text{속도정수 } k_2) \tag{2}$$

해답

반응물의 시간변화는 다음 식과 같다.

$$dC_{\mathrm{A}}/dt = -k_1 C_{\mathrm{A}} - 2k_2 C_{\mathrm{A}}{}^2 \tag{3}$$

여기서 $x = C_{\mathrm{A}}$, $k_1/2k_2 = a$라 하면 풀어야 하는 식은

$$dx/dt = -2k_2(x^2 + ax) \tag{4}$$

가 된다. 변수분리법에 의해, $t = 0 \rightarrow t$, $x = x_0 \rightarrow x$의 범위에서 x의 시간변화를 구한다. 즉,

$$\int_{x_0}^{x} \frac{dx}{x^2 + ax} = -2k_2 \int_0^t dt \tag{5}$$

적분계산을 해서

$$\ln\left(\frac{x}{x_0}\frac{x_o + a}{x + a}\right) = -2ak_2 t = -k_1 t \tag{6}$$

을 얻을 수 있다. 다시 적으면

$$x = \frac{ax_0 \exp(-k_1 t)}{a + x_0(1 - \exp(-k_1 t))} \tag{7}$$

이 된다. 따라서 농도의 시간변화는 다음 식과 같다.

$$C_{\mathrm{A}} = \frac{k_1 C_{\mathrm{A0}} \exp(-k_1 t)}{k_1 + 2k_2 C_{\mathrm{A0}}(1 - \exp(-k_1 t))} \tag{8}$$

c. **일반적인 복합반응** 각각의 속도식이 단순한 반응차수에 따르지 않는 복합반응계에서는 화학종 농도의 시간변화를 해석적으로 구하는 것을 불가능한 경우가 많다. 그러한 경우에도 속도식을 세울 수 있다면, 각 화학종에 대한 미분방정식을 만들어 그것들을 연립하여 수치해석하여 농도변화를 구하는 게 가능하다.

3.3.5 정상상태 근사

복잡한 복합반응계에서는 해석적으로 다루는 것이 곤란한 경우가 많다. 그러나 어느 반응단계에서 반응성이 높은 화학종이 발생한 경우에는 그 반응이 빠르기 때문에 해당 화학종의 농도는 항상 작고, 따라서 그 농도의 시간변화는 0이라고 근사할 수 있다. 이 근사를 정상상태근사(steady state approximation ; 또는 정상상태의 가정)이라고 한다. 이 경우에는 속도식을 간단화시킬 수 있다.

식 (3.51)의 연속반응에서 중간에 존재하는 화학종 B에 정상상태근사를 적용시키면 어느 정도 오차가 발생하는지를 조사해보자. 정상상태근사에서는,

$$dC_B/dt = k_1 C_A - k_1' C_B = 0 \tag{3.72}$$

라고 가정하므로

$$C_B/C_A = k_1/k_1' \tag{3.73}$$

의 관계를 얻을 수 있다. 따라서

$$C_B = (k_1/k_1')C_a = (k_1/k_1')C_{A0}\exp(-k_1 t) \tag{3.74}$$

가 된다. 한편 해석적으로 얻은 식 (3.61)에서

$$k_1' \gg k_1 \tag{3.75}$$

이며, 또한

$$\exp(-k_1 t) \gg \exp(-k_1' t) \tag{3.76}$$

이면, 근사적으로 식 (3.74)가 성립된다. 즉, 정상상태근사는 식 (3.75)의 조건이 충족되고 식 (3.76)이 충족되지 않는 극히 초기의 반응단계를 제외하고 성립된다.

한 예로서 그림 3.2에서는 식 (3.51)의 연속반응($k_1'/k_1 = 10\text{s}^{-1}/1\text{s}^{-1}$)에서의 B, C의 농도변화에 따라 해석적으로 구한 결과와 정상상태근사로 구한 결과를 그렸다. 정상상태근사의 계산에는 식 (3.57), 식 (3.62), 식 (3.74)를 이용했다. 반응시간이 0.2 s를 넘으면 두 개에는 거의 차가 없고, 정상상태근사는 충분히 타당하다는 것을 알 수 있다. 그러나 반응시간이 0.2 s 정도까지의 초기에서는 두 개에 비교적 큰 차이가 생긴다. 정상상태근사는 이미 설명했듯이 식 (3.75), 식 (3.76)의 근사가 성립되는 범위에서 이용해야 한다.

정상상태근사는 많은 복합반응, 예를 들어 H_2 +할로겐 반응, 탄화수소류의 열분해나 광분해반응, 또는 중합반응 등의 속도론의 해석에 넓게 이용된다. 다음에는 한 예로서, 아세트알

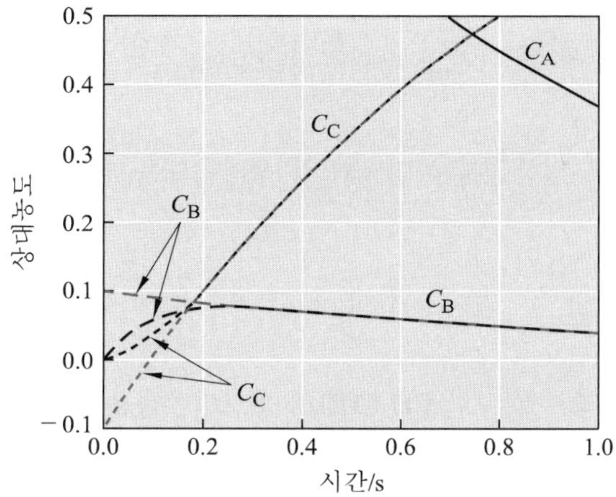

| 그림 3.2 | 연속 1차 반응($k_1'/k_1 = 10\mathrm{s}^{-1}/1\mathrm{s}^{-1}$)에서의 C_{A0}에 대한 B, C의 상대농도의 시간변화(검은색 선)와, 정상상태라고 가정했을 때의 시간변화(회색 선)

| 표 3.2 | CH_3CHO의 열분해 기구

반 응 식	속도정수
$CH_3CHO \rightarrow CH_3 + CHO$	k_1
$CH_3 + CH_3CHO \rightarrow CH_4 + CH_3CO$	k_2
$CH_3CO \rightarrow CH_3 + CO$	k_3
$2CH_3 \rightarrow C_2H_6$	k_4

데히드(CH_3CHO)의 열분해의 라디칼 연쇄반응기구의 해석을 설명하겠다.

간단화시킨 모델반응 기구는 표 3.2와 같다. 각각의 반응은 소반응이다. 안정된 생성물은 CH_4, C_2H_6, CO인데 실제 반응은 CH_3, CH_3CO 라디칼을 거쳐 진행된다(CHO도 라디칼이지만, 간단화시킨 모델에서는 CHO로부터의 후속반응은 고려하지 않는다). 두 개의 라디칼은 반응성이 높고 그 농도에 정상상태 가정이 적용된다고 하면 CH_3라디칼과 CH_3CO라디칼에 대해서 각각

$$\frac{dC_{CH_3}}{dt} = k_1 C_{CH_3CHO} - k_2 C_{CH_3} C_{CH_3CHO} + k_3 C_{CH_3CO} - 2k_4 (C_{CH_3})^2 = 0 \tag{3.77}$$

$$\frac{dC_{CH_3CO}}{dt} = K_2 C_{CH_3} C_{CH_3CHO} - k_3 C_{CH_3CO} = 0 \tag{3.78}$$

이 성립된다.

두 식을 더한 결과에서 CH_3라디칼의 정상농도로서

$$C_{CH_3} = \left(\frac{k_1}{2k_4}\right)^{\frac{1}{2}} C_{CH_3CHO}{}^{\frac{1}{2}} \tag{3.79}$$

를 얻을 수 있다. 따라서 정상상태 하의 CH_4의 생성속도는

$$\frac{dC_{CH_4}}{dt} = k_2 C_{CH_3} C_{CH_3CHO} = k_2\left(\frac{k_1}{2k_4}\right)^{\frac{1}{2}} C_{CH_3CHO}{}^{\frac{3}{2}} \tag{3.80}$$

이 된다. 이 결과는 실험적으로 구한 CH_3CHO의 농도의존성을 설명하고, 표 3.2의 라디칼 연쇄기구가 지지된다. 보다 상세하게는 CHO의 후속반응이나 그 외의 부반응도 고려해야하는데, 제1단계의 모델해석에 대한 정상상태근사의 유용성을 나타내고 있다.

3.3.6 속도정수의 온도의존성

반응속도정수는 온도나 압력에 의존된다. 그 중에서도 온도의 효과는 보편적이고 크다. 대부분의 경우 속도정수에 대한 온도의 효과는 아래의 아레니우스 식(Arrhenius equation)으로 표현할 수 있다.

$$k = A\exp\left(-\frac{E_a}{RT}\right) \tag{3.81}$$

여기서 E_a는 활성화 에너지(activation energy, SI 단위는 $J\,mol^{-1}$), A는 전지수인자[pre-exponential factor; 또는 빈도인자(frequency factor)라고도 한다]이다. R은 기체정수(gas constant)이며, T는 절대온도이다. 반응물에서 생성물로 변화하기 위해서는 반응물보다 큰 내부에너지를 가지는 상태를 지날 필요가 있으며, 이러한 활성화된 상태가 실현될 확률이 식 (3.81)의 온도의존성에 표현되어 있다. 아레니우스 식은 원래 실험을 바탕으로 제안된 식이지만, 그 후 분자통계열역학에 의해 정량적으로 도출된 전이상태이론으로 근사적으로 타당하다는 게 증명되었다.

식 (3.81)에서

$$\ln k = \ln A - \frac{E_a}{RT} \tag{3.82}$$

의 관계가 도출된다. 속도정수의 대수를 온도의 역수에 대해 도표화시킨 것을 아레니우스 플롯(Arrhenius plot)라고 한다. 이 플롯에 직선성이 성립하는 것이 식 (3.81)이 성립하는 실험적 증명에 이용된다. 직선성이 성립하면 플롯의 구배에서 활성화 에너지 E_a가 구해진다. 즉,

$$E_a = -R\frac{d\ln k}{d\left(\frac{1}{T}\right)} = RT^2\frac{d\ln k}{dT} = -2.303R\frac{d\log k}{d\left(\frac{1}{T}\right)} \tag{3.83}$$

이다.

활성화에너지는 화학결합의 해리에너지와 같거나 그것보다 적어 30～400 kJ mol^{-1}의 범위에 있는 경우가 많다. 예를 들어 E_a = 100 kJ mol^{-1}의 경우, 실온부근에서는 10도 온도상승에서 속도정수의 크기는 약 4배가 된다. 실제로 공업반응기에서 온도를 10도 이내로 제어하는 데는 꽤나 어려운 경우도 있으므로 반응조작에서 온도의존성의 의미는 크다.

온도범위가 비교적 좁은 경우는 식 (3.81)은 정밀하게 성립되는 경우가 많지만, 연소 반응처럼 실온부터 2500 K에 달할 만큼 넓은 온도범위에서는 반드시 정밀하게 성립하는 건 아니다. 오차의 대부분은 미시적 반응기구의 고찰이나 전이상태이론으로 설명되어있다. 실용상 반응속도정수의 온도의존성을

$$k = AT^{\mathrm{B}}\exp\left(-\frac{E_a}{RT}\right) \tag{3.84}$$

으로 표현하는 경우도 있다.

3.3.7 반응속도식과 속도정수의 결정

반응속도식이나 반응속도정수를 실험적으로 결정하는 데는 화학종의 물질(또는 농도)과 시간 측정이 필요하다. 반응시간은 회분법 실험에서는 경과시간자체이며, 또한 관형 반응기를 이용한 유통법 실험이라면 유통속도와 관의 길이(이상적인 경우는 반응시간 = 관 길이/유통속도)로 구할 수 있다. 측정된 농도의 시간변화의 미분값에서 반응속도를 얻을 수 있다. 각 화학종의 농도에 대한 속도 의존성을 알면 반응속도식을 구할 수 있다. 특히, 반응의 출발시점에서 화학종의 초기농도를 바꿔 속도를 측정하고 속도의 농도의존성을 조사해 속도정수를 산출하는 방법을 초기속도법(initial rate method)이라고 한다.

속도식에서 해석적으로 농도변화를 구하는 경우에는 농도의 시간변화를 추적하여 가정된 반응속도식에 근거한 농도의 시간변화와 피팅시켜서 반응속도식과 속도정수를 구하는 데도 자주 행해진다. 특히 1차 반응에서는 식 (3.29)에서 분명해진 것처럼 반응화학종의 상대농도의 대수를 반응시간에 대해 플롯하면 직선관계가 성립된다. 따라서 직선관계가 성립하는 지로 1차 반응인지 아닌지를 판단하고 그 구배에서 속도정수를 산출한다. 1차 반응에서는 속도정수의 결정에 농도의 절대값을 필요로 하지 않기 때문에 정밀하게 결정하기 쉽다. 또한 반감기가 구해지면 식 (3.30)의 관계에서 1차 반응속도정수를 결정할 수 있다.

보다 일반적인 반응계에서는 반응기구, 반응속도식 및 속도정수를 가정한 후에 반응진행과정의 컴퓨터 시뮬레이션을 해서 실험결과와 비교검토해서 반응기구, 반응속도식이 옳은지 검토하거나 속도정수 결정을 한다.

속도측정 장치나 그 측정의 원리에 대해서는 제4장의 반응기 설계 원리와 일맥상통하므로 제4장의 설명을 응용할 수 있다. 하지만 대상이 되는 화학반응에는 나노·초 정도에 종료되는 것부터, 며칠 정도 긴 시간이 필요한 것까지 있고, 또한 측정해야 하는 농도의 폭도 넓다. 따라서 원리는 같아도 속도측정에 이용되는 장치나 시스템은 각각의 목적에 따라서 다방면에 걸쳐 고도의 발달을 이루었다. 이들의 자세한 내용에 대해서는 전문 서적[16]을 참고해주길 바란다.

복합반응계의 수치해석

복합반응계를 수치계산으로 다루는 예[17]를 설명해보자. 대상으로 하는 것은 초임계상태인 물속에서 진행되는 유기화합물의 산소에 의한 산화반응이다. 또한 초임계수란 임계점(374℃, 22.1 MPa)을 넘은 상태에 있는 물이며, 이 속에서 유기화합물을 완전산화시키는 방법이, 환경에 좋고 폐기물을 완전히 처리 가능한 공정 기술의 기초로서 연구되었다.

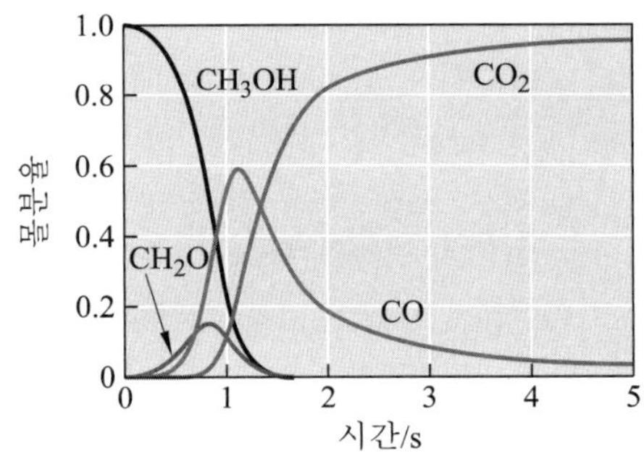

| 그림 | 메탄올 초임계수산화에서 화학종의 시간변화 수치해석(500℃, 25 MPa)

다음은 메탄올을 대상물질로서 반응 진행과정을 계산기 시뮬레이션해서 얻은 결과의 일부이다. 사용한 반응기구는 다음 표와 같다. 각각의 반응속도식과 속도정수에 근거한 연립상미분방정식을, 반응해석용 소프트웨어[18]를 이용해서 해석했다. 결과는 위의 그림과 같은데, 다수의 소반응의 진행결과로서 겉보기의 $CH_3 \rightarrow CH_2O \rightarrow CO \rightarrow CO_2$ 순서로 반응이 진행되는 것을 알 수 있다. 또한 이 반응계는 라디칼 종(radical species)이 연쇄적으로 반응을 진행시키고 있어서, 그 주역은 반응성이 높은 OH와 HO_2라디칼이다. 계산에 의하면, 반응 진행 중 OH, HO_2의 몰분율은 각각 3×10^{-8}, 3×10^{-4} 이하이며, 주요 생성물에 비해 압도적인 저온도이다.

16) "반응과 속도(제4판 실험화학강좌11)", 일본화학회편, 마루젠(丸善), p.22(1990); "반응속도론과 다이내믹스(대학원 강의 물리화학(제2판)Ⅱ)", 코다 세이치로(幸田清一郎) 편 동경화학동인, p.31(2011).

17) Y.Oxhima, B.Bihanto, S. Koda, J.chem.Eng.Jpn., 33, 507(2000)

18) R.J.Kee, F.M.Rupley, J.A.Miller, "CHEMKIN II : A FORTRAN Chemical Kinetics Package for the Analysis of Gass-phasa Chemical Kinetics", Sandia National Laboratories, SAND 89-8009(1990). 개정판이 시판되고 있다.

| 표 | 메탄올의 초임계수산화에 기여하는 소반응

No.	소반응식($\rightleftharpoons$ 는 가역반응)	No.	소반응식($\rightleftharpoons$ 는 가역반응)
1	$CH_3O(+M) \rightarrow CH_2O + H(+M)$	10	$CH_2O + O_2 = CO + HO_2$
2	$CH_3OH + O_2 \rightleftharpoons CH_2OH + HO_2$	11	$HOCO(+M) \rightleftharpoons OH + CO(+M)$
3	$CH_3OH + OH \rightleftharpoons H_2O + CH_2OH$	12	$HOCO + O_2 \rightarrow CO_2 + HO_2$
4	$CH_3OH + OH \rightleftharpoons H_2O + CH_3O$	13	$CO + HO_2 \rightarrow OH + CO_2$
5	$CH_3OH + HO_2 \rightleftharpoons H_2O_2 + CH_2OH$	14	$HO_2 + HO_2 \rightleftharpoons O_2 + H_2O_2$
6	$CH_2O + OH \rightleftharpoons CHO + H_2O$	15	$H_2O_2(+M) \rightarrow OH + OH(+M)$
7	$CH_2O + HO_2 \rightleftharpoons CH_2OH + O_2$	16	$OH + HO_2 \rightleftharpoons H_2O + O_2$
8	$CH_2O + HO_2 \rightarrow H_2O_2 + CHO$	17	$OH + H_2O_2 \rightleftharpoons HO_2 + H_2O$
9	$CH_2O + H \rightarrow CH_2OH$		

3.4 표면반응의 속도론

3.4.1 고체 촉매 반응의 소과정

공업화학 반응에는 흔히 고체촉매가 이용되고 있다. 촉매는 화학평형은 변화시키지 않고 반응 속도를 증가시키거나 생성물의 선택성을 향상시키는데 이용된다. 이러한 것이 가능해지는 주된 이유는 반응물이나 반응의 중간체가 고체표면에 흡착함으로써 그들 화학종의 특정 결합이 약해지거나 절단되거나 해서 반응의 활성화에너지가 대폭 저하되기 때문이다.

N_2와 H_2를 반응시켜 암모니아를 합성하는 공정은 하버－보슈(Haber-Bosch)법으로 확립되어 화학공업의 대발전을 가져와준 계기가 되었는데 이것이 실현된 하나의 열쇠는 촉매 개발에 있었다. 암모니아 합성반응전체에서는 발열반응이지만, 촉매가 없는 경우에는 N_2나 H_2의 결합을 절단하기 위해 큰 에너지가 필요하다. 이것이 무촉매 하에서 반응이 진행되지 않는 주된 원인이다. 현재 이용되는 촉매의 활성은 알루미나 등의 담지체에 분산된 미세한 철입자에 의한 것이라고 생각된다. 그림 3.3의 포텐셜 에너지 다이어그램과 같이 이 촉매 위에 N_2이나 H_2가 해리흡착하여, 해리흡착된 화학종 간에서 순차적으로 반응하여, 암모니아를 생성한다.

고체표면을 촉매로 실용적으로 이용하기 위해서는 촉매단위질량당 활성 사이트(active site ; 활성점, 활성좌라고도 한다)의 수를 최대한 크게 할 필요가 있다. 이것은 다수의 세공(細孔)을 가지는 담지체 내부의 표면에 활성이 있는 금속이나 산화물 등을 분산시킴으로써 표현된다. 그림 3.4와 같이 반응물은 우선 유체의 본체에서 성형된 고체촉매 입자의 외부표면으

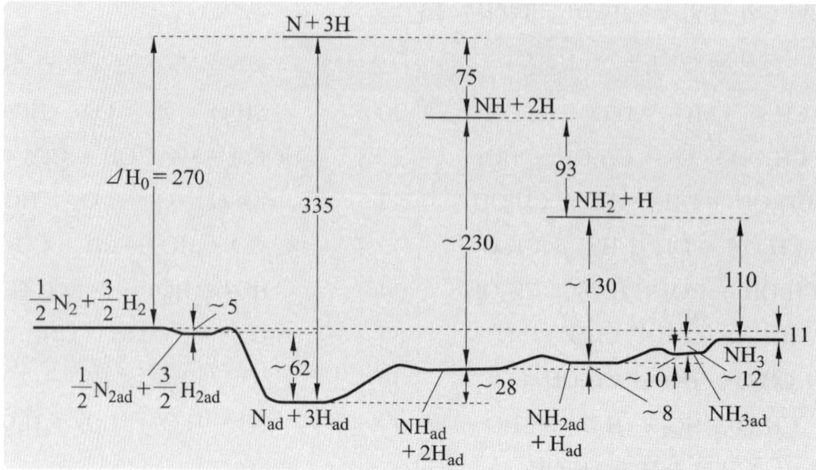

그림 3.3 철 활성점상에서의 N_2, H_2의 해리흡착과 반응의 위치에너지.
에너지의 단위는 kcal mol^{-1}(1 kcal = 4.184 kJ). 그림에서 화학종 아래첨자 ad는 흡착종을 나타낸다. [G.Ert, Catal. Rev.Sci.Eng., 21,219(1980)에 의한다.]

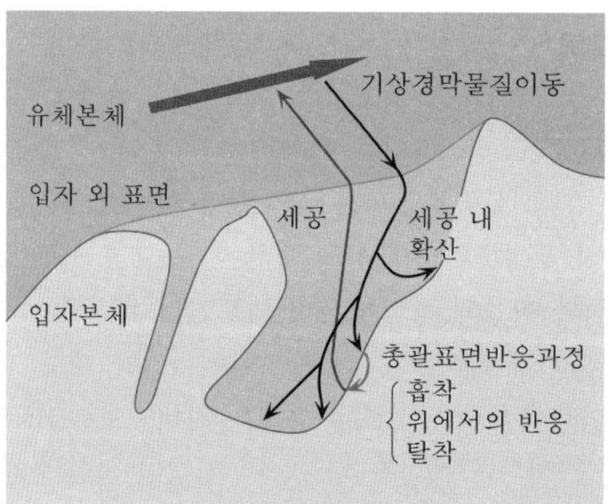

그림 3.4 기상의 유체본체에서 고체촉매로의 물질 이동과 반응의 여러 과정

로 이동(제5장에서 다루는 기상경막물질 이동 등의 과정)하여, 외부표면 부근에서 세공 내부의 활성사이트 부근으로 이동(세공 내 확산 등의 과정)하여, 활성사이트로의 흡착을 거쳐 그 표면상에서 반응한다. 생성물은 활성사이트에서 이탈한 후 세공에서 고체촉매 입자의 외부표면으로 이동하여 외부표면에서 유체본체로 이동한다. 일반적으로 고체표면의 활성 사이트로의 흡착(adsorption), 흡착물질의 화학반응, 생성물의 탈착(desorption)의 과정을 아울러, 종합적으로 표면반응이라고 한다. 다음에는 흡착부터 탈착에 이르기까지 그 종합적인 표면반응 과정의 속도론을 다루겠다. 총괄표면반응 과정의 전후 고체촉매 입자 내외의 물질 이동에 관

| 표 3.3 | 물리흡착과 화학흡착의 특징

	물리흡착	화학흡착
상호작용력	반데르발스 힘	화학결합
선택특이성	작다	크다
흡착열(엔탈피 변화) / $kJ\ mol^{-1}$	수~20	40~800
활성화에너지 / $kJ\ mol^{-1}$	≈0	수~수십
흡착층수	1이상	1이하

계된 여러 과정은 제5장에서 다루겠지만, 두 개를 아울러 해석함으로써 고체촉매와 그 반응기의 설계가 가능해진다.

3.4.2 흡착 과정

고체표면으로의 흡착은 크게 나눠서 물리흡착(physical adsorption)과 화학흡착(chemical adsorption)이 있다. 두 개의 특징은 표 3.3과 같다. 물리흡착은 반데르발스 힘(van der Waals force)에 의해 고체표면에 분자가 흡착하는 과정이며, 물리흡착에 의해 반응성이 크게 변화하는 가능성은 적다. 한편 화학흡착은 흡착한 사이트와 흡착종과의 사이에 화학결합에 필적하는 강한 상호작용이 있는 경우이며 발생한 흡착종은 경우에 따라 큰 반응성을 얻게 된다. 화학흡착은 고체표면에 대해 단일층까지의 흡착에 그치는 경우가 많다.

기상에 있는 화학종과 흡착종의 화학평형을 고려해서 흡착등온식(adsorption isotherm)을 도출할 수 있다. 대표적인 랑그뮈어 흡착(Langmuir adsorption)기구는 다음과 같이 가정한다.

① 흡착에 관여하는 활성사이트가 표면에 균일하게 분포되어 있다.
② 단일층 흡착이다.
③ 흡착 화학종끼리 상호작용은 없다.

식 (3.85)와 같이 기상에 있는 화학종 A(분압 p_A)와 미흡착 사이트 s 사이에서 반응하여 흡착종 AS가 생성된다고 생각한다. 또한 쌍화살표 기호는 정반응과 역반응이 있다는 것을 나타낸다.

$$\mathrm{A} + \mathrm{s} \leftrightarrows \mathrm{AS} \tag{3.85}$$

촉매단위질량당 미흡착 사이트의 몰수를 C_s, 화학종이 흡착한 사이트의 몰수를 C_{AS}, 흡착, 미흡착 사이트의 합계 몰수를 C_T로 한다. C_s, C_{AS}, C_T의 SI 단위는 $mol\ kg^{-1}$이다. 촉

매단위질량당 흡착소도 $v_A{}'$, 탈착 속도를 $v_{AS'}$로 나타내면,

$$v_A{}' = dC_{AS}/dt = k_A p_A C_S = k_A p_A (C_T - C_{AS}) \tag{3.86}$$

$$v_{AS}{}' = -dC_{AS}/dt = k_{AS} C_{AS} \tag{3.87}$$

이 된다. 단 k_A, k_{AS}는 각각 화학종 A의 흡착 속도정수, 흡착사이트로부터의 탈착 속도정수이다. $v_A{}'$, $v_{AS}{}'$는 $\mathrm{mol\,kg^{-1}s^{-1}}$, k_A, k_{AS}는 각각 $\mathrm{Pa^{-1}s^{-1}}$, $\mathrm{s^{-1}}$의 SI 단위를 가진다. 평형이 성립되는 경우에는

$$v_A{}' = v_{AS}{}' \tag{3.88}$$

이다. A의 흡착평형정수 K_A를 식 (3.89)

$$K_A = \frac{k_A}{k_{AS}} \tag{3.89}$$

로 정의하면, 식 (3.88)의 관계에서

$$C_{AS} = \frac{K_A p_A C_T}{1 + K_A p_A} \tag{3,90}$$

이 된다. 흡착종이 활성사이트를 차지하는 비율을 점유율이라고 하며, 이것을

$$\theta = C_{AS}/C_T \tag{3.91}$$

로 나타내면 식 (3.83)은

$$\theta = \frac{K_A p_A}{1 + K_A p_A} \tag{3.92}$$

이다. 식 (3.90)또는 식 (3.92)를 랑그뮈어의 흡착등온식(Langmuir adsorption isotherm)이라고 한다.

가령 2종류의 화학종 A, B가 동일한 사이트를 경쟁적으로 차지하는 경우에는

$$\mathrm{A + s \leftrightarrows AS} \tag{3.85}$$

$$\mathrm{B + s \leftrightarrows BS} \tag{3.93}$$

$$C_T = C_s + C_{AS} + C_{BS} \tag{3.94}$$

로 모델화시킬 수 있는데, 이 경우도 단일화학종의 경우와 마찬가지로 다루어서, 흡탈착의 평형조건 하에서 다음과 같은 관계를 얻을 수 있다. 즉, $X = A$ 또는 B라 하고

$$C_{\mathrm{XS}} = \frac{K_{\mathrm{X}}\, p_{\mathrm{X}}\, C_{\mathrm{T}}}{1 + K_{\mathrm{A}} p_{\mathrm{A}} + K_{\mathrm{B}} p_{\mathrm{B}}} \tag{3.95}$$

이다.

화학종 A_2가 2A로 해리되어 흡착하는 경우에는

$$\mathrm{A_2} + \ 2\mathrm{s} \ \leftrightarrows 2\mathrm{AS} \tag{3.96}$$

으로 나타낸다. 평형조건 하에서는 식 (3.86)~식 (3.89)와 마찬가지로

$$C_{\mathrm{AS}}{}^{2} = K_{\mathrm{A}} p_{\mathrm{A_2}} C_{\mathrm{s}}{}^{2} \tag{3.97}$$

의 관계가 된다. 식 (3.97)의 C_s를

$$\mathrm{C_T} = \mathrm{C_s} + \mathrm{C_{AS}} \tag{3.98}$$

의 관계에 대입하여 정리하면, 다음 식이 된다.

$$C_{\mathrm{AS}} = \frac{\sqrt{K_{\mathrm{A}} p_{\mathrm{A_2}}}\, C_{\mathrm{T}}}{1 + \sqrt{K_{\mathrm{A}} p_{\mathrm{A_2}}}} \tag{3.99}$$

3.4.3 표면반응의 기구와 속도식

힌셸우드(Hinshelwood)는 고체표면에서는 흡착한 분자가 분해하거나 흡착분자끼리가 반응한다고 생각해서 랑그뮈어의 흡착이론을 이용해 고체촉매상의 반응속도를 해석했다. 이것을 랑그뮈어－힌셸우드 기구라고 한다.

더욱이 하우겐(Hougen)과 와트슨(Watson)은 랑그뮈어의 흡착이론을 기초로 폭넓게 반응속도식을 도출하는 것을 시도했다. 이 때, ① 총괄적으로 본 표면반응 과정에 관여하는 각 과정은 모두 가역적으로 진행되고, 그중 하나의 과정이 늦어 그것이 율속과정이 된다. ② 율속과정보다 이전 과정은 모두 반응물과 평형에 있다. 또한 ③ 율속과정 후의 과정은 모두 생성물과 평형에 있다는 가정이 이용되고 있다. 이렇게 해서 총괄 표면반응 과정의 차이나, 어느 과정이 율속인가 등에 대응한 다수의 식 표현을 구할 수 있다. 이를 하우겐－와트슨의 식이라고 한다(랑그뮈어－힌셸우드의 식이라고 하는 경우도 있다). 다음에 그들의 일부를 설명

하겠다.

총괄표면반응 과정

$$A \leftrightharpoons R \tag{3.100}$$

을 생각해보자.

이 총괄적으로 본 표면반응 과정은 화학종 A가 흡착하고 표면상에서 반응하여 R이 생성되어, 이어서 R이 탈착하는 것으로 진행된다.

우선 화학종 A의 흡착이 식 (3.85)에 따라 생기고, 역으로 탈착에 의해 A가 재생된다. 이때 정반응에서 역반응으로의 기여를 뺀 순수 흡착반응속도 $v_{\mathrm{A,net}}'$은 식 (3.86), 식 (3.87), 식 (3.89)에서

$$v_{\mathrm{A,net}}' = k_{\mathrm{A}}\left(p_{\mathrm{A}} C_{\mathrm{s}} - \frac{C_{\mathrm{AS}}}{K_{\mathrm{A}}}\right) \tag{3.101}$$

의 속도식에 따른다. 반응속도는 촉매단위질량당 물질의 변화속도이며, mol kg^{-1}s^{-1}의 SI 단위를 가진다. 이어서 표면상에서 정역 모두 1차 표면반응이

$$\mathrm{AS} \leftrightharpoons \mathrm{RS} \tag{3.102}$$

의 식에 따라 진행된다고 하자. 표면상의 정반응속도정수를 k_{sr}, 평형정수를 K_{sr}이라고 하면 정반응에서 역반응으로의 기여를 뺀 순수 반응속도 $v_{\mathrm{st,net}}'$은

$$v_{\mathrm{sr,net}}' = k_{\mathrm{sr}}\left(C_{\mathrm{AS}} - \frac{C_{\mathrm{RS}}}{K_{\mathrm{sr}}}\right) \tag{3.103}$$

이다. 더욱이 R이 흡착하는 속도정수를 k_{R}, 흡착평형정수를 K_{R}이라 하면, 생성물 R의 순수 탈착 속도는

$$u_{\mathrm{R,net}}' = k_{\mathrm{R}}\left(\frac{C_{\mathrm{RS}}}{K_{\mathrm{R}}} - p_{\mathrm{R}} C_{\mathrm{S}}\right) \tag{3.104}$$

가 된다. 한편, 다음 식의 관계가 있다.

$$C_{\mathrm{T}} = C_{\mathrm{s}} + C_{\mathrm{AS}} + C_{\mathrm{RS}} \tag{3.105}$$

식 (3.101), 식 (3.103), 식 (3.104), 식 (3.105)를 조합하여 속도식을 풀면 되는데, 상당히 복잡하다. 다음에는 간단한 가정을 이용해 해석할 수 있는 몇 개의 경우를 설명하겠다.

a. 표면반응 율속의 경우 표면반응 속도가 그 전후 속도, 즉 A와 AS, 및 R과 RS 사이의 왕래 속도에 비해 현저히 늦고 총괄 표면반응 과정이 표면상 반응지체의 속도에 의해 실질적으로 결정되어있는 경우, 표면반응이 율속과정이라고 할 수 있다. 이 경우 A와 AS 및 R과 RS 사이에는 평형이 성립된다고 생각되므로 식 (3.101), 식 (3.104)의 $v_{A,net}{}' = 0$, $v_{R,net}{}' = 0$에서

$$C_{AS} = K_A p_A C_s \tag{3.106}$$

$$C_{RS} = K_R p_R C_s \tag{3.107}$$

을 구할 수 있다. 식 (3.106), 식 (3.107)의 관계를 식 (3.105)에 대입하여 정리하면

$$C_s = C_T / (1 + K_A p_A + K_R p_R) \tag{3.108}$$

이 성립된다. 이 관계를 이용해서 식 (3.106), 식 (3.107)의 C_s을 변환해 식 (3.103)에 대입하면

$$v_{sr,net}{}' = \frac{k_{sr} K_A \left(p_A - p_R \dfrac{K_R}{K_A K_{sr}} \right) C_T}{1 + K_A p_A + K_R p_R} \tag{3.109}$$

가 된다. 이 속도가 표면반응 율속일 경우의 촉매단위질량 당 총괄 표면반응 속도이다.

b. 반응물 흡착 율속의 경우 이 경우는 식 (3.103)의 $v_{sr,net}{}' = 0$, 식 (3.104)의 $v_{R,net}{}' = 0$에서

$$C_{AS} = C_{RS} / K_{sr} \tag{3.110}$$

$$C_{RS} = K_R p_R C_s \tag{3.111}$$

이 되므로, 이들 관계를 식 (3.105)에 대입하여

$$C_s = \frac{C_T}{1 + \dfrac{K_R p_R}{K_{sr}} + K_R p_R} \tag{3.112}$$

이 된다. 이 관계를 이용해서 식 (3.110), 식 (3.111)의 C_s를 바꿔써서 식 (3.101)에 대입해 정리하면

$$v_{\mathrm{A,net}}' = \frac{k_{\mathrm{A}}\left(p_{\mathrm{A}} - p_{\mathrm{R}}\dfrac{K_{\mathrm{R}}}{K_{\mathrm{A}}K_{\mathrm{sr}}}\right)C_{\mathrm{T}}}{1 + \dfrac{K_{\mathrm{R}}}{K_{\mathrm{sr}}}p_{\mathrm{R}} + K_{\mathrm{R}}p_{\mathrm{R}}} \tag{3.113}$$

이 된다. 이 속도가 A의 흡착 율속에서의 촉매단위질량당 총괄 표면반응속도이다.

c. 총괄표면반응 과정의 일반적인 속도식 식 (3.109) 또는 식 (3.11)에서 $k_{\mathrm{sr}}K_{\mathrm{A}}C_{\mathrm{T}}$나 $k_{\mathrm{A}}C_{\mathrm{T}}$는 속도론인자항(kinetic factor group)이며, $\left(p_{\mathrm{A}} - p_{\mathrm{R}}\dfrac{K_{\mathrm{R}}}{K_{\mathrm{A}}K_{\mathrm{sr}}}\right)$은 구동력항(driving force group), 각각의 분모는 흡착항(adsorption group)이라고 볼 수 있다. 즉, 하우겐－와트슨의 총괄속도는

$$\text{총괄속도} = \frac{(\text{속도인자 항})\times(\text{구동력 항})}{\text{흡착 항}} \tag{3.114}$$

의 형식으로 정리된다. 이 형식은 보다 복잡한 반응의 모델에서도 성립된다. 반응물의 흡착 과정에서뿐만 아니라 생성물의 탈착 과정이 탈착의 평형이나 역반응의 존재를 통해 총괄표면반응의 속도에 영향을 끼치는 것에 주의해야 한다.

예제 3.4

어느 선형올레핀 R－CH = CH_2(LO라 약기)와 시클로헥센(C6으로 약기)의 수소화반응을 Pt/SiO_2의 촉매로 해서 상대적인 속도정수를 측정했다. 우선, LO와 C6을 각각 별도로 반응속도를 측정해서 비교(단독 수소화라고 한다)하자 두 개의 상대적인 속도는 거의 1이었다. 한편 두 개를 공존시켜서(경쟁 수소화라고 한다)하자 상대적인 속도는 LO가 더 50배 정도 컸다. 이것을 바탕으로 표면반응기구에 대해 고찰하라.

해답

다음과 같은 기구라고 생각해본다. 즉, H_2는 LO나 C6과는 독립된 활성 사이트에 흡착한 LO나 C6과 반응한다. LO와 C6은 공존하는 경우에는 동일종의 활성 사이트를 경쟁적으로 자치한다. 더욱이 간단하게 하기 위해 LO도 C6도 강하게 흡착하고, 한편 생성된 수소화물의 이탈은 모두 충분히 빠른 걸로 한다. 또한 표면반응은 표면흡착한 LO나 C6의 표면농도에 관해 의사1차 반응으로 한다. 즉, 식 (3.109)의 1차 반응속도정수를 $k_{2(\mathrm{LO})}C_{\mathrm{HS}}$ 또는 $k_{2(\mathrm{C6})}C_{\mathrm{HS}}$로 치환[$k_{2(\mathrm{LO})}$ 또는 $k_{2(\mathrm{C6})}$는 각각 올레핀에 대한 2차 속도정수]함으로써 각각의 수소화 반응속도를 나타낼 수 있다. 다음으로 위에 가정한 반응기구에 의해 실험결과를 설명할 수 있는가 아닌가를 검정한다. 단독 수소화는 기상에 수소(H_2)와 직쇄올레핀(LO), 또는 H_2와 시클로헥센(C6)이 존재한다. H_2의 존

재는 LO나 C6의 흡착과는 독립된 것에 주의하자. 단독수소화의 속도는

$$(v_{\mathrm{LO}})_{\text{단독수소화}} = \frac{k_{2(\mathrm{LO})} C_{\mathrm{HS}} K_{\mathrm{LO}} p_{\mathrm{LO}} C_{\mathrm{T}}}{1 + K_{\mathrm{LO}} p_{\mathrm{LO}}} = k_{2(\mathrm{LO})} C_{\mathrm{HS}} C_{\mathrm{T}} \tag{1}$$

$$(v_{\mathrm{C6}})_{\text{단독수소화}} = \frac{k_{2(\mathrm{C6})} C_{\mathrm{HS}} K_{\mathrm{C6}} p_{\mathrm{C6}} C_{\mathrm{T}}}{1 + K_{\mathrm{C6}} p_{\mathrm{C6}}} = k_{2(\mathrm{C6})} C_{\mathrm{HS}} C_{\mathrm{T}} \tag{2}$$

이 된다. 각각의 식에 있는 제2의 등호는 $1 \ll K_{\mathrm{LO}} p_{\mathrm{LO}}$, $1 \ll K_{\mathrm{C6}} p_{\mathrm{C6}}$라 생각한 것에 의한다. 따라서 단독수소화 실험에 의한 상대속도는

$$\left(\frac{v_{\mathrm{LO}}}{v_{\mathrm{C6}}}\right)_{\text{단독수소화}} = \frac{k_{2(\mathrm{LO})}}{k_{2(\mathrm{C6})}} \tag{3}$$

이 되며, 근사적으로 표면 2차 반응속도상수의 비와 같다.

한편 경쟁수소화는 기상에 H_2, LO, C6이 공존하고 있다. 이 경우 LO, C6의 각각의 수소와 속도는

$$(v_{\mathrm{LO}})_{\text{경쟁수소화}} = \frac{k_{2(\mathrm{LO})} C_{\mathrm{HS}} K_{\mathrm{LO}} p_{\mathrm{LO}} C_{\mathrm{T}}}{1 + K_{\mathrm{LO}} p_{\mathrm{LO}} + K_{\mathrm{C6}} p_{\mathrm{C6}}} \tag{4}$$

$$(v_{\mathrm{C6}})_{\text{경쟁수소화}} = \frac{k_{2(\mathrm{C6})} C_{\mathrm{HS}} K_{\mathrm{C6}} p_{\mathrm{C6}} C_{\mathrm{T}}}{1 + K_{\mathrm{LO}} p_{\mathrm{LO}} + K_{\mathrm{C6}} p_{\mathrm{C6}}} \tag{5}$$

이 된다. 따라서 경쟁수소화의 실험에서 얻어진 상대속도는

$$\left(\frac{v_{\mathrm{LO}}}{v_{\mathrm{C6}}}\right)_{\text{경쟁수소화}} = \frac{k_{2(\mathrm{LO})} K_{\mathrm{LO}} p_{\mathrm{LO}}}{k_{2(\mathrm{C6})} K_{\mathrm{C6}} p_{\mathrm{C6}}} = \frac{k_{2(\mathrm{LO})} K_{\mathrm{LO}}}{k_{2(\mathrm{C6})} K_{\mathrm{C6}}} \tag{6}$$

이 된다. 단, 제2의 등호는 경쟁수소화의 실험에서는 각각의 올레핀의 분압이 같을 때의 속도가 비교된다고 했기 때문이다. 식 (6)에서 경쟁수소화 실험에서 얻어지는 상대속도는 표면반응 속도 정수의 비 자체가 아니라, 이 비에 흡착평형정수 비가 가해진 것이 된다. 표면속도정수의 비는 단독수소화 실험에서 거의 1이므로, 흡착평형정수의 비가 50 정도라고 하면, 실험결과를 설명할 수 있다. 따라서 가정한 반응 기구는 단독수소화실험과 경쟁수소화실험의 결과에 대한 하나의 해석이 되고 있다.

3.5 공업화학 반응과 속도

공업적으로 이용되는 화학반응(공업화학 반응)은 복잡한 반응계인 경우가 많다. 또한 비록 균일계 단일반응이어도 실제로는 많은 소반응이 관계되어 있고, 넓은 조건 하에 대응할 수 있는 단일한 속도식이나 정수를 부여하는 것은 어려운 경우도 있다. 한편 미시적인 반응속도론은 현저한 발전을 이루었고, 특히 기상의 많은 소반응에 관해서는 넓은 온도나 압력범위에서 그 기구나 속도정수가 실험적, 이론적으로 주어지게 되었다. 더욱이 소반응을 조합시켜서 얻어진 복합된 반응의 진행과정을 반응 장치 상황에 맞춰서 시뮬레이션하는 기술도 발달되고 있다. 예를 들어, 균일계에서는 연소의 반응계, 다상계에서는 화학증착 반응(chemical vapor deposition)계 등이다. 이렇듯 공업화학 반응을 단순화시키거나 적용조건을 임의로 제한하여 단일한 반응으로써 속도식과 그 속도정수를 부여하지 않아도 소반응 그 자체를 바탕으로 반응 장치를 설계하는 것이 가능하게 되고 있다.

하지만 한편으로 설계의 기본적인 계획을 세울 때는 반응의 개략을 알고 목적하는 조건하에서 적용가능한 반응기구나 속도에 관한 정보가 중요하다는 것도 또한 논의할 여지가 없다. 각종 편람[19] 등에는 공업반응의 속도식이나 그 정수가 주어져 있기 때문에 적용 가능한 반응조건을 명확히 한 후 이용하면 좋다.

19) "화학공학편람" 개정5판, 화학공학회편, 마루젠(丸善), p.193~215(1988); 개정6판, p.180~186(1999); R. Mezaki, H. Inoue, "Rate Equations of Solid-catalyzed Reactions", University of Tokyo Press (1991).

문 제

3.1 고온의 기상에서 NH_3의 백금촉매상에서 O_2와 반응시키면 NO를 얻을 수 있다. NO를 산화시켜 NO_2를 얻어 이것을 물에 흡수시켜 질산을 제조하고 있다. 목적 반응은 (1)인데 동시에 부반응 (2)도 진행된다.

$$4NH_3 + 5O_2 \rightarrow 4NO + 6H_2O \tag{1}$$

$$4NH_3 + 3O_2 \rightarrow 2N_2 + 6H_2O \tag{2}$$

어느 실험에서 NH_3 1.0 mol과 O_2 2.0 mol을 혼합하여 반응시키자 NO가 0.20 mol, H_2O가 0.42 mol 생겼다.

1) 각 양론식의 반응진행은 얼마인가?
2) N_2는 몇 mol 생성되었는가?
3) 전체 물질은 어떻게 변화했는가?
4) NH_3의 반응률은 얼마인가?

3.2 식 (3.31)로 나타나는 2차 반응이 있다. C_{B0}의 C_{A0}에 대한 과잉률을 β로 표시한다. 즉, $C_{B0} = (1+\beta)C_{A0}$, β를 파라미터로 해서 C_A/C_{A0}의 시간변화를 나타내는 식을 구하라. 또한 A의 반응률이 80%에 달하는데 필요한 시간을 $\beta = 0.1$과 0.5인 경우에 따라 비교하라.

3.3 기상에서 O_3는 N_2O_5로 촉매가 되어 다음의 기구로 빠르게 분해반응이 진행된다고 생각되고 있다. NO_2, NO_3에 정상상태근사를 이용해서 O_3분해의 반응속도식을 구하라.

$$N_2O_5 \rightarrow NO_2 + NO_3 \quad (\text{속도정수 } k_1) \tag{1}$$

$$NO_2 + NO_3 \rightarrow N_2O_5 \quad (\text{속도정수 } k_2) \tag{2}$$

$$NO_2 + O_3 \rightarrow NO_3 + O_2 \quad (\text{속도정수 } k_3) \tag{3}$$

$$2NO_3 \rightarrow 2NO_2 + O_2 \quad (\text{속도정수 } k_4) \tag{4}$$

또한 정상상태에서의 반응속도의 활성화 에너지를 각 소반응의 활성화에너지를 이용해 나타내라.

3.4 NO의 O_2에 의한 산화반응속도는 다음의 반응식, 속도식, 속도정수에 따른다.[20]

$$2NO + O_2 \rightarrow 2NO_2 \quad (\text{속도정수 } k_3) \tag{1}$$

$$r_{NO} = -2k_3 {C_{NO}}^2 C_{O_2} \tag{2}$$

---

20) "화학편람 기초편 II", 개장 3판, 일본화학회편, 마루젠, P.384 (1984)

$$k_3 = 1.20 \times 10^{-3} \exp(+4\,\mathrm{kJ}/RT)\,\mathrm{m^6 mol^{-2} s^{-1}} \quad (3)$$

1) 50℃의 대기 중에 100 ppm의 체적분율의 NO가 방출되었을 때의 1시간 후의 NO의 반응률은 얼마인가?
2) 마찬가지로 NO의 체적분율이 10%인 경우에 반응률이 90%에 달하는데 필요한 시간은 얼마인가?
   계산을 간단히 하기 위해 두 경우 모두 O_2의 체적분율은 20%로 하고, 반응에 의한 O_2의 농도 변화 및 계의 체적 변화는 무시하라.

3.5 어느 액상의 1차 반응에서 반응률이 90%에 달하는데 30℃에서는 1시간, 40℃에서는 30분을 필요로 했다. 온도의존성은 아레니우스식에 따른다고 하고 다음 질문에 답하라.
1) 활성화 에너지는 몇 $\mathrm{kJ\,mol^{-1}}$인가?
2) 10분간 반응률을 90%로 하는데, 반응온도를 몇 ℃로 하면 되는가?

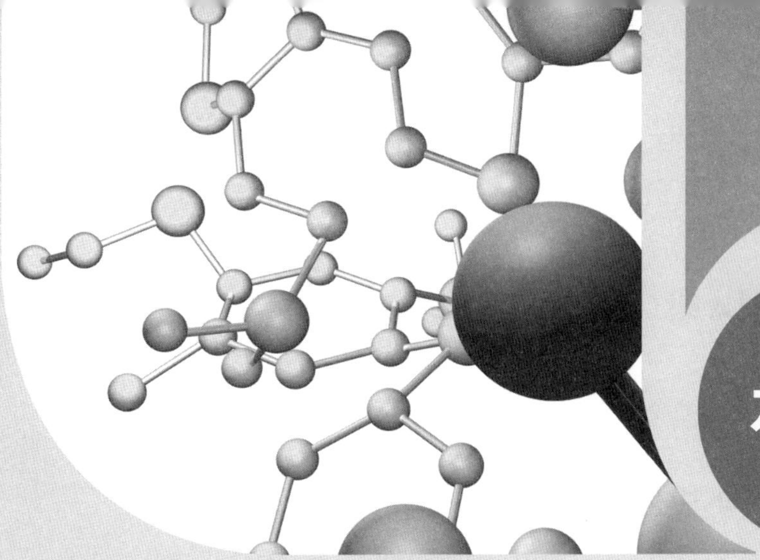

제 4 장

균일계 반응의 해석과 설계

제 4 장 균일계 반응의 해석과 설계

4.1 기본적인 반응기와 반응조작

반응을 하는 용기를 반응기(reactor), 순서·방법을 반응조작(operation)이라고 한다. 반응기는 겉보기엔 다양하지만 이상적인 조형반응기(tank reactor)와 관형반응기(tubular reactor)를 이용하면 반응계의 해석, 실재 반응기의 거동을 살펴 설계개념을 도출할 수 있다. 반응기의 형태와 조작 방법에는 밀접한 관계가 있으며 조형 반응기는 회분조작(batch operation)과 연속조작(continuous operation) 모두 이용되는데 관형반응기 대부분은 연속조작만에 사용된다.

이 장에서는 균일계 반응을 대상으로 반응기와 반응조작의 기본적인 거동을 분명히 한다.

4.1.1 반응기

반응기의 기본적인 형태는 그림 4.1과 같이 조형반응기(탱크반응기)와 관형반응기로 분류된다. 명칭은 외관에 따라 다르지만 동시에 반응기 내의 흐름이 이상적인 경우에 어떻게 모델화 시킬 수 있는지에 대응한다. 조형반응기는 내부가 충분히 교반되어 온도나 농도가 균일한 완전혼합 흐름이 이상적인 모델이다. 한편 이상적인 관형반응기는 축 방향으로 흐름이 있고, 흐름과 교차하는 단면 내 온도나 농도는 균일하다. 흐름 방향에는 혼합·확산은 없지만, 흐름에 따라 반응의 진행에 의한 화학종의 농도변화가 있으며, 이 흐름을 압출 흐름(plug flow 또는 피스톤 흐름이라고도 한다)이라고 한다.

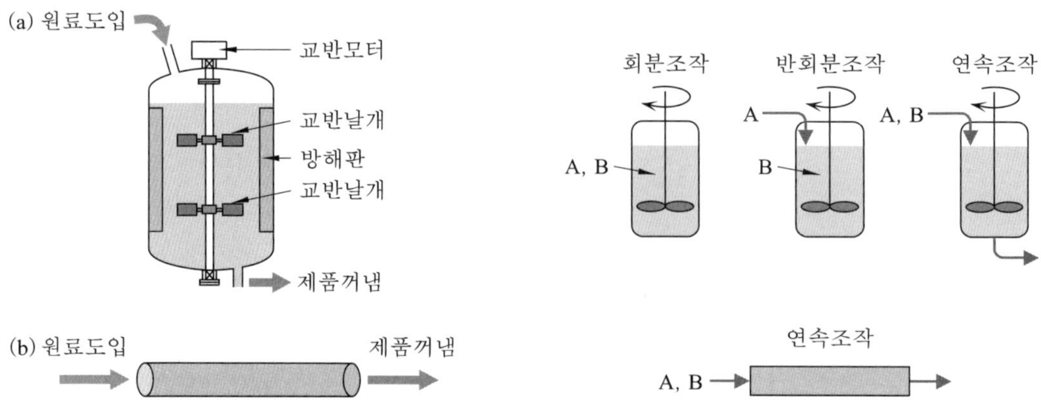

그림 4.1 조형반응기(a), 관형반응기(b)의 모식도와 조작

4.1.2 반응조작

반응조작은 2종류로 크게 구분된다. 제1조작은 회분조작이다. 이 조작은 처음에 반응기 안에 모든 반응물을 넣는다. 소정의 온도나 압력 하에서 교반하면서 반응시켜, 일정시간 후 생성물을 꺼낸다. 반응 진행에 따라 반응기 내의 화학종의 농도 등이 변화하는 비정상적인 조작이다. 실험실에서는 교반자(stirring bar)를 넣은 비커를 이용해 용액반응을 잘 시키는데, 이것은 회분조작의 한 예이다. 용기 크기에 차이는 있지만 공업적으로도 조형 용기를 이용해 유사한 조작이 이루어진다. 회분조작을 하는 반응기(회분반응기 : batch reactor)는 이상적으로는 완전혼합반응기(well mixed reactor)로서 균일한 농도나 온도가 되도록 충분히 교반·혼합되어 있다고 볼 수 있다. 또한 반응에 관여하는 하나의 성분만을 반응기에 넣어두고 다른 성분을 점점 첨가해가는 조작 등을 생각할 수 있다. 이러한 조작에는 여러 조합이 있는데, 일반적으로 반회분 조작(semi-batch operation)이라고 한다.

제2조작은 반응기 안으로 연속적으로 반응물을 흘려보내면서 한편으로 생성물을 연속적으로 꺼내는 조작이며 연속조작이라고 한다. 반응계는 동적인 정상상태로 유지된다. 보통은 흐름에 따라 물질의 수송을 연속적으로 하므로 유통조작이라고도 한다. 연속조작에는 조형반응기, 또는 관형반응기가 이용된다. 조형반응기를 이용한 이상적인 연속조작은, 교반에 의해 반응기 안의 온도나 농도는 균일하며, 반응에 의한 변화는 반응기로의 공급농도와 반응기 안의 농도의 차로서 나타난다. 이들 조건을 충족시키는 반응기를 연속교반 조형반응기(continuous stirred tank reactor : CSTR)라고 한다.

또 다른 연속조작은 관형반응기를 이용한 것이다. 예를 들어, 나프타에서 에틸렌(에텐)을 합성하는 기상 열분해 반응을 공업적인 규모로 할 때, 가열한 관형반응기 내의 반응물을 포함하는 기체를 연속적으로 흘려보내 반응시켜, 생성물을 연속적으로 꺼내는 제조방법이 이용된다. 이 때 앞에서 설명한 압출 흐름의 모델이 성립되는 반응기를 압출흐름반응기[플러그플로 반응기(plug flow reactor : PFR), 또는 피스톤 흐름 반응기라고도 한다]라고 한다.

반응기와 조작의 특징을 표 4.1에 나타냈다. 회분조작은 긴 반응시간을 필요로 하는 반응에 알맞다. 또한 소규모 제조 시 경제적으로도 유리하다. 한편 연속조작은 정상적인 조작이므로 제품의 품질이나 생산량 관리가 쉽고, 또한 대규모 제조에 적합하다. 단, 회분조작에 비해서 제어 계측이나 시스템에 보다 고도의 제품이 필요한 경우가 많다. 관을 이용한 연속조작은 비교적 반응시간이 짧은 반응, 특히 기체 반응에 적합하다. 유체의 점성이 크다는 등의 이유로 성분 간 신속한 혼합이 쉽지 않은 경우의 연속조작에는 조형반응기가 적합하다.

이미 설명했듯이 이상적인 연속조작은 조형반응기의 경우 교반혼합이 완전한 연속교반 조형반응기(CSTR)로 이루어지며, 관형반응기의 경우 압출흐름반응기(PFR)로 이루어진다. 이번 장에서는 주로 완전 혼합 하에서의 조형반응기를 이용한 회분조작, CSTR, PFR의 3개의

| 표 4.1 | 이상적인 반응기와 조작 및 적용대상 예

반응기	조작	반응기·조작명칭	이상반응기의 조건	적용대상 예
조형	회분조작	회분반응기	균일, 완전혼합	비교적 소규모의 용액반응(염료 합성), 용액중합반응 등
	연속조작	연속교반 조형반응기 (CSTR)	균일, 완전혼합	각종 용액 내 합성반응
관형	연속조작	압출흐름반응기 (PFR)	흐름 방향의 혼합·확산이 없음. 농도 등의 반응기단면내의 분포가 일정	나프타 열분해 등의 대규모 기상 반응

취급을 설명한다. 2종류의 유체를 순간적으로 완전히 혼합하는 것은 근사적으로 밖에 실현할 수 없다는 것으로도 알 수 있듯이, 실제 반응기나 조작은 이상적인 조건을 반드시 충족하는 건 아니다. 하지만 이상적인 모델을 이용해 해석해 두면 반응기의 설계나 조작 계획을 세우는데 도움이 된다. 또한 실제 반응기나 조작 또는 반응에 관여하는 여러 현상을 이상적 모델의 조합에 근거해 해석해 가는 것도 가능해진다. 또한 조작 및 반응기의 종별은 균상계반응, 다상계 반응 둘 다에 공통으로 쓸 수 있는 개념이다. 이번 장의 해석은 균일계를 대상으로 하지만, 제5장에서 설명하듯이 기본적으로는 다상계에도 응용할 수 있다.

4.2 반응속도와 설계 방정식

4.2.1 반응속도식과 설계방적식

제3장에서는 반응속도식을 세워 그것을 적분함으로써 화학종 농도의 시간변화를 도출했다. 예를 들어, 계의 체적 변화가 없는 1차 반응(속도정수 k_1)에 대해서 반응물 A의 농도 C_A에 대해 반응속도식과 반응물 농도의 시간변화는 각각 식 (4.1)과 식 (4.2)이다.

$$\frac{\mathrm{d}C_A}{\mathrm{d}t} = -kC_A \tag{4.1}$$

$$C_A = C_{A0}\exp(-k_1 t) \tag{4.2}$$

단, 아래첨자 0은 반응개시 시점을 나타낸다. 화학종의 물질 n_i를 이용해 식 (3.9)

$$f_i = 1 - \frac{n_i}{n_{i0}} \tag{3.9}$$

로 정의되는 반응률은 반응계의 체적 변화가 없는 경우에는 반응물 A의 농도 C_A로 바꿔 쓰면

$$f_A = 1 - \frac{C_A}{C_{A0}} \tag{4.3}$$

이다. 따라서 1차 반응의 반응률의 시간변화는 식 (4.2)에서

$$f_A = 1 - \exp(-k_1 t) \tag{4.4}$$

가 된다.

반응기 설계나 조작을 결정하기 위해서는 일정 반응률을 달성하기 위해 반응기 체적(반응계의 체적과 같은 것이라 본다)은 얼마로 해야 하는지, 어떤 조작으로 얼마정도의 시간 반응시키면 되는지 등에 답할 필요가 있다. 이러한 목적에 사용되는 방정식을 설계 방정식(desigh equation)이라고 한다. 예를 들어, 계의 체적 변화가 발생하지 않는 1차 반응에 대해서는 식 (4.4)를 설계에 이용할 수 있다.

또는 식 (4.4)를 다시 쓰면 식 (4.5)

$$t = \frac{1}{K_1} \ln \frac{1}{1 - f_A} \tag{4.5}$$

에서 반응률 f_A를 얻는데 필요한 반응시간을 직접 구할 수 있다. 이 예에서는 식 (4.2)의 독립변수(시간)와 종속변수(농도 또는 반응률)의 관계를 역전시킴으로써 반응률을 독립변수로 해서 그 반응률을 달성하는데 필요한 반응시간을 종속변수로 하는 설계에 의한 편리한 방정식으로 변환하고 있다.

4.2.2 물질수지와 정용계, 정압계의 반응

설계 방정식은 물질수지를 바탕으로 계통적으로 도출될 수 있다. 그림 4.2와 같이 반응기 전체나 그 일부를 구분하여 균일한 체적부분 V 또는 미소체적 Δt를 생각해보자. 이 체적부분에 대한 반응물이나 생성물의 유입과 유출, 반응에 의한 변화, 시간적인 축적이나 감소 등의 물질 변화를 가져오는 모든 과정에 대해 수지를 취하는 게 물질수지이다. 식으로 나타내면, 이미 식 (1.5)와 같이

$$\begin{aligned}(\text{성분 } i\text{의 축적속도}) &= (\text{성분 } i\text{의 유입속도}) - (\text{성분 } i\text{의 유출속도}) \\ &\quad + (\text{화학반응에 의한 성분 } i\text{의 생성속도})\end{aligned} \tag{4.6}$$

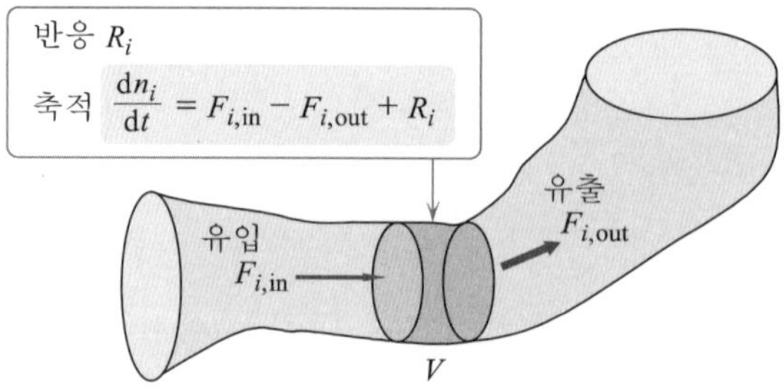

▌그림 4.2▐ 체적 V의 물질수지

이다. F로 유입속도(유입 유량)나 유출속도(유출 유량)를, R로 생성속도를 나타내고, 각 성분은 아래첨자 i로 구별하면 식 (4.6)은

$$\frac{dn_i}{dt} = F_{i,\,in} - F_{i,\,out} + R_i \tag{4.7}$$

이다. 각각의 항의 차원은 물질/시간(SI 단위는 mol s^{-1})이다.

식 (4.7)을 이용하는데 있어서 반응 진행에 따라 반응계 체적에 변화가 없는 경우와 있는 경우를 구별해둘 필요가 있다. 전자를 정용계(constant volume system) 반응, 후자를 비정용계 반응이라고 한다. 액상반응은 일정 압력 하에서 반응을 해도 보통은 반응에 동반되는 반응계 체적의 변화를 무시할 수 있으므로, 그 대부분은 정용계 반응으로서 다룰 수 있다. 기상반응을 일정체적의 반응기에 가두어 하는 경우도 정용계 반응이다. 한편 기상반응에서 반응의 진행에 동반되어 몰수에 변화가 생기는 경우에는 일반적으로 반응계 체적이 변화하는 비정용계가 된다. 이 중 특히 압력이 일정한 조건 하에서 하는 반응계를 정압계(constant pressure system)라고 한다.

4.2.3 회분반응기의 설계 방정식

회분반응기의 경우는 식 (4.7)에서 $F_{i,\,in} = F_{i,\,out} = 0$이므로

$$\frac{dn_i}{dt} = R_i \tag{4.8}$$

이 성립된다. 이상적으로는 반응기전체가 균일하다고 볼 수 있으므로 반응기체적 V에 대한 물질수지를 취한다. 3.3.1절에서 설명했듯이 단위체적당 반응속도를 r_i로 나타내면

$$R_i = r_i V \tag{4.9}$$

이므로

$$\frac{\mathrm{d}n_i}{\mathrm{d}t} = r_i V \tag{4.10}$$

의 관계를 얻을 수 있다. 이것이 회분반응기의 기본적인 설계 방정식이다. 반응물 A에 대한 식 (3.9)를 이용해 반응률의 관계식을 다시 쓰면

$$\frac{\mathrm{d}f_{\mathrm{A}}}{\mathrm{d}t} = \frac{-r_{\mathrm{A}} V}{n_{\mathrm{A}0}} \tag{4.11}$$

이 된다.

정용계반응에서는 반응계의 체적이 변화하지 않고, 따라서 반응기체적 V(반응계의 체적과 같다고 본다)도 시간에 대해 일정하다는 것에 주의하여,

$$\frac{\mathrm{d}f_{\mathrm{A}}}{\mathrm{d}t} = \frac{-r_{\mathrm{A}}}{C_{\mathrm{A}0}} \tag{4.12}$$

가 된다. 또한 A의 농도변화는 식 (4.10)의 양변을 체적 V로 나눔으로써

$$\frac{\mathrm{d}C_{\mathrm{A}}}{\mathrm{d}t} = r_{\mathrm{A}} \tag{4.13}$$

이 된다. 반응률과 반응시간의 관계는 식 (4.12)에서 시간을 $t = 0 \to t$까지, 반응률을 $f_{\mathrm{A}} = 0 \to f_{\mathrm{A}}$까지 적분하면

$$r = C_{\mathrm{A}0} \int_0^{f_{\mathrm{A}}} \frac{\mathrm{d}f_{\mathrm{A}}}{(-r_{\mathrm{A}})} \tag{4.14}$$

가 된다. 따라서 속도정수를 k_1으로 하는 1차 반응의 경우에는

$$t = C_{\mathrm{A}0} \int_0^{f_{\mathrm{A}}} \frac{\mathrm{d}f_{\mathrm{A}}}{(k_1 C_{\mathrm{A}})} = \int_0^{f_{\mathrm{A}}} \frac{\mathrm{d}f_{\mathrm{A}}}{k_1 (1 - f_{\mathrm{A}})} = \frac{1}{k_1} ln \frac{1}{1 - f_{\mathrm{A}}} \tag{4.15}$$

가 되며,

식 (4.5)와 동일한 결과가 된다. 식 (4.15)는 반응률 f_{A}를 구하는데 필요한 반응시간 t를 구하는 설계 방정식이 된다.

4.2.4 CSTR의 설계 방정식

4.2.4절과 4.2.5절에서는 각각 연속조작을 하는 CSTR과 PFR의 설계 방정식을 다룰 것이다. 연속조작에서는 반응물 i의 반응률 f_i는 유입시의 물질유량 $F_{i,\mathrm{in}}$을 기준으로

$$f_i = \frac{F_{i,\mathrm{in}} - F_i}{F_{i,\mathrm{in}}} = 1 - \frac{F_i}{F_{i,\mathrm{in}}} \tag{4.16}$$

에 의해 주어진다. 또한 유체의 체적 유량을 Q(SI 단위는 $\mathrm{m^3 s^{-1}}$)로 하면, 화학종 i의 물질 유량 F_i는

$$F_\mathrm{i} = QC_i \tag{4.17}$$

의 관계에 있다.

CSTR에서는 반응기체적 V 내의 모든 위치에서 농도 차이가 없으므로 반응기 체적 전체에 대해 물질수지를 구하면 된다. 반응계는 동적인 정상상태(steady state)이며, $\mathrm{d}n_i/\mathrm{d}t = 0$이므로 식 (4.7)에서

$$F_{i,\mathrm{in}} - F_{i,\mathrm{out}} = -R_i \tag{4.18}$$

이 성립된다. 출구에서의 유출농도는 반응기 안의 농도와 같으므로 반응속도 R_i는 출구농도로 정해지는 반응속도 $r_{i,\mathrm{out}}$과 같다. 즉,

$$R_i = r_{i,\mathrm{out}} V \tag{4.19}$$

가 성립된다. CSTR의 기본적인 설계 방정식은 식 (4.18)과 식 (4.19)로 구할 수 있고, 이것은

$$F_{i,\mathrm{in}} - F_{i,\mathrm{out}} = -r_{i,\mathrm{out}} V \tag{4.20}$$

이다. 여기서 반응물 A에 대해서 식 (4.16)의 반응률을 $f_{\mathrm{A,out}}$으로서 이용하면

$$V = \frac{F_{\mathrm{A,in}} f_{\mathrm{A,out}}}{-r_{\mathrm{A,out}}} \tag{4.21}$$

이 된다. 더욱이 식 (4.17)을 이용해서 다음 식을 구할 수 있다.

$$\frac{V}{Q_\mathrm{in}} = \frac{C_{\mathrm{A,in}} f_{\mathrm{A,out}}}{-r_{\mathrm{A,out}}} \tag{4.22}$$

여기서 연속조작을 설계하는 데 불가결한 개념인 공간시간(space time)

$$\tau = V/Q_{\text{in}} \tag{4.23}$$

을 도입해둔다. τ는 시간의 차원을 갖으며 반응기 체적에 상당하는 유체를 주어진 반응률 등의 조건 하에서 처리하는데 필요한 시간이다. 공간시간은 조작을 결정하는데 이용하는 변수(조작변수라고 한다)로서 범용된다. 예를 들어, 필요한 반응률 $f_{\text{A,out}}$을 부여하는 τ가 식 (4.22), 식 (4.23)으로부터 정해지면 반응기체적 V가 정해져 있는 경우, 조작하는 유량 Q_{in}이 정해진다.

또한 식 (4.24)의 공간시간의 역수를 공간속도(space velocity) S_{v}라고 한다.

$$S_{\text{v}} = Q_{\text{in}}/V \tag{4.24}$$

공간속도는 단위시간 당 반응기체적의 몇 배 체적의 유체를 처리할 수 있는 가를 나타낸다.

정용계의 경우, 반응 진행과정에 상관없이 체적 유량 Q는 일정하며 4.6절에서 설명하듯이 공간시간은 유체가 반응기 안을 실제로 체류하는 평균 시간(평균체류시간 ; mean residence time)과 같다. 또한 반응률 f_{A}와 농도 사이에는

$$f_{\text{A}} = 1 - \frac{C_{\text{A}}}{C_{\text{A,in}}} \tag{4.25}$$

의 관계가 성립된다. 따라서 CSTR에서의 정용계 1차 반응의 경우는

$$r_{\text{A,out}} = k_1 C_{\text{A,out}} = -k_1 C_{\text{A,in}}(1 - f_{\text{A,out}}) \tag{4.26}$$

이 된다. 이 관계를 식 (4.22)에 대입하면 아래 식과 같아진다.

$$\tau = \frac{V}{Q} = \frac{f_{\text{A,out}}}{K_1(1 - f_{\text{A,out}})} = \frac{f_A}{k_1(1 - f_{\text{A}})} \tag{4.27}$$

정용계에서 Q는 일정하므로 Q_{in}을 Q로 표시하고, 또한 CSTR에서는 출구농도는 반응기의 농도와 같으므로 아래첨자의 out을 생략할 수 있다. 식 (4.25), 식 (4.27)에서 반응기 안 또는 반응기의 출구에서의 A의 농도의 공간시간의존성으로서

$$\frac{C_{\text{A}}}{C_{\text{A,in}}} = \frac{1}{1 + k_1\tau} \tag{4.28}$$

가 된다. 또한 식 (4.25), 식 (4.28)에서 반응률을 공간시간의 함수로서 나타내면

$$f_A = \frac{k_1 \tau}{1 + k_1 \tau} \tag{4.29}$$

가 된다.

예제 4.1

용액 중에서 반응속도정수가 $k_1 = 0.1\mathrm{s}^{-1}$의 1차 반응

$$\mathrm{A} \rightarrow \mathrm{P}$$

에 대해 CSTR을 이용해 반응물을 0.1 mol dm^{-3}의 농도로 포함하는 유체를 1.0 $\mathrm{dm}^3\ \mathrm{s}^{-1}$로 공급하여, 생성물 P를 1초당 0.04 mol의 속도로 연속적으로 합성하고 싶다. 필요한 반응기 체적을 구하라.

해답

용액반응이므로 정용계로 해석한다. 유입하는 반응물의 물질과 목적 생성물의 물질로 필요한 반응률을 구한다. 그 반응률로 식 (4.27)을 이용해서 필요체적을 산출할 수 있다. 즉,

$$F_{\mathrm{A,in}} = QC_{\mathrm{A,in}} = 1.0\,\mathrm{dm}^3\mathrm{s}^{-1} \times 0.1\,\mathrm{mol\ dm}^{-3} = 0.1\,\mathrm{mol\ s}^{-1}$$

$$F_{\mathrm{A,out}} = (0.1 - 0.04)\,\mathrm{mol\,s}^{-1} = 0.06\,\mathrm{mol\,s}^{-1}$$

$$f_{\mathrm{A,out}} = \frac{F_{\mathrm{A,in}} - F_{\mathrm{A,out}}}{F_{\mathrm{A,in}}} = \frac{0.1 - 0.06}{0.1} = 0.4$$

$$V = Q \times \frac{f_{\mathrm{A,out}}}{K_1(1 - f_{\mathrm{A,out}})} = 1.0\,\mathrm{dm}^3\mathrm{s}^{-1} \times \frac{0.4}{0.1\,\mathrm{s}^{-1}(1 - 0.4)} = 6.7\,\mathrm{dm}^3$$

또한, 공간시간은 $\tau = V/Q$로, 6.7 s이다.

예제 4.2

CSTR을 이용해서 정용계이자 연속 1차 반응

$$\mathrm{A} \rightarrow \mathrm{B} \rightarrow \mathrm{C}$$

를 한다. A → B의 속도정수는 $k_1 = 1\ \mathrm{s}^{-1}$이다. B → C의 속도정수가 $k_1' = 10\ \mathrm{s}^{-1}$ 및 $0.1\ \mathrm{s}^{-1}$의 경우에 대해 B, C의 상대농도의 공간시간 의존성을 구해 회분반응일 경우(그림 3.1)와 비교하라. B, C의 입구농도는 0으로 한다.

해답

식 (4.7)에서 다음의 관계가 성립된다.

$$F_{\mathrm{A,in}} - F_{\mathrm{A}} + R_{\mathrm{A}} = 0 \tag{1}$$

$$F_{\mathrm{B,in}} - F_{\mathrm{B}} + R_{\mathrm{B}} = 0 \tag{2}$$

단, F_{A}, F_{B}는 $F_{\mathrm{A,out}}$, $F_{\mathrm{B,out}}$과 같다.
$F_{\mathrm{A,in}} = QC_{\mathrm{A,in}}$이며, 또한 $F_{\mathrm{B,in}} = 0$이므로

$$QC_{\mathrm{A,in}} - QC_{\mathrm{A}} - k_1 C_{\mathrm{A}} V = 0 \tag{3}$$

$$-QC_{\mathrm{B}} + k_1 C_{\mathrm{A}} V = k_1' C_{\mathrm{B}} V = 0 \tag{4}$$

가 성립된다. 식 (3)은 1차 반응에 의해 소비되는 A의 물질수지를 나타내므로 식 (4.28)의 결과가 그대로 적용된다.

$$C_{\mathrm{A}} / C_{\mathrm{A,in}} = 1/(1 + k_1 \tau) \tag{4.28}$$

한편 식 (4)에서

$$C_{\mathrm{B}} = \frac{k_1 C_{\mathrm{A}} V}{k_1' V + Q} \tag{5}$$

가 되는데, 식 (4.28)의 관계를 대입하여 더욱이 공간시간 $\tau (= V/Q)$를 이용해 다시 쓰면

$$\frac{C_{\mathrm{B}}}{C_{\mathrm{A,in}}} = \frac{k_1 \tau}{(1 + k_1 \tau)(1 + k_1' \tau)} \tag{6}$$

의 관계를 얻을 수 있다. 또한 C_{C}는 물질수지로 구할 수 있다
왼쪽 그림에 A, B, C의 C_{A0}에 대한 상대농도를 도표로 나타냈다. 참고를 위해 회분반응일 경우

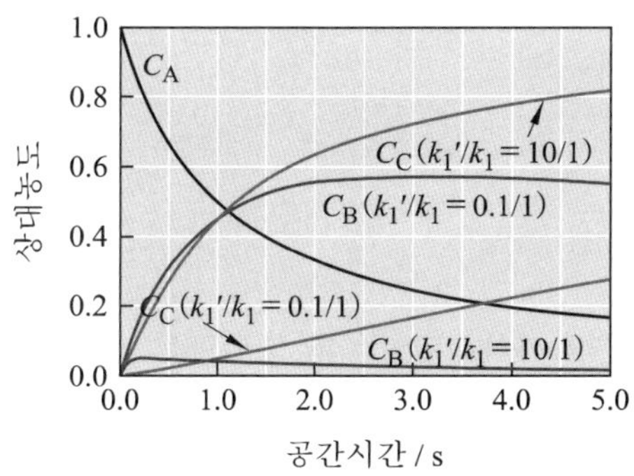

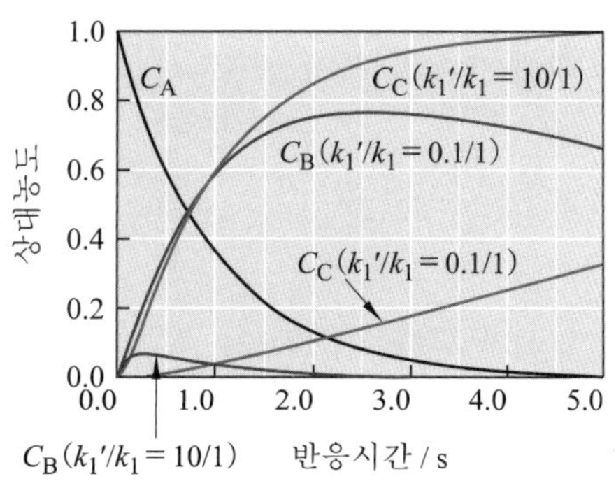

의 시간변화를 그림 3.1 오른쪽에 나타냈다. 후에 설명하겠지만, 정용계에서는 PFR의 공간시간 값은 회분반응의 반응시간의 값과 같으므로 회분반응에 대한 그림은 동시에 PFR의 경우도 나타낸다. 두 그림을 비교함으로써 CSTR은 공간시간이 커져도 반응은 천천히 완결되는 걸 알 수 있다.

앞의 그림에서는 CSTR에서의 공간시간의존성(왼쪽)과 회분반응 또는 PFR에서의 반응시간 변화(오른쪽)와의 비교했다.

반응은 A → B → C로 속도정수 $k_1'/k_1 = 10\ \mathrm{s}^{-1}/1\ \mathrm{s}^{-1}$ 또는 $0.1\ \mathrm{s}^{-1}/1\ \mathrm{s}^{-1}$의 연속 1차 반응, 상대농도는 C_{A0}에 대한 값이다.

4.2.5 PFR의 설계 방정식

PFR의 경우 흐름에 따라 거리에 의해 농도가 변화해가므로 미소체적 ΔV를 대상으로서 물질수지를 구한다. 식 (4.7), 식 (4.9)에서

$$\frac{dn_i}{dt} = F_{i,\,v} - F_{i,\,V+\Delta V} + r_i \Delta V \tag{4.30}$$

이 성립된다. 단, 미소체적 ΔV에 대해서 $F_{i,\mathrm{V}}$는 유입속도를, $F_{i,\mathrm{V}+\Delta\mathrm{V}}$는 유출속도를 나타낸다. 정상적인 조작에서는 $\mathrm{d}n_i/\mathrm{d}t = 0$이며

$$\frac{F_{i,\,V+\Delta V} - F_{i,\,V}}{\Delta V} = r_i \tag{4.31}$$

이 된다. $\Delta V \to 0$의 극한을 구하면

$$\frac{\mathrm{d}F_i}{\mathrm{d}V} = r_i \tag{4.32}$$

의 관계가 된다. 식 (4.32)가 PFR에 대한 기본적인 설계 방정식이다. 반응물 A의 반응률 f_{A}에 대해서는 위 식의 F_i로 식 (4.16)을 이용함으로써

$$\frac{\mathrm{d}f_{\mathrm{A}}}{\mathrm{d}V} = -\frac{r_{\mathrm{A}}}{F_{\mathrm{A,in}}} \tag{4.33}$$

의 관계가 된다. 식 (4.32), 식 (4.33)은 반응기 단면적이 흐름 방향으로 변화해도 성립한다.

식 (4.33)을 체적 $V = 0 \to V$, $f_{\mathrm{A}} = 0 \to f_{\mathrm{A}}$에 걸쳐서 적분하면

$$V = F_{\mathrm{A,in}} \int_0^{f_{\mathrm{A}}} \frac{\mathrm{d}f_{\mathrm{A}}}{(-r_{\mathrm{A}})} \tag{4.34}$$

의 관계를 얻을 수 있다. 공간시간 τ는 식 (4.17), 식 (4.23)의 관계를 이용해서

$$\tau = \frac{V}{Q_{\mathrm{in}}} = C_{\mathrm{A,in}} \int_0^{f_A} \frac{\mathrm{d}f_{\mathrm{A}}}{(-r_A)} \tag{4.35}$$

가 된다.

그림 4.3의 곡선은 정용계의 1차 반응에 대해 가로축에 f_{A}를 세로축에$1/(-r_{\mathrm{A}})$를 취해서 그린 것이다. $f_{\mathrm{A}}=0$에서 f_{A}에 달하는 $1/(-r_{\mathrm{A}})$의 곡선 하의 면적이 PFR의 $V/F_{\mathrm{A,in}}$의 값에 해당된다. 한편 CSTR에서의 $V/F_{\mathrm{A,in}}$의 값은 식 (4.21)에 의해, f_{A}와 f_{A}에서의 $1/(-r_{\mathrm{A}})$의 값의 곱하기에 해당되는 사각형의 면적과 같다. 그림 4.3에 각각의 면적을 비교함으로써 PFR에 필요한 $V/F_{\mathrm{A,in}}$의 값은 CSTR의 그것보다 꽤나 작다는 것을 알 수 있다. 또한 식 (4.34)의 계산에 필요한 반응속도 r_{A}는 해석적인 식으로써 나타난다고만은 할 수 없다. 이러한 경우에서는 r_{A}의 f_{A}로의 의존성이 수치적으로 알고 있는 경우에는 그림상 적분 또는 수치 적분에 의해 식 (4.34)의 값을 얻을 수 있다.

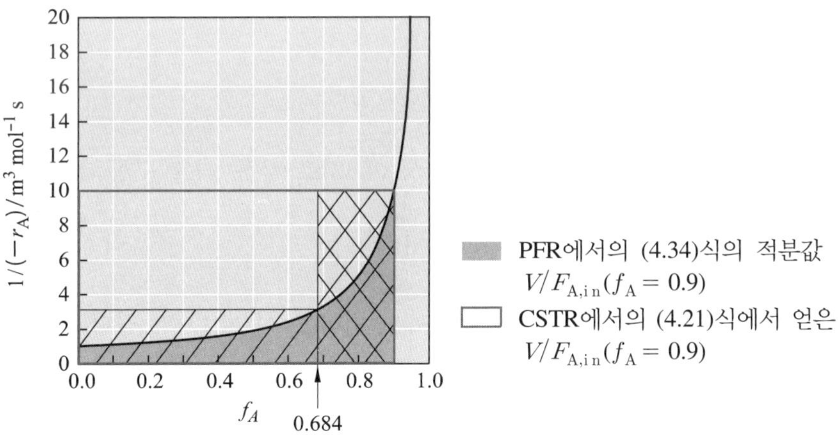

가로축의 수치는 정용계 1차 반응으로, $k_1 C_{\mathrm{A,in}} = 1.0\ \mathrm{mol\,m^{-3}s^{-1}}$을 가정했을 때의 값

예제 4.4와 같이 같은 체적의 2개의 CSTR을 이용해 $f_{\mathrm{a}}=0.9$를 달성하는 데는 제1의 CSTR(▨)로, $f_{\mathrm{A}}=0.684$를 달성하여, 그 후에 제2의 CSTR(⊠)을 이용하면 된다. 그때의 각각의 반응기에 대한 사각형을 더하면 전체 CSTR의 반응기체적에 대응하는 $V/F_{\mathrm{A,in}}$이 되지만, 이것은 1개의 CSTR로 $f_{\mathrm{A}}=0.9$를 달성하는 경우에 비해 작아진다. 이러한 CSTR의 분할을 무한회까지 진행해가면 그들을 둘러싼 면적의 합은 PFR의 경우의 ▒ 의 면적에 가까워진다.

| 그림 4.3 | $1/(-r_{\mathrm{A}})$과 반응률 f_{A}의 관계

정용계 1차 반응에서 반응속도 r_A는 다음 식과 같다.

$$r_A = -k_1 C_{A,in}(1 - f_A) \tag{4.36}$$

이 관계를 식 (4.35)에 대입하여 유체유량 Q가 일정하다는 것에 주의하여

$$\tau = \frac{V}{Q} = \int_0^{f_A} \frac{df_A}{k_1(1-f_A)} = \frac{1}{k_1}\ln\frac{1}{1-f_A} \tag{4.37}$$

이 된다. 반대로 반응률을 공간시간의 함수로서 나타내면

$$f_A = 1 - \exp(-k_1\tau) \tag{4.38}$$

이다. 식 (4.37)은 PFR의 공간시간 τ를 회분반응기의 반응시간 t와 같은 것으로 본다면, 식 (4.15)와 동일하다.

위에서 설명한 듯이 정용계 1차 반응은 PFR은 $t = \tau$에서, 회분반응기와 동일한 식으로 다룰 수 있다는 것을 알았다. 정용계 반응에서는 PFR의 공간시간은 실제 체류시간과 같고, 이 체류시간 동안 화학반응이 진행된다.[21] 따라서 PFR의 공간시간과 회분반응기의 반응시간과의 등가 관계는 1차 반응에 한정되지 않고 일반적으로 성립된다. 이것을 다음 식으로 도출할 수 있다. 즉, 정용계 PFR은

$$dV/Q = d\tau \tag{4.39}$$

이 성립하므로 식 (4.17)의 관계도 참고하여 식 (4.32)로 다음 식을 구할 수 있다.

$$dC_i/d\tau = r_i \tag{4.40}$$

이것은 $\tau = t$로 하면 정용계 회분반응기에서 성립하는 식 (4.13)과 같다.

또한 반응물 A에 대해 식 (4.39), 식 (4.40)에서

$$\frac{dC_A}{dV} = \frac{r_A}{Q} \tag{4.41}$$

의 관계가 된다. 적분하면

---

21) 체류시간에 대해서는 4.6절에서 자세히 설명하겠지만, PFR의 경우에는 유체 각 부분의 실제 체류시간분포에는 분산이 없다. 한편 CSTR의 경우, 공급된 유체 각 부분이 실제로 반응기에 체류한 시간, 평균체류시간의 주변에 넓게 분포하고 있다.

$$\tau = \frac{V}{Q} = \int_{C_{\mathrm{A,in}}}^{C_{\mathrm{A}}} \frac{\mathrm{d}C_{\mathrm{A}}}{r_{\mathrm{A}}} \tag{4.42}$$

가 되며, 정용계 PFR에서의 농도를 독립변수로 하는 설계 방정식이 된다.

4.2.6 PFR의 기상 정압반응의 해석

용액의 반응에서는 반응과 함께 일어나는 반응계 체적 변화는 일반적으로 무시할 수 있지만, 기상반응을 관형반응기로 하는 경우는 실질적으로 체적 변화를 고려할 필요가 있다.

정압계에서 반응에 의해 몰수가 변화되는 경우, 이상기체의 법칙을 이용하면 반응계의 체적 변화 비율은 반응률 f_{A} 의 1차에 비례하고 이 비례정수를 ϵ_{A}로 하면 반응계의 비용적 v 에 대해 다음 관계가 성립된다.

$$v = (1 + \epsilon_{\mathrm{A}} f_{\mathrm{A}}) v_0 \tag{4.43}$$

단, v_0는 반응 개시 전, 계의 비용적이다. 식의 도출은 칼럼 "기상 정압반응의 비용적 변화"를 참고하길 바란다. 그럼 식 (4.43)에서 체적용량 Q에 대해서는

$$Q = (1 + \epsilon_{\mathrm{A}} f_{\mathrm{A}}) Q_{\mathrm{in}} \tag{4.44}$$

이 성립한다. 여기에 양론계수를 $\nu_{\mathrm{A}} = -a$로 하는 반응물의 기상 정압반응은

$$\epsilon_A = \frac{n_{\mathrm{A},0} \sum_k \nu_k}{n_{\mathrm{T}0,a}} \tag{4.45}$$

이다. 단, $n_{\mathrm{T}0}$은 반응전의 전체 몰수이다.

식 (4.16), 식 (4.17), 식 (4.44)를 이용해서

$$C_{\mathrm{A}} = \frac{F_{\mathrm{A}}}{Q} = \frac{F_{\mathrm{A,in}}(1 - f_{\mathrm{A}})}{Q_{\mathrm{in}}(1 + \epsilon_{\mathrm{A}} f_{\mathrm{A}})} = C_{\mathrm{A,in}} \frac{1 - f_{\mathrm{A}}}{1 + \epsilon_{\mathrm{A}} f_{\mathrm{A}}} \tag{4.46}$$

의 관계를 얻을 수 있다.

다음에는 반응물 A의 1차 반응을 대상으로 한다. 1차 반응의 반응속도 r_{A}는 식 (4.46)의 관계를 이용해서

$$r_{\mathrm{A}} = -k_1 C_{\mathrm{A}} = -\frac{k_1 C_{\mathrm{A,in}}(1 - f_{\mathrm{A}})}{1 + \epsilon_{\mathrm{A}} f_{\mathrm{A}}} \tag{4.47}$$

이 된다. 이 관계를 식 (4.35)에 대입하면 공간시간 τ은

$$\tau = \frac{V}{Q_{\mathrm{in}}} = \int_0^{f_{\mathrm{A}}} \frac{(1+\epsilon_{\mathrm{A}} f_{\mathrm{A}})\mathrm{d}f_{\mathrm{A}}}{k_1(1-f_{\mathrm{A}})} \tag{4.48}$$

이다. 적분계산 해서

$$\tau = \frac{V}{Q_{\mathrm{in}}} = \frac{C_{\mathrm{A,in}} V}{F_{\mathrm{A,in}}} = \frac{1}{k_1}\left[(1+\epsilon_{\mathrm{A}})\ln\frac{1}{1-f_{\mathrm{A}}} - \epsilon_{\mathrm{A}} f_{\mathrm{A}}\right] \tag{4.49}$$

을 구한다.

기상 정압반응의 비용적 변화

기상 정압반응의 체적 변화에 대해서는 다음 관계가 성립된다. 즉, 반응기에 기체를 각각 n_{k0} 몰 충진하여, 또한 반응에 관여하지 않는 기체를 n_1몰 공존시킨 계에서 일정온도, 일정압력 하에서 기상반응을 진행시킨다고 하자. 반응계의 초기체적을 V_0으로 하고, 그 후 반응계의 체적 V는 반응의 진행에 상관없이 일정압력 조건을 충족시키듯이 변화한다. 또한 이상기체의 법칙이 적용가능한 걸로 한다.

반응개시 전, 반응계 내의 기체의 전체 몰 수는

$$n_{\mathrm{T0}} = \sum n_{k0} + n_1 \tag{1}$$

이다. 한편 반응물 i의 반응률이 f_i일 때, 반응기 내의 기체의 성분 k의 몰수는 식 (3.6), 식 (3.9)를 이용해서

$$n_k = n_{k0} - (\nu_k/\nu_i)\, n_{i0} f_i \tag{2}$$

$$n_T = \sum_k \left(n_{k0} - \frac{\nu_k}{\nu_i} n_{i0} f_i\right) + n_i = n_{T0} - \frac{n_{i0}}{\nu_i} f_i \sum_k \nu_k \tag{3}$$

이므로, 그 시점에서의 전체 몰수는
이 된다. 온도, 압력이 일정하므로 상기시점에서의 체적 V는

$$V = \frac{n_T}{n_{T0}} V_0 = \left(1 - \frac{n_{i0}\sum_k \nu_k}{n_{T0}\nu_i} f_i\right) V_0 \tag{4}$$

이라 쓸 수 있다. 체적은 반응률에 따라 선형으로 변화하여

$$V = (1+\epsilon_i f_i)\, V_0 \tag{5}$$

로 했을 때의 정수 ϵ_i는 다음 식과 같다.

$$\epsilon_i = -\frac{n_{i0}\sum_k \nu_k}{n_{\mathrm{T}0}\nu_i} \tag{6}$$

질량보존의 법칙에 의해 반응 전후에서 혼합기체의 질량은 변하지 않으므로 단위질량당 체적, 즉 비용적 v에 대해서도 같은 관계가 성립한다. 즉,

$$v = (1+\epsilon_i f_i) v_0 \tag{7}$$

더욱이 정상 흐름 계에서는 질량 유량이 일정하므로 $i = A$로서 다음 식이 성립한다.

$$Q = (1+\epsilon_{\mathrm{A}} f_{\mathrm{A}})\, Q_{\mathrm{in}} \tag{8}$$

그 반응식표현에서의 반응물의 양론계수가 a의 경우, $\nu_i = -a$이며 다음 식을 얻는다.

$$\epsilon_{\mathrm{A}} = \frac{n_{\mathrm{A}0}\sum_k \nu_k}{n_{\mathrm{T}0}\, a} \tag{9}$$

예제 4.3

염화에틸은 고온에서 에틸렌(에텐)과 염화수소로 열분해된다. 이 반응은 단분자 분해반응으로 분류되는 반응의 하나이며, 반응식은

$$C_2H_5Cl \rightarrow C_2H_4 + HCl$$

이다. 정합 1 atm 하의 반응에 대해 반응속도는 염화에틸의 농도에 대해 1차로 표현가능하고, 속도정수는

$$k_1 = 1.6\times 10^{13} \exp\left(-\frac{236\,\mathrm{kJ}}{RT}\right) \mathrm{s}^{-1}$$

로 주어진다.[22)]

지금 반경 2.0 cm의 원관형 반응기를 사용해 온도 650℃, 압력 1.0 atm 하에서 반응시킨다. 반응기체의 조성이 관 입구에서 C_2H_5Cl 20% 20% + N_2 80%(N_2는 반응하지 않는다)일 때, 1시간

22) "화학편람 기초편 II", 개정 3판, 일본화학회편, 마루젠(丸善), p.381(1984).

당 1.0 kg의 염화에틸을 처리해서 0.3 kg의 에틸렌을 얻는 데는 관 길이를 얼마로 하면 좋은가? 기체는 모두 이상기체로 가정한다.

해답

이 반응에서는 일정 압력 하에서 반응에 따라 계의 체적이 증가한다.

$n_{A0}/n_{T0} = 0.2$, $a = 1$이므로 식 (4.45)에서 $\epsilon_A = 0.2(1+1-1) = 0.2$이다.

반응률 100%에서는 1.0 kg의 염화에틸로부터 0.434 kg [=에틸렌의 분자량(28) / 염화에틸의 분자량(64.5)]의 에틸렌을 얻을 수 있다. 따라서 0.3 kg의 에틸렌을 주는 반응률은 $f_A = 0.69$이다.

ϵ_A 및 f_A의 값을 식 (4.49)에 대입하여 $\tau k_1 = 1.27$을 얻는다.

한편 속도정수는 650℃에서 $6.9 \times 10^{-1}\text{s}^{-1}$로 구해지므로 $\tau = 1.84$ s가 된다. 체적 유량 Q_{in} $(= F_{in}/C_{in})$을 물질 유량 F_{in}, 및 염화에틸의 농도 $C_{in}(= p/RT$: p는 분압)으로 다시 써서 공간시간의 관계식 $\tau = V/Q_{in}$에 대입하면

$$V = \tau F_{in} \frac{RT}{p}$$

를 얻는다. 각각의 수치를 위 식에 대입하면

따라서 관 길이는 $V/(\pi r^2) = 2.4$ m이다.

$$V = 1.84\,\text{s} \times \frac{1000\,\text{g}}{64.5\,\text{g mol}^{-1} \times 3600\,\text{s}} \times \frac{8.314\,\text{J K}^{-1}\text{mol}^{-1} \times 923\,\text{K}}{0.2 \times 1.013 \times 10^5\,\text{Pa}} = 3.0 \times 10^{-3}\,\text{m}^3$$

4.3 반응기 설계

4.2절에서 등온 균일계 반응에 관한 회분반응기, CSTR, PFR의 설계 방정식을 도출했다. 이들에 관련된 각종 변수의 함수를 표 4.2, 기초적인 설계 방정식을 표 4.3, 또한 몇 개의 반응속도식에 대한 구체적인 반응률의 시간의존성 등을 표 4.4에 설명했다. 다음에는 설계 방정식의 응용을 더욱 진행하겠다.

| 표 4.2 | 설계 방정식에 관련된 각종 변수의 함수식

	기본식		연속조작의 함수식	
농도	$C_i = n_i / V$	(3.21)	$C_i = F_i / Q$	(4.17)
반응률	$f_i = 1-(n_i / n_{i0})$	(3.9)	$f_i = 1-(F_i / F_{i,\mathrm{in}})$	(4.16)
정용계반응률	$f_\mathrm{A} = 1-(C_\mathrm{A} / C_\mathrm{A0})$	(4.3)	$f_\mathrm{A} = 1-(C_\mathrm{A} / C_\mathrm{A,in})$	(4.25)
수율	$Y_\mathrm{R} = \dfrac{n_\mathrm{R}-n_\mathrm{R0}}{\nu_\mathrm{R}\, n_\mathrm{A0}}$	(4.72)	$Y_\mathrm{R} = \dfrac{F_\mathrm{R}-F_\mathrm{R,in}}{\nu_\mathrm{R}\, F_\mathrm{A,in}}$	(4.74)
선택율	$S_\mathrm{R} = \dfrac{n_\mathrm{R}-n_\mathrm{R0}}{\nu_\mathrm{R}\,(n_\mathrm{A0}-n_\mathrm{A})}$	(4.73)	$S_\mathrm{R} = \dfrac{F_\mathrm{R}-F_\mathrm{R,in}}{\nu_\mathrm{R}\,(F_\mathrm{A,in}-F_\mathrm{A})}$	(4.75)

* 정용계반응률은 정용계에만 사용할 수 있는 관계식, 수율, 선택률에서는 $\nu_\mathrm{A} = -1$을 가정

| 표 4.3 | 기초적 설계 방정식

회분 반응기		$\dfrac{\mathrm{d}n_i}{\mathrm{d}t} = r_i V$ (4.10) $\dfrac{\mathrm{d}f_\mathrm{A}}{\mathrm{d}t} = \dfrac{-r_\mathrm{A} V}{n_\mathrm{A0}}$ (4.11)	
	정용계에만 적용	$\dfrac{\mathrm{d}f_\mathrm{A}}{\mathrm{d}t} = \dfrac{-r_\mathrm{A}}{C_\mathrm{A0}}$ (4.12) $\dfrac{\mathrm{d}C_\mathrm{A}}{\mathrm{d}t} = r_\mathrm{A}$ (4.13)	$t = C_\mathrm{A0}\displaystyle\int_0^{f_\mathrm{A}} \dfrac{\mathrm{d}f_\mathrm{A}}{(-r_\mathrm{A})}$ (4.14)
CSTR		$F_{i,\mathrm{in}} - F_{i,\mathrm{out}} = -r_{i,\mathrm{out}} V$ (4.20) $V = \dfrac{F_\mathrm{A,in} f_\mathrm{A,out}}{-r_\mathrm{A,out}}$ (4.21) $\tau = \dfrac{V}{Q_\mathrm{in}} = \dfrac{C_\mathrm{A,in} f_\mathrm{A,out}}{-r_\mathrm{A,out}}$ (4.22, 4.23)	
PFR		$\dfrac{\mathrm{d}F_i}{\mathrm{d}V} = r_i$ (4.32) $\dfrac{\mathrm{d}f_\mathrm{A}}{\mathrm{d}t} = -\dfrac{r_\mathrm{A}}{F_\mathrm{A,in}}$ (4.33)	$V = F_\mathrm{A,in}\displaystyle\int_0^{f_\mathrm{A}} \dfrac{\mathrm{d}f_\mathrm{A}}{(-r_\mathrm{A})}$ (4.34) $\tau = \dfrac{V}{Q_\mathrm{in}} = C_\mathrm{A,in}\displaystyle\int_0^{f_\mathrm{A}} \dfrac{\mathrm{d}f_\mathrm{A}}{(-r_\mathrm{A})}$ (4.35)
	정용계에만 적용	$\dfrac{\mathrm{d}C_\mathrm{A}}{\mathrm{d}V} = \dfrac{r_\mathrm{A}}{Q}$ (4.41)	$\tau = \dfrac{V}{Q} = \displaystyle\int_{C_\mathrm{A,in}}^{C_\mathrm{A}} \dfrac{\mathrm{d}C_\mathrm{A}}{r_\mathrm{A}}$ (4.42)

* 정용계에 대해서는 정용계에만 사용가능한 편리한 관계식이 있으면 그것을 표시했다. 기술되어있지 않으면 비정용계에도 이용된다. 보다 일반적인 관계식을 이용하면 된다.

| 표 4.4 | 회분반응기, PFR, CSTR의 반응률과 반응시간, 공간시간의 관계식

반응 및 반응속도식		회분반응기	CSTR	PFR
1차 반응 $r_A = -k_1 C_A$	정용계	$t = \frac{1}{k_1}\ln\frac{1}{1-f_A}$ (4.15) $t = \frac{1}{k_1}\ln\frac{C_{A0}}{C_A}$	$\tau = \frac{f_A}{k_1(1-f_A)}$ (4.27) $\frac{C_A}{C_{A,in}} = \frac{1}{1+k_1\tau}$ (4.28)	$\tau = \frac{1}{k_1}\ln\frac{1}{1-f_A}$ (4.37) $\tau = \frac{1}{k_1}\ln\frac{C_{A,in}}{C_A}$
	정압계	$t = \frac{1}{k_1}\ln\frac{1}{1-f_A}$	$\tau = \frac{f_A(1+\epsilon_A f_A)}{k_1(1-f_A)}$	$\tau = \frac{1}{k_1}\left[(1+\epsilon_A)\ln\frac{1}{1-f_A}\epsilon_A f_A\right]$ (4.49)
2차 반응 $r_A = -k_2 C_A{}^2$	정용계	$t = \frac{1}{k_2 C_{A0}}\left[(1-f_A)^{-1}-1\right]$	$\tau = \frac{f_A}{k_2 C_{A,in}(1-f_A)^2}$	$\tau = \frac{1}{k_2 C_{A,\mathrm{ln}}}\left[(1-f_A)^{-1}-1\right]$
2차 반응 $A+bB \rightarrow P$ $r_A = -k_2 C_A C_B$ $(C_{B0} \neq bC_{A0})$	정용계	$t = \frac{1}{k_2(C_{B0}-bC_{A0})} \times \ln\left(\frac{C_{B0}-bC_{A0}f_A}{C_{B0}(1-f_A)}\right)$	$\tau = \frac{f_A}{k_2(1-f_A)(C_{B,in}-bf_A C_{A,in})}$	$\tau = \frac{1}{k_2(C_{B,in}-bC_{A,in})} \times \ln\left(\frac{C_{B,in}-bC_{A,in}f_A}{C_{B,in}(1-f_A)}\right)$

* 정압계에 대한 반응계의 체적 변화에 대해 식 (4.43)을, 체적 유량에 대해 식 (4.44)를 적용시켰다.

4.3.1 CSTR과 PFR의 반응기 체적의 비교

연속조작을 관형반응기로 하는 경우와 교반조형반응기로 하는 경우의 차이를 알아보자. 정용계 1차 반응인 경우, CSTR과 PFR의 공간시간은 각각 식 (4.27), 식 (4.37)로 구할 수 있다. 따라서 두 반응기에서 동일 체적 유량 Q에서 반응률 $f_{A,out}$까지 반응을 진행시키는데 필요한 반응기 체적의 비는

$$\frac{V_{CSTR}}{V_{PFR}} = \frac{\dfrac{f_{A,out}}{1-f_{A,out}}}{\ln\left(\dfrac{1}{1-f_{A,out}}\right)} \tag{4.50}$$

이다. 위 식에서 반응률을 0.5로 하면 반응기 체적비는 1.44인데, 0.9로 하면 3.91, 0.95로 하면 6.34가 된다.

CSTR의 경우 반응은 출구농도와 같은 반응물 농도로 진행된다. 입구에서 출구까지 각각 위치의 농도 하에서 반응하는 PFR에 비해 반응속도가 농도에 양의 의존성을 가지는 반응인 경우에는 항상 반응속도가 작다. 그 결과로 동일한 유량으로 동일한 반응률까지 반응시키려고 하면 CSTR에 필요한 반응기체적은 보다 커질 수밖에 없다. 이것은 반응률이 클수록 현저해진다. 이러한 관계는 그림 4.3의 면적의 크기 비교로도 이해할 수 있다. 즉, 반응률이 작을

때에는 사각형의 면적(CSTR의 체적에 대응한다)을 구한 것과 $1(-r_A)$ 아래에 둘러싸인 면적(PFR의 체적에 대응한다)의 비는 비교적 작지만 반응률 증가에 따라 그 비가 커진다. 이렇듯 반응기체적이라는 점에서는 CSTR은 대부분의 반응에 불리하다.

하지만 생성물이 촉매작용을 가지는 자동촉매 반응에서는 반응기 체적이라는 점에서도 CSTR이 유리해지는 경우가 있다. 교반·혼합의 결과로써 반응생성물의 일부가 피드백 되는 CSTR에서는 반응생성물, 피드백 된 촉매에 대해서도 어느 정도 농도가 일정하게 유지되며, 그 결과 반응률이 낮은 초기단계에서는 PFR보다 고속으로 반응이 진행된다. 하지만 반응속도가 농도에 플러스(+) 의존성을 가지는 반응에 한해, 더욱 반응률을 올려 반응을 완결에 가깝게 할 때에는 PFR이 유리해진다. 따라서 초기단계 반응을 CSTR로 하고, 이것을 PFR로 연결하는게 바람직하다.

또한 4.4.2절에서 설명했듯이 특정 생성물의 선택률을 향상시키는데, CSTR이 유리해지는 경우도 있다. 장치제조 비용이나 운전조작이라는 점에서는 PFR보다 CSTR이 유리한 경우도 많다.

예제 4.4

체적이 같은 두 개의 CSTR을 직렬로 이어진 정용계의 1차 반응

$$A \rightarrow P \text{ (속도정수 } k_1)$$

를 행하여 반응률을 0.9로 하고 싶다. 이 두 개의 반응기 체적의 합은 하나의 CSTR로 반응률을 0.9로 하는 경우에 필요한 반응기 체적의 몇 배가 되는가?

해답

직렬 2반응기의 CSTR의 제1반응기, 제2반응기의 출구에서의 반응률을 제1반응기로의 입구조건으로 봐서 $f_{A,1}$, $f_{A,2}$로 한다. 제1반응기에서는 식 (4.27)이 성립하므로

$$\frac{V_1}{Q} = \frac{f_{A,1}}{k_1(1-f_{A,1})} \tag{1}$$

이다. 제2반응기의 입구에서는 반응률은 이미 $f_{A,1}$에 달해있고, 출구에서는 반응률 $f_{A,2}$까지 반응이 진행된다. 제1반응기 입구에서의 물질 유량을 F_{A0}으로 하면 제2반응기의 입구, 출구의 물질 유량은 각각

$$F_{A,1} = F_{A0}(1-f_{A,1}) \tag{2}$$

$$F_{A,2} = F_{A0}(1-f_{A,2}) \tag{3}$$

이 된다.
이들 물질 유량의 관계를 식 (4.20)의 $F_{A,in}$, $F_{A,out}$에 대입하여 $F_{A0} = QC_{A0}$의 관계를 이용하면, 다음 식을 얻을 수 있다.

$$\frac{V_2}{Q} = \frac{f_{A,2} - f_{A,1}}{k_1(1 - f_{A,2})} \tag{4}$$

체적이 같은 두 개의 탱크를 이용해서 $f_{A,2} = 0.9$를 만족시키는 데는 식 (1)과 식 (4)에서

$$\frac{f_{A,1}}{k_1(1 - f_{A,1})} = \frac{0.9 - f_{A,1}}{k_1(1 - 0.9)} \tag{5}$$

가 성립하면 된다. 이것에서 $f_{A,1} = 0.684$를 얻는다. 이 때 $V_1/Q = V_2/Q = 2.16/k_1$이다. 따라서 두 개의 CSTR에 대한 합은 $4.32/k_1$, 한편 하나의 반응기에서 0.9의 반응률을 얻는 데는 $V/Q = 0/k_1$이다. 이렇듯 두 개의 같은 체적의 CSTR을 연결하면 그 체적합은 하나의 CSTR의 경우의 4.32/9 = 0.48배가 되며, 필요한 반응기 합계의 체적은 대폭 감소한다는 것을 알 수 있다. 이러한 관계는 그림 4.3에도 설명되어 있으므로 참고하길 바란다.

예제 4.5

정용계에서 진행되는 자동촉매반응(생성물이 생기면 반응이 가속한다)

$$A + B \rightarrow 2B$$

이 있다. 반응속도식은 $-r_A = k_2 C_A C_B$에 따른다. 연속조작에서의 입구흐름의 B의 과잉률을 β로 한다. 즉, $C_{B,in} = (1+\beta) C_{A,in}$으로 한다.

1) 반응속도가 최대가 될 때의 반응률 및 그 속도를 구하라.
2) CSTR과 PFR에 대해서 공간시간을 반응률의 함수로써 구하라.
3) $\beta = -0.9$일 경우, 반응속도가 최대치가 되는 반응률을 얻는데 필요한 CSTR의 체적은 PFR의 체적의 몇 배인가?
4) 이 자동촉매반응에서 CSTR과 PFR을 적당히 조합시키면 어떤 이점이 생기는지 생각하라.

해답

1) $C_A = C_{A,in}(1 - f_A)$인데, 한편 $C_{B,in} + C_{A,in} = C_A + C_B$, $C_{B,in} = (1+\beta) C_{A,in}$의 관계에서 $C_B = (1 + \beta + f_A) C_{A,in}$을 얻는다. 따라서 반응속도는

$$-r_A = k_2 C_A C_B = k_2 C_{A,in}{}^2 (1 - f_A)(1 + \beta + f_A) \tag{1}$$

반응속도가 최대치가 되는 $f_{A,max}$ 및 최대반응속도 $-r_{A,max}$는 식 (1)에서

$$f_{A,max} = -\beta/2 \tag{2}$$

$$-r_{A,max} = k_2 C_{A,in}^2 (1+\beta/2)^2 \tag{3}$$

2) 식 (1)의 반응속도를 CSTR에서는 식 (4.22), PFR에서는 식 (4.35)에 대입하여 계산함으로써 식 (4), 식 (5)를 구한다.

$$\tau_{CSTR} = \frac{f_A}{k_2 C_{A,in}(1-f_A)(1+\beta+f_A)} \tag{4}$$

$$\tau_{PFR} = \frac{1}{k_2 C_{A,in}(2+\beta)} \ln \frac{1+\beta+f_A}{(1-f_A)(1+\beta)} \tag{5}$$

CSTR [식 (4)]에서는 $\beta = -1$, 즉 반응기 속에 B가 완전히 포함되지 않아도 해가 존재한다. 즉, 정상 반응조작이 가능하다. 그러나 PFR[식 (5)]에서는 $\beta = -1$으로는 해는 얻을 수 없다. 이것은 반응기 속에 전혀 B가 포함되지 않으면 반응이 개시되지 않기 때문이다.

3) $\beta = -0.9$의 경우의 $1/(-r_A)$와 f_A의 관계를 아래 그림에 그렸다(세로축 수치는 $k_2 C_{A,in}^2 = 1.0\ \text{mol m}^3\text{s}^{-1}$로 했을 때의 값이다). 식 (2)에서 $f_{A,max} = 0.45$, 이 값을 이용해 식 (4),식 (5)에서 $\tau_{CSTR,max} = \dfrac{1.49}{k_2 C_{A,in}}$, $\tau_{PFR,max} = \dfrac{2.09}{k_2 C_{A,in}}$을 얻는다. 따라서 $\tau_{CSTR,max}/\tau_{PFR,max} = 0.71$.

4) 이 자동촉매반응($\beta = -0.9$)의 경우에는 아래 그림과 같이 반응속도의 역수 $1/(-r_A)$는 반응률이 $f_{A,max} = 0.45$에 달하기까지 감소해간다. 그림으로도 알 수 있듯이 CSTR에 필요한

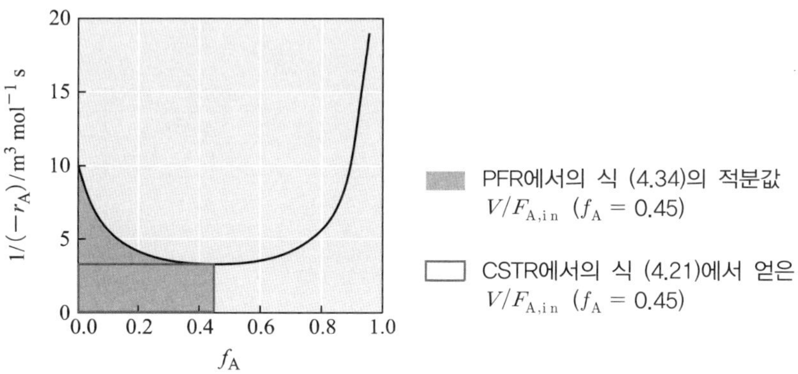

세로축 수치는 반응에 $k_2 C_{A,in}^2 = 1.0\ \text{mol m}^{-3}\text{s}^{-1}$, $\beta = -0.9$를 가정했을 때의 값. 반응속도가 최대가 되는데 $\beta = -0.9$의 경우, $f_A = 0.45$이다.

| 그림 | 자동촉매반응 A + B → 2B에서의 $1/(-r_A)$와 반응률 f_A의 관계

반응기 체적은 PFR에 필요한 반응기체적보다 작다. 따라서 반응률이 $f_{A,max} = 0.45$에 달하기까지는 CSTR이 PFR보다 더 작은 반응기체적으로 반응시킬 수 있다. 한편 반응률이 $f_{A,max} = 0.45$를 넘으면 반응속도가 감소해가므로, 더욱 반응률을 올리기 위해서는 PFR을 이용하는 편이 작은 반응기체적으로 할 수 있다.
여기서 나온 자동촉매반응계에서는 원료를 CSTR에 공급하여, 어느 정도 반응률에 달한 후, 후속의 PFR에서 반응을 진행시키는 것이 유리한 경우라고 볼 수 있다.

4.3.2 다단 연속교반 조형반응기

그림 4.4와 같이 복수의 CSTR을 직렬로 연결하여 연속조작 하는 경우, 이것을 다단 연속교반 조형반응기(또는 직렬 연속교반 조형반응기, 연속교반 조형반응기 열, CSTRs in series; 완전혼합조를 강조하는 경우는 완전혼합 조열이라고도 한다)라고 한다. 이 반응기에서 하는 정용계 1차 반응을 생각해보자. 제j번째의 반응기($j = 1, \cdots, N$)에서의 반응물 A의 정상상태 하의 물질수지는 다음 식과 같다.

$$\mathrm{d}n_{A,j}/\mathrm{d}t = F_{A,j-1} - F_{A,j} + R_{A,j} = 0 \tag{4.51}$$

여기서, j번째 반응기로 유입되는 물질 유량을 $F_{A,j-1}$이라고 표시했다. 이 기술법에서 첫 번째 반응기로 유입되는 물질 유량은 $F_{A,in} = F_{A0}$, N번째 반응기에서 유출되는 물질 유량은 $F_{A,out} = F_{A,N}$이다. j번째 반응기에서는

$$F_{A,j-1} = QC_{A,j-1} \tag{4.52}$$

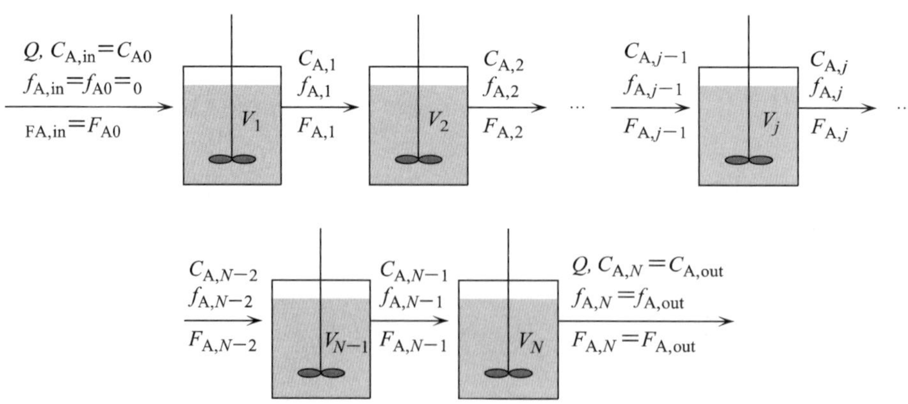

▌그림 4.4▐ 직렬 연속교반 조형반응기의 모식도

$$F_{A,j} = QC_{A,j} \tag{4.53}$$

$$R_{A,j} = -k_1 C_{A,j} V_j \tag{4.54}$$

의 관계가 성립하므로, 이들 관계를 식 (4.51)에 대입하여 정리하면, 각 반응기의 공간시간

$$\tau_j = V_j / Q \tag{4.55}$$

를 이용해서

$$\frac{C_{A,j}}{C_{A,j-1}} = \frac{Q}{Q + k_1 V_j} = \frac{1}{1 + K_1 \tau_j} \tag{4.56}$$

의 관계가 된다. 모든 반응기를 동일체적으로 하면

$$\tau_j = \tau = \text{const} \tag{4.57}$$

이다. 연속조형반응기 출구에서의 반응률 $f_{A,\text{out}}$은 N번째 반응기를 끝낸 시점의 반응률 $f_{A,N}$이며, 이것은 최초 반응기로의 입구농도를 $C_{A,\text{in}} = C_{A0}$으로서,

$$\begin{aligned} f_{A,\text{out}}(= f_{A,N}) &= 1 - \frac{C_{AN}}{C_{A,\text{in}}} = 1 - \frac{C_{AN}}{C_{A0}} \\ &= 1 - \frac{C_{A,1}}{C_{A0}} \cdot \frac{C_{A,2}}{C_{A,1}} \cdot \frac{C_{A,3}}{C_{A,2}} \cdot \cdots \cdot \frac{C_{A,n}}{C_{A,n-1}} \\ &= 1 - \frac{1}{(1 + k_1 \tau)^N} \end{aligned} \tag{4.58}$$

이 되다. 반응기 전체의 체적이 $V_{\text{total}}(= NV)$일 때, V_{total}에 대한 공간시간은

$$\tau_{\text{total}} = N\tau \tag{4.59}$$

이다. 이 관계를 대입하면

$$1 - f_{A,\text{out}} = \frac{1}{[1 + k_1(\tau_{\text{total}}/N)]^N} \tag{4.60}$$

이다. 이 식에서 $N \to \infty$로 접근하여 $f_{A,N} = f_A$로 하면

$$1 - f_A = \exp(-k_1 \tau_{\text{total}}) \tag{4.61}$$

이 된다.[23] 식 (4.61)을 식 (4.38)과 비교해보면, 무한히 작은 단위반응기의 무한개의 연결은 PFR과 동등한 것을 알 수 있다. 조형반응기 수를 늘림으로써, 그들의 전체 체적이 PFR의 체적에 점근하는 것은 그림 4.3으로도 알 수 있다. PFR을 각각 완전 혼합된 작은 조형 반응기가 연결된 것으로 보는 사고방식은 CSTR과 PFR 사이에 위치하는 실재 반응기 해석 모델로써도 이용된다.

4.3.3 재순환 반응기

그림 4.5와 같이 PFR로부터의 출구의 흐름 일부를 입구로 되돌려 다시 도입하는 반응기를 재순환 반응기(recycle reactor)라고 한다.[24] 이 형식의 반응기는 반응온도를 되도록 균일하게 하거나, 반응률을 제어하거나 하는 경우에 이용된다. 대상으로써 해석이 이해하기 쉬운 정용계의 반응을 생각해보자. 그림 4.5와 같이 반응계 전체로의 유입점, 반응기 자체의 입구점, 출구점, 반응계 전체로부터의 유출점에 있어 유체의 체적 유량, 반응물의 물질 유량, 반응물 농도를 각각 Q_0, F_0, C_{A0} ; Q_1, F_1, $C_{A,1}$; $Q_2(=Q_1)$, F_2, $C_{A,2}$; $Q_3(=Q_0)$, F_3, $C_{A,2}$로 한다.[25] 또한 재순환 비(recycle ratio) R을, 정상상태 하에서의 반응계 전체로부터의 체적 유량 $Q_3(=Q_0)$에 대한 재순환의 체적 유량으로서 정의한다. 즉, 재순환 흐름의 체적 유량은 RQ_3(또는 RQ_0)가 된다. 계 전체에서는 A를 Q_0, F_0, C_{A0}로 공급하고, Q_0, F_3, $C_{A,2}$로 유출시키는 것이 된다.

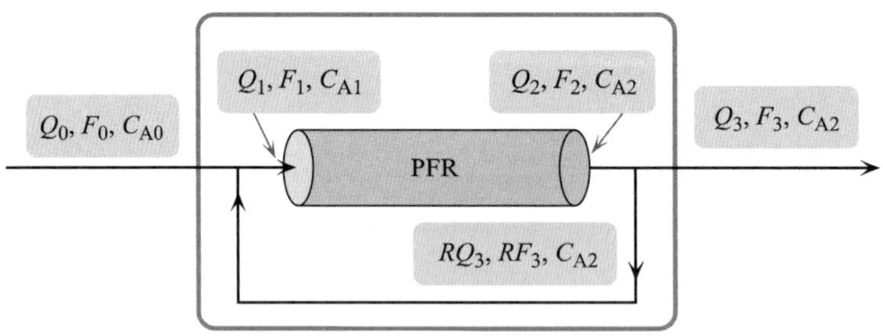

| 그림 4.5 | 재순환 반응계의 모식도

23) 수학공식 $e=\lim_{n\to\infty}\left(1+\frac{1}{n}\right)^n$을 이용한다.

24) 여기에서 재순환은 반응기에서 배출된 흐름의 일부를 그대로 반응기 입구에 되돌리는 형태의 재순환이다. 반응기출구의 흐름에서 분리기에 의해 생성물을 제거한 남은 원료를 포함하는 흐름을 반응기 입구에 되돌리는 재순환 조작도 있다. 이것은 1회의 반응기 통과에서는 반응률이 작은 경우에 반응률을 향상시키는 목적으로 이용되는 것이다. 10.1.5절 b를 참고하라.

25) 번잡한 표시를 피하기 위해 여기서는 반응계 전체의 입구, 출구를 in, out이 아닌 숫자 첨자 0,3으로 표시했다.

반응기 입구에서 체적 유량 및 물질 유량의 수지는

$$Q_1 = Q_0 + RQ_0 = (1+R)Q_0 \tag{4.62}$$

$$F_1 = Q_1 C_{A,1} = Q_0 C_{A0} + RQ_0 C_{A,2} \tag{4.63}$$

이 된다. 이 두 식으로 다음 식을 구할 수 있다.

$$C_{A,1} = \frac{C_{A0} + RC_{A,2}}{1+R} \tag{4.64}$$

정용계로 농도를 변수로 한 PFR의 설계 방정식 식 (4.42)를 이용해서 PFR의 입구에서 출구까지를 적분하면,

$$\frac{V}{Q} = -\int_{C_{A,1}}^{C_{A,2}} \frac{\mathrm{d}\,C_A}{(-r_A)} \tag{4.65}$$

이다. Q에 $Q_1(=(1+R)Q_0)$의 값, 또한 $C_{A,1}$에 식 (4.64)에 값을 대입하여

$$\frac{V}{Q_0} = -(1+R)\int_{\frac{C_{A,1}+RC_{A,2}}{1+R}}^{C_{A,2}} \frac{\mathrm{d}C_A}{(-r_A)} \tag{4.66}$$

이 된다.

반응률을 독립변수로서 계산하는 경우에는 반응기 입구에서의 반응률 값이 필요해진다. 정용계에서 성립되는

$$f_{A,1} = \frac{C_{A0} - C_{A,1}}{C_{A0}} \tag{4.67}$$

의 관계식에 $C_{A,1}$의 값으로써 식 (4.64)를 대입하면

$$f_{A,1} = \frac{R}{1+R} f_{A,2} \tag{4.68}$$

을 얻는다. 식 (4.3)의 관계를 사용해서 식 (4.66)의 독립변수를 f_A 에 변환하면

$$\frac{V}{Q_0} = (1+R)C_{A0}\int_{\frac{Rf_{A,2}}{1+R}}^{f_{A,2}} \frac{\mathrm{d}f_A}{(-r_A)} \tag{4.69}$$

가 된다.

식 (4.66)에서 R→0에 점근시키면

$$\frac{V}{Q_0} = -\int_{C_{A0}}^{C_{A,2}} \frac{dC_A}{(-r_A)} \tag{4.70}$$

이며, 이것은 재순환하지 않는 보통 PFR 식이다. $R \to \infty$로 하면,

$$\begin{aligned}
\frac{V}{Q_0} &= -\lim_{R\to\infty}\left[(1+R)\int_{\frac{C_{A,1}+RC_{A,2}}{1+R}}^{C_{A,2}} \frac{dC_A}{(-r_A)}\right] \\
&= -\lim_{R\to\infty}\left[(1+R)\frac{C_{A,2}-\dfrac{C_{A0}+RC_{A,2}}{1+R}}{(-r_A)_{C_A=C_{A,2}}}\right] \\
&= \frac{C_{A,0}-C_{A,2}}{(-r_A)_{out}}
\end{aligned} \tag{4.71}$$

이며, 이 반응기는 CSTR과 같다는 것을 알 수 있다. 즉, 재순환비를 0에서 무한대로 점근시키면, 재순환 반응기의 거동은 PFR에서 CSTR로 연속적으로 변화해 간다. 실제 반응기를 적당한 재순환비로 운전시키는 재순환반응기로서 모델화시켜, 해석하는 것도 이루어지고 있다. 또한 자세한 내용은 생략하겠지만 비정용계에 대해서도 식 (4.69)가 성립한다.

4.4. 복합반응에서의 수율과 선택률

4.4.1 수율과 선택률

공업반응의 대부분은 연속반응이나 병렬반응이 복잡하게 관계되면서 진행되는 복합반응이다. 반응기설계의 목표에는 반응물의 수율을 올리는 것, 목적하는 반응생성물을 보다 높은 선택률로 합성하는 경우가 있다. 다음에 수율(yield) Y, 선택률(selectivity) S를 정량적으로 정의하여, 이것이 반응기의 종류나 조작에 어떻게 의존하는지를 검토한다.

원료 중의 한정반응물을 A, 목적생성물을 R로 한다. 양론적으로 R이 생성되었을 때의 최대량 R을 얻을 수 있다. A의 양론계수를 $\nu_A = -1$, A로부터 R를 얻었을 때의 양론계수를 ν_R이라 한다. 이 때 목적생성물은 물질 n_{A0}의 한정반응물 A에서 최대로 $\nu_R n_{A0}$만큼 얻게 된다. 또한 4.4절에서 이용한 A는 모두 한정반응물을 의미하는 걸로 한다.

수율 Y_R은 목적생성물(R)의 가능한 최대생성량에 대한 실제 생성된 R의 양의 비율이며,

한편 선택률 S_R은 반응한 A 중 R로 전환된 것의 비율이라 정의된다. 따라서 일반적으로

$$Y_R = \frac{n_R - n_{R0}}{\nu_R n_{A0}} \tag{4.72}$$

$$S_R = \frac{n_R - n_{R0}}{\nu_R (n_{A0} - n_A)} \tag{4.73}$$

이다.[26] 연속조작에서는

$$Y_R = \frac{F_R - F_{R,in}}{\nu_R F_{A,in}} \tag{4.74}$$

$$S_R = \frac{F_R - F_{R,in}}{\nu_R (F_{A,in} - F_A)} \tag{4.75}$$

으로 표시된다. 반응률 f_A [식 (3.9) 또는 식 (4.16)]를 이용하면

$$Y_R = f_A S_R \tag{4.76}$$

이 성립된다. 즉, 반응률에 선택률을 곱한 것이 수율이다.

4.4.2 복합반응에서의 선택률

실제 복합반응은 반응기구가 확립되어 있지 않은 것이 많다. 이 때문에 선택률이나 수율을 해석적으로 나타내는 것은 쉽지 않다. 다음에는 반응기구를 알고 있는 단순한 복합반응계에 대해 선택률이나 수율을 검토하여 반응의 종류나 반응기와 그 조작이 가지는 의미를 알아보도록 하자.

1차 반응과 2차 반응의 병렬반응계

$$\mathrm{A} \rightarrow \mathrm{M} \qquad (\text{속도정수 } k_1) \tag{4.77}$$

$$\mathrm{A} + \mathrm{A} \rightarrow \mathrm{D} \ (\text{속도정수 } k_2) \tag{4.78}$$

을 대상으로,

---

26) 여기에서의 선택률은 A의 전체반응량 중 R에 전환된 것의 비율인데, 어느 순간순간에서의 A의 미소 반응량에 대한 R의 생성량으로써 순간선택률(instantaneous selectivity)이라는 개념을 이용하는 경우가 있다. 이 경우, 전체 반응량에 대한 선택률은 총괄선택률(overall selectivity)이라고 한다.

1차 반응의 생성물의 선택률이나 수율이 반응기의 종류, 반응조건 등에 어떻게 의존하는지를 검토한다. 반응에 의한 체적 변화는 없는 것으로 본다. 출발시점에서는 A의 농도는 C_{A0}, 생성물의 M과 D의 농도는 모두 0이다. 이 반응계에서의 1차 반응의 생성물을 목적생성물로 하면, $\nu_R = \nu_M = 1$이 된다. 목적생성물 M의 최대생성량은 2차 반응생성물 D가 발생하지 않을 때에 얻을 수 있고 그것은 반응물 A의 반응량($n_{A0} - n_A$)이다.

a. **회분반응기 또는 PFR의 경우** 1차 반응과 2차 반응의 병렬반응 모델에서의 회분반응기 또는 PFR에 대응하는 농도의 시간변화에 대해서는 제3장 예제 3.3으로 구했으므로, 여기서는 그 결과를 이용하겠다. A의 농도변화는 예제 3.3의 식 (8)로부터 다음 식으로 나타낼 수 있다.

$$C_A = \frac{k_1 C_{A0} \exp(-k_1 t)}{k_1 + 2k_2 C_{A0}(1 - \exp(-k_1 t))} \tag{4.79}$$

회분반응기에서는 t는 반응시간, C_{A0}은 초기농도이며, PFR에서는 각각 공간시간, 입구농도로 바꿔 읽을 수 있다. M의 선택률은 선택률의 정의 식 (4.73)을 이용해서

$$S_M = \frac{n_M - n_{M0}}{\nu_M(n_{A0} - n_A)} = \frac{C_M - C_{M0}}{\nu_M(C_{A0} - C_A)} = \frac{C_M}{C_{A0} - C_A} \tag{4.80}$$

이다. 단, 마지막 등호에는 $\nu_M = 1$, $C_{M0} = 0$을 이용했다. M의 시간변화는

$$\frac{dC_M}{dt} = k_1 C_A \tag{4.81}$$

을 이용해서 다음 식으로 계산할 수 있다.

$$C_M = k_1 \int_0^t C_A \, dt = k_1 \int_0^t \frac{k_1 C_{A0} \exp(-k_1 t)}{k_1 + 2k_2 C_{A0}\{1 - \exp(-k_1 t)\}} dt \tag{4.82}$$

적분연산[27]을 해서

$$C_M = \frac{k_1}{2k_2} \ln\left[1 + \frac{2k_2 C_{A0}}{k_1}\{1 - \exp(1 - k_1 t)\}\right] \tag{4.83}$$

---

27) 식 (4.82)의 적분은 $x = \exp(-k_1 t)$의 변수변환에 의해 $\int \frac{dx}{\alpha + \beta x}$의 형태의 적분에 귀착한다.

을 얻는다. C_{M}의 값을 식 (4.80)에 대입하면 선택률 S_{M}을 얻을 수 있다. 더욱이 A의 농도변화에서 반응률 f_{A}를 구해 식 (4.76)을 이용해 수율 Y_{M}을 구할 수 있다.

b. CSTR의 경우 반응물의 물질수지

$$F_{\mathrm{A,in}} - F_{\mathrm{A,out}} + r_{\mathrm{A}} V = 0 \tag{4.84}$$

에 의해 Q를 체적 유량 V를 반응기체적으로 하면

$$Q(C_{\mathrm{A,in}} - C_{\mathrm{A}}) + (-k_1 C_{\mathrm{A}} - 2k_2 C_{\mathrm{A}}{}^2) V = 0 \tag{4.85}$$

를 얻는다. 공간시간 $\tau (= V/Q)$를 이용해서 정리하면

$$C_{\mathrm{A,in}} - C_{\mathrm{A}} + \tau(-k_1 C_{\mathrm{A}} - 2k_2 C_{\mathrm{A}}{}^2) = 0 \tag{4.86}$$

이 된다. 이 대수방정식을 풀어서 다음 식을 얻는다.

$$C_{\mathrm{A}} = \frac{-(k_1\tau + 1) + \sqrt{(k_1\tau + 1)^2 + 8k_2\tau C_{\mathrm{A,in}}}}{4k_2\tau} \tag{4.87}$$

한편, 1차 반응생성물 M의 물질수지

$$F_{\mathrm{M,in}} - F_{\mathrm{M}} + r_{\mathrm{M}} V = 0 \tag{4.88}$$

에 의해

$$-QC_{\mathrm{M}} + k_1 C_{\mathrm{A}} V = 0 \tag{4.89}$$

따라서

$$C_{\mathrm{M}} = \frac{k_1 C_{\mathrm{A}} V}{Q} = k_1 C_{\mathrm{A}} \tau \tag{4.90}$$

이 된다.

1차 반응생성물 M($\nu_{\mathrm{M}} = 1$)의 선택률은 다음과 같이 구할 수 있다. 즉,

$$S_{\mathrm{M}} = \frac{F_{\mathrm{M}} - F_{\mathrm{M,in}}}{\nu_{\mathrm{M}}(F_{\mathrm{A,in}} - F_{\mathrm{A}})} = \frac{C_{\mathrm{M}}}{C_{\mathrm{A,in}} - C_{\mathrm{A}}} \tag{4.91}$$

이므로,

$$S_{\mathrm{M}} = \frac{C_{\mathrm{M}}}{C_{\mathrm{A,in}} - C_{\mathrm{A}}} = \frac{k_1 C_{\mathrm{A}} \tau}{C_{\mathrm{A,in}} - C_{\mathrm{A}}} = \frac{k_1 \tau}{(C_{\mathrm{A,in}}/C_{\mathrm{A}}) - 1} \tag{4.92}$$

이 된다. 실제 수치계산에서는 반응률 f_A 를 독립변수로서 적당한 값을 부여해 식 (4.25)로 C_A 를 구해, 대응하는 공간시간 τ와 선택률 S_M을 각각 식 (4.86), 식 (4.92)로 구하는 것이 간편하다. 수율 Y_M은 S_M과 f_A 의 값을 식 (4.76)에 대입하면 구할 수 있다.

회분반응기(PFR도 마찬가지)와 CSTR에 적당한 반응조건을 부여해 얻은 계산결과의 예를 그림 4.6에 나타냈다. 1차 반응의 반응속도는 반응물 A의 농도가 낮은 편이 2차 반응에 비해 상대적으로 크다. 그 때문에 동일 반응률을 얻는 조건 하에서는 회분반응기나 PFR에 비해 항상 저농도 조건 하에서 운전하게 되는 CSTR의 1차 반응생성물의 선택률은 더 크다. CSTR은 동일반응률을 얻는 데는 긴 공간시간이 필요해지는데 선택률면에서는 유리하다.

연속반응계에 대해서도 선택률이나 수율의 장치의존성이나 반응조건 의존성을 아는 것은 중요하다. 이것에 대해서는 단원 마지막의 문제 4.6을 참고하길 바란다.

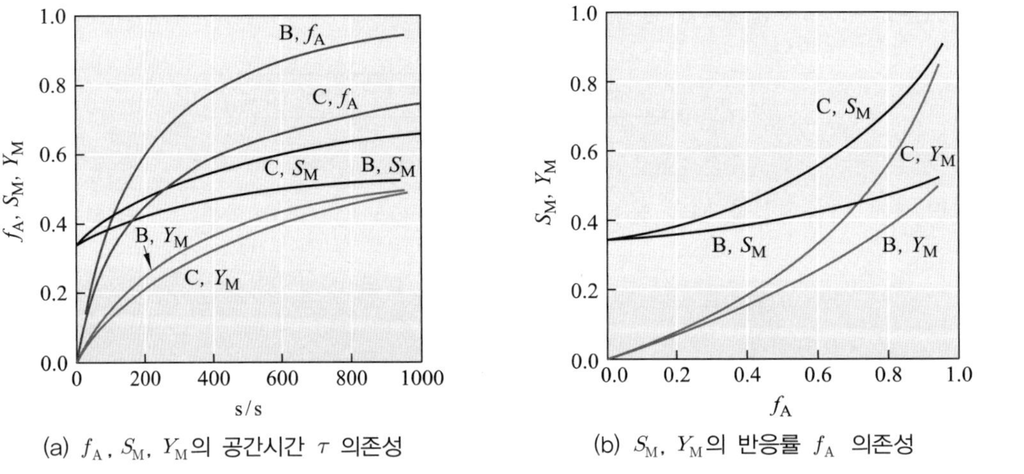

1차 반응생성물의 선택률(S_M)과 수율(Y_M). 회분반응기와 PFR에 대해서는 B, CSTR에 대해서는 C를 선두에 표시했다. 반응조건 : $k_1 = 2.0 \times 10^{-3}\,s^{-1}$, $k_2 = 2.0 \times 10^{-4}\,dm^3\,mol^{-1}s^{-1}$, C_{A0} 또는 $C_{A,in} = 10\,mol\,dm^{-3}$

▌그림 4.6▐ 1차, 2차병열반응계에서의 반응률(f_A)

4.5 비정상 조작과 반회분 조작

연속조작에 대해서는 지금까지 정상상태의 해석을 진행해왔다. 하지만 반응조작의 개시직후에는 어떤 것을 볼 수 있을까? 또한 2개의 성분을 반응시키는 경우 한쪽 성분은 처음부터 일정량을 넣어 다른 성분을 순차적으로 가해가는 경우가 있다. 이것은 반회분 조작의 한 예로 비정상 조작이다. 이번 절에서는 이러한 비정상 조작의 문제를 다루겠다.

4.5.1 CSTR의 비정상 조작

정용계의 경우에 대해 CSTR의 비정상 조작에서의 농도변화를 구한다. 한 예로서 정상상태 하에서 운전된 CSTR이 어느 순간 이후, 반응물 유입농도가 계단상으로 변화하여 다른 정상상태로 향하는 경우를 다룬다. 물질수지는 비정상 조작이므로 식 (4.7)의 모든 항도 무시할 수 없다. 반응물 A에 대해서는

$$dn_{\mathrm{A}}/dt = F_{\mathrm{A,in}} - F_{\mathrm{A}} + r_{\mathrm{A}}V \tag{4.93}$$

가 성립된다. 반응물 유입농도 $C_{\mathrm{A,in}}(=F_{\mathrm{A,in}}/Q)$, 반응기 농도 $C_{\mathrm{A}}(=F_{\mathrm{A}}/Q)$ 및 공간시간 $\tau(=V/Q)$를 이용해서

$$\tau dC_{\mathrm{A}}/dt = C_{\mathrm{A,in}} - C_{\mathrm{A}} + r_{\mathrm{A}}\tau \tag{4.94}$$

가 된다. 더욱이 1차 반응$(-r_{\mathrm{A}} = k_1 C_{\mathrm{A}})$을 가정하여 식을 정리하면

$$\frac{dC_{\mathrm{A}}}{dt} + \frac{1+k_1\tau}{\tau}C_{\mathrm{A}} = \frac{C_{\mathrm{A,in}}}{\tau} \tag{4.95}$$

가 된다. 계단상 유입농도 변화가 일어나기 전은 반응기의 A의 농도는 C_{A0}이었다고 한다. 이것을 고려하여 시간 $t=0 \to t$, $C_{\mathrm{A}} = C_{\mathrm{A0}} \to C_{\mathrm{A}}$의 범위에서 1계선형 미분방정식의 상법[28]에 따라 식 (4.95)의 해를 구하면

$$C_{\mathrm{A}} = \frac{C_{\mathrm{A,in}}}{1+k_1\tau}\left\{1 - \exp\left[-(1+k_1\tau)\frac{t}{\tau}\right]\right\} + C_{\mathrm{A0}}\exp\left[-(1+k_1\tau)\frac{t}{\tau}\right] \tag{4.96}$$

이 된다. 이 식은 농도 C_{A}가 시간상수 $\tau/(1+k_1\tau)$를 가지고 정상상태에서의 농도 $C_{\mathrm{A,in}}/(1+k_1\tau)$에 다가가는 것을 나타낸다.

---

28) 제3장의 식 (3.58)의 해법에 관한 각주를 참고하라.

4.5.2 일정 도입속도의 반회분 조작

반회분 조작의 시간변화를 검토해보자. 일정농도 C_{A0}의 화학종 A가 포함된 용액이 체적 V_0 만큼 존재하는 곳에 농도 C_{B0}의 화학종 B를 포함하는 용액을 일정한 체적 유량 Q로 적하하여

$$A + B \rightarrow C \tag{4.97}$$

의 반응을 진행시키는 경우를 대상으로 한다. 한 반응물을 천천히 가해가는 조작은 실험실에서도 혼합하는데 급격한 발열의 위험을 피하기 위해 잘 행해진다. 다음의 해석에서는 용액의 밀도는 모두 공통이며 반응에 의해서도 변화하지 않는다고 한다.

용기 중의 용액체적 $V(t)$는

$$V(t) = V_0 + Qt \tag{4.98}$$

로 증가한다. 한편 A에 대한 물질수지에서

$$r_A V(t) = \frac{\mathrm{d}\,n_A}{\mathrm{d}t} = \frac{\mathrm{d}\,(VC_A)}{\mathrm{d}t} = V\frac{\mathrm{d}\,C_A}{\mathrm{d}t} + C_A\frac{\mathrm{d}\,V}{\mathrm{d}t} \tag{4.99}$$

이다. 식 (4.98)의 관계를 대입하여 정리하면, C_A 의 시간변화로서

$$\frac{\mathrm{d}\,C_A}{\mathrm{d}t} = r_A - \frac{Q}{V}C_A \tag{4.100}$$

을 얻는다. B에 대한 물질수지는 그 유입속도를 $F_{B0}(=QC_{B0})$이라 하면

$$F_{B0} + r_B V = \frac{\mathrm{d}n_B}{\mathrm{d}t} = \frac{\mathrm{d}(VC_B)}{\mathrm{d}t} = V\frac{\mathrm{d}\,C_B}{\mathrm{d}t} + C_B\frac{\mathrm{d}\,V}{\mathrm{d}t} \tag{4.101}$$

이다. 식 (4.98)의 관계를 대입하여 정리하면, C_B의 시간변화로서

$$\frac{\mathrm{d}\,C_B}{\mathrm{d}t} = r_B + \frac{Q}{V}(C_{B0} - C_B) \tag{4.102}$$

가 된다. 마찬가지로 화학종 C에 대해서도

$$\frac{\mathrm{d}\,C_C}{\mathrm{d}t} = r_C - \frac{Q}{V}C_C \tag{4.103}$$

가 된다. 일반적으로는 식 (4.98), 식 (4.100), 식 (4.102), 식 (4.103)을 해석적으로 풀 수 없기 때문에 수치해석을 하는 경우가 있다.

해석적으로 푸는 한 예로서 A가 대량 있는 곳으로 B를 첨가하는 경우를 생각해보자. 반응에 의한 A의 소비를 상대적으로 무시할 수 있고, 더욱이 반응속도는 근사적으로 B의 농도만의 1차 반응(준1차 반응)으로서 다음 식과 같이 나타낼 수 있다.

$$-r_{\mathrm{B}}=kC_{\mathrm{B}} \tag{4.104}$$

이 식을 식 (4.101)에 대입하여 $n_{\mathrm{B}}(=VC_{\mathrm{B}})$에 대한 미분방정식으로 다시 쓰면

$$\frac{dn_{\mathrm{B}}}{dt}+kn_{\mathrm{B}}=QC_{\mathrm{B0}} \tag{4.105}$$

를 얻는다. 이것은 1계 선형미분방정식이므로, $t=0$으로 $n_{\mathrm{B}}=0$의 초기조건 하에서 상법에 따라 풀 수 있다. 결과는

$$n_{\mathrm{B}}=\frac{Q[1-\exp(-kt)]}{k}C_{\mathrm{B0}} \tag{4.106}$$

가 된다. 농도 $C_{\mathrm{B}}(=n_{\mathrm{B}}/V)$로 고쳐서 식 (4.98)을 같이 이용해

$$\frac{C_{\mathrm{B}}}{C_{\mathrm{B0}}}=\frac{1-\exp(-kt)}{k[(V_0/Q)+t]} \tag{4.107}$$

이 된다. 더욱이 B의 반응률을 (B의 반응량) / (B의 적산공급량), 즉

$$f_{\mathrm{B}}=\frac{QC_{\mathrm{B0}}t-n_{\mathrm{B}}}{QC_{\mathrm{B0}}t} \tag{4.108}$$

로 정의하면

$$f_{\mathrm{B}}=1-\frac{1-\exp(-kt)}{kt} \tag{4.109}$$

이 된다. 또한 C의 생성량은 $QC_{\mathrm{B0}}t-n_{\mathrm{B}}$와 같다. 용액의 체적 $V(t)$로 나눔으로써 C의 농도는 다음 식과 같아진다.

$$\frac{C_{\mathrm{C}}}{C_{\mathrm{B0}}}=\frac{kt-[1-\exp(-kt)]}{k[(V_0/Q)+t]} \tag{4.110}$$

예제 4.6

$k = 0.01\ \mathrm{s}^{-1}$ 의 준1차 반응에 대해 $V_0/Q = 100\ \mathrm{s}$ 및 500 s의 조건으로 반회분 조작을 할 때의 $C_\mathrm{B}/C_\mathrm{B0}$ 및 f_B를 구해 그림으로 나타내고 고찰하라.

해답

수치를 식 (4.107), 식 (4.109)에 대입하여 계산한 결과가 다음 그림과 같다. 적하 초기에는 반응이 적하에 따라가지 못해 B의 농도가 증가하는데, 점점 반응에 의한 소비가 따라가기 때문에 농도는 극대치가 된 후에 감소해간다. 적하속도가 빠른 $V_0/Q = 100$ s의 경우가 적하속도가 늦은 $V_0/Q = 500$ s의 경우에 비해, 상대적으로 극대치가 더 커진다. 반응속도는 식 (4.104)와 같이 C_B에 비례한다. 따라서 반응에 의한 발열이 있는 경우 발열속도가 커지는 것은 적하속도가 빠르고 초기 단계일 때이다. 또한 식 (4.108)에서 정의한 적하 반응물에 대한 반응률은 식 (4.109)의 우변에 적하속도를 포함하지 않으므로 적하속도가 달라도 차는 발생하지 않는다.

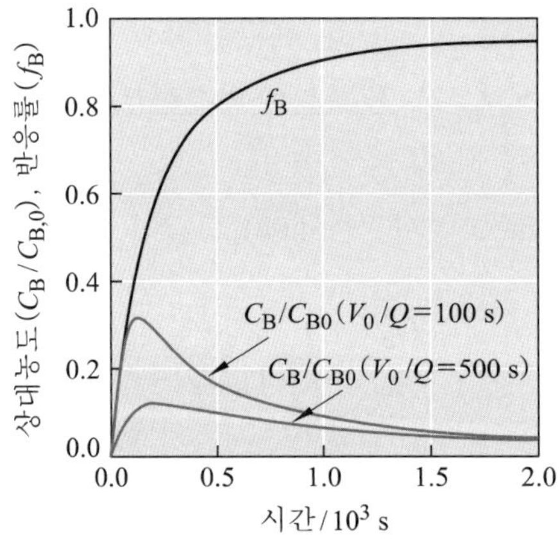

| 그림 | 반회분 조작에서의 적하 반응물 B의 상대농도($C_\mathrm{B}/C_\mathrm{B0}$)와 반응률($f_\mathrm{B}$)의 시간변화 $V_0/Q = 100$ s와 500 s의 경우. 반응률은 양자에 공통된다.

4.6 체류시간 분포 함수와 실제 흐름

지금까지 다음 식으로 정의된 공간시간

$$\tau = V/Q_\mathrm{in} \tag{4.23}$$

을 이용해서 PFR과 CSTR에서의 반응의 진행과정을 비교 검토해왔다. 원래 반응 진행은 반응기 안에 실제로 유체가 체류한 시간에 의해 결정된다. PFR의 경우는 반응기 안에 유체가 실제로 체류한 시간은, 반응기를 나왔을 때 어느 유체부분에 대해서도 동일하며, 특히 정용계의 경우는 공간시간 = 체류시간이 된다. 하지만 CSTR에서는 유체의 각 부분이 반응기 내에 머무는 체류시간에는 분포가 있으며, 공간시간은 어디까지나 평균 체류시간이라고 볼 수 있다. 또한 흐름 상태가 PFR과 CSTR 중간에 위치하는 반응기에서는 체류시간 분포는 어떻게 될까. 실제 반응기 흐름에 대해서 그 체류시간의 분포를 알고 이것을 PFR이나 CSTR의 체류시간분포와 비교함으로써 반응률의 산출 등이 가능해진다.

다음에 체류시간 분포 함수를 간단히 설명하여 PFR, CSTR, 다단 연속교반 조형반응기에 대해서 체류시간 분포를 의론한다.

4.6.1 체류시간 분포 함수

체류시간 분포 함수 $E(t)$는 반응기로 도입 후에 경과시간 $t \sim t+\mathrm{d}t$만큼 반응기 안에 존재하는 유체의 비율 $E(t)\mathrm{d}t$로서 정의되어

$$\int_0^\infty E(t)\mathrm{d}t = 1 \tag{4.111}$$

이다. 체류시간 분포 함수를 구하기 위해 일반적으로 이루어지는 실험은 임펄스 응답법과 스텝 응답법이다. 임펄스 응답법은 유입 유량이 Q인 흐름에 대해 트레이서를 어느 순간에 펄스(pulse)적으로 반응기 입구에 가해 반응기 출구에서 트레이서 농도 $C(t)$의 트레이서 첨가 후의 경과시간 의존성을 측정한다.[29] 이 경우 $E(t)$는

$$E(t) = \frac{QC(t)}{m_t} \tag{4.112}$$

에 의해 결정된다. 단, m_t는 펄스적으로 가한 트레이서의 전체 물질이다.

한편 스텝 응답법은 어느 순간부터 연속적으로 트레이서를 가해, 이후 입구에서의 농도 C_{in}을 일정히 유지시킨다. 출구에서 트레이서 농도 $C(t)$의 시간경과를 측정하면 이 값은 0에서 점점 C_{in}에 가까워질 것이다. 경과시간 t의 트레이서 상대농도 $F(t)(=C(t)/C_{\mathrm{in}})$은 0에서 t까지의 체류시간을 가지는 유체 비율에 해당된다. 따라서 체류시간 분포 함수는 $F(t)$함수의 시간미분에 의해 구할 수 있다.

$$E(t) = \frac{\mathrm{d}F(t)}{\mathrm{d}t} \tag{4.113}$$

29) 이러한 실험에서 입구, 출구의 흐름조건에 대해서는 번잡한 문제가 있지만, 여기서는 다루지 않겠다.

여기서, 평균시간 τ_r에 대해서 무차원화시킨 경과시간, 즉 무차원 체류시간 θ를

$$\theta = \frac{t}{\tau_r} \tag{4.114}$$

로 정의한다.

$$E(\theta)d\theta = E(t)dt \tag{4.115}$$

의 관계가 성립하는 것에 주의하여

$$E(\theta) = \tau_r E(t) \tag{4.116}$$

의 관계가 성립된다.

4.6.2 이상흐름의 체류시간 분포 함수

이상적인 흐름의 체류시간 분포 함수를 생각해보자. 정용계의 PFR에서는 어떤 흐름부분도 상호 등속으로 반응기 입구에서 출구까지 흘러간다. 따라서 체류시간 분포 함수는 공간시간 τ에 집중된 델타 함수이다.

$$E(t) = \delta(t - \tau) \tag{4.117}$$

다음으로, 정용계의 CSTR에서의 체류시간 분포 함수를 구해보자. 이를 위해 임펄스 응답법의 사고실험을 한다. 즉, $t = 0$에서 그 순간만 트레이서를 반응기에 농도 C_0까지 가해서 이후의 출구농도변화를 추적한다.

물질수지는 식 (4.7)에 의해

$$\mathrm{d}(VC)/\mathrm{d}t = 0 - QC \tag{4.118}$$

이 된다. 초기조건은

$$t = 0 \text{이고 } C = C_0 \tag{4.119}$$

이므로, 다음 식이 된다.

$$C = C_0 \exp(-t/\tau) \tag{4.120}$$

따라서 체류시간 분포 함수는

$$E(t) = \frac{QC}{m_t} = \frac{QC}{C_0 V} = \frac{C_0 \exp(-t/\tau)}{C_0 \tau} = \frac{\exp(-t/\tau)}{\tau} \tag{4.121}$$

이 되고, 0부터 무한대의 분포를 가진다. 평균체류시간 t_τ은

$$t_r = \int_0^\infty tE(t)\mathrm{d}t = \int_0^\infty \frac{t\exp(-t/\tau)}{\tau}\mathrm{d}t = \tau \tag{4.122}$$

에 의해 공간시간 τ와 같다는 것을 확인할 수 있다. 또한 식 (4.116)을 이용해서 다음 식을 구할 수 있다.

$$E(\theta) = \exp(-\theta) \tag{4.123}$$

예제 4.7

정용계의 CSTR의 체류시간 분포 함수를 스텝 응답법을 통해 구하라.

해답

어느 순간에 반응기 입구에 C_{in}의 농도의 트레이서를 가해, 이후 그 조건을 유지하면서 출구농도를 측정한다. 물질수지는 다음 식으로 주어진다.

$$\mathrm{d}(VC)/\mathrm{d}t = QC_{\mathrm{in}} = QC \tag{1}$$

초기조건은 $t=0$이고 $C=0$이므로 다음과 같은 관계가 된다.

$$C(t) = C_{\mathrm{in}}\{1-\exp(-t/\tau)\} \tag{2}$$

$$F(t) = C(t)/C_{\mathrm{in}} = 1-\exp(-t/\tau) \tag{3}$$

$$E(t) = \frac{\mathrm{d}F(t)}{\mathrm{d}t} = \frac{\exp(-t/\tau)}{\tau} \tag{4}$$

결과는 임펄스 응답법으로 얻어진 식 (4.121)과 같다.

4.6.3 다단 연속교반 조형반응기의 체류시간 분포 함수

동일체적 V의 N단의 반응기로 이루어진 정용계 다단 연속교반 조형반응기의 경우에 대해서는 예제 4.7의 해석방법을 확장시킴으로써 스텝응답법으로 체류분포함수를 구할 수 있다. 즉, i번째의 반응기에 대해서는 물질수지는

$$\mathrm{d}(VC_i)/\mathrm{d}t = QC_{i-1} - QC_i \tag{4.124}$$

로 표시할 수 있다. 각 반응기의 공간시간 τ를 이용해 고치면

$$\mathrm{d}C_i/\mathrm{d}t + C_i/\tau = C_{i-1}/\tau \tag{4.125}$$

가 된다. 초기조건은

$$t = 0,\ C_0 = C_{\mathrm{in}},\ C_i(i = 1,\ \cdots\ ,N) = 0 \tag{4.126}$$

이다. 1계선형미분방정식의 일반적인 방법을 이용해서 식 (4.125)의 해는 다음 식으로 나타낼 수 있다.

$$C_i(t) = \frac{\exp(-t/\tau)}{\tau}\int_0^t C_{i-1}\exp\left(\frac{t}{\tau}\right)\mathrm{d}t \tag{4.127}$$

제1반응기의 해는 $C_{i-1} = C_0 = C_{\mathrm{in}}$이므로

$$C_1(t) = C_{\mathrm{in}}1 - \exp(-t/\tau) \tag{4.128}$$

이 된다. 이것은 예제 4.7의 해와 같다.

제2반응기에 대해서는 식 (4.128)의 결과를 식 (4.127)에 대입하여 연산하여

$$C_2(t) = C_{\mathrm{in}}\left\{1 - \exp\left(\frac{-t}{\tau}\right)\left(1 + \frac{t}{\tau}\right)\right\} \tag{4.129}$$

를 얻는다. 순차계산을 반복함으로써

$$F(t) = \frac{C_N(t)}{C_{\mathrm{in}}} = 1 - \exp\left(\frac{-t}{t}\right)\left[1 + \left(\frac{t}{\tau}\right) + \frac{\left(\frac{t}{\tau}\right)^2}{2!} + \cdots + \frac{\left(\frac{t}{\tau}\right)^{N-1}}{(N-1)!}\right] \tag{4.130}$$

을 얻는다. 여기서 무차원 체류시간 θ를

$$\theta = \frac{t}{N\tau} = \frac{t}{NV/Q} \tag{4.131}$$

이라 정의한다. $N\tau$는 다단반응기 전체의 반응기 체적으로 정의한 공간시간(=평균체류시간)이다. θ를 이용하여 식 (4.130)을 다시 써, 더욱 그 미분에서 체류시간 분포 함수를 구하면 식 (4.132), 식 (4.133)이 된다.

$$F(\theta) = 1 - \exp(-N\theta)\left[1 + (N\theta) + \frac{(N\theta)^2}{2!} + \cdots + \frac{(N\theta)^{N-1}}{(N-1)!}\right] \tag{4.132}$$

그림 4.7에 CSTR과 다단 연속교반 조형반응기의 체류시간 분포 함수가 나와 있다. 단수가 늘어날수록 체류시간분포는 점점 중심으로 좁혀오는 것을 알 수 있다.

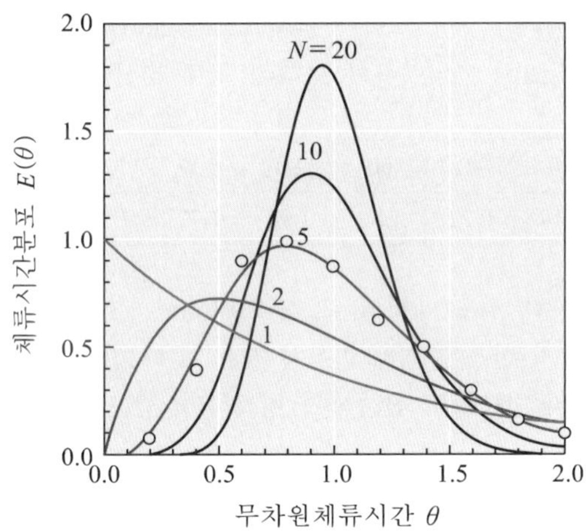

| 그림 4.7 | N단의 다단 연속교반 조형반응기에서의 체류시간 분포 함수(N=1, 2, 5, 10, 20). N=1은 CSTR에 해당한다. 또한 그림의 동그라미 표시는 예제 4.8의 실험에 따른 그림이다.

다단 연속교반 조형반응기 이외에 체류시간분포의 검토에 잘 이용되는 모델에 혼합확산모델(dispersion model, 혼합분산모델이라고도 한다)이 있다. 여기서는 자세히 설명하지 않겠지만 관형반응기를 상정하여 그 흐름 방향에 따라 농도분산이 일어나는 걸 다루는 모델이다. 이 모델에서는 혼합 확산계수의 크기를 변화시킴으로써 다단 연속교반 조형반응기 모델과 마찬가지로 흐름이 PFR에서 CSTR로 가까워지는 상황이나 그 체류시간분포의 변화를 다룰 수 있다.

$$E(\theta)=\frac{N(N\theta)^{N-1}}{(N-1)!}\exp(-N\theta) \tag{4.133}$$

실재반응기의 체류시간분포를 측정하여 이것을 모델의 체류시간 분포와 비교함으로써 실험의 재현성이 좋은 다단 연속 조형반응기의 개수 또는 혼합 확산 모델의 혼합확산계수를 정한다. 그 파라미터를 이용해서 실재 반응기의 유체의 혼합상태나 반응 진행과정을 논의해 갈 수 있다. 예를 들어, 파라미터로 결정한 반응기의 개수를 이용해 식 (4.60)을 통해 반응률을 계산할 수 있게 된다.

예제 4.8

어떤 체적 $V=10\ \mathrm{dm^3}$의 정용계 반응기의 체류시간분포를 구하기 위해 임펄스 응답법에 의한 실험을 했다. 체적 유량 $Q=0.1\ \mathrm{dm^3s^{-1}}$로 유체가 공급되는 반응기 입구에 $m_t=0.02$ mol의 트레이서를 펄스적으로 공급했다. 그 후의 경과시간의 트레이서의 출구농도는 아래 표와 같았다. 이 반응기를 다단 연속교반 조형반응기 모델에 의해 해석했을 때의 개수 N을 구하라.

t/s	20	40	60	80	100	120	140	160	180	200
$C/10^{-3}\ \mathrm{mol\ dm^{-3}}$	0.14	0.72	1.80	1.98	1.72	1.20	1.00	0.56	0.28	0.20

다음으로 이 반응기를 이용해 입구 체적 유량 $Q=0.1\ \mathrm{dm^3s^{-1}}$로 유체를 공급하여 안의 반응물을 속도정수 $0.025\ \mathrm{s^{-1}}$의 1차 반응에 의해 반응시켰다. 이 때 반응률은 얼마가 되는가? 또한 동일한 체적의 CSTR, PFR의 반응률도 산출하여 비교하라. 단, 모두 정용계로서 다룬다.

해답

실험조건에서 공간시간 (=평균체류시간)은 $\tau=V/Q=10\ \mathrm{dm^3}/(0.1\ \mathrm{dm^3s^{-1}})=100$ s이다. 이것을 이용해서 $\theta=t/\tau=t/100$에 의해 실시간을 무차원화 시킨다. 또한

$$E(\theta)=\tau E(t)=\tau QC(t)/m_t \tag{1}$$

에서 $E(\theta)$을 구한다. 결과는 아래 표와 같아진다.

θ	0.2	0.4	0.6	0.8	1.0	1.2	1.4	1.6	1.8	2.0
$E(\theta)$	0.07	0.36	0.90	0.99	0.86	0.60	0.50	0.28	0.14	0.10

이 데이터를 그림 4.8에 동그라미 표시로 나타냈다. N=5로 판단해도 좋을 것이다. 반응률은 N단의 다단 연속교반 조형반응기에 대해 계산하면 된다. 식 (4.60)으로

$$f_A = 1 - \frac{1}{(1 + k_1 \tau_{total}/N)^N} = 1 - \frac{1}{(1 + 0.025 \times 100/5)^5} = 0.87$$

이 된다.
또한 CSTR에서는 식 (4.29)에서

$$f_A = \frac{k_1 \tau}{1 + k_1 \tau} = \frac{0.025 \times 100}{1 + 0.025 \times 100} = 0.71$$

이 되며, 더욱이 PFR에서는 식 (4.38)에서

$$f_A = 1 - \exp(-k_1 \tau) = 1 - \exp(-0.025 \times 100) = 0.92$$

가 된다. 이 예제는 실재반응기의 체류시간분포의 실험결과에서 모델로써의 다단 연속교반 조형반응기의 개수를 정하고 반응률의 산정에 이용하는 흐름을 나타내고 있다.

문 제

4.1 회분반응기에서 정압계 1차 반응에서도 식 (4.15)가 성립하는 지를 설명하라.

4.2 2차 반응($r_A = -k_2 C_A^2$)에서 정압계 CSTR의 PFR의 설계 방정식(반응률의 함수로서 공간시간을 나타낸다)을 도출하라.

4.3 기체의 열분해를 회분반응으로 하는 경우는 드물지만, 염화에틸의 분해를 회분반응기로 해서 PFR의 결과와 비교한다. 예제 4.3과 마찬가지로 염화에틸의 에틸렌염화수소로의 열분해($C_2H_5Cl \rightarrow C_2H_4 + HCl$)를 한다. 반응은 염화에틸의 농도에 대해 1차, 속도정수는 $k_1 = 1.6 \times 10^{13} \exp(-236 \text{kJ/RT}) \text{s}^{-1}$이다. 반응기체의 초기조성은 C_2H_5Cl (20%) + N_2 (80%)(N_2는 반응하지 않는다)로, 550℃, 1 atm으로 반응률 0.5까지 반응시킨다.

1) 회분반응기의 체적이 가변이며, 반응 진행에 맞춰서 항상 1 atm을 유지한다고 하자. 필요한 시간을 구하라.
2) PFR, CSTR 반응기를 이용할 경우, 각각 공간시간은 몇 s인가?

4.4 정용계 2차 반응 A + B → C + D를 CSTR로 한다. 초기농도에는 $C_{B,in} = (1+\beta) C_{A,in}$($\beta$는 과잉률)의 관계가 있다. A의 반응률이 80%가 되는데 필요한 공간시간을 $\beta = 0.1$과 0.5의 경우에 따라 구해, 이것을 회분반응기에서의 반응시간(제3장, 문제 3.2 참고)과 비교하라.

4.5 예제 4.4와 같은 반응에 대해 재순환반응기를 이용한 경우, 공간시간을 $4.3/k_1$으로 하는데 필요한 재순환비 R을 구하라.

4.6 정용계의 연속 1차 반응 A → B → C를 CSTR과 PFR을 이용해 구한다. 각각 중간생성물의 선택률을 구하라. 단 A → B, B → C의 반응속도정수를 각각 k_1, k_1' ($k_1' \neq k_1$)으로 한다. 또한 반응기 입구에서는 A만 존재한다.

제 5 장

다상계 반응의 해석과 설계

제 5 장 다상계 반응의 해석과 설계

5.1 다상계 반응과 반응 장치

5.1.1 다상계 반응과 그 공업적 중요성

제4장에서는 균일계 반응과 그 설계 방정식을 다루었다. 실제 공업반응에서 많이 볼 수 있는 2상 이상이 관계되는 다상계[multi-phase : 이상계(異相系)라고도 한다] 반응을 실시하는 데는 1.2.1절에서도 설명했듯이 반응 과정 뿐만 아니라 유체의 움직임이나 접촉상태, 열교환, 더욱이 촉매의 열화 등 시간이 지나감에 따른 현상도 포함한 다수의 복잡한 요인을 같이 고려해야 한다.

2상, 3상 반응계의 대표적인 예가 표 5.1에 정리되어 있고, 또한 몇몇의 반응기의 모식도를 그림 5.1에 나타냈다.

표 5.1 다상계 반응과 반응기의 예

상의 수	상의 종류	반응기의 예
2상	기고 (氣固)	고체의 열분해, 연소, 가스화반응 등을 고정층, 이동층, 유동층 등의 반응기로 한다.
	기고 (氣固) (촉매)	촉매활성물질을 담지시킨 담체입자를 고정층, 이동층, 유동층 등으로 기체와 접촉시킨다. • 모노리스 촉매반응기 : 촉매활성물질을 담지시킨 다수의 평행관통세공을 가진 세라믹 담체에 기체를 유통시킨다.
	기액 (氣液)	• 기포탑 : 액중에 탑저에서 기체를 불어 넣어 액과의 사이에서 가스 흡수나 기액반응을 한다. • 스프레이탑 : 노즐 등으로 미세화시킨 액체를 탑 내의 기체에 분산시켜, 가스 흡수 등을 한다. • 기포교반조 : 통기된 기체를 교반으로 세분화시켜 기액의 혼합을 촉진시키는 교반조형반응기 • 관액충진탑 : 탑 내에 충진물을 고정시켜, 위쪽에서 액을, 위쪽이나 아래쪽으로부터 기체를 흘려보내 탑 내에서 기액을 접촉시킨다.
	액액 (液液)	교반조형반응기 등에 의해 한쪽의 액을 다른 쪽으로 액적으로써 분산시켜 반응시킨다. 급속한 발열반응에서는 관형반응기도 사용된다.
3상	기액고 (氣液固) (촉매)	반응물로서 기체, 액체가 존재하고 이들이 고체촉매상에서 반응한다. 기액병류충진층(고체촉매를 충진), 현탁기포탑(고체촉매가 액중에 현탁), 3상 유동층 반응기 등

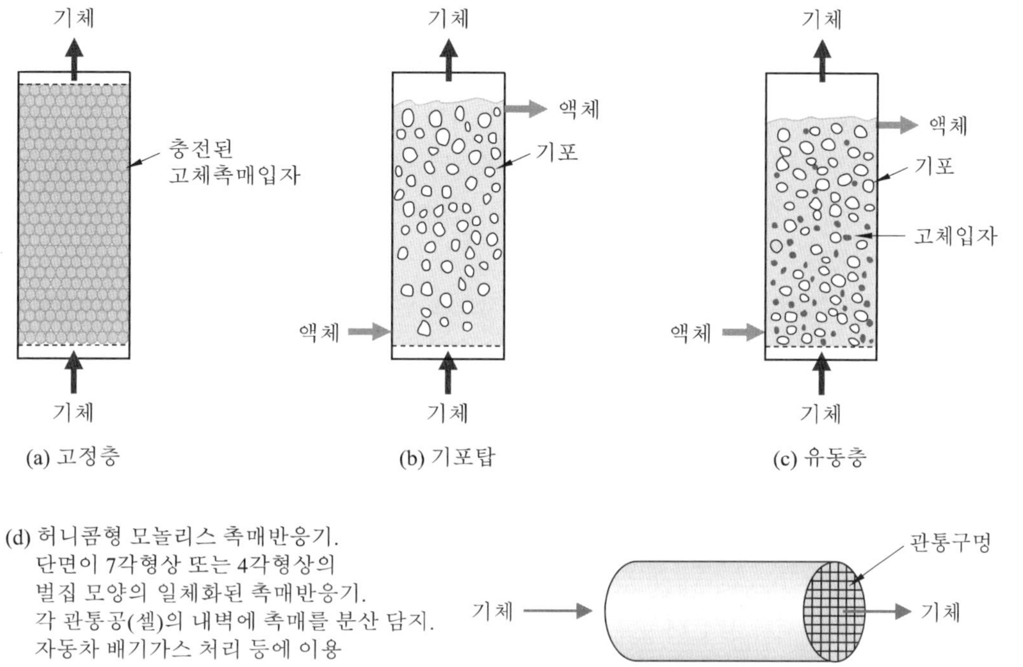

▌그림 5.1▐ 다상계 반응기의 모식도

기고 촉매반응의 대표 예인 N_2과 H_2에서 암모니아를 합성하는[30] 하버－보슈(Haber-Bosch)법에서는 다공질 입자상 고체촉매를 충진·고정한 층에 반응기체를 유통시키는 고정층 반응기(fixed bed, 고정상이라고도 한다)가 이용된다. 그러나 충진한 입자가 움직이지 않는 고정층 반응기에서는 효율적인 가열이나 반응열 제거는 반드시 쉬운 것은 아니다. 이 때문에 발열량보다 큰 아크릴로니트릴 합성을 위한 암모산화(ammoxidation) 공정[31]의 기고 촉매반응이나, 큰 흡열반응인 석유의 접촉 분해 공정과 같이 효율적으로 열을 공급할 필요가 있는 반응에서는 공급하는 기체에 의해 고체입자를 유동화시킨다. 유동층 반응기(fluidized bed, 유동상이라고도 한다)가 이용된다. 이 방법은 열화되는 쉬운 고체촉매에도 대응하기 쉽다.

고체입자가 중력 등에 의해 이동하는 이동층 반응기(moving bed, 이동상이라고도 한다)도 있다. 예를 들어, 석탄가스화로(爐)에서는 하강해가는 석탄(이동층)을 아래쪽에서 공급되는 스팀과 산소에 의해 가스화시키는 방식이다.

---

30) $N_2 + 3H_2 \rightarrow 2NH_3 \qquad \Delta H_r^\circ(298\,K) = -92 kJ\ mol^{-1}$ ***

31) $CH_3CH = CH_2 + NH_3 + \frac{3}{2}O_2 \rightarrow CH_2 = CHCN + 3H_2O$

$\Delta H_r^\circ(298\,K) = -519 kJ\ mol^{-1}$***

*** "화학편람기초편" 개정 4판. 일본화학회편 p.285～400, 마루젠(1993)

기체와 액체 사이에서의 다상계 반응도 많이 있다. 예를 들면, 배기 중에 포함되어 있는 산성 유해화학종을 염기를 함유한 물로 중화시켜 세정하기 위한 기포탑(bubble column)이나 스프레이탑(spray tower)이 있다. 전자는 탑저의 기체 분산기를 통해 기체를 액상에 불어 넣는 것이며, 후자는 탑정에서 액체를 기류에 분무하는 것이다. 두 개의 기본적인 차이는 액체와 기체 어느 것을 연속상으로 하는가? 이다. 기포탑에서는 액상이, 스프레이 탑에서는 기상이 연속상을 만든다.

액액 반응이나 고액반응에는 교반조가 일반적으로 널리 이용되지만, 그 외에도 여러 형식의 반응기가 있다. 3개 이상의 상이 관계되는 반응계도 많다. 예를 들면, 중질유의 수소첨가에 의한 경질화에는 고체촉매 입자를 액체(중질유 자체)중에 유동시켜두고, 거기에 H_2를 불어넣는 3상 유동층 반응기가 이용된다. 이렇듯 다상계 반응이나 그것을 실현시키는 실재반응기는 실제 공업반응에서도 다방면에 걸쳐있다.

다상계 반응의 해석이나 반응기 설계에는 다수의 관점이 필요한데, 특히 중요한 것은 복수의 상간에서의 물질 이동에 대한 고찰이다. 이번 장에서는 등온하의 2상 간의 물질 이동과 반응의 상호관계를 해석하여 다상계반응의 기초적 이해를 진행시키기로 한다.

5.1.2 다상계 반응과 설계 방정식

다상계 반응은 계면(surface, interface)이 중요한 역할을 한다. 계면이란 일반적으로 상과 상 사이의 접촉면을 의미하며, 한쪽이 기상이고 다른 한쪽이 액상 또는 고상의 경우 그 계면을 액체 표면(surface) 또는 고체 표면이라고도 한다. 다상계 반응의 설계를 위해서는 계면에서의 반응 또는 상의 이동과정을 어떻게 다루는가가 중요하다.

다상계의 반응장은 ① 상 사이의 계면인 경우와 ② 물질이 이동한 곳의 각 상 내의 경우가 있다. 예를 들어, 기상 화학종이 고체표면에 흡착하여 반응하는 경우는 ①의 경우이다. 하지만 다공질 고체촉매를 이용한 기상 성분의 반응이, 미시적인 관점에서 보면 촉매 내부의 고체표면에서 반응이 진행되지만, 이 내부고체표면을 포함하는 다공질 고체전체를 하나의 단일상으로 보면 기상에서 반응물이 이동하여 다공질고체 상 안에서 반응하는 ②의 경우이다. 또한 기액반응은 대부분의 경우 기체성분이 계면을 통과해 이동하여 액상 내에서 반응하는 ②의 경우이다.

α상, β상으로 이루어진 2상계의 물질 수지식은 제4장의 식 (4.6)을 참고하여 다음과 같아진다.

$$\alpha\text{상} : \frac{\mathrm{d}n_{\mathrm{A}\alpha}}{\mathrm{d}t} = F_{\mathrm{A}\alpha,\mathrm{in}} - F_{\mathrm{A}\alpha,\mathrm{out}} + N_{\mathrm{A}\alpha}\alpha V_{\mathrm{T}} + r_{\mathrm{A}\alpha,\mathrm{av}} V_{\alpha} \tag{5.1}$$

$$\beta\text{상} : \frac{\mathrm{d}n_{\mathrm{A}\beta}}{\mathrm{d}t} = F_{\mathrm{A}\beta,\mathrm{in}} - F_{\mathrm{A}\beta,\mathrm{out}} + N_{\mathrm{A}\beta}\alpha V_{\mathrm{T}} + r_{\mathrm{A}\beta,\mathrm{av}} V_{\beta} \tag{5.2}$$

여기서 $F_{\mathrm{A}\alpha,\mathrm{in}}$, $F_{\mathrm{A}\alpha,\mathrm{out}}$은 각 상으로의 물질유입, 유출속도[SI 단위는 mol s^{-1}], $N_{\mathrm{A}\alpha}$, $N_{\mathrm{A}\beta}$는 α상, β상 상호이동하는 물질유속[mol $\mathrm{m}^{-2}\mathrm{s}^{-1}$], α는 2상을 합친 단위체적당 계면적 [m^2 / m^3], $r_{\mathrm{A}\alpha,\mathrm{av}}$, $r_{\mathrm{A}\beta,\mathrm{av}}$는 각 상에서의 체적평균 반응속도[mol $\mathrm{m}^{-3}\mathrm{s}^{-1}$]이다. 각 상의 체적은 V_{α}, V_{β}, 그 합은 $V_{\mathrm{T}}(= V_{\alpha} + V_{\beta})$이다.

계면에서의 축적을 무시할 수 있다면, 계면에서의 물질유속과 계면 반응속도 r_{sA} 사이에는

$$N_{\mathrm{A}\alpha} + N_{\mathrm{A}\beta} = r_{\mathrm{sA}} \tag{5.3}$$

이 성립하므로 2상을 더한 물질수지는

$$\frac{\mathrm{d}n_{\mathrm{A}}}{\mathrm{d}t} = F_{\mathrm{A,in}} - F_{\mathrm{A,out}} + r_{\mathrm{A,av}} V_{\mathrm{T}} \tag{5.4}$$

가 된다. 단, $n_{\mathrm{A}}(= n_{\mathrm{A}\alpha} + n_{\mathrm{A}\beta})$, $F_{\mathrm{A,in}}(= F_{\mathrm{A}\alpha,\mathrm{in}} + F_{\mathrm{A}\beta,\mathrm{in}})$, $F_{\mathrm{A,out}}(= F_{\mathrm{A}\alpha,\mathrm{out}} + F_{\mathrm{A}\beta,\mathrm{out}})$은 2상 전체에 존재하는 A의 물질 및 2상 전체에 대한 물질의 유입, 유출속도이다. 또한 평균 화학반응속도 $r_{\mathrm{A,av}}$는

$$r_{\mathrm{A,av}} = r_{\mathrm{sA}} a + \frac{r_{\mathrm{A}\alpha,\mathrm{av}} V_{\alpha} + r_{\mathrm{A}\beta,\mathrm{av}} V_{\beta}}{V_{\mathrm{T}}} \tag{5.5}$$

이다. 식 (5.4)는 균일계에서의 식 (4.7)과 같은 형태이며, α상, β상을 합친 경우에는 2상계의 설계는 균일계에 준해 진행할 수 있는 것을 알 수 있다. 단, 식 (5.3)에 의해 계면의 반응속도는 계면으로의 물질유속과 균형이 맞을 필요가 있다. 또한 각 상 내의 반응도 다른 상으로부터의 물질유속에 의존할 가능성이 있다. 즉, 2상계 반응을 균일계에 준하여 진행하는 데는 계면에서의 물질유속과 반응의 관계를 식 (5.3), 식 (5.5)의 형태로 종합해둘 필요가 있다.

이번 장에서는 응용반응속도론의 대상으로서의 기상과 고상 및 기상과 액상 간의 물질 이동과 반응의 상호관계를 고찰하고, 실질적인 반응의 진행을 총괄반응으로서 다루는 방법을 설명하겠다. 단, 물질 이동이나 계면적의 크기의, 상간 흐름이나 접촉 상태에 대한 의존성에 대해서 유체역학적인 고찰에 대해 다루지는 않는다.

5.1.3 총괄적인 물질 이동 과정과 화학반응 과정

고체표면에서 화학반응이 진행되고, 필요한 반응물은 기상 측에서 공급된다고 하자. 5.1.2절의 경우 ①에 대응하는데, 그 모델이 그림 5.2와 같다. 다음에 2.3절에서 도입한 경막설 개념에 근거한 내용을 설명하겠다.

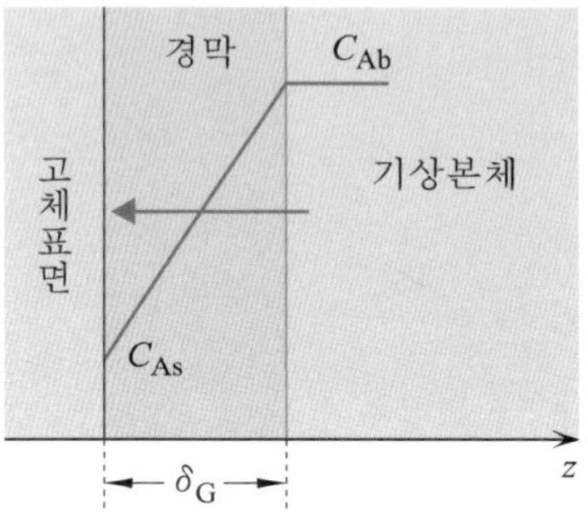

▮그림 5.2▮ 기고 계면에서의 물질 이동과 표면반응의 관계(δ_G는 경막의 두께)

기상 측에 두께 δ_G의 경막을 생각해보고, 그 안의 물질 이동에 의해 표면에 반응물이 공급된다고 하자. N_A를 단위표면적당 A의 물질유속으로 하면

$$N_A = \frac{1}{S}\frac{dn_A}{dt} = -\frac{D\Delta C_A}{\delta_G} = -\frac{D_A(C_{Ab} - C_{As})}{\delta_G} = -k_G(C_{Ab} - C_{As}) \qquad (5.6)$$

이 성립된다.[32] 즉, 물질 이동은 농도 차에 의해 추진된다. 단, A의 농도 C_A의 아래첨자 b, s는 각각 기상 본체(main body, bulk) 내 및 표면(surface) 위의 값(표면 최근접의 기상 농도이며, SI 단위는 mol m^{-3}이다)를 의미한다. S는 표면의 면적, D_A는 매체 중 물질 A의 확산계수이다. k_G는 물질 이동 계수(mass transfer coefficient)이며 유속이 농도 차에 비례했을 때의 비례정수이다. 그 SI 단위는 ms^{-1}이다.[33] 그림 5.2의 좌표 측정은 z의 증가방향으로 농도

32) 이미 2.2절에서 확산기구와 물질이동에 대한 자세히 설명했다. 성분 A의 상대농도가 작은 경우는 물질량유속으로서 근사적으로 식 (1)을 이용할 수 있다.

$$N_A = -D_{AB}\frac{dC_A}{dz} \qquad (1)$$

또한 다성분계인 경우, 확산계수를 물리량으로써 정확하게 산출하는 것은 어렵고, 일반적인 의미로 D_A [SI단위는 m^{2}s^{-1}]로 표기한다. 이번 장에서는 이러한 전제가 성립한다고 보고, 식 (5.6)을 이용한다.

33) 2.3절에서 설명했듯이 물질 이동 계수의 기호로써 k_x(몰분율기주), k_G(농도기준), k_p(분압기준)라는 아래첨자를 구분해서 사용하기도 하지만, 이번 장에서는 기본적으로는 기액 상관없이 농도추진력 기준으로 하고, 물

가 증가하고, 한편 물질 이동은 원점을 향해 일어나므로 물질 유속은 마이너스 값이 된다.

표면 위에서 반응이 A의 농도의 1차로 의존하여 진행되는 경우, 단위표면적당 A의 화학반응속도 r_{sA} 는

$$r_{sA} = -k_s C_{As} \tag{5.7}$$

로 표시된다.[34] r_{sA}와 k_s의 SI 단위는 각각 $\mathrm{mol\,m^{-2}s^{-1}}$와 $\mathrm{ms^{-1}}$이다.

정상적으로 물질 이동과 반응이 진행되어 표면에서의 축적이 없는 경우에는

$$N_A = r_{sA} \tag{5.8}$$

이다. 식 (5.8)에 식 (5.6), 식 (5.7)을 대입함으로써 표면농도 C_{As} 및 단위표면적당 반응속도를 다음과 같이 구할 수 있다.

$$C_{As} = \frac{k_G}{k_G + k_s} C_{Ab} \tag{5.9}$$

$$N_A = r_{sA} = \frac{1}{S}\frac{\mathrm{d}n_A}{\mathrm{d}t} = -\frac{1}{\dfrac{1}{k_G} + \dfrac{1}{k_s}} C_{Ab} = -k_{overall} C_{Ab} \tag{5.10}$$

이 모델에서는 미지의 표면농도 C_{As}가 식 (5.9)와 같이 구해진다. 그 결과를 이용해 물질 이동에 의해 제한되는 반응속도가 총괄반응속도 정수(overall reaction rate constant) $k_{overall}$과 기상 본체 중의 농도 C_{Ab}을 이용해서 기술할 수 있다. 총괄(overall)이란 상을 걸쳐 진행되는 반응에 관한 전체 과정을 하나의 속도식으로 정리했다는 의미이다. 여기서는 물질 이동의 효과를 통합한 반응이라는 의미가 된다. $k_{overall}$의 역수는 총괄반응저항이라고 한다. 그 값은 기상의 경막에서의 물질 이동저항 $1/k_G$와 표면반응에 의한 저항 $1/k_s$의 합으로 표시되는 것을 알 수 있다.

식 (5.10)의 S는 표면의 면적이다. a를 제2상(고체 등) 또는 다상전체의 체적당 표면적이라고 하면 $r_{sA}S = r_{sA}aV$이며, $r_{sA}a$는 제2상 또는 다상전체의 단일체적당 반응속도로 볼 수 있고, 균일계에서의 속도와 같은 차원을 가진다. 이렇게 해서 5.1.2절에서 설명한 것과 같이 물질 이동을 총괄적으로 포함함으로써 다상계의 반응을 균일계와 마찬가지로 다룰 수 있다.

질 이동 계수로써 기상 측에서는 k_G, 액상 측은 k_L을 이용한다.

34) 제5장에서 표면반응이라 할 때, 이것은 3.4절에서 설명한 총괄(적으로 본)표면반응을 의미한다. 즉, k_s에는 미시적으로 본 표면으로의 흡착, 표면에서의 반응진행, 생성물의 탈착 과정에 의한 기여가 포함된다.

5.1.4 율속과정

직렬적인 과정에서 어느 한 개의 과정의 저항[식 (5.10)의 예에서는 $1/k_G$ 또는 $1/k_s$]가 상대적으로 커서 다른 과정의 저항을 충분히 무시할 수 있는 경우에는 총괄저항 $1/k_{overall}$은 그 과정의 저항에만 의해서 기술된다. 저항이 일방적으로 크기 때문에 그 과정이 전체의 속도를 결정하게 되고, 그것을 율속과정(rate controlling porcess, rate determining process 또는 rate limiting process)이라고 한다. 이 경우 율속과정 이후의 속도과정의 기여는 무시할 수 있다고 간략화시킬 수 있다.

5.1.3절의 예에서는 물질 이동 과정, 반응 과정이 함께 1차의 농도의존성을 가진다고 가정했기 때문에 총괄저항을 각각 과정의 저항의 합으로서 구할 수 있었다. 하지만 1차 이외의 농도의존성을 보이는 속도과정이 포함되는 경우는 총괄저항은 각 과정의 저항의 직렬적인 합으로 한다고 간단히 다룰 수는 없다. 이 경우, 1차 이외의 과정을 선형화(관심 있는 농도부근에서 테일러 전개 등에 의해 1차로써의 의존성을 구해 근사)하여 다루는 경우도 있다. 또한 율속과정을 추출하여 그 과정의 속도로 전체 속도를 대표시키는 것도 이루어진다.

5.2 기고 계면에서의 물질 이동과 반응

5.2.1 기고 계면에서의 고체소비 반응

기체와 고체물질 사이에서 진행되는 반응은 일반적으로 기고반응이라고 한다. 기체만이 반응생성물로서 생기는 경우나, 동시에 다른 고체상 물질이 생성되는 경우를 생각할 수 있다. 고체탄소의 연소는 전자의 예이며, 탄소가 주변의 기상에서 공급되는 산소와 반응하여 이산화탄소를 생성시키는 기고반응이다.[35] 반응이 기고 계면에서 진행되는 점은 5.1.2절의 경우 ①에 해당하는데, 반응에 동반되는 고체의 소비를 고려해야 한다는 점이 새로운 점이다.

구형 고체탄소의 연소모델을 그림 5.3에 그렸다. 생성물 층이 형성되지 않은 미반응핵 모델[36]에 해당한다. 이 탄소연소 모델에는 반응하지 않는 고체탄소 구(미반응 핵)의 반경 r_c가

---

35) 고체탄소의 소반응으로 본 반응기구는 복잡하지만 반응의 양론관계는 $C + O_2 \rightarrow CO_2$에 따르는 경우가 많다. 또한 조건에 따라서는 CO가 주요 생성물이 되는 경우도 있다.

36) 미반응 핵 모델은 고체입자가 외부에서 공급되는 기체반응물과 반응하여 생긴 생성물이 고체입자의 미반응 부분(미반응 핵이라고 한다)을 피복한다. 이 고체 생성물의 층을 기체반응물이 확산해 가서 미반응 핵과의 계면에서 반응한다. 그 반응계면이 반응의 진행과 함께 내부를 향해 이동해간다. 이 모델은 기고반응의 해석에 넓게 이용된다.

반응 전 반경 R_P에서 점점 작아진다. 탄소구의 주변에는 기상경막이 생겨있다. 이미 제2장 예제 2.4에서 나프탈렌의 승화 해석을 했는데, 그 경우와 같이 여기서도 현상은 준정상상태 가정 하에서 진행되는 것으로 보고 해석한다.

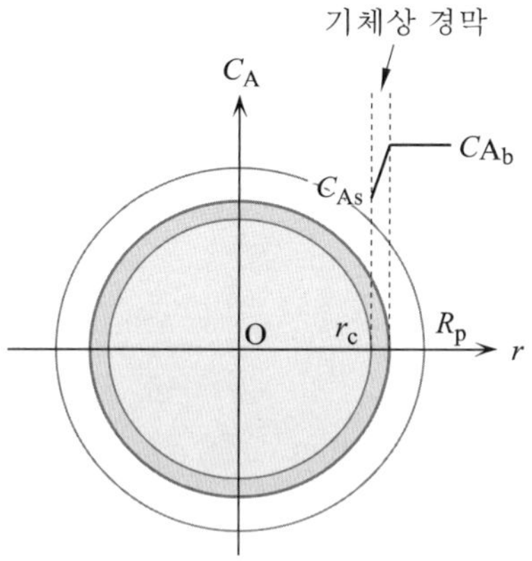

| 그림 5.3 | 구형 고체탄소의 연소모델. R_P, r_c는 반응 전 반응 중의 고체탄소구의 반경 C_{Ab}, C_{As}는 기상본체 및 탄소 표면에서의 산소 농도

반응을 식 (5.11)로 나타내보자.

$$A(g) + bB(s) \rightarrow cC(g) \tag{5.11}$$

기상경막 내의 기체성분 A(여기서는 O_2이다)의 물질유속은 식 (5.6)

$$N_A = -k_G(C_{Ab} - C_{As}) \tag{5.6}$$

으로 나타낼 수 있다. 구형입자의 주변 흐름이 충분히 늦은 경우, 예제 2.4의 식 (6)과 같이 물질 이동 계수 k_G와 입자반경 r_c 사이에는 반비례관계가 성립된다. 따라서

$$k_G = k_G{}^0 R_P / r_c \tag{5.12}$$

가 된다. $k_G{}^0$는 반응전의 입자반경 R_P에서의 물질 이동 계수이다. 산소는 고체 내부에 침입하지 않고 고체표면에서 산소의 농도에 대해 1차로 산화반응이 진행되는 것으로 한다. 단위 표면적당 속도를 r_{sA}라 하면 식 (5.7)

$$r_{sA} = -k_s C_{As} \tag{5.7}$$

이 성립된다. 준 정상상태 가정 하에서는 식 (5.6)과 식 (5.7)의 값을 같다고 보고 식 (5.10)을 도출한 것과 같이, 단위표면적당 속도는

$$r_{\mathrm{sA}} = \frac{1}{\dfrac{1}{k_{\mathrm{G}}} + \dfrac{1}{k_{\mathrm{s}}}} C_{\mathrm{Ab}} \tag{5.13}$$

이 된다.

한편 양론계수가 b인 것에 유의하여 고체 구의 체적 변화속도를 표면반응속도 r_{sA}와 관련시키면

$$\frac{\mathrm{d}}{\mathrm{d}t}\left(\frac{4}{3}\pi r_c^3 \rho_{\mathrm{molB}}\right) = 4\pi r_c^2 b r_{\mathrm{sA}} \tag{5.14}$$

이다. 단, 고체 B의 몰밀도(SI 단위는 mol m^{-3})를 σ_{molB}로 했다. 식 (5.13)과 식 (5.14)에서 다음 식을 구할 수 있다.

$$-\frac{\mathrm{d}r_c}{\mathrm{d}t} = \frac{b}{\rho_{\mathrm{molB}}} \frac{C_{\mathrm{Ab}}}{\dfrac{1}{k_{\mathrm{G}}} + \dfrac{1}{k_{\mathrm{s}}}} \tag{5.15}$$

위 식에 식 (5.12)를 대입하고 $t = 0 \rightarrow t$, $r_{\mathrm{c}} = R_{\mathrm{P}} \rightarrow r_{\mathrm{c}}$까지 적분하면

$$t = \frac{\rho_{\mathrm{molB}}}{bC_{\mathrm{Ab}}}\left[\frac{R_{\mathrm{p}}}{2k_{\mathrm{g}}^{\ 0}}\left\{1 - \left(\frac{r_c}{R_{\mathrm{p}}}\right)^2\right\} + \frac{R_{\mathrm{p}}}{k_s}\left(1 - \frac{r_c}{R_{\mathrm{p}}}\right)\right] \tag{5.16}$$

이 된다. 고체 B가 완전히 소비되는데 필요한 시간 t_{end}는 $r_{\mathrm{c}} = 0$으로서

$$t_{\mathrm{end}} = \frac{\rho_{\mathrm{molB}} R_{\mathrm{p}}}{bC_{\mathrm{Ab}}}\left(\frac{1}{2k_{\mathrm{G}}^0} + \frac{1}{k_s}\right) \tag{5.17}$$

이 된다. 또한 B의 반응률 f_{B}와 반경 r_{c} 사이에

$$1 - f_{\mathrm{B}} = (r_{\mathrm{c}}/R_{\mathrm{P}})^3 \tag{5.18}$$

의 관계가 성립된다. 이 식에 식 (5.16)에서 구한 $r_{\mathrm{C}}/R_{\mathrm{P}}$를 대입하여 반응률의 시간변화를 구할 수 있다.

예제 5.1

산소를 포함하는 유체 중에서 산소에 의한 고체탄소 구(초기반경 2.0×10^{-3}m, 몰농도 2.0×10^5 mol m^{-3})의 산화반응(하기)이 진행되고 있다.

$$C + O_2 \rightarrow CO_2 \text{ (표면반응의 속도정수를 } k_s \text{로 한다)}$$

본 조건 하에서는 $C_{O_2,b} = 4.0$ mol m^{-3}, 식 (5.17)의 $k_G{}^0 = 1.0 \times 10^{-2}$ m s^{-1}로 한다. k_s가 ① 10×10^{-2} m s^{-1}, ② 1.0×10^{-2} m s^{-1}, ③ 0.1×10^{-2} m s^{-1}의 세 가지 경우[37]에 따라 각각 완전히 탄소가 소비되는데 필요한 시간을 구해 반경의 시간변화를 그리시오. 단, 반응에 의한 산소 소비는 무시해도 좋다.

해답

식 (5.17)에 필요한 수치를 대입하며 $b=1$에 주의하여 계산한다.

① $k_s = 10 \times 10^{-2}$ m s^{-1}에 대해 $t_{end} = 6.0 \times 10^3$ s

② $k_s = 1.0 \times 10^{-2}$ m s^{-1}에 대해 $t_{end} = 1.5 \times 10^4$ s

③ $k_s = 0.1 \times 10^{-2}$ m s^{-1}에 대해 $t_{end} = 1.1 \times 10^5$ s

또한 반경의 시간변화는 식 (5.16)에 필요한 수치를 대입해서 구한다. 구해진 결과는 그림과 같다. 반응에 비해 물질 이동이 충분히 늦은 경우에는 식 (5.16)으로도 알 수 있듯이 반경은 시간에 대해 직선상으로 감소한다. ③은 이 경우에 가깝다. 한편 반응속도정수 k_s가 큰 ①의 경우에는 넓은 반경범위에서 물질 이동 율속이 된다. 이 경우에는 반경의 감소는 시간에 대해 볼록한 의존성을 나타낸다.

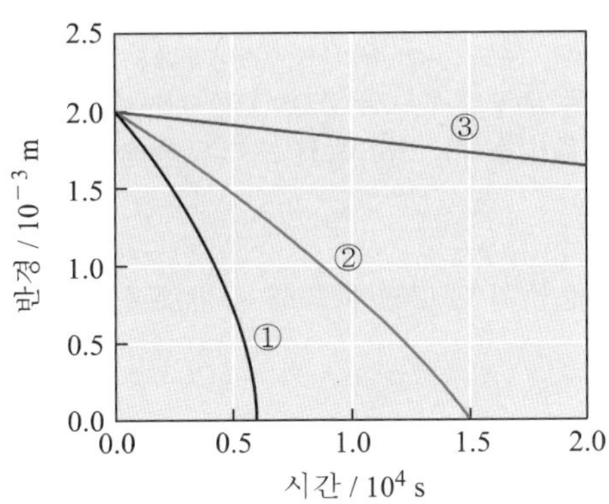

① $k_s = 10 \times 10^{-2}$ m s^{-1}, ② $k_s = 1.0 \times 10^{-2}$ m s^{-1}, ③ $k_s = 0.1 \times 10^{-2}$ m s^{-1}

| 그림 | 고체탄소 구의 산소에 의한 산화에 있어 반경의 시간변화

37) 이 수치 예는 초임계수속의 고체탄소 구의 산화반응의 해석[M. Sugiyama, M. Kataoka, H.Ohmura, H. Fujiwara, S.Koda, Ind. Eng. Chem. Research, 43, 690~699 (2004)]에 이용된 것이다.

5.2.2 세공(細孔) 내 확산과 표면반응

실용적인 고체촉매는 실리카, 알루미나처럼 다공질의 고체입자 내부의 세공표면에 활성점으로서 금속이나 금속산화물의 미립자 등을 담지시킨 구조를 가지고 있다. 반응기체는 세공 안으로 확산되어 세공 표면상의 활성점에서 반응한다. 또한 전자소자의 제조공정에 화학증착(chemical vapor deposition : CVD)법이라고 하는 박막제조공정이 있다. 이 공정에서는 기상에서 운반 되어온 화합물이 고체표면상에서의 열분해나 표면반응을 거쳐 박막이 퇴적된다. CVD법은 미세한 요철이 있는 표면으로 그 요철에 맞춰 균일한 두께의 막을 퇴적시키는 것이 목표 중 하나이다. 그림 5.4는 감압 하의 MOCVD법(유기금속화합물을 이용한 감압 하에서 하는 CVD법)에 의해 트렌치(평판에 직사각형 모양의 홈을 판 것) 안에 ZrO_2박막을 퇴적시킨 예이다.[38] 트렌치 단면형상이 그려져 있다. 각각의 그림의 하얀 점선으로 둘러싼 띠 형태의 부분이 퇴적막이다. 반응온도가 상대적으로 낮은 (a)의 경우에는 거의 균일한 두께로 퇴적막이 형성되어 있는 것을 알 수 있다.

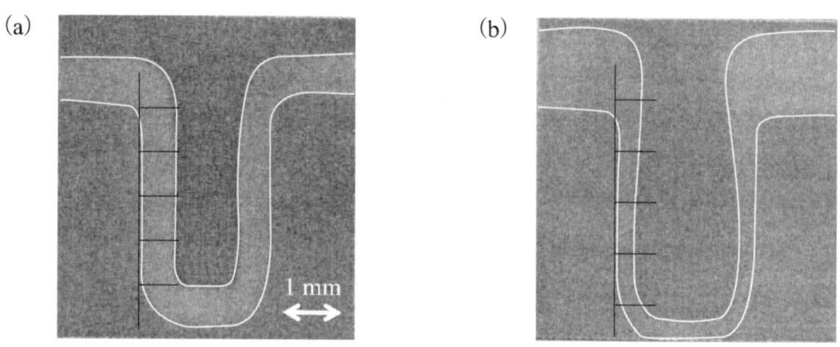

퇴적시 압력 : 1.2 kP, 온도: (a) 828 K, (b) 923 k
그림에 그린 스케일은 위부터 z/L = 0.0, 0.2, 0.4, 0.6, 0.8에 대응하는 위치를 나타낸다.
[아키야마 야스노부(秋山泰伸), 이마이시 노부유키(今石宣之), 화학공학론 문집, 18, 216 (1982)에 의한다]

| 그림 5.4 | 유기금속화합물의 CVD법에 의해 구한 트렌치 내 박막구조(ZrO_2박막 형성)

세공 내 촉매반응, CVD법 모두, 세공 안의 물질 이동과 내표면 위 반응의 경합이, 전자는 촉매가 전체로서 어느 정도 이용되는가 하는 유효성을, 후자는 막의 퇴적형상을 결정하는 데 중요한 요인이다.

38) 아키야마 야스노부(秋山泰伸), 이마이시 노부유키(今石宣之), 화학공학론문집, 18, 121~218 (1992)

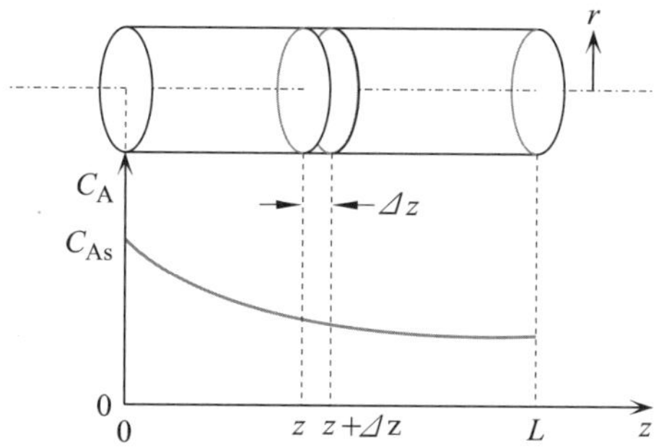

| 그림 5.5 | 원관형 세공 내 확산과 표면반응에 의한 반응종의 농도 분포

그림 5.5와 같은 원관형 구조를 가지는 세공 내 물질 이동과 표면촉매반응(또는 퇴적반응)의 경합관계를 해석하겠다. 반경 r, 깊이 L의 원관형 세공 안에서 기상 중의 화학종 A의 농도 분포는 축 방향(깊이 방향으로 좌표축 z를 취한다)에만 생기며, 반경방향의 분포는 평탄하다. 또한 세공 안에 흐름은 없고, 화학종은 확산 이동한다고 한다. 그림 5.5와 같은 좌표계에서 위치 z와 $z+\Delta z$에 끼인 면적 S의 단면을 가지는 체적 중의 반응물 A의 수지는 다음과 같아진다.

$$z\text{의 위치에서 단위시간당 들어오는 A의 물질} = N_A|_z S \tag{5.19}$$

$$z+\Delta z\text{의 위치에서 단위시간당 나가는 물질 A의 양} = N_A|_{z+\Delta z} S \tag{5.20}$$

$$\begin{gathered} z\text{와 } z+\Delta z \text{ 사이에서 반응에 의해 단위시간에} \\ \text{생성되는 물질 A의 물질} = r_A S \Delta x \end{gathered} \tag{5.21}$$

단, 식 (5.21)은 일반성을 가지므로 반응속도는 표면반응의 경우도 세공단위체적당으로 표현했다.

식 (5.19)~식 (5.21)에서 정상상태 하에서 z와 $z+\Delta z$ 사이의 체적 중 물질수지는

$$N_A|_z S + r_A S \Delta z = N_A|_{z+\Delta z} S \tag{5.22}$$

가 된다. 위 식을 변형하여 $S\Delta z$를 제거해서

$$(N_A|_{z+\Delta z} - N_A|_z)/\Delta z = r_A \tag{5.23}$$

이 된다. $\Delta z \rightarrow 0$의 극한을 취해서

$$\mathrm{d}N_{\mathrm{A}}/\mathrm{d}z = r_{\mathrm{A}} \tag{5.24}$$

가 된다. 기상에서의 반응물 A의 분율이 충분히 작을 때, 물질 유속과 농도 구배의 관계는 식 (5.6)의 각주 32)에서 설명했듯이

$$N_{\mathrm{A}} = -D_{\mathrm{A}}\mathrm{d}C_{\mathrm{A}}/\mathrm{d}z \tag{5.25}$$

으로 나타낼 수 있다. 확산계수 D_{A}를 일정하게 하고, 식 (5.24)에 대입하여 다음 식이 된다.

$$D_{\mathrm{A}}\mathrm{d}^2C_{\mathrm{A}}/\mathrm{d}z^2 = -r_{\mathrm{A}} \tag{5.26}$$

식 (5.26)을 풀어서 농도 분포를 구하는 데는 반응속도 r_{A}를 농도 C_{A}의 함수로써 나타낼 필요가 있다. 반응은 반응물 A의 1차 반응으로 속도정수가 k_1이라면,

$$\frac{\mathrm{d}^2C_{\mathrm{A}}}{\mathrm{d}z^2} = \frac{k_1}{D_{\mathrm{A}}}C_{\mathrm{A}} \tag{5.27}$$

의 관계식을 얻는다. 측벽상의 표면반응일 경우, 단위면적당 표면반응의 속도정수를 k_{s}로 하면 체적기준으로 정의하는 속도정수 k_1과 다음 관계가 있다.[39)]

$$k_1 = k_s\,\frac{\text{측벽 내 표면적}}{\text{공간체적}} = k_{\mathrm{s}}\,\frac{2\pi r\Delta z}{\pi r^2\Delta z} = \frac{2k_{\mathrm{s}}}{r} \tag{5.28}$$

표면반응인 경우 식 (5.27)은

$$\frac{\mathrm{d}^2C_{\mathrm{A}}}{\mathrm{d}z^2} - \frac{2k_{\mathrm{s}}}{D_{\mathrm{A}}r}C_{\mathrm{A}} = 0 \tag{5.29}$$

이 된다. 경계조건으로서

$$z = 0\text{에서}\quad C_{\mathrm{A}} = C_{\mathrm{As}} \tag{5.30}$$

$$z = L\text{에서}\quad \mathrm{d}C_{\mathrm{A}}/\mathrm{d}z = 0 \tag{5.31}$$

---

39) 실제 촉매반응이나 퇴적반응에서는 세공 안의 반응은 내표면 위에서 일어나는 경우가 많다. 속도를 결정하는 반응이 표면반응인지 또는 세공 안의 기상에서의 반응인지를 실험적으로 알기 위해서는, 속도정수 k_1의 세공 반경으로의 의존성을 검토하면 된다. 표면반응이라면 속도정수는 관의 반경에 반비례하여, 기상반응이면 의존하지 않는다.

이 성립된다고 하자. 식 (5.31)에서는 반응물 A는 세공의 바닥(깊이 L)까지 분포하지만, 바닥면에서는 반응하지 않기 때문에 물질 이동은 없고, 그 결과 농도 구배가 0이 되는 걸로 했다. 바닥면에서도 측벽면과 같이 표면반응이 진행되어 농도 구배가 생기는 경우는 식 (5.31) 대신

$$z = L\text{에서}\quad D_{\mathrm{A}} \mathrm{d} C_{\mathrm{A}} / \mathrm{d} z = - k_{\mathrm{s}} C_{\mathrm{A}} \tag{5.32}$$

를 이용하는 것이 타당하다.

그럼 식 (5.29)은 2계 선형미분방정식이며

$$C_{\mathrm{A}} = C_1 \exp(mz) + C_2 \exp(-mz) \tag{5.33}$$

형의 해를 가진다. 단,

$$m = \sqrt{\frac{k_1}{D_{\mathrm{A}}}} = \sqrt{\frac{2k_s}{D_{\mathrm{A}} r}} \tag{5.34}$$

이다. 경계조건 식 (5.30), 식 (5.31)을 충족시키는 해는 다음 식과 같다.

$$\frac{C_{\mathrm{A}}}{C_{\mathrm{As}}} = \frac{\exp\{m(L-z)\} + \exp\{-m(L-z)\}}{\exp(mL) + \exp(-mL)} = \frac{\cosh\{m(L-z)\}}{\cosh(mL)} \tag{5.35}$$

식 (5.35)의 값은 파라미터 mL에 의해 정리된다. 이 파라미터를 보통

$$\phi = mL = \sqrt{\frac{k_1}{D_{\mathrm{A}}}}\, L = \sqrt{\frac{2k_s}{D_{\mathrm{A}} r}}\, L \tag{5.36}$$

을 써서, 티엘수(또는 씨일레 수 : thiele modulus)라고 한다. 티엘수는 세공 내부 전체에서의 반응속도와 확산속도의 비의 하나의 척도이다. 그림 5.6에 몇 개의 ϕ에 대해 입구에서의 상대거리 z/L에서의 A의 상대농도 분포를 그렸다. 표면촉매반응의 경우에는 그 반응속도는 이 분포에 비례하여 변화하고 CVD법에서는 퇴적막의 두께가 이 분포에 비례하게 된다. 티엘수가 작으면 반응에 비해 확산이 빠르므로 세공 안쪽까지 기상 화학종이 들어가 깊이방향에 따른 농도의 변화는 작다. 고체 촉매 반응이면 깊은 위치에 있는 촉매의 활성점이 효율적으로 이용되고, 또한 CVD법이면 내부형상에 따른 일정 두께의 퇴적막이 생기게 된다.

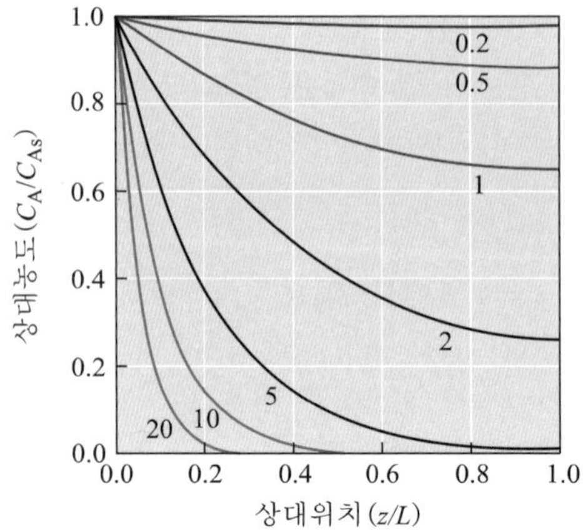

┃그림 5.6┃ 원관형 세공 내부의 상대농도(C_A/C_{As}) 분포에 대한 티엘수(ϕ)의 효과

(단, 1차 반응 $\phi = \sqrt{\frac{K_1}{D_a}}L$ 식 (5.36) 참고)

예제 5.2

그림 5.4에 그려진 트렌치 내 퇴적막의 두께를 측정해 티엘수의 대략적인 값을 구하라. 또한 두 개의 다른 온도[(a) 823 K, (b) 923 K] 하의 티엘수로 퇴적반응의 활성화 에너지의 값을 구하라. 단, 트렌치에서의 퇴적과정 해석에는 원관형 세공에서의 표면 1차 반응 해석결과(그림 5.6)를 응용할 수 있는 걸로 한다. 더욱이 퇴적반응속도의 온도 의존성은 아레니우스식에 따르고, 한편, 확산계수의 온도의존성은 Chapman－Enskog 이론식[40)]을 참고하여 $T^{3/2}$이라 한다.

해답

그림 5.4(a), (b) 각각의 사진에서 트렌치 내부의 깊이 방향에 퇴적막 두께를 측정한 결과가 표와 같다. 그림에 그린 스케일은 위에서 z/L = 0.0, 0.2, 0.4, 0.6, 0.8에 대응하는 위치로 했다.

z/L		0.0	0.2	0.4	0.6	0.8
두께 (상대치)	(a)	1.0	0.95	0.91	0.87	0.84
	(b)	1.0	0.78	0.73	0.63	0.63

1차 반응인 경우, 생성물량은 반응물 농도의 1차에 비례한다. 따라서 퇴적막의 두께는 반응물의 농도 분포에 비례한다. 표의 퇴적막 두께의 상대치가 그림 5.6의 커브와 비교함으로써

$$\phi(T = 823\text{ K}) \sim 0.6,\quad \phi(\text{T} = 923\text{ K}) \sim 1.2$$

40) "화학공학편람", 개정6판, 화학공학회편, p.109, 마루젠(丸善)(1999).

가 된다. 단, 정밀한 해석은 어려우므로 대략적인 값이다.

$k_1 = A\exp[-E_a/(RT)]$, $D_A = BT^{3/2}$로 하면

$$\phi = L\sqrt{\frac{k_1}{D_A}} = L\left(\frac{A}{B}\right)^{\frac{1}{2}} \frac{\exp[-E_a/(2RT)]}{T^{\frac{3}{4}}}$$

$L\left(\frac{A}{B}\right)^{\frac{1}{2}}$은 온도에 의존하지 않는 정수이다. T_1, T_2에서의 ϕ를 ϕ_1, ϕ_2라 하면,

$$\frac{\phi_1}{\phi_2}\left(\frac{T_1}{T_2}\right)^{\frac{3}{4}} = \exp\left[\frac{-E_a}{2R}\left(\frac{1}{T_1} - \frac{1}{T_2}\right)\right]$$

가 된다. 이 식에 T, ϕ의 각각의 값을 대입하여 $E_a = 98\ \mathrm{kJ\ mol^{-1}}$을 얻는다.[41] 고온에서 반응 속도가 커지는 결과로서 티엘수가 커지고, 그 결과 고온에서는 퇴적막의 두께는 트렌치 입구에서 바닥을 향해 크게 감소하는 분포가 된다.

5.2.3 고체 촉매 반응과 촉매 유효계수

앞 절의 내용을 고체촉매 입자의 설계까지 전개한다. 공업적인 기고 촉매반응(고체촉매를 이용한 기체 반응)은 원주, 링, 구형입자상 등으로 가공된 다공질 담체에, 활성이 있는 금속이나 금속산화물을 담지시킨 것을 이용하는 경우가 많다. 이것을 탑 안에 충진하여 고정층으로 하거나 유동층을 구성한다. 담체의 역할은 촉매활성이 있는 금속 등을 분산시켜서 큰 표면적을 부여하는 것, 그리고 구조상의 강도를 가지게 하는 것이다. 촉매입자의 형상이나 사이즈는 이후 설명할 촉매 유효계수나 장치 내에서의 압력손실을 고려하여 정해진다.

(1) 고체촉매 입자 내부의 화학종의 확산과 반응

촉매입자는 촉매활성점이 내부의 세공표면에 균일하게 분산된 반경 R_p의 다공질 구로 한다. 다공질 구 안을 기체원료가 확산하면서 반응한다. 5.1.2절의 경우 ②에 분류된다.[42]

---

41) 예제 5.2에는 5.2.2절 각주 문헌에 있는 실험결과의 사진을 채용했다. 해당문헌에서는 실험결과를 몬테카를로법(반응물 분자의 기상중의 운동과 표면으로의 충돌의 다수의 궤적을 기체분자운동론에 따라 추적한다)에 의해 해석한다. 그 결과 900 K 이하에서 188 kJ mol^{-1}, 900 K 이상에서는 38 kJ mol^{-1}이라는 활성화에너지를 얻고 있다. 예제 5.2의 간이해석법에서는 두 개의 중간적인 값을 얻었다.

42) 다공질의 촉매입자는 고체부분과 세공으로 이루어져있다. 세공 내 확산은 미시적으로 보면 세공의 경이나 기체 압력에 의존하여 분산확산, 크누센 확산, 표면확산 등의 기구에 따라 진행된다. 본 단원에서는 이러한 확산과정 기구의 자세한 내용은 다루지 않고, 주목한 화학종이 거시적으로는 균일하다고 볼 수 있는 다공질구 안을 실용적으로 유효확산계수 D_{eA}(SI 단위는 m^{2}s^{-1})로 확산되는 것으로 한다.

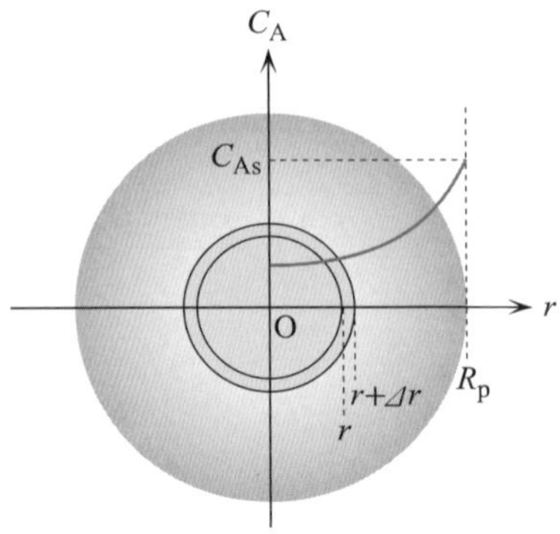

그림 5.7 다공질 고체입자 중의 반응물 농도 분포

그림 5.7에 구형 다공질 촉매입자 내 반응물 A의 농도 분포를 그렸다. 반응이 정상적으로 진행되는 경우의 두께 Δr의 구에서의 물질수지를 생각해 보자. 구의 중심으로 부터의 거리 r의 구의 단위표면적 당 물질유속을 N_A로 하면, 구에서의 물질 수지는

$$(4\pi r^2 N_A)|_r - (4\pi r^2 N_A)|_{r+\Delta r} + 4\pi r^2 \Delta r \rho_P r_{mA} = 0 \tag{5.37}$$

이 된다. 단, ρ_P는 다공질입자의 밀도, r_{mA}는 입자 질량당 A의 반응속도(SI 단위는 mol kg^{-1}s^{-1}) 이다. 간단히 하기 위해 반응은 A의 1차 반응 $r_{mA} = -k_1 C_A$, k_{m1}의 SI 단위는 m^{3}kg^{-1}s^{-1}) 로 하고, 위 식을 다시 쓰면 다음과 같아진다.

$$\left(\frac{(r^2 N_A)|_{r+\Delta r} - (r^2 N_A)|_r}{\Delta Er}\right) + k_{m1} C_A \rho_p r^2 = 0 \tag{5.38}$$

좌변제 1항은 $\Delta r \to 0$의 극한을 구하면 $r^2 N_A$의 r에 관한 미분이 된다. 더욱이,

$$N_A = -D_{eA}\frac{\mathrm{d}C_A}{\mathrm{d}r} \tag{5.39}$$

의 관계식을 대입하여 다음의 미분방정식을 얻는다. 단, D_{eA}는 유효확산계수(각주 42 참고) 이다.

$$\frac{D_{eA}}{r^2}\frac{\mathrm{d}}{\mathrm{d}r}\left(r^2\frac{\mathrm{d}C_A}{\mathrm{d}r}\right) - k_{m1}\rho_p C_A = 0 \tag{5.40}$$

경계조건은

$$r = R_P \text{에서} \qquad C_A = C_{As} \tag{5.41}$$

$$r = 0\text{에서} \qquad dC_A/dr = 0 \tag{5.42}$$

이다. 새롭게 다음 식으로 정의한 r의 함수

$$\theta(r) = C_A r \tag{5.43}$$

을 도입하여, 식 (5.40)을 고치면

$$\frac{d^2\theta}{dr^2} - \frac{k_{m1}\rho_P}{D_{eA}}\theta = 0 \tag{5.44}$$

의 2계 선형미분방정식이 된다. 일반해는

$$\theta = C_1 \exp\left(\sqrt{\frac{k_{m1}\rho_p}{D_{eA}}}\, r\right) + C_2 \exp\left(-\sqrt{\frac{k_{m1}\rho_p}{D_{eA}}}\, r\right) \tag{5.45}$$

이다. 경계조건을 이용해 미정정수를 결정하고, 식 (5.45)에 대입함으로써

$$\theta(r) = C_A r = C_{As} R_p \frac{\exp\left(\sqrt{\frac{k_{m1}\rho_p}{D_{eA}}}\, r\right) - \exp\left(-\sqrt{\frac{k_{m1}\rho_p}{D_{eA}}}\, r\right)}{\exp\left(\sqrt{\frac{k_{m1}\rho_p}{D_{eA}}}\, R_p\right) - \exp\left(-\sqrt{\frac{k_{m1}\rho_p}{D_{eA}}}\, R_p\right)} \tag{5.46}$$

이 된다. 더욱이 중심으로부터의 무차원거리 ξ와 무차원수 ϕ를

$$\frac{r}{R_p} = \xi \tag{5.47}$$

$$\phi = \frac{R_p}{3}\sqrt{\frac{k_{m1}\rho_p}{D_{eA}}} \tag{5.48}$$

으로 정의하고 이것들을 이용해 다시 쓰면 상대농도 분포로서

$$0 < \xi \le 1\text{에서} \quad \frac{C_A}{C_{As}} = \frac{\exp(3\phi\xi) - \exp(-3\phi\xi)}{\xi(\exp(3\phi) - \exp(-3\phi))} = \frac{\sinh(3\phi\xi)}{\xi\sinh(3\phi)} \tag{5.49}$$

$$\xi = 0\text{에서} \quad \frac{C_A}{C_{As}} = \frac{6\phi}{\exp(3\phi) - \exp(-3\phi)} = \frac{3\phi}{\sinh(3\phi)} \tag{5.50}$$

이 된다.[43] 식 (5.48)로 정의한 무차원수는 티엘(또는 씨일레)수로, 변형 티엘(또는 씨일레)수라고 불리는 경우도 있다.

상대농도 분포를 그림 5.8에 나타냈다. 정성적 경향은 그림 5.6과 같은 원관형 세공 내 표면 1차 반응의 경우와 같고, 농도는 중심 또는 깊이 방면으로 점점감소하고 파라미터로서의 티엘수[식 (5.48)또는 식 (5.36)]에 대해 유사 의존성을 보인다.

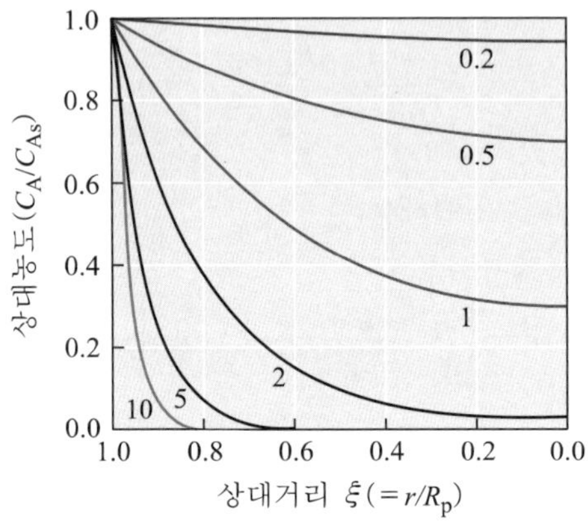

| 그림 5.8 | 구형 촉매입자 내부의 상대농도 분포(C_A/C_{As})에 대한 티엘수(ϕ)의 효과

단, 1차 반응 $\phi=\frac{R_P}{3}\sqrt{\frac{k_m\rho_P}{D_{eA}}}$ (식 (5.48) 참고)

(2) 촉매 유효계수

구형다공질촉매입자 전체로서의 반응속도 R_{AT}(SI 단위는 mol s^{-1})는

$$R_{AT}=4\pi R_p^2(N_A)_{r=Rp}=4\pi R_p^2 D_{eA}\left(-\frac{dC_A}{dr}\right)_{r=Rp} \tag{5.51}$$

이다. 단, 반응속도는 반응물 A의 감소속도(마이너스)로 나타낸다. 한편, 입자 내부에서의 확산이 반응에 비해 빠른 경우의 1차 반응의 속도를 $R_{AT,ideal}$이라고 표기하면, 이것은 입자 내부 전부에서 위치에 상관없이 표면농도 C_{As}와 같은 농도의 A가 반응한다고 근사할 수 있으므로

$$R_{AT,ideal}=-\frac{4}{3}\pi R_p^3\rho_p^3 k_{m1}C_{As} \tag{5.52}$$

---

43) $\sinh x=(e^x-e^{-x})/2$는 쌍곡선정현함수. 식 (5.49)는 $\xi=0$(즉, $r=0$)으로 값이 부정이 된다. 분자, 분모의 ξ에 의한 미분을 해서 $\xi=0$에서의 상대농도를 식 (5.50)과 같이 구했다.

이 된다. 식 (5.51)의 식 (5.52)에 대한 비 η

$$\eta = \frac{R_{\mathrm{AT}}}{R_{\mathrm{AT,ideal}}} = \frac{4\pi R_{\mathrm{p}}^{2} D_{\mathrm{eA}} (-\mathrm{d}C_{\mathrm{A}}/\mathrm{d}r)_{r=R\mathrm{p}}}{\frac{4}{3}\pi R_{\mathrm{p}}^{3} \rho_{\mathrm{p}} k_{\mathrm{m1}} C_{\mathrm{As}}} \tag{5.53}$$

는 촉매입자가 전체로서 어느 정도 유효하게 이용되는지를 나타내는 척도라고 볼 수 있다. 이것을 촉매 유효계수(effectiveness factor)라고 한다. 식 (5.49), 식 (5.53)을 이용해 η를 구하면 다음 식이 된다(단원 마지막의 문제 5.2를 참고하라).

$$\eta = \frac{1}{\phi}\left(\frac{\exp(3\phi)+\exp(-3\phi)}{\exp(3\phi)-\exp(-3\phi)} - \frac{1}{3\phi}\right) = \frac{1}{\phi}\left(\frac{1}{\tanh(3\phi)} - \frac{1}{3\phi}\right) \tag{5.54}$$

또한 5.2.2절의 원관형 세공 내의 표면반응에 대해서도 세공 내부의 전체 측벽 내 표면이 어느 정도 유효하게 이용되는지를 나타내는 척도로서, 마찬가지로 촉매 유효계수를 정의할 수 있다.

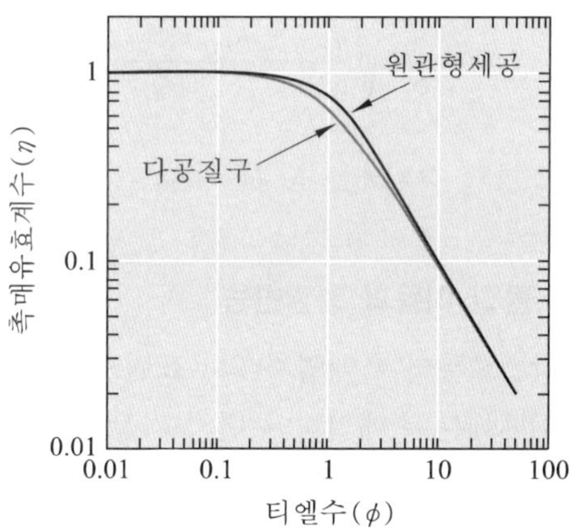

| 그림 5.9 | 원관형 세공과 다공질 구의 1차 반응의 촉매 유효계수(η)의 티엘수(ϕ) 의존성
촉매 유효계수는 티엘수에 따라

그림 5.9에 다공질 고체촉매입자와 원관형 세공 내 측면반응의 경우에 대해서 1차 반응의 촉매 유효계수 η의 티엘수 ϕ로의 의존성을 그렸다. 이 그림에 근거하여 다음의 결론이 된다.

- 확산속도가 반응속도에 비해 상대적으로 빠른 경우, 티엘수는 작아지고 촉매 유효계수는 1에 점점 가까워진다.
- 확산속도가 상대적으로 늦은 경우, 티엘수는 커지며 촉매 유효계수는 작아진다. 이것은

촉매 내부의 농도가 표면농도보다 낮아지면서 촉매전체가 유효한 반응으로 기여하지 않게 되기 때문이다.

$$\phi < 0.1 \text{에서 } \eta \approx 1 \ : \text{반응율속} \tag{5.55}$$

$$\phi > 5 \text{에서 } \eta \approx \frac{1}{\phi} \ : \text{확산율속} \tag{5.56}$$

과 근사된다. 식 (5.48)로 알 수 있듯이 반응속도정수와 확산정수의 비가 같은 촉매입자라도 촉매입자의 반경 R_{P}가 커지면 티엘수는 커지며, 그 결과로써 촉매 유효계수는 작아진다. 티엘수를 파라미터로 이용하면 목적에 따른 촉매입자설계가 가능해진다.

또한 일반적인 형상(체적 V_{P}와 표면적 S_{P}를 가짐)의 촉매입자에서 n차 반응

$$r_{\mathrm{mA}} = -k_{\mathrm{m}\,n} C_{\mathrm{A}}^{n} \tag{5.57}$$

의 경우에 대해서는 티엘수를

$$\phi = \frac{V_{\mathrm{p}}}{S_{\mathrm{p}}} \sqrt{\frac{n+1}{2} \frac{k_{\mathrm{mn}} \rho_{\mathrm{p}} C_{\mathrm{As}}^{n-1}}{D_{\mathrm{eA}}}} \tag{5.58}$$

이라 정의하면 촉매 유효계수로서 근사적으로 식 (5.54)를 이용할 수 있다.[44)]

(3) 고체촉매 입자 주변의 물질 이동과 총괄반응

촉매입자 외부의 주변 기상으로부터 촉매입자 외부표면으로의 물질 이동이 저항으로서 무시할 수 없는 경우가 있다. 이때에는 촉매입자 주변의 기상경막의 저항과 촉매입자의 반응저항을 직렬적인 결합으로 다루면 된다. 즉, 기상 본체로 부터의 물질 이동과 입자전체 반응의 물질수지에서 기상 본체 중 화학종 A의 농도를 C_{AGb}로서

$$R_{\mathrm{AT}} = -\eta \times \left(\frac{4}{3} \pi R_{\mathrm{p}}^{3} \rho_{\mathrm{p}} k_{\mathrm{m1}} C_{\mathrm{As}} \right) = -4\pi R_{\mathrm{p}}^{2} k_{\mathrm{G}} (C_{\mathrm{AGb}} - C_{\mathrm{As}}) \tag{5.59}$$

의 관계가 성립한다. 위 식에서 촉매입자외부표면의 농도 C_{As}를 구해 정리하면

44) "화학공학편람", 개정 6판, 화학공학회편, p.999, 마루젠(丸善) (1999).

$$R_{\mathrm{AT}} = \frac{-\dfrac{4}{3}\pi R_{\mathrm{p}}^{3} k_{\mathrm{G}}\, \eta\, k_{\mathrm{m1}}\rho_{\mathrm{p}}}{k_{\mathrm{G}} + \dfrac{R_{\mathrm{p}}}{3}\eta\, k_{\mathrm{m1}}\rho_{\mathrm{p}}} C_{\mathrm{AGb}} \tag{5.60}$$

예제 5.3

A → R의 1차 기고 촉매반응이 있다. 촉매입자를 충분히 분쇄하여 측정한 촉매 단위질량당 반응속도가, 어떤 A의 농도에 있어 1.0×10^{-4} mol s^{-1} / kg −촉매인 고체촉매를 이용한다. 그 촉매를 성형하여 반경 0.5 cm 구형으로 한 촉매입자를 이용해 실험하자. 위에서 설명한 A의 농도하에서 실현한 반응속도는 1.5×10^{-5} mol s^{-1} / kg −촉매였다. 단, 그 실험조건하에서 촉매입자와 주변 기상과의 물질 이동은 충분히 빠르다고 해도 좋다.

1) 이 구형 고체촉매 입자의 촉매 유효계수와 티엘수를 구하라.
2) 같은 고체촉매를 이용해 4.0×10^{-5} mol s^{-1} / kg −촉매의 반응속도를 실현하고 싶다. 촉매입자의 반경을 얼마로 하면 되는가?

해답

1) 촉매입자를 충분히 작게 분쇄하면 입자 내 확산은 충분히 빠르고, 진정한 반응속도를 측정할 수 있다. 촉매 유효계수 η은

$$\eta = \frac{\text{질량당 실현한 반응속도}}{\text{질량당 진정한 반응속도}} = \frac{1.5\times10^{-5}\mathrm{mol\,s^{-1}/kg-촉매}}{1.0\times10^{-4}\mathrm{mol\,s^{-1}/kg-촉매)}} = 0.15$$

이다. 식 (5.56)을 이용해서 티엘수의 근사치는 $\phi = 1/\eta = 1/0.15 \approx 6.7$이다. 또는 그림 5.9에 의해 근사치를 구하면 된다. 이 값의 근처에서 식 (5.54)를 이용해 시행착오계산을 함으로써 보다 정확한 값으로써 $\phi = 6.3$을 얻는다.

2) 1)과 같이

$$\eta = \frac{4.0\times10^{-5}\ \mathrm{mol\,s^{-1}/kg-촉매}}{1.0\times10^{-4}\ \mathrm{mol\,s^{-1}/kg-촉매}} = 0.4$$

마찬가지로 시행착오에 의해 $\phi = 2.1$을 얻는다. 위 두 개의 문제에서

$$\frac{\phi_1}{\phi_2} = \frac{\dfrac{R_{\mathrm{p1}}}{3}\sqrt{\dfrac{k_{\mathrm{m1}}\rho_{\mathrm{p}}}{D_{\mathrm{eA}}}}}{\dfrac{R_{\mathrm{p2}}}{3}\sqrt{\dfrac{k_{\mathrm{m1}}\rho_{\mathrm{p}}}{D_{\mathrm{eA}}}}} = \frac{R_{\mathrm{p1}}}{R_{\mathrm{p2}}} = \frac{6.3}{2.1} = 3.0$$

의 관계가 성립한다. 따라서 $R_{\mathrm{P2}} = 0.5 / 3.0 = 0.17$ cm를 얻는다. 입자반경이 작아지면 촉매

내부까지 유효하게 작용하는 것을 알 수 있다.
이 된다. k_G의 값은 촉매입자 주변의 흐름 상황으로 산정할 수 있다(2.10.3절을 참고하라).

5.3 기액 계면에서의 물질 이동과 반응

5.3.1 기액 계면에서의 물질 이동 과정과 반응 과정

기상 중의 A성분이 액상에 흡수되어 빠르게 반응하면, A성분의 기상으로부터의 흡수 속도는 반응이 진행하지 않는 경우에 비해 커진다고 예상된다. 반응이 있는 경우의 흡수를 반응 흡수(chemical absorption, absorption with chemical reaction)라고 하며, 그에 비해 반응을 동반하지 않는 흡수를 물리 흡수(physical absorption)라고 한다. 반응 흡수의 해석은 기액 2상을 포함하는 반응기나 기상 성분의 액상에 의한 분리 공정의 이해와 설계에 불가결하다. 기액 계면 등의 2상간의 물질 이동현상은 이미 2.4절에서 이중 경막설을 통해 해설했다. 이번 절에서는 더욱 반응이 관계되는 경우에 대해 이중 경막설을 이용해 해석을 진행하겠다.

물질 이동과 반응 속도의 상대적인 크기에 대응하여 다음과 같은 모델을 생각할 수 있다.

① 성분끼리 만나면 즉시 반응하는 순간 반응모델
② 반응이 액상 경막 내에서 물질 이동과 평행하여 진행되는 액상 경막 내 반응모델
③ 반응이 상대적으로 느리고 경막 내에서는 반응은 실질적으로 진행하지 않고 액상 본체에서 진행되는 액상 본체 반응 모델

다음 절에서 이들 모델에 대응하여 기액흡수와 액상반응에 관한 물질 이동 과정을 다루겠다.

5.3.2 순간반응모델

기상측 성분 A가 액상 측으로 녹아, 액상측 성분 B와의 사이에서

$$A + bB \rightarrow P \tag{5.61}$$

으로 반응한다고 하자. 그 반응속도가 크고 순간반응으로 근사할 수 있는 경우, 경막 내 각성분의 농도 분포는 그림 5.10과 같다. 기액 계면에서 액상 경막 내를 확산 이동해온 성분 A가 액상 본체로부터 기액 계면을 향해 확산 이동해온 성분 B와 만나면 순간적으로 반응하여 각각 농도가 0이 된다. 성분 A의 기액 계면농도를 C_{ALi}, 성분 B의 본체농도를 C_{BLb}, 기액 계

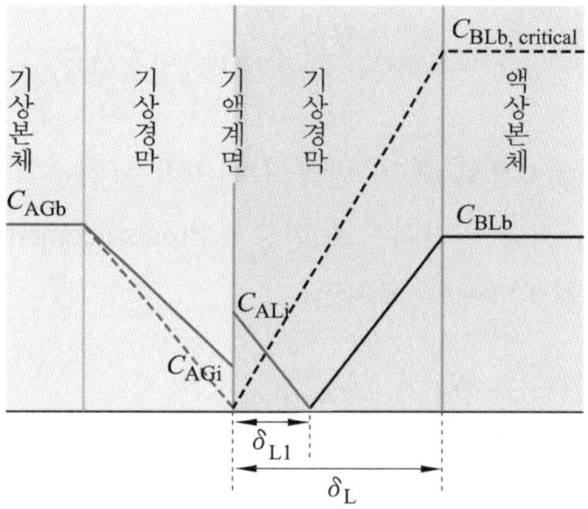

회색선은 A의 기상 및 액상에서의 농도, 검은선은 B의 액상에서의 농도. 실선은 액상 경막 중에 반응면이 있을 때의 농도 분포일 때, 점선은 반응면이 기액 계면에 형성될 때의 농도 분포. δ_L은 액상 경막의 두께. δ_{L1}은 기액 계면과 반응면의 거리. 모두 b=1, $D_A = D_B$를 가정으로 그렸다.

▎그림 5.10▎ 순간반응모델의 성분 A, B의 농도 분포

면에서 성분 B의 농도가 일정해지는 영역까지의 거리, 즉 액상 경막 전체 두께를 δ_L, 기액 계면에서 성분 A, B의 농도가 0이 되는 위치까지의 거리를 δ_{L1}로 한다. 계면에서 액상을 향하는 방향을 양수로 하면

$$N_A = D_A(C_{ALi} - 0)/\delta_{Li} \tag{5.62}$$

$$N_B = -D_B(C_{BLb} - 0)/(\delta_L - \delta_{L1}) \tag{5.63}$$

이 성립한다. 성분 A와 성분 B의 반응의 양론계수에서 $bN_a \equiv N_B$이다.

식 (5.62), 식 (5.63)에서 δ_{L1}을 소거하면 다음 식과 같아진다.

$$N_A = \frac{D_A C_{ALi} + \dfrac{D_B}{b} C_{BLb}}{\delta_L} = \left(1 + \frac{D_B C_{BLb}}{b D_A C_{ALi}}\right) \frac{D_A}{\delta_L} C_{ALi} \tag{5.64}$$

또한 A, B의 농도가 0이 되기까지의 상대거리는 다음 식과 같다.

$$\frac{\delta_{L1}}{\delta_L} = \frac{1}{1 + \dfrac{D_B}{bD_A} \dfrac{C_{BLb}}{C_{ALi}}} \tag{5.65}$$

그럼 반응의 기여가 없을 때의 흡수, 즉 물리 흡수는

$$N_{\mathrm{A,phys}} = \frac{D_{\mathrm{A}}}{\delta_{\mathrm{L}}} C_{\mathrm{ALi}} = k_{\mathrm{L}} C_{\mathrm{ALi}} \tag{5.66}$$

이다. 단, 액상 본체의 $C_{\mathrm{A}} = 0$으로 했다. 반응이 관여하는 경우의 질량 유속이 물리 흡수의 질량 유속의 몇 배가 되는 지를 일반적으로 반응계수(enhancement factor)라고 하며, β라는 기호로 나타낸다. 거기서 식 (5.64)를 고치면

$$N_{\mathrm{A}} = \beta N_{\mathrm{A,phys}} = \beta k_{\mathrm{L}} C_{\mathrm{ALi}} \tag{5.67}$$

이며

$$\beta = 1 + \frac{D_{\mathrm{B}} C_{\mathrm{BLb}}}{b D_{\mathrm{A}} C_{\mathrm{ALi}}} \tag{5.68}$$

이다. 위 식의 반응계수 β는 성분 B의 농도가 높을수록 커진다. 하지만 B의 농도를 키워 가면 식 (5.68)로도 예상할 수 있듯이, 순간반응에 의해 A, B의 농도가 0이 되는 위치는 기액 계면에 접근한다. 반응속도의 상한은 기상측으로부터의 A의 물질 이동에 의해 결정되고, 그 때 $C_{\mathrm{ALi}} = 0$이 되며 총괄 질량 유속이 최대가 된다. 즉,

$$N_{\mathrm{A}} = k_{\mathrm{G}} C_{\mathrm{AGb}} = D_{\mathrm{B}} C_{\mathrm{BLb,critical}} / (b\delta_{\mathrm{L}}) \tag{5.69}$$

이다. 단, $C_{\mathrm{BLb,critical}}$은 $C_{\mathrm{ALi}} = 0$이 되는 B의 농도이다. 이 값은 식 (5.69)에서

$$C_{\mathrm{BLb,critical}} = \frac{b D_{\mathrm{A}} k_{\mathrm{G}}}{D_{\mathrm{B}} k_{\mathrm{L}}} C_{\mathrm{AGb}} \tag{5.70}$$

이 된다. 이때의 농도 분포는 그림 5.10에 점선으로 표시되어 있다.

5.3.3 액상 경막 내 반응모델

액상 경막 내에서 반응이 일어나는 경우 기상 본체에서 액상본체로 도달하는 성분 A의 개념적인 농도 분포를 그림 5.11에 나타냈다. 기상에서 성분 A가 계면을 통해 액상측의 경막에 들어가고 여기서 A는 액상 본체를 향해 이동해 가면서 반응한다. 반응이 상대적으로 빠른 경우는 액상 경막 바깥 가장자리에서 성분 A의 농도는 0이 된다.

액상 경막 내의 z와 $z+\Delta z$ 사이에서 면적 S의 단면을 통해 A의 물질수지는 5.2.2절의 그림 5.5에 의한 것과 형식적으로 같고, 기초방정식으로서

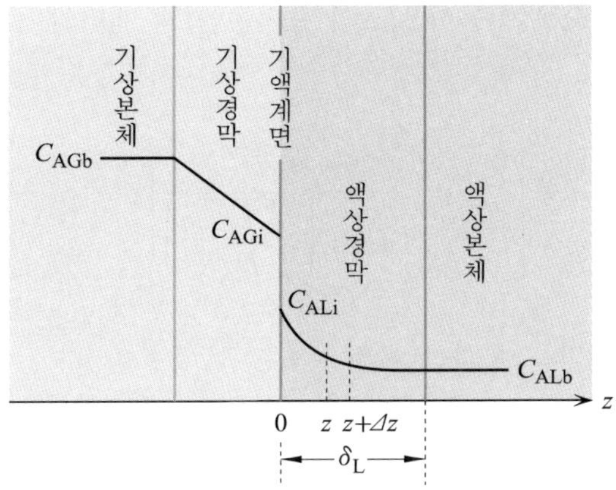

▌그림 5.11▐ 액상 경막 내 반응모델의 농도 분포, δ_L은 액상 경막의 두께

$$D_A d^2 C_A / dz^2 = -r_A \tag{5.26}$$

이 된다.

액상 경막 내 반응이 A에 대해서 1차 반응 또는 준 1차 반응($r_A = -k_1 C_A$)일 때,

$$d^2 C_A / dz^2 = (k_1 / D_A) C_A \tag{5.27}$$

이다. 식 (5.27)은 2계 선형미분방정식이며, 그 일반해는 C_1, C_2를 임의상수로서

$$C_A = C_1 \exp(\sqrt{k_1/D_A}\, z) + C_2 \exp(-\sqrt{k_1/D_A}\, z) \tag{5.71}$$

이다. 경계조건

$$z = 0 \text{에서}, \ C_A = C_{ALi} \tag{5.72}$$

$$z = \delta_L \text{에서} \ C_A = C_{ALb} \tag{5.73}$$

을 이용해 C_1, C_2를 구해 식 (5.71)에 대입하여 정리하면 경막 내의 A의 농도 분포는

$$C_A = \frac{C_{ALb} \sinh\left(\sqrt{\frac{k_1}{D_A}}\, z\right) + C_{ALi} \sinh\left(\sqrt{\frac{k_1}{D_A}}\, (\delta_L - z)\right)}{\sinh\left(\sqrt{\frac{k_1}{D_A}}\, \delta_L\right)} \tag{5.74}$$

이 된다.[45)]

기액 계면을 통해 액상으로 이동하는 A의 유속은 기액 계면의 구배에 확산계수를 곱하면 구할 수 있다. 즉,

$$N_A|_{Li} = -D_A \frac{dC_A}{dz}\Bigg|_{z=0} = \frac{\sqrt{k_1 D_A}}{\tanh\left(\sqrt{\frac{k_1}{D_A}}\,\delta_L\right)}\left(C_{ALi} - \frac{C_{ALb}}{\cosh\left(\sqrt{\frac{k_1}{D_A}}\,\delta_L\right)}\right) \tag{5.75}$$

물리 흡수에서 액상 경막을 통과한 물질유속은

$$N_{A,phys} = (D_A/\delta_L)(C_{ALi} - C_{ALb}) = k_L(C_{ALi} - C_{ALb}) \tag{5.76}$$

이다. 반응계수 β를 이용해서 식 (5.75)를 고치면

$$N_A|_{Li} = -D_A \frac{dC_A}{dz}\Big|_{z=0} = \beta k_L (C_{ALi} - C_{ALb}) \tag{5.77}$$

이다. 여기에

$$\beta = \gamma \frac{1 - \dfrac{C_{ALb}/C_{ALi}}{\cosh\gamma}}{(1 - C_{ALb}/C_{ALi})\tanh\gamma} \tag{5.78}$$

이다. 식 (5.78)의 γ은 하타수(Hatta number)라고 하는 무차원수이며,

$$\gamma = \sqrt{\frac{k_1}{D_A}}\,\delta_L \tag{5.79}$$

으로 나타낸다. 경막 내 전체에서의 반응속도와 확산속도의 비의 척도이다.

한편, 정상상태 하의 액상본체에서의 A의 농도 C_{ALb}는 경막 바깥 가장자리를 지나 액상 본체로 이동하는 A의 유속

$$N_A|_{\delta_L} = -D_A \frac{dC_A}{dz}\Bigg|_{z=\delta_L} = \frac{\sqrt{k_1 D_A}}{\sinh\left(\sqrt{\frac{k_1}{D_A}}\,\delta_L\right)}\left(C_{ALi} - \cosh\left(\sqrt{\frac{k_1}{D_A}}\,\delta_L\right)C_{ALb}\right) \tag{5.80}$$

45) $\sinh x = \dfrac{e^x - e^{-x}}{2}$, $\cosh x = \dfrac{e^x + e^{-x}}{2}$, $\tanh x = \dfrac{e^x - e^{-x}}{e^x + e^{-x}}$는 각각 쌍곡선정현함수, 쌍곡선여현함수, 쌍극선 정접함수이다.

이, 액상본체 중의 기액단위계면적당의 반응속도와 같은 것으로서 물질수지의 관계

$$N_A|_{\delta_L} = k_1 C_{ALb}(v_L - \delta_L) \tag{5.81}$$

으로 구할 수 있다. 단, v_L은 기액단위계면적당 액체적(SI 단위는 m^3 / m^2)이다.

일반적으로 반응계수 β는 식 (5.78)과 같이 액상본체 중의 A의 농도의 함수가 된다. 이 때문에 실제 계산에 있어서는 어려움도 있다. 이 점에 관해서는 칼럼 "액상 경막 내 반응모델에서의 반응계수별 표현"도 참고하기를 바란다. 하지만 반응이 상대적으로 빠르고,

$$C_{ALb} = 0 \tag{5.82}$$

가 성립하는 경우에는

$$\beta = \gamma / \tanh \gamma \tag{5.83}$$

$$N_a = \beta k_L C_{ALi} \tag{5.84}$$

가 된다. 이때,

$$\gamma \to 0\text{에서 } \beta \to 1, \ \gamma \to \text{대(大)에서 } \beta \to \gamma$$

의 점점 가까워지는 관계이다. 따라서 식 (5.82)가 성립하고 또한 γ가 큰 반응에서는 식 (5.77)에 각 관계식을 대입함으로써 다음과 같은 관계가 된다.

$$N_A = \sqrt{k_1 D_A}\, C_{ALi} \tag{5.85}$$

의 경우, 반응 흡수 속도는 액상 경막 두께에 의존하지 않는다는 것을 알 수 있다.

5.3.4 액상본체 반응 모델

반응속도가 충분히 느리고, 액상 경막 내에서의 반응 진행을 무시할 수 있는 경우 반응은 실질적으로 액상본체에서 진행된다. A성분의 농도는 액상 경막 바깥 가장자리에서 액상본체 중의 농도와 같아진다. 액상 경막의 농도는 직선적인 분포가 되며 물질유속은 액상본체에서의 반응속도에 부응하게 된다. 즉,

$$N_A a = k_L (C_{ALi} - C_{ALb}) a = -r_A \tag{5.86}$$

단, a는 액상단위체적당 경계면적이다. 또한 액상 경막의 액상 본체에 대한 체적비율은 충분히 작다고 보고 간단히 했다.

5.3.5 기액 계면에서의 총괄물질 이동

기상, 액상의 물질 이동이 직렬 과정인 경우

$$N_A = k_G(C_{AGb} - C_{AGi}) = \beta k_L(C_{Li} - C_{ALb}) \tag{5.87}$$

이 성립한다. 한편 기액 계면에서의 헨리의 평형이 성립한다고 가정하면 2.6절 식 (2.33)과 같은 관계

$$C_{AGi} = m C_{ALi} \tag{5.88}$$

이 성립한다.[46] 이 관계를 이용해서 식 (5.87)을 정리하면 총괄 물질유속으로서 식 (2.36)과 같은 관계식

$$N_A = K_G(C_{AGb} - m C_{ALb}) \tag{5.89}$$

가 된다. 단,

$$\frac{1}{K_G} = \frac{1}{k_G} + \frac{m}{\beta k_L} \tag{5.90}$$

이다. 또한 mC_{ALb}는 액상본체의 농도에 대해 기액평형이 성립하고 있다고 가정했을 때 기상에서 A의 농도이다. K_G는 (농도 추진력에 의한다) 기상 기준 총괄물질 이동 계수라고 한다. 그 SI 단위는 $\mathrm{m\,s^{-1}}$이다.

식 (5.90)의 반응계수 β는 순간반응모델에서는 식 (5.68), 액상 경막 내 반응모델에서는 식 (5.78)을 이용한다. 단, 후자의 경우는 $C_{ALb} = 0$의 경우 총괄 물질유속은

$$N_A = K_G C_{AGb} \tag{5.91}$$

이며, 식 (5.90)의 β는 식 (5.83)을 보면 된다. 반응이 충분히 빠르고 $\beta \simeq \gamma \to \infty$가 성립하는 경우

---

46) 식 (2.33)의 $m_{(2.33)}$과 식 (5.88)의 $m_{(5.88)}$은 C_G, C_L을 각각 기상(제1상), 액상(제2상)의 전체 농도로서

$$m_{(5.88)} = (C_G/C_L)\, m_{(2.33)}$$

이다. 또한 헨리의 법칙을 $p_A = H_C C_A$, $p_A = H_x x_A$로 쓸 때의 정수란

$$m_{(5.88)} = H_C/(RT) = H_x/(C_L RT)$$

의 관계에 있다. 단, p_A는 기상에서의 A의 분압, C_A, x_A는 각각 액상에서의 A의 농도와 몰분율이다. 또한 기액평형의 자세한 내용은 6.1절을 참고하기를 바란다.

$$N_A = k_G C_{AGb} \tag{5.92}$$

가 된다.

액상 경막 내 반응모델의 반응계수의 다른 표현

기액 물질 이동에서 반응에 의한 흡수의 가속을 나타내는 반응계수에는 일반적으로 기액 계면에서의 농도 이외에 기액본체의 농도가 포함되며, 기액흡수 전체의 총괄적 취급으로 반응계수 자체도 결정된다. 사실 식 (5.78)의 β는 기액 계면이나 액상 본체의 A의 농도함수가 된다. 이것은 식 (5.89), 식 (5.90)을 이용한 반응 흡수 속도의 산정에 있어서 잘 맞지 않다. 1차 반응에서 이들의 농도를 포함하지 않는 반응계수 표현을 구할 수 있으므로 다음에 설명하겠다.

식 (5.75)에, 기액 계면에서 기상층 물질 유속과 같다고 하면

$$N_A|_{Li} = k_G(C_{AGb} - C_{AGi}) = \frac{k_L\gamma}{\tanh\gamma}\left(C_{ALi} - \frac{C_{ALb}}{\cosh\gamma}\right) \tag{1}$$

이 된다. 여기서

$$\beta^0 = \frac{\gamma}{\tanh\gamma} \tag{2}$$

로 정의하고, 더욱이 식 (5.88)의 관계를 식 (1)에 대입하여 연산하면 기액 계면의 기상의 농도로서

$$C_{AGi} = \frac{1}{k_G + \dfrac{k_L\beta^0}{m}}\left(k_G C_{AGb} + k_L\beta^0\frac{C_{ALb}}{\cosh\gamma}\right) \tag{3}$$

가 된다. 이 관계를 다시 식 (1)에 대입하여 정리함으로써

$$N_A|_{Li} = K_G^0\left(C_{AGb} - \frac{m}{\cosh\gamma}C_{ALb}\right) \tag{4}$$

가 된다. 단, $K_G{}^0$은 다음 식으로 정의되는 기상 기준의 총괄물질 이동 계수이다.

$$\frac{1}{K_G^0} = \frac{1}{k_G} + \frac{m}{\beta^0 k_L} \tag{5}$$

β^0은 계면이나 액상본체의 A의 농도에는 의존하지 않는다.

또한 액상 경막을 통과하여 액상본체로 나가는 A의 물질유속 $N_A|_{\delta_L}$은 식 (5.80)으로 구할 수 있다. 식 (5.88)과 식 (3)의 관계를 식 (5.80)에 대입하여 정리함으로써

$$N_A|_{\delta_L} = K_G^0\left\{\frac{C_{AGb}}{\cosh\gamma} - \frac{\beta^0 k_L}{K_G^0}\left(1 - \frac{K_G^0}{k_G \cosh^2\gamma}\right)C_{ALb}\right\} \tag{6}$$

이 된다. 식 (6)과 식 (5.81)에서 액상본체의 농도 C_{ALb}가 결정된다.

5.3.6 반응계 면적과 용량계수

반응속도는 기액계 면적당이 아니라, 액상체적 또는 반응기 체적당으로 표현하면 편리하다. 따라서 물질 이동 속도도 액상체적이나 반응기 체적당으로 표현할 필요가 있다. 이것은 N_A에 단위 액상 체적당 또는 반응기 체적당 기액의 계면적 a를 곱하면 된다. 그 결과 $k_L a$, $K_G a$ 등의 계수가 나타난다. 이들을 일반적으로 물질 이동 용량계수(volumetric coefficient of mass transfer)라고 한다.

예제 5.4

반회분형 기액반응기에서 용량계수와 반응속도정수를 결정하는 하나의 방법을 소개하겠다. 이 반응기에서는 순수한 기체 A가 용액 B를 연속적으로 통과한다. 반응은 A에 대해서 준 1차 반응이다.

액상 경막에서의 반응이 실질적으로 무시할 수 있다고 가정하고, 액상 단위면적당 기상으로부터 액상으로의 물질 이동 속도[기체흡수 속도(SI 단위는 mol m^{-3}s^{-1})] $r_A(t)$는 식 (5.77)에서 $\beta = 1$로 하고

$$r_A(t) = N_A a = k_L a(C_{ALi} - C_{ALb}) \tag{1}$$

이다. a는 액상 단위체적당 계면 면적이다. C_{ALi}는 기액 계면의 A의 농도인데, 순수한 기체를 이용하는 경우 이 값은 일정하다. 액상에서의 농도 C_{ALb}의 시간변화는

$$dC_{ALb}/dt = k_L a(C_{ALi} - C_{ALb}) - k_1 C_{ALb} \tag{2}$$

가 된다. 용량계수 $k_L a$가 시간적으로 일정하다고 근사가능한 경우, 식 (2)를 $t = 0$, $C_{Ab} = 0$의 초기조건으로 적분하면

$$t = \frac{1}{k_L a + k_1}\ln\left(\frac{k_L a C_{ALi}}{k_L a C_{ALi} - (k_L a + k_1)C_{ALb}}\right) \tag{3}$$

이 된다. 충분한 시간이 지난 후, 즉 $t = \infty$, $C_{ALb} = C_{ALb,\infty}$에서는 식 (2)의 값을 0으로 둘 수 있어서,

$$C_{\mathrm{ALb},\infty} = \frac{k_{\mathrm{L}}aC_{\mathrm{ALi}}}{k_{\mathrm{L}}a + k_1} \tag{4}$$

이다. 따라서 식 (1)을 참고하여 다음 식을 구한다.

$$r_{\mathrm{A}}(\infty) = k_{\mathrm{L}}aC_{\mathrm{ALi}}\left(\frac{k_1}{k_{\mathrm{L}}a + k_1}\right) \tag{5}$$

더욱이 식 (1), (3), (5)를 이용해 미정의 C_{ALi}를 제거하여 식을 정리하면

$$\ln\left[\frac{r_{\mathrm{A}}(t)}{r_{\mathrm{A}}(\infty)} - 1\right] = \ln\frac{k_{\mathrm{L}}a}{k_1} - (k_{\mathrm{L}}a + k_1)t \tag{6}$$

의 관계를 얻을 수 있다. 실험적으로 구한 흡수 속도를 이용해 식 (6)의 좌변의 값을 구해, 이것을 시간에 대해 플롯하여 구배와 절편의 값을 얻는다. 이들 값으로부터 용량계수 $k_{\mathrm{L}}a$와 속도정수 k_1을 구할 수 있다. 더욱이 이들 값을 식 (5)에 대입하면 계면의 농도 C_{ALi}를 결정할 수 있다.

그림은 질량분률 0.567의 황산에 대한 cis-2-부텐의 30℃에서의 흡수실험 결과를 식 (6)에 대해 플롯한 것이다.[47] 직선관계가 성립하므로, $k_{\mathrm{L}}a$가 시간적으로 거의 일정하다는 근사가 성립한다. 그림에서 $\ln\frac{k_{\mathrm{L}}a}{k_1} = 0.650$, $k_{\mathrm{L}}a + k_1 = 8.6 \times 10^{-3}\mathrm{s}^{-1}$이라는 것을 알 수 있다.

이들 값으로부터 $k_{\mathrm{L}}a = 5.7 \times 10^{-3}\mathrm{s}^{-1}$, $k_1 = 3.0 \times 10^{-3}\mathrm{s}^{-1}$이 된다.

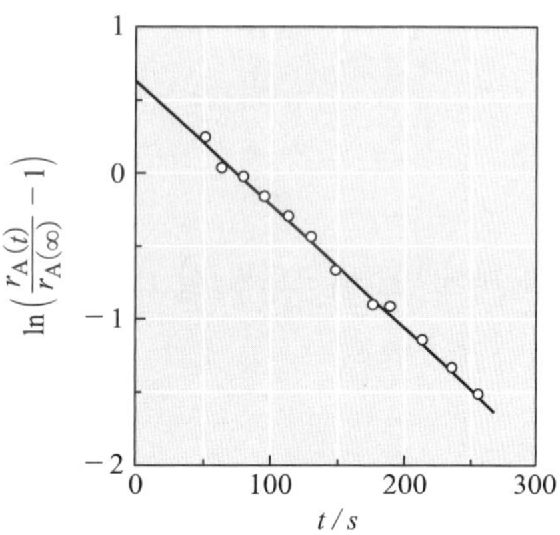

5.4 다상계 반응의 설계

반응기 해석에 대해 제 4장에서도 설명했듯이 흐름이나 혼합 상태가 중요한 요인이며 또한 이것들은 물질 이동 계수나 용량계수의 크기에 강하게 영향을 끼친다. 그러나 이번 절에서는 유체역학적인 자세한 내용을 설명하지 않고, 흐름이나 혼합 상태를 단순한 모델로 나타내고 또한 물질 이동 계수나 용량계수는 실험이나 추산에 의해 구해 다상계 반응기의 간단한 설계를 다루겠다.

47) 데이터는 W.-D. Deckwer, H. H. Puxbaumer, Chem, Ing. Tech, 47, 163(1975)의 실험결과에 따른다.

5.4.1 기고 촉매 고정층 반응기

기고 촉매반응에는 고정층이 이용되는 경우가 많다. 다음에 고정층 반응기에 대해 물질수지를 바탕으로 설계 방정식을 구한다. 공업반응에 이용되는 고정층은 일반적으로 기체의 유량은 크고 유체와 촉매입자 사이에서는 온도차는 작고 고정층 전체를 균일상으로 다루는 경우가 많다. 흐름은 압출흐름이라고 볼 수 있다. 그 경우 균일계로 본 촉매 체적 기준의 반응속도 $r_{\mathrm{A,bulk}}$(SI 단위는 mol m^{-3}s^{-1})는 촉매질량기준의 반응속도 r_{mA}(SI 단위는 mol kg^{-1}s^{-1})를 이용해 다음 관계로 산출한다.

$$-r_{\mathrm{A,bulk}} = (-r_{\mathrm{mA}})\rho_{\mathrm{bulk}} \tag{5.93}$$

단, ρ_{bulk}는 고정층의 부피밀도(고정층 단위체적당 촉매질량)

$$\rho_{\mathrm{bulk}} = \frac{W}{V} \tag{5.94}$$

이다. W는 촉매질량, V는 고정층 체적이다. 균일계 PFR의 물질수지로 구한 식 (4.34)

$$V = F_{\mathrm{A,in}}\int_0^{f_{\mathrm{A}}} \frac{\mathrm{d}f_{\mathrm{A}}}{(-r_{\mathrm{A}})} \tag{4.34}$$

에 대해 반응속도로써 식 (5.93)을 대입하여

$$V = F_{\mathrm{A,in}}\int_0^{f_{\mathrm{A}}} \frac{\mathrm{d}f_{\mathrm{A}}}{(-r_{\mathrm{mA}})\rho_{\mathrm{bulk}}} \tag{5.95}$$

또는 식 (5.94)을 이용하여 다음식을 얻는다.

$$W = F_{\mathrm{A,in}}\int_0^{F_{A}} \frac{\mathrm{d}f_{\mathrm{A}}}{(-r_{\mathrm{mA}})} \tag{5.96}$$

1차 반응에 대해서는 식 (5.60)을 바탕으로 각각 촉매입자당 반응속도를 구할 수 있다. 그로인해 고정층 촉매단위질량당 반응속도는 기상 농도 $C_{\mathrm{A}}(=C_{\mathrm{AGBb}})$에 대해서

$$r_{\mathrm{mA}} = -\frac{k_G \eta k_{\mathrm{m1}}}{k_G + \dfrac{R_{\mathrm{p}}}{3}\eta k_{\mathrm{m1}}\rho_{\mathrm{p}}} C_{\mathrm{A}} \tag{5.97}$$

이 된다. 단 식 (5.97)의 물질 이동 계수 k_G는 고정층 내 흐름에 의존하므로 원래는 흐름에 관한 정보도 필요해진다.[48)]

기고 촉매반응에서는 대부분의 경우 반응열이 크고, 실질상 비등온반응의 해석이 필요하다. 그에 대한 내용은 이번 단원의 범위를 넘고 있지만 물질수지와 열수지 기초식을 연립하여 풀이하게 된다. 10.3.2절에서 회분반응기에 대해서 에너지 수지와 화학반응의 진행과정을 해석하므로 참고하길 바란다.

예제 5.5

등온 하에서 기고 촉매 고정층 반응기를 이용해서 식 (4.43)에 따라 체적이 변화하는 기상 반응을 한다. 촉매입자의 외부, 내부의 물질 이동은 충분히 빠르고, 촉매질량당 반응속도는 식 (3.109)를 따른다. 더욱이 생성물의 분압 p_R은 충분히 작다. 즉,

$$r_{mA} = -\frac{k_{SR} K_A p_A C_T}{1 + K_A p_A} \tag{1}$$

으로 한다. 반응률과 촉매질량의 관계를 구하라.

해답

우선 반응속도의 반응률 의존성을 구한다. 식 (4.46)으로

$$C_A = C_{A,in} \frac{1 - f_A}{1 + \epsilon_A f_A} \tag{2}$$

이며, 또한 이상기체의 상태방정식으로부터

$$p_A = C_A RT \tag{3}$$

이다. 식 (2), 식 (3)의 관계를 식 (1)에 대입하여

48) 예를 들어, 고체입자의 충진층의 흐름에 대해서 입자 주변의 경막을 통과한 물질 이동 계수에 관해 Ranz-Marshall식에 유사한 관계식이 제안되어있다.**

$$Sh = 2 + 1.1 Sc^{\frac{1}{3}} Re_p^{0.6}$$

무차원수의 정의에 대해서는 2.9.2절을 참고. Re_p수의 계산에 필요한 기체의 유속 u에는 기체 체적 유량을 충진물이 들어있지 않은 공탑의 단면적으로 나눈 선유속을 이용한다.

**N.Wakao, T. Funazkri, chem. Eng. Sci., 33, 1375~1384(1978)

$$-r_{\mathrm{mA}}=\frac{\alpha C_{\mathrm{A}}}{1+\beta C_{\mathrm{A}}}=\frac{\alpha C_{\mathrm{A,in}}(1-f_{\mathrm{A}})}{(1+\varepsilon_{\mathrm{A}} f_{\mathrm{A}})+\beta C_{\mathrm{A,in}}(1-f_{\mathrm{A}})} \tag{4}$$

을 얻는다. 단, $\alpha=k_{\mathrm{SR}}K_{\mathrm{A}}RTC_{\mathrm{T}}$, $\beta=K_{\mathrm{a}}RT$로 했다.

식 (4)를 식 (5.96)에 대입하여 계산하여 $F_{\mathrm{A,in}}=Q_{\mathrm{in}}C_{\mathrm{A,in}}$의 관계를 이용해

$$W=\frac{Q_{\mathrm{in}}}{\alpha}\left[(1+\varepsilon_{\mathrm{A}})\ln\left(\frac{1}{1-f_{\mathrm{A}}}\right)+(\beta C_{\mathrm{A,in}}-\varepsilon_{\mathrm{A}})f_{\mathrm{A}}\right] \tag{5}$$

을 얻는다. 고정층 체적은 식 (5)의 값을 부피밀도 ρ_{bulk}로 나누어 구할 수 있다.

5.4.2 기액 2상 반응기

기액 2상 반응기를 이상적인 흐름의 조합으로 생각하면

case ① 두 상 모두 압출 흐름(향류 및 병류)
case ② 제1상이 압출흐름, 제2상이 완전혼합 흐름
case ③ 두 상 모두 완전혼합 흐름

을 생각할 수 있다. 예를 들어, 관액충진탑(irrigated packed column, 표 5.1 참고)에서는 기체, 액체의 흐름은 압출흐름에 가깝다. 또한 기포탑은 기체는 분산상을 이루고 있지만 그 기상 전체로써의 흐름은 압출흐름으로써 또한 액상은 기포의 움직임으로 교반된 완전혼합 흐름으로 근사할 수 있다. 한편 반응기 밑에서 공급된 기체를 교반 날개에 따라 작은 기포로 세분화시켜 액상에 분산시키는 기포교반조는 기상, 액상 두 상 모두 완전혼합 흐름으로 볼 수 있다.

각각의 흐름의 조합에 대해서 설계 방정식을 구한다. 가정으로써 기상에서 액상으로 물질 A가 이동하여 1차 반응(또는 액상성분과의 준1차 반응)에서 소비되는 것으로 한다. 기상에서는 반응은 진행되지 않는다. 높이 Z, 단면적 S의 반응기의 높이 방향을 z로 해서, 물질수지를 구한다. 기체, 액체의 체적 유량을 Q_{G}, Q_{L}로 한다. 이들 체적 유량은 z에 대해 변하지 않는 걸로 한다. 또한 혼상(混相) 단위체적당 기액계 면적을 a로 한다. 아래첨자 in, out은 입구, 출구를 나타낸다. δ_{L}은 액상 경막의 계면부터의 거리(두께)이다. 더욱이 반응기유체 중에서 액상을 차지하는 비율(액 홀드업 분율)을 ϵ_{L}로 나타낸다. 또한 물질수지의 경막 내 각성분 물질은 본체 내에 비해 무시할 수 있는 것으로 보고, 식을 도출한다.

위에서 설명한 ①~③의 case에 대해서 물질수지에 의해 다음 관계식을 구할 수 있다.

단, 식에 C_{AG}, C_{AL}은 기상, 액상 본체 중의 A의 농도를 나타낸다.

case ① 두 상이 압출 흐름인 경우, 단 ±의 +부호는 병류, −부호는 향류인 경우이다.

$$Q_G \frac{\mathrm{d}\,C_{\mathrm{AG}}}{\mathrm{d}z} + N_{\mathrm{A}}|_{\mathrm{Li}} aS = 0 \tag{5.98}$$

$$\pm\, Q_{\mathrm{L}} \frac{\mathrm{d}\,C_{\mathrm{AL}}}{\mathrm{d}z} - (N_{\mathrm{A}}|_{\delta_{\mathrm{L}}} aS - \varepsilon_{\mathrm{L}} k_1 C_{\mathrm{AL}} S) = 0 \tag{5.99}$$

case ② 기상이 압출 흐름, 액상이 완전혼합 흐름인 경우

$$Q_{\mathrm{G}} \mathrm{d}\,C_{\mathrm{AG}}/\mathrm{d}z + N_{\mathrm{A}|_{\mathrm{Li}}} aS = 0 \tag{5.100}$$

$$Q_{\mathrm{L}}(C_{\mathrm{AL,in}} - C_{\mathrm{AL,out}}) + \int_0^z N_{\mathrm{A}}|_{\delta_{\mathrm{L}}} aS\mathrm{d}z - \varepsilon_{\mathrm{L}} k_1 C_{\mathrm{AL,out}} SZ = 0 \tag{5.101}$$

case ③ 기액 두 상이 완전혼합 흐름인 경우

$$Q_{\mathrm{G}}(C_{\mathrm{AL,in}} - C_{\mathrm{AL,out}}) - N_{\mathrm{A}}|_{\mathrm{Li}} aSZ = 0 \tag{5.102}$$

$$Q_{\mathrm{G}}(C_{\mathrm{AL,in}} - C_{\mathrm{AL,out}}) + N_{\mathrm{A}}|_{\delta_{\mathrm{L}}} aSZ - \varepsilon_{\mathrm{L}} k_1 C_{\mathrm{AL,out}} SZ = 0 \tag{5.103}$$

식의 $N_{\mathrm{A}}|_{\mathrm{Li}}$, $N_{\mathrm{A}}|_{\delta_{\mathrm{L}}}$의 값은 식 (5.75), 식 (5.80) 등으로 구할 수 있다. 또한 일반적으로 반응계수에 기액 계면농도가 포함되어 있으므로 해석적으로 다루는 것은 반드시 쉬운 것은 아니다. 칼럼 "액상 경막 내 반응모델의 반응계수의 다른 표현"(187쪽 5.3.5절)도 참고하길 바란다.

이미 설명했듯이 식 (5.98)~식 (5.103)은 간단히 시키기 위해 물질수지에 액상 경막 내 반응에 의한 기여분을 도입하지 않았다. 원래 액상 경막 내 반응 크기를 고려하여 수정할 필요가 있다. 액상 경막 내 반응이 느린 확산율속이라면 근사적으로 $N_{\mathrm{A}}|_{\delta_{\mathrm{L}}}$을 $N_{\mathrm{A}}|_{\mathrm{Li}}$으로 고친 식을 이용할 수 있다.

case ①의 두 상 압출흐름의 반응기는 기액 흡수에 많이 이용되고 있으며, 제6장에서 설계 예를 설명한다. 다음 예제는 case ②에 상당한다.

예제 5.6

기포탑은 액상을 연속상으로 해서 탑저에서 기포를 불어넣어 반응시키는 장치이다. 기포 움직임에 의해 액상은 격하게 저어진다. 기포에 녹아든 반응물 A가 액상으로 이동하여

$$A + bB \rightarrow P$$

의 2차 반응(반응속도$=k_2 C_A C_B$)로 반응시키는 경우를 생각해 보자.

기상, 액상 모두 연속적으로 공급되어 기상은 농도변화가 높이 방향(z)으로만 발생하는 압출흐름이고, 액상은 완전혼합 흐름으로써 모델화한다. 더욱이 B의 농도가 액상 중의 A의 농도에 비해 항상 충분히 크다는 조건을 충족한다고 보고, 반응은 준1차 반응으로서 다룬다. 반응은 액상 경막 내에서 완결되고 또한 기상경막 내의 물질 이동저항은 무시할 수 있다. 기액 용해평형은 식 (5.88)에 따른다. 탑의 단면적, 높이는 S 및 Z라 한다. 기액혼합물의 체적을 반응기체적으로 하고, 또한 반응기체적당 기액 계면적을 a로 나타낸다. 기상의 A의 농도, 액상의 B의 농도를 조작변수의 함수로써 구하라.

해답

반응은 액상 경막 내 반응모델로 또한 액상 경막 바깥 가장자기에서의 A의 농도가 0인 경우이다. 액상 경막 중의 B의 농도는 본체 중의 농도와 같다고 보고, 준1차 속도정수 k_1은

$$k_1 = k_2 C_{BLb}$$

이다. 또한 기상경막에서의 물질 이동저항을 무시할 수 있다는 가정에서

$$C_{AGb} = C_{AGi} = m C_{ALi}$$

의 관계가 성립한다. 또한 액상 경막 내 B의 농도는 액상본체에서의 농도와 같다고 근사할 수 있다. 따라서 이후, 기상의 A, 액상의 B의 농도를 C_{AG}, C_{BL}로 표기한다. C_{AG}는 높이 z의 함수이며, 한편 C_{BL}은 반응기 내에서 일정하다.

$$\text{하타수 } \gamma = \sqrt{\frac{k_1}{D_A}}\,\delta_L = \sqrt{\frac{k_2 C_B}{D_A}} \cdot \frac{D_A}{k_L} = \frac{\sqrt{k_2 C_B D_A}}{k_L} \tag{5.79}$$

$$\text{반응계수 } \beta = \frac{\gamma}{\tanh\gamma} \tag{5.83}$$

을 이용해 기액 계면을 통과한 A의 물질유속은

$$N_A = \beta k_L C_{ALi} = \frac{\beta k_L C_{AG}}{m} \tag{5.84}$$

case ②의 식 (5.100), 식 (5.101)을 참고하여 기상 A, 액상 B에 관한 수지식은

$$Q_G \frac{\mathrm{d}C_{AG}}{\mathrm{d}z} + aS\beta k_L \frac{C_{AG}}{m} = 0 \tag{1}$$

$$Q_L(C_{BL,in} - C_{BL}) - \int_0^z abS\beta k_L \frac{C_{AG}}{m} dz = 0 \tag{2}$$

반응계수는 C_B를 포함하지만, C_B는 반응기 안에서 일정하다는 것에 주의하고 식 (1)을 z에 대해 적분함으로써

$$C_{AG} = C_{AG,in} \exp\left(-\frac{aS\beta k_L/m}{Q_G} z\right) \tag{3}$$

이 된다. 식 (3)의 C_{AG}를 식 (2)에 대입하여 적분하면

$$Q_L(C_{BL,in} - C_{BL}) - bC_{AG,in}Q_G\left[1 - \exp\left(-\frac{aS\beta k_L/m}{Q_G}\right)\right] = 0 \tag{4}$$

이 된다. 식 (3), 식 (4)에서

$$Q_L(C_{BL,in} - C_{BL}) - bQ_G(C_{AG,in} - C_{AG,out}) = 0 \tag{5}$$

의 관계를 얻는다. 이 식은 기상에서 잃은 성분 A의 물질과 액상에서 잃은 성분 B의 물질 수지를 구했다는 것을 나타내고 있다.
이들로부터

$$C_{AG,out} = C_{AG,in} \exp\left(-\frac{aS\beta k_L/m}{Q_G} Z\right) \tag{6}$$

$$C_{BL} = C_{BL,in} - b\frac{Q_G}{Q_L}(C_{AG,in} - C_{AG,out}) \tag{7}$$

을 구한다. 단, 식 (6)의 반응계수 β에는 $C_B(= C_{BL})$의 값이 포함되어 있다. 이 값은 식 (4)를 풀어서 구하거나, 또는 식 (6), 식 (7)을 반복계산해서 결정할 필요가 있다.

문 제

5.1 원관상의 반응기 셀에 정상적인 단면에서 반응물 A를 포함하는 유체를 도입하여 내벽에 도포된 촉매상에서 표면 1차 반응에 의해 등온조건 하에서 분해하는 경우의 기초방정식을 도출하고, 해를 구하라. 단, 반응기 셀의 반경을 r, 단면적을 $S(=\pi r^2)$로 하고, 흐름 방향에 좌표 z를 취한다. 여기서 u : 선유속, C_A : 반응물 농도, C_{As} : 반응물의 내벽면상의 농도 k_G : 기상경막물질 이동계수, $a_L(=2\pi r)$: 반응기셀의 단위 길이당 물질 이동면적, k_s : 표면1차 반응의 속도정수로 한다.

5.2 식 (5.54)의 촉매 유효계수를 식 (5.49)~식 (5.53)으로 구하라. 또한 식 (5.55), 식 (5.56)의 경향을 설명하라.

5.3 기액고 3상 촉매반응기는 액체 중에 고체촉매를 현탁시키고, 이어 기체를 불어넣어 기체 중의 성분과 액상 성분의 반응을 한다. 기상 성분 A는 그 고체 촉매표면 위의 농도의 1차에 비례하여 액상 성분과 반응한다(액상 성분 농도에 의존하지 않는다)고 보고, 총괄 물질 이동 계수를 구하라. 단, 기액 계면의 성분 A의 물질유속을 N_{1A}, 촉매 주변의(액상의) 경막의 물질유속을 N_{2A}, 물질 이동 계수를 k_P, 고체촉매표면에서의 (준)1차 반응속도정수를 k_S로 한다. r_A를 액상 단위체적당 성분 A의 반응속도로 하고, 액상 단위체적당 기액 계면적과 고체촉매 표면적을 각각 a_b, a_p로 하라.

5.4 유통관형고정층 반응기를 이용해서 400℃, 300 atm의 등온 정압조건 하에서 NH_3를 합성하고 싶다. 1시간당 N_2 90%, H_2 10%의 혼합기체 10 k mol 공급하고, NH_3를 0.2 k mol 생성하는 데 필요한 고정층 촉매 체적을 구하라. 단, NH_3 합성반응($N_2 + 3H_2 \rightarrow 2NH_3$)의 정반응속도는

$$r_m \rho_{bulk} = k_2 \frac{P_{N_2} P_{H_2}{}^{1.5}}{P_{NH_3}} \tag{1}$$

$k_1 = 1.79 \times 10^4 \exp(-20800/RT)$ [k mol h^{-1} atm$^{-1.5}$ / m^3 − 촉매](R은 cal mol^{-1}K^{-1} 단위)[49].
여기서 r_m : 촉매질량당 반응속도정수[k mol h^{-1} / kg − 촉매], ρ_{bulk} : 촉매 부피밀도[kg − 촉매 / m^3 − 촉매]로, 기체분압은 atm단위이다. 역반응은 무시하고 또한 계산을 용이하게 하기 위해 N_2의 소비와 분압 변화는 무시해도 좋다.

49) "화학공학편람", 개정5판, 화학공학회편, p.201, 마루젠(丸善), (1998)

5.5 예제 5.6의 장치를 이용해 298 K에서 O_3 (=A)에 의한 배출수 속에 유기화합물(=B)의 산화반응(등몰반응)을 한다. O_3가 90% 반응하는데 필요한 탑 높이 Z와 그때의 유기화합물 B의 반응률을 구하라. 계산에는 다음 모델 데이터와 물성치(이 문제를 위한 가상의 값이다)를 이용하라.

- 탑 단면적 $S=1\ m^2$
  배수공급유량 $Q_L = 0.2\ m^3s^{-1}$
  유기화합물농도 $C_B = 1.0\ mol\ m^{-3}$
  O_3 1.0% 함유공기(1 atm) 입구유량 $Q_G = 0.02\ m^3s^{-1}$
- 액상 경막물질 이동 계수 $k_L = 3.0 \times 10^{-4} m\ s^{-1}$
  기액 계면적 $a = 1.5 \times 10^2\ m^2 / m^3$ − 혼합상 체적
  O_3의 수중 확산계수 $D_{O_3} = 2.0 \times 10^{-9}\ m^2s^{-1}$
  O_3의 헨리평형[식 (5.88)]정수(분배평형계수) m =3.2
  O_3의 유기화합물과의 2차 반응속도정수 $k_2 = 7.5\ m^3\ mol^{-1}s^{-1}$

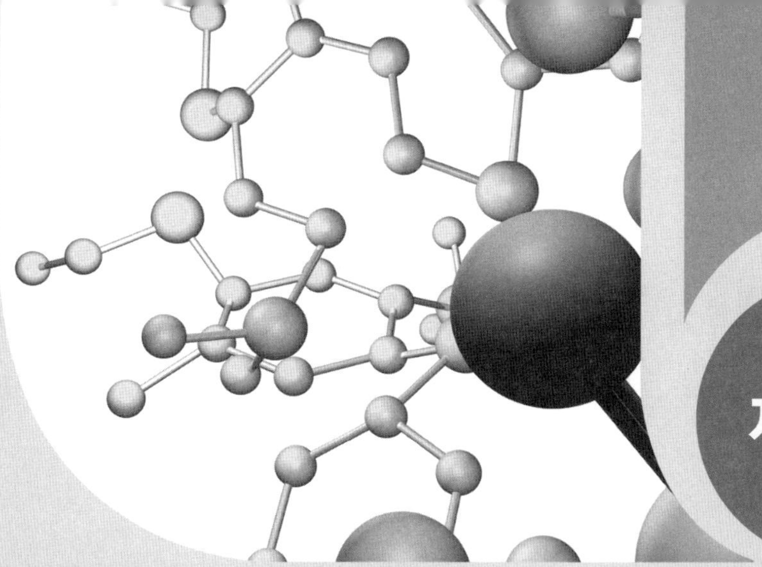

제 6 장

분리제를 이용한 분리 정제

제 6 장 분리제를 이용한 분리 정제

6.1 가스 흡수

가스 흡수(gas absorption)는 기체를 액체에 용해시키는 조작이다. 특정 기체성분에 대해 용해성이 높은 액을 이용하는 경우에는 그 성분의 선택적인 분리를 할 수 있다. 가스 흡수는 오래전부터 여러 제조공정에 이용되어 왔다. 염산은 HCl가스를 물에, 황산은 SO_3가스를 농환산에 흡수시켜 제조하고, 탄산음료는 CO_2가스를 음료수에 흡수시켜 제조한다. 제5장에서 설명했듯이 공업 공정에서는 기체를 액체에 흡수시켜 액상 중에서 반응을 진행시키는 조작도 많다. 대표적인 반응으로는 산화반응, 수소화반응, 염소화반응이 있다. 이렇듯 가스 흡수는 분리뿐만 아니라 반응에도 이용되는 범용적인 조작이다. 액상에 용해된 기체성분을 용질(solute)이라고 한다. 흡수에 대해 반응이 관여하지 않는 경우를 물리 흡수, 반응이 관여하는 경우를 반응 흡수 또는 화학 흡수라고 한다. 반응 흡수에 대해서는 제5장에서 다루었고, 기액 계면에서의 물질 이동과 총괄반응속도와의 관계 및 기액 2상반응기의 설계법을 설명했다.

가스 흡수는 흡수액 중의 용질기체농도가 그 온도, 압력에서의 포화농도보다 낮은 경우에 발생하고, 액상이 용질기체로 포화되면 정지된다. 한편 용질기체를 흡수한 액의 온도를 올리거나 감압하여 용해도를 감소시키면 과포화분의 용질이 기체로써 회수된다. 이 조작을 탈거(stripping)라고 한다.

공업적인 가스 흡수와 공기 중으로의 탈거 조작 예가 표 6.1과 같다. 가스 흡수는 공업생산뿐만 아니라 환경보호, 지구온난화 대책 분야에도 중요한 기술이다.

| 표 6.1 | 공업적인 흡수·공기 탈거 조작의 예

조작	가스/흡수액(목적)
흡수	• HCl / 물(염산제조) • NH_3 / 물(암모니아회수) • 메탄올, 에탄올, 아세톤 / 물(수용성용제의 흡수) • CO_2 / 물(탄산음료) • SO_3 / 농황산(황산제조) • SO_2 / NaOH, $Mg(OH)_2$, $Ca(OH)_2$, NH_3수용액(배연탈황) • CO_2 / K_2CO_3수용액, Na_2CO_3수용액, 에탄올아민 등의 아민화합물 수용액(지구온난화대책기술)
탈거	• 트리클로로에틸렌/물(음료수처리) • CCl_4 등의 유기염소화합물, C_6H_6 등의 휘발성 유기화합물(VOC) / 물(화학공업의 배수처리)

6.1.1 기액 평형 관계

(1) 기체의 용해도

기상과 액상이 평형으로 유지된 상태에서 액상은 포화하고, 기상성분과 액상에 용해된 성분의 관계는 용해도를 이용해 나타낼 수 있다.

산소나 수소 등의 난용성 기체는 액상 중의 용질기체 A의 포화농도 C_A가 기상 중의 A의 분압 p_A에 비례하고, 기상의 전압에는 의존하지 않는다.

$$p_a = H_C C_A \tag{6.1}$$

이 관계를 헨리의 법칙(Henry's law)이라고 한다. 위식 대신 용질 기체의 액상 중의 몰분율 x_A, 기상 중의 몰분율 y_A를 이용해 나타내는 경우도 있다.

$$p_A = H_x x_A \tag{6.2}$$

$$y_A = m x_A \tag{6.3}$$

식 (6.1)~식 (6.3)의 계수 H_C, H_x, m은 모두 헨리정수라고 한다. 헨리의 법칙은 용질기체의 분압이 낮은 경우나 흡수액의 온도가 높은 경우에도 성립한다.

액상의 용질농도 C_A가 용매농도 C_s에 비해 작은 경우에는 다음 식이 성립하며,

$$x_A = C_A/(C_A + C_S) \approx C_A/C_S \tag{6.4}$$

▮표 6.2▮ 기체의 물에 대한 헨리정수와 온도의존성

$\ln(H_x/H_{x0}) = A(1-T_0/T) + B\ln(T/T_0)$ H_{x0}: $T_0 = 298.15$ K에서의 헨리 정수			
기체	H_{x0} / MPa	A	B
He	14480	14.287	−14.009
N_2	8569	28.952	−24.798
H_2	7179	18.543	−16.889
O_2	4420	29.339	−24.453
O_3^{+2}	439	6.592	
공기	7262	26.149	−21.652

* "화학공학편람", 개정6판, 화학공학회편, p.81, 표 1.29, 마루젠(1999)에서 발췌

* O_3에 대해서는 수중의 반응이 없다고 가정

헨리정수 H_C, H_x, m 사이에는 다음과 같은 관계가 성립한다.

$$H_x = C_s H_C = p_T m \tag{6.5}$$

여기서, p_T는 기상의 전압이다. 헨리 정수의 차원은 H_C [Pa m^{3}mol^{-1}], H_x [Pa], m은 무차원이며, 이용하는 식에 따라 다르다.

기체의 용해도는 고온이 될수록 감소하고, 헨리정수 H_C, H_x, m은 증대한다. 대표적인 기체의 물에 대한 헨리 정수 H_x와 그 온도의존성을 표 6.2에 나타냈다.

(2) 해리반응을 동반하는 경우

CO_2, SO_2, NH_3 등의 기체는 물에 흡수되면 산 해리한다. 해리반응은 일반적으로 빠르므로, 해리평형과 헨리의 법칙을 조합시키면 해리반응을 동반하는 기체의 용해도를 구할 수 있다. 여기에서는 NaOH수용액으로의 CO_2용해를 예로서 용해도 구하는 법을 설명하겠다.

CO_2가스가 NaOH수용액에 용해되면 용해된 분자상의 CO_2는 다음 식에 따라 해리한다. 대괄호 [ ]는 몰농도를 가리킨다.

$$CO_2 + H_2O \leftrightharpoons HCO_3^- + H^+ \quad K_1 = [HCO_3^-][H^+] / [CO_2] \tag{6.6}$$

$$HCO_3- \leftrightharpoons CO_3^{2-} + H^+ \quad K_2 = [CO_3^{2-}][H^+] / [HCO_3^-] \tag{6.7}$$

용해된 CO_2는 물속에서 CO_2, HCO_3^-, CO_3^{2-}로서 존재하고, 그들 농도의 총합 $[CO_2^*] = [CO_2] + [HCO_3^-] + [CO_3^{2-}]$가 CO_2의 용해량에 대응한다. 이들 화학종 사이에서 해리평형이 성립한다고 가정하고, HCO_3^-, CO_3^{2-}, H^+의 농도를 식 (6.6), 식 (6.7)의 평형정수 K_1, K_2를 이용해 나타내면 다음 식과 같다.

$$[CO_2{}^*] = (1 + K_1/[H^+] + K_1K_2/[H^+]^2)[CO_2] = \alpha[CO_2] \tag{6.8}$$

식 (6.8)은 해리반응에 의해 겉보기의 헨리 정수가 물리 흡수의 α배가 되는 것을 나타낸다. 또한 α는 H^+농도에 의존하고, 물의 pH가 클수록 α는 크고, 다량의 CO_2가스가 물에 용해한다.

식 (6.8)의 H^+농도는 다음과 같이 구할 수 있다. 물에는 위에서 설명한 해리반응에 의해 발생하는 이온 외에, 물의 해리에 의해 OH^-도 존재한다. 물의 전체 이온에 대해 전기적 중성조건을 적용시키면 다음 식이 성립한다.

$$[Na^+]+[H^+]=[OH^-]+[HCO_3^-]+2[CO_3^{2-}] \tag{6.9}$$
$$=K_W/[H^+]+(K_1/[H^+]+2K_1K_2/[H^+]^2)[CO_2]$$

여기서, K_W는 물의 해리평형정수(이온 곱)이다.

$$K_W=[H^+][OH^-] \tag{6.10}$$

물리 흡수된 분자상 CO_2의 농도 $[CO_2]$를 헨리 법칙을 이용해 기상의 CO_2의 분압 p와 관련시키면 다음 식과 같다.

$$p=H_C[CO_2] \tag{6.11}$$

위 식에서는 용질가스의 분압을 나타내는 아래첨자는 생략했다. CO_2의 분압 p와 NaOH수용액의 농도가 주어지면 $[CO_2]$와 $[Na^+]$라고 기지량이 되므로, 식 (6.9)로 $[H^+]$의 값을 구할 수 있다. 그것을 식 (6.8)에 대입시키면 α가 구해진다. 다른 해리반응을 동반하는 가스 흡수에도 위에서 설명한 방법을 이용해 계수 α를 구하면 액상에 용해된 용질가스의 전체 농도를 산출할 수 있다.

예제 6.1

SO_2가스의 물에 대한 용해도(30℃)가 다음 표와 같다.

SO_2분압 / kPa	0.227	0.630	1.08	1.57	2.62
SO_2농도 / mol L^{-1}	0.00224	0.0156	0.0233	0.0311	0.0467

SO_2는 물에 용해되면 다음 식에 따라 산해리한다.

$$SO_2 + H_2O = HSO_3^- + H^+$$
$$\text{평형정수 } K = [HSO_3^-][H^+]/SO_2$$

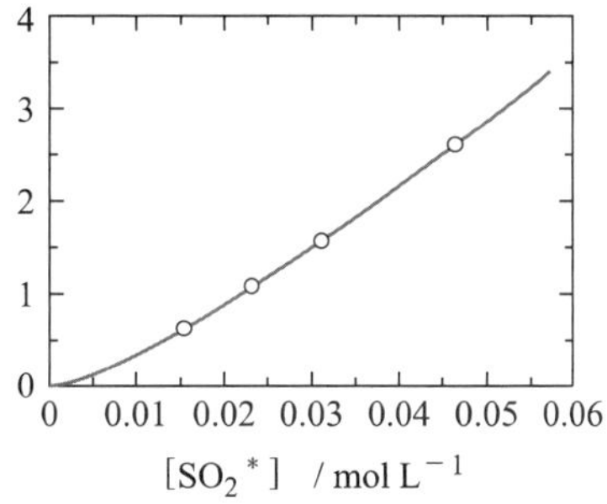

위 표의 SO_2^*농도는 흡수된 SO_2의 총합이며, 오른쪽 그림과 같이 SO_2의 분압 p에는 비례하지 않는다.

SO_2가스를 흡수한 물은 산성화된다는 것을 고려하여 위 수치로 SO_2가스의 헨리정수와 해리반응의 평형정수를 구하라.

해답

물속의 분자상 SO_2와 해리된 HSO_3^-의 총합이 물에 용해된 SO_2가 되므로, 그 농도는 다음 식으로 구할 수 있다.

$$[SO_2^*] = [SO_2] + [HSO_3^-] = (1 + K/[H^+])\,[SO_2] \qquad (1)$$

물속의 이온은 H^+, HSO_3^-, OH^-인데, SO_2의 흡수에 의해 물은 산성화되므로 $[H^+] \gg [OH^-]$이다. 전기적 중성조건에 의해

$$[H^+] = [HSO_3^-] = K\,[SO_2]/[H^+] \text{가 성립하고 } [H^+] = (K[SO_2])^{1/2} \qquad (2)$$

이 된다. 식 (2)를 식 (1)에 대입시키면

$$[SO_2^*] = (1 + K^{1/2}[SO_2]^{-1/2})[SO_2] \qquad (3)$$

이 된다. 물리 흡수된 분자상 SO_2에 대해 헨리법칙을 적용시키면

$$p = H_C\ [SO_2] \qquad (4)$$

가 되며 식 (3), 식 (4)에 의해

$$[SO_2^*] = p/H_C + (K/H_C)^{1/2}p^{1/2} \qquad (5)$$

우변 제1항은 물리 흡수량을, 제2항은 해리반응에 의한 흡수증가량을 나타낸다. 식 (5)를 변형시키면 다음 식과 같아진다.

$$[SO_2^*] = p/1H_C + (K/H_C)^{1/2}p^{-1/2} \qquad (6)$$

식 (6)을 따라 $[SO_2^*]/p$대 $p^{-1/2}$를 플롯(plot)한 것이 오른쪽 그림이다. 측정 데이터는 직선으로 근사 가능하고, 식 (6)을 적용시킬 수 있는 것을 나타내고 있다. 최소자승근사하여 세로축의 절편에서 헨리 정수 H_C를 구하면,

$$H_C = 90.6\ \text{kPa L mol}^{-1} = 90.6\ \text{Pa m}^3\ \text{mol}^{-1}$$

직선의 기울기로

$$(K/H_C)^{1/2} = 0.0110\ \text{mol}^{-1}(\text{kPa})^{-1/2}$$

평형정수는

$$K = 0.0110\ \text{mol L}^{-1} = 11.0\ \text{mol m}^{-3}$$

이들의 헨리정수와 평형정수로 구한 식 (5)의 계산선이 오른쪽 그림과 같다.

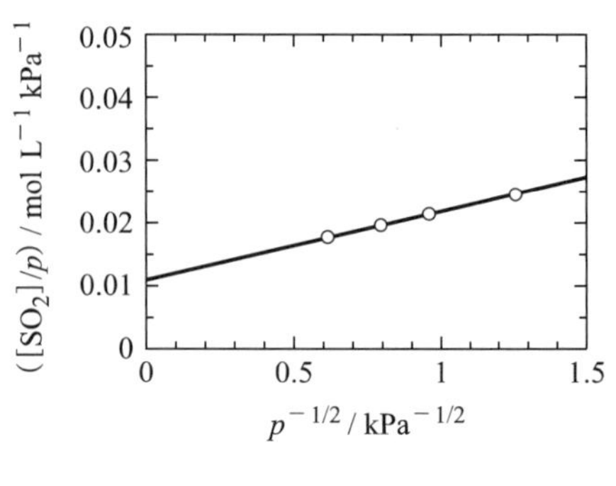

6.1.2 흡수 장치와 조작

기액의 접촉은 액분산방식과 가스분산방식으로 나눠진다. 두 방식 모두 기액의 원활한 접촉상태와 큰 계면적을 얻는 연구가 이루어지고 있다.

(1) 액분산형 흡수 장치

대표적인 장치의 개략도를 그림 6.1에 나타냈다. 스프레이탑[그림 6.1(a)]은 장치 상부에 설치한 분무기에서 미소액적을 분출시켜 중력낙하 하는 액적과 상승기류 사이에서 가스 흡수를 하는 장치이다. 충진탑[그림 6.1(b)]은 가장 대표적인 흡수 장치이다. 큰 기액 계면적을 얻기 위해 액과 습윤성이 좋은 충진물을 탑 안에 충진하여 액을 탑 상부에서 공급하여 가스 흡수를 한다. 충진물의 예를 그림 6.2에 나타냈다. 기체의 유통법은 하부에서 공급하는 향류식과, 상부에서 공급하는 병류식이 있다. 탑이 높은 경우에는 탑 내 액분포가 불균일해지기 쉬우므로 탑 중간에서 액을 모아 재분산시킨다. 액유량이 일정한 향류 조작은 액 홀드업(탑 내에 존재하는 액량)은 가스유량이 작은 경우에는 거의 변화하지 않지만, 가스유량이 일정 한계를 넘으면 증가하기 시작한다. 이 상태를 로딩(loading)이라고 한다. 더욱 가스유량이 증가하면 액은 충진물 간극을 흘러내릴 수 없게 되어, 결국에는 탑정에서 흘러넘친다. 이 상태를 플러딩(flooding)이라고 한다. 일반적인 향류조작은 플러딩을 일으키는 가스유량의 50~75%의 조건에서 이루어진다.

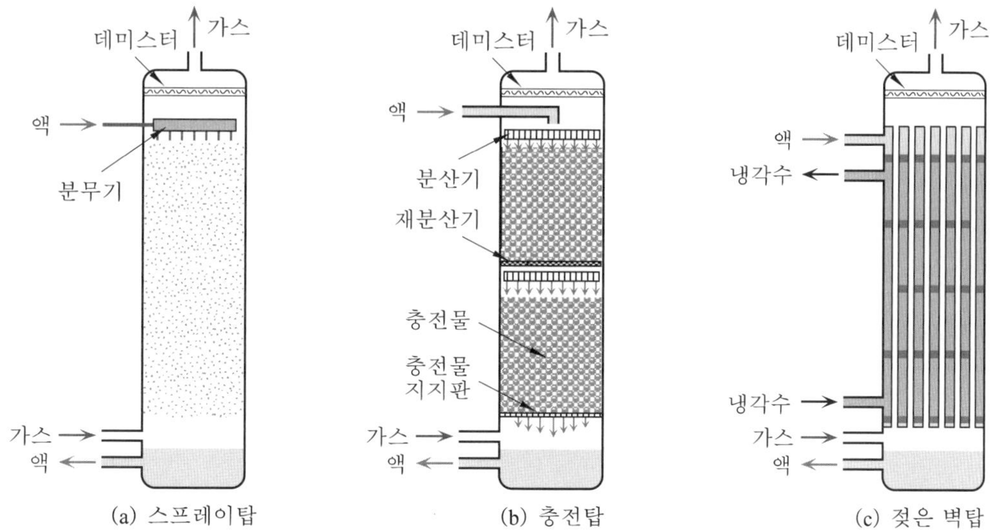

▌그림 6.1▐ 액분산형 흡수 장치

(a) 라쉬링(Rashig Ring) (b) 버얼 안장(Berl saddles) (c) 폴링(Pall Ring) (d) 텔러렛(Tellerette)

▌그림 6.2▌ 충진물

대량의 열을 발생시키는 가스 흡수(염산 제조, 벤젠 염소화반응 등)는 제열도 필요해진다. 관 내벽을 적시면서 액이 막상으로 흘러내리고, 관 내를 흐르는 가스와의 접촉이 가능한 젖은 벽관을 이용하면 관외부에 냉각매체(줄여서 냉매)를 흘려보내 흡수액의 제열이 일어난다. 공업적으로는 수직의 젖은 벽탑을 다수 원통 내에 넣은 다관식 젖은 벽탑[그림 6.1(c)]이 이용된다.

(2) 가스분산형 흡수 장치

대표적인 장치의 개략도를 그림 6.3에 나타냈다. 통기 교반조[그림 6.3(a)]에서는 반응기 밑 가까운 곳에 설치한 스파저(sparger ; 다수의 작은 구멍을 뚫은 관)를 통해 기체를 액 중에 공급한다. 상부에서 회전하는 날개를 이용해 액의 교반과 기포의 분산을 하고 가스 흡수를 촉진시킨다. 기포탑[그림 6.3(b)]에서는 밑 부분에 가스분산기를 설치하여 기체를 공급하고 액중에 분산된 기포가 탑 내를 상승해 가는 사이에 가스 흡수한다. 기포는 상승하면서 합

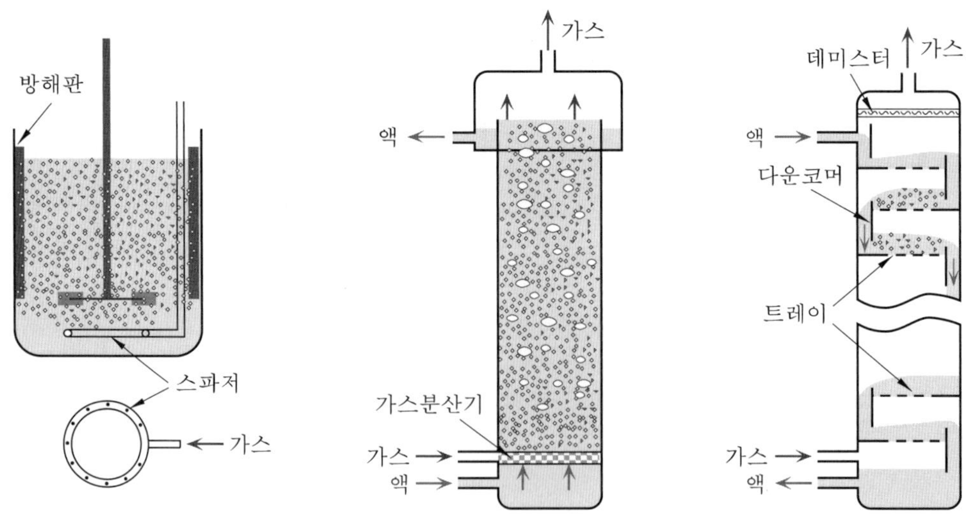

(a) 통기교반조 (b) 기포탑 (c) 붕단탑

▌그림 6.3▌ 가스분산형 흡수 장치

쳐지기 때문에 탑 중앙부를 잘 통과하게 된다. 그 결과, 액의 흐름은 중앙부에서는 상승류, 측벽부에서는 하강류가 되어 탑·전체에서의 액의 혼합이 진행된다. 통기교반조, 기포탑은 단순한 가스 흡수뿐만 아니라, 산화반응, 수소화 반응, 염소화반응이나 생물화학반응 등 많은 기액반응에 이용된다. 고체촉매나 고정화 효소를 이용하는 경우에는 장치 내 흐름은 기고액의 3상계 흐름이 된다. 이들 장치에서는 탑저의 스파저를 통해 액 중에 가스를 공급하므로 가스유통의 압력손실은 액분산형 장치에 비해 크다.

붕단탑[그림 6.3(c)]은 증류장치로서 개발되었지만, 대유량 조건이나 입자 현탁액에 가스를 흡수시키는 경우에도 이용된다. 탑 내에는 다수의 단(플레이트 또는 트레이라 한다)이 설치되어 액은 상부 단 끝에서 아래로 흘러, 단 위를 흐르면서 한쪽 끝에 설치한 웨어(weir)를 넘어서 더욱 아래 단으로 흐른다. 단에는 다수의 공부(孔部)가 설치되어, 그곳을 통해 가스는 하부의 단에서 상부 단으로 보내져, 각각 단 위에서 분산하여 액과 접촉한다. 수평방향으로 흐르는 액에 대해 가스는 수직방향으로 흐르므로 기액 흐름은 각 단에서는 직교류(십자류라고도 한다)가 되지만 탑 전체로써는 향류이다.

그림 6.1, 그림 6.3과 같은 탑형장치에서는 작은 물방울의 비말(飛沫)이 동반되어 장치에서 유출되는 것을 막기 위해 출구에 철망 등의 데미스터(demister, 비말포집기)가 설치된다.

6.1.3 흡수 속도

(1) 물리 흡수

흡수 장치를 설계하기 위해서는 기체가 액에 흡수되는 속도를 정량적으로 나타낼 필요가 있다. 단위시간당 흡수 속도 F를 기액접촉 계면적 A와 단위 계면적당 물질 이동량, 즉 물질유속 N의 곱으로서 나타내면

$$F = AN \tag{12}$$

이 되며, A, N의 값이 클수록 흡수 장치의 성능이 높다.

물질유속 N을 나타내는 방법에 대해서는 제2장에서 설명했다. 여기에서는 성분을 나타내는 변수의 아래첨자를 생략하고, 흡수 속도의 정식화에 필요한 식을 다시 설명하겠다. 그림 6.4와 같이 기액 계면을 사이에 둔 기상, 액상에 각각 경막을 생각해보면, 이중 경막설에 근거한 물질유속 N은 식 (2.36), 식 (2.39)로 나타낼 수 있다. 이들 식의 제1상을 기상, 제2상을 액상으로 하고, 용질기체의 기상 본체 중의 몰분율을 y, 액상 본체에서의 몰분율을 x, 기액 계면에서의 그것들을 $y_{\rm i}$, $x_{\rm i}$, 또한 각각의 상의 물질 이동 계수를 k_y, k_x로 하면 직선적인 평형관계 $y_{\rm i} = mx_{\rm i} + n$으로 표시되는 경우에는 피흡수성분의 물질유속 N은 다음 식으로 나타

낼 수 있다.

$$
\begin{aligned}
N &= \frac{y-y_i}{1/k_y} = \frac{(x_i - x)}{1/k_x} \\
&= \frac{y-y_i+[(mx_i+n)-(mx+n)]}{1/k_y+m/k_x} = \frac{[(y-n)-(y_i-n)]/m+(x_i-x)}{1/mk_y+1/k_x} \\
&= K_y(y-y^*) = k_x(x^*-x)
\end{aligned} \tag{6.13}
$$

위 식의 기상 기준, 액상기준의 총괄물질 이동 계수 K_y, K_x는,

$$1/K_y = 1/k_y + m/k_x \tag{6.14}$$

$$1/K_x = 1/mk_y + 1/k_x \tag{6.15}$$

으로 나타낼 수 있고, 우변 제1항은 기상 측의 경막 저항을, 제2항은 액상측의 경막 저항을 나타낸다.

또한 식 (6.13)의 $y^* = mx + n$은 액상본체의 몰분율 x에 평형인 기상의 몰분율이고, $x^* = (y-n)/m$은 기상 본체의 몰분율 y에 평형인 액상의 몰분율이며, $y - y^*$는 기상 기준의 추진력, $x - x^*$는 액상 기준의 추진력을 나타낸다. 식 (6.12)~식 (6.15)에 의해 흡수 속도 F는 다음 식과 같다.

$$F = K_y A(y-y^*) = K_x A(x^*-x) \tag{6.16}$$

물질 이동의 추진력으로서 기상 측에서는 기상 본체의 분압 p와 기액 계면에서의 분압 p_i과의 차이 $p - p_i$을, 액상 측에서는 계면농도 C_i와 본체농도 C와의 차이, $C_i - C$를 이용하는 경우에는 물질유속 N은 다음 식과 같다.

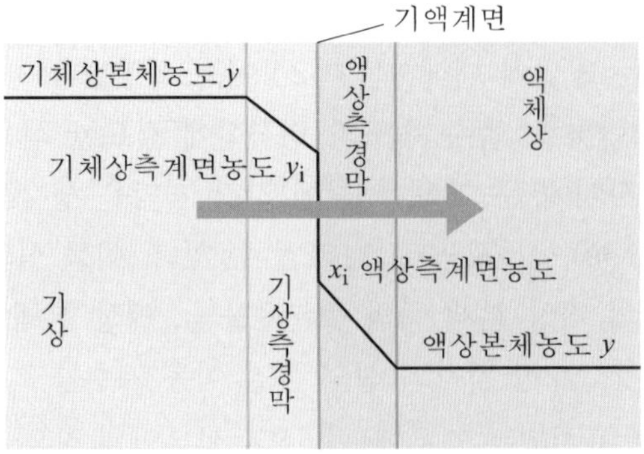

| 그림 6.4 | 가스 흡수의 이중 경막

$$N = k_{\mathrm{G}}(p - p_{\mathrm{i}}) = k_{\mathrm{L}}(C_{\mathrm{i}} - C) \tag{6.17}$$

헨리 법칙 $p = H_{\mathrm{C}}C$를 이용해 위 식을 변형시키면

$$N = \frac{(p - p_{\mathrm{i}}) + H_{\mathrm{C}}(C_{\mathrm{i}} - C)}{1/k_{\mathrm{G}} + H_{\mathrm{C}}/k_{\mathrm{L}}} = \frac{(p/H_{\mathrm{C}} - p_{\mathrm{i}}/H_{\mathrm{C}}) + (C_{\mathrm{i}} - C)}{1/k_{\mathrm{G}}H_{\mathrm{C}} + 1/k_{\mathrm{L}}} \tag{6.18}$$

이 된다. 계면의 액농도와 가스분압에 대해 헨리법칙 $p_{\mathrm{i}} = H_{\mathrm{C}}C_{\mathrm{i}}$를 적용하여, 액상본체의 농도 C에 평형인 가상적인 기상 분압 $p^* = H_{\mathrm{C}}C$, 기상 본체의 분압 p에 평형인 액상 농도 $C^* = p/H_{\mathrm{C}}$를 이용해 식 (6.18)을 다음과 같이 변형시키면

$$N = K_{\mathrm{G}}(p - p^*) = K_{\mathrm{L}}(C^* - C) \tag{6.19}$$

식의 기상측 총괄물질 이동 계수 K_{G}, 액상측 총괄물질 이동 계수 K_{L}은 각각

$$1/K_{\mathrm{G}} = 1/k_{\mathrm{G}} + H_{\mathrm{C}}/k_{\mathrm{L}} \tag{6.20}$$

$$1/K_{\mathrm{L}} = 1/(H_{\mathrm{C}}k_{\mathrm{G}}) + 1/k_{\mathrm{L}} \tag{6.21}$$

으로 나타낼 수 있으며, 위 식의 우변 제1항은 기상측 경막 저항, 제2항은 액상측 경막 저항을 나타낸다.

(2) 반응 흡수(화학 흡수)

액상 중에서 반응이 있는 경우의 총괄물질 이동 계수에 대해서는 5.3절에서 이중 경막설에 근거한 모델을 설명했다. 반응에 의해 가스 흡수 속도 N은 물질흡수의 가스 흡수 속도 N_0에 비해 증가한다. 그것을 평가하기위해 다음 식으로 정의되는 반응계수 β를 도입했다.

$$N = \beta N_0 \tag{6.22}$$

경막설에 의한 해석에서 반응계수 β는 순간반응 모델에서는 식 (5.68), 액상 경막 내 반응 모델에서는 식 (5.78), 식 (5.83)으로 나타난다. 그 때의 총괄물질 이동 계수 K_{G}, K_{L}은 반응계수 β를 식 (6.20), 식 (6.21)의 액상 측 물질 이동 계수 k_{L}에 곱하여 구할 수 있다.

6.1.4 설계법

설계식은 물질수지식, 기액 평형 관계, 흡수 속도식으로 구성된다. 공업공정에서 가스는

연속적으로 공급되어 액과 접촉하는 경우가 많다. 한편 액은 장치 내에 보유되는 경우와 유통되는 경우로 나눠진다. 설계식 도출에는 5.4.2절에서 설명했듯이 기액 2상의 흐름을 모델화시킬 필요가 있다. 이번 장에서는 전자에 대해서는 통기 교반조, 후자에 대해서는 충진탑과 붕단탑을 다루어 각각 설계법을 설명하겠다. 또한 반응 흡수에 관한 설계법에 대해서는 5.4.2절을 참고하길 바란다.

(1) 통기 교반조

교반조 내의 액체에 순수가스를 불어넣어 흡수시키는 조작의 용질가스농도의 시간변화를 생각해보자[그림 6.3(a) 참고]. 이 계는 기체측으로 보면 유통계이지만, 액체측으로 보면 교반조 내의 일정량의 액체에 기체가 용해되는 회분계이다. 액체의 체적을 V, 액체에 흡수된 기체의 농도를 C, 기액 접촉계면적의 총합을 A로 하고, 액체의 혼합상태를 완전혼합으로 하면 용질의 물질수지는 다음 식으로 나타낼 수 있다.

$$\mathrm{d}(VC)/\mathrm{d}t = AN \tag{6.23}$$

여기서, N은 기액 계면을 통과하는 용질기체의 물질유속이다.

순수가스를 공급하는 경우에는 기포 내에는 농도 구배는 존재하지 않는다. 따라서 물질유속 N은 액상측 물질 이동 계수 k_L을 이용해 다음 식으로 나타낼 수 있다.

$$N = k_L(C^* - C) \tag{6.24}$$

여기서, C^*는 기상에 평형인 액상 농도이다. 또한 기체의 용해에 동반되는 용액의 체적변화는 보통 작기 때문에 $V =$ 일정하다고 하면 식 (6.23), 식 (6.24)로 다음 식을 구할 수 있다.

$$\frac{\mathrm{d}C}{\mathrm{d}t} = k_L\left(\frac{A}{V}\right)(C^* - C) = k_L a(C^* - C) \tag{6.25}$$

여기서, $a = A/V$는 액체단위체적당 기액 계면적이다.

시간 $t = 0$이고, $C = C_0$의 초기조건을 바탕으로 위 식을 풀면

$$\ln\frac{C^* - C_0}{C^* - C} = k_L at \tag{6.26}$$

또는

$$\frac{C^{*}-C}{C^{*}-C_0}=\exp(-k_{\mathrm{L}}at) \tag{6.27}$$

이 된다. 일반적으로 기포의 크기는 균일하지 않다. 또한 물질 이동 계수 k_{L}은 기포경과 기포 주변의 흐름 상태에 의존하므로 각 기포의 k_{L}도 일정하지 않다. 식 (6.27)의 $k_{\mathrm{L}}a$는 각각 기포의 물질 이동 계수와 기액 계면적의 곱을 전체 기포에 대해 다 더해 그것을 액체적으로 나눈 계수이며, 액상 기준의 물질 이동용량계수라고 한다. 일반적으로 교반을 하면 $k_{\mathrm{L}}a$의 값이 커지며, 가스 흡수가 촉진된다. 식 (6.27)에 의해 액체의 용질농도변화는 시간과 함께 지수적으로 감소하고, 액체가 용질가스로 포화될 때까지는 긴 시간이 필요하다는 것, 또한 $k_{\mathrm{L}}a$의 값이 클수록 소정의 농도에 달하는 시간이 짧아진다는 것을 알 수 있다.[50]

(2) 충진탑

그림 6.1(b)와 같은 충진탑을 이용한 가스 흡수의 설계법을 설명하겠다.

a. 물질수지와 조작선 그림 6.5와 같이 z좌표를 정하고, 탑정을 원점, 탑저방향을 양수로 취한다. 기체, 액체 모두 압출흐름이라 가정하고, 위치 z의 액상, 기상의 용질기체의 몰분율을 x, y, 탑정, 탑저의 각각 몰분율을 x_{T}, y_{T}, x_{B}, y_{B}라 한다.

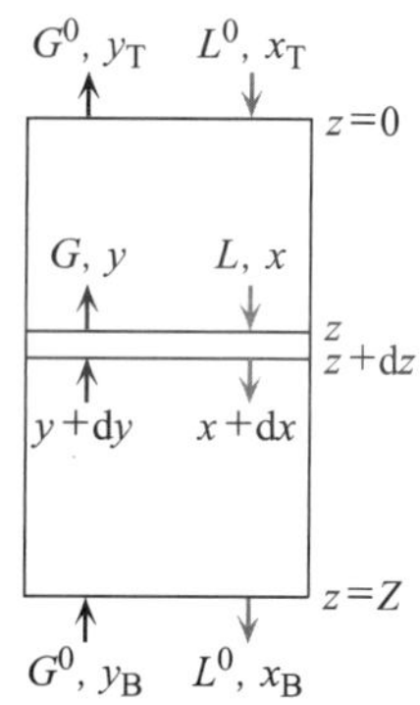

| 그림 6.5 | 향류 충진탑의 좌표와 조작변수

높이가 같은 탑에서는 충진상태와 기액의 유동접촉상태에 차이가 없고, 접촉시간이 같으면, 흡수성능은 탑 단면적의 크기에 상관없이 동일하다고 생각할 수 있다. 거기서 설치변수의 유량으로서는 공탑(충진물이 들어있지 않은 탑)의 단위단면적당 물질 유량(SI 단위는 mol $\mathrm{m^{-2}s}$)을 이용한다. 또한 액, 가스의 전체 물질 유량 L, G는 흡수에 따라 흐름방향으로 변화하지만, 피흡수가스성분을 제외한 물질 유량 L^0, G^0은 변화하지 않는다.

탑정 $z=0$과 임의의 높이 z의 구간에서 용질가스의 물질수지를 구하면

$$G^0\left(\frac{y}{1-y}-\frac{y_{\mathrm{T}}}{1-y_{\mathrm{T}}}\right)=L^0\left(\frac{x}{1-x}-\frac{x_{\mathrm{T}}}{1-x_{\mathrm{T}}}\right) \tag{6.28}$$

이 성립한다. $x=x_{\mathrm{B}}$, $y=y_{\mathrm{B}}$라고 하면, 위 식은 탑 전체의 물질수지를 나타낸다.

50) 기체의 용해는 액표면에서도 발생하므로, $k_{\mathrm{L}}a$에는 그 기여도 포함되어 있다.

$$G^0\left(\frac{y_B}{1-y_B}-\frac{y_T}{1-y_T}\right)=L^0\left(\frac{x_B}{1-x_B}-\frac{x_T}{1-x_T}\right) \tag{6.29}$$

용질이 희박한 경우에는 $x/(1-x)\approx x$, $y/(1-y)\approx y$, 또한 액, 가스의 전체 유량 L, G의 변화도 작고, $L^0\approx L$, $G^0\approx G$와 근사할 수 있으므로 식 (6.28)은 다음과 같이 간단해진다.

$$G(y-y_T)=L(x-x_T) \tag{6.30}$$

그림 6.6에 기체의 용해도를 나타내는 평행선과 식 (6.28)을 나타낸다. 식 (6.28)은 기액 조성의 변화와 유량의 관계를 나타내므로 조작선이라고 한다. 기상의 용질기체농도는 y_B에서 y_T를 향해 감소하고, 액상의 용질기체농도는 x_T에서 x_B를 향해 증가한다. 식 (6.30)이 성립하는 경우에는 조작선은 점 (x_T, y_T)를 통과해 기울기 L/G의 직선이 된다.

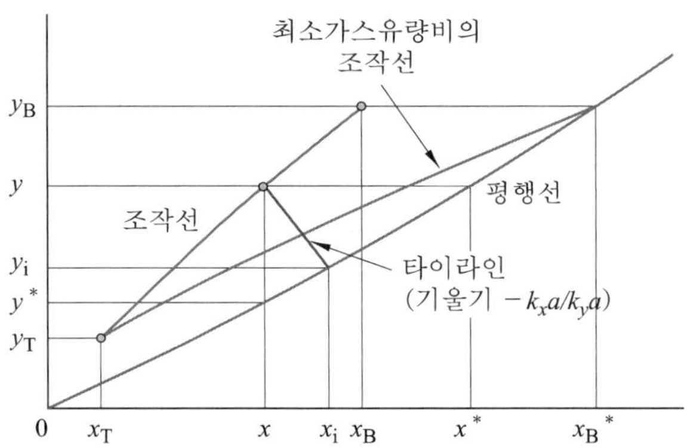

| 그림 6.6 | 조작선과 평형선

b. **최소 액가스 유량비** 가스유량 G^0을 일정히 유지한 채로 액 유량 L^0을 감소시키면 조작선의 기울이가 작아진다. 만약 점 (x,y)가 평형곡선을 가로질러 우측(아래쪽)에 위치하는 경우에는 흡수된 기체성분이 포화용해도 이상의 농도로 액 중에 존재하는 게 된다. 하지만 이것은 실제로는 일어나지 않는다. 탑저에서 액이 기체와 평형이 되는 경우가 흡수가 가능한 최소의 액유량에 대응한다. 식 (6.28)에 의해 최소액 가스유량비$(L^0/G^0)_{\min}$은 다음 식과 같다.

$$\left(\frac{L^0}{G^0}\right)_{\min}=\frac{y_B(1-y_B)-y_T/(1-y_T)}{x_B{}^*/(1-x_B{}^*)-x_T/(1-x_T)} \tag{6.31}$$

여기서, x_B*는 y_B에 평형인 액조성이다. 평형상태에서는 물질 이동의 농도 추진력이 소멸하므로 최소액 가스비 조건에서는 탑 높이는 무한대가 된다. 일반적인 조작에서는 액가스 유량비 L^0/G^0은 최소유량비 $(L^0/G^0)_{min}$의 1.25~2.0배로 하고 있다.

c. 미소구간의 물질수지 높이 방향의 기액 두 상의 농도변화를 흡수 속도와 관련시키기 위해서 그림 6.5와 같은 미소 높이 dz구간에 대해서 단위시간당 가스 흡수량 dF의 수지를 구한다. 수지에 의해 기액 유량 G, L이 변화하는 것을 고려하면 다음 식이 성립한다.

$$\begin{aligned}\mathrm{d}F &= S\mathrm{d}(Gy) = S\mathrm{d}(Lx) = SG^0\mathrm{d}[y/(1-y)] = SL^0\mathrm{d}[x/(1-x)] \\ &= SG\mathrm{d}y/(1-y) = SL\mathrm{d}x/(1-x)\end{aligned} \tag{6.32}$$

여기서, S는 공탑의 단면적이다.

흡수탑의 단위면적당 기액계 면적 a라 하면, 미소높이 dz의 기액 계면적은 $a\mathrm{Sd}z$가 되며, 흡수 속도 $\mathrm{d}F$는 경막 물질 이동 계수 k_x, k_y를 이용해 다음 식으로 나타낼 수 있다.

$$\mathrm{d}F = k_y a(y - y_\mathrm{i})\mathrm{Sd}z = k_x a(x_\mathrm{i} - x)\mathrm{Sd}z \tag{6.33}$$

충진탑 내의 기액접촉상태는 복잡하며, 경막 물질 이동 계수 k_x, k_y와 기액 접촉계 면적 a를 따로따로 액가스유량 등의 조작변수와 관련시키는 것은 어렵다. 일반적으로 두 개의 곱인 물질 이동용량계수 $k_x a$, $k_y a$를 하나의 파라미터로 다룬다.

식 (6.32), 식 (6.33)에 의해 충진탑의 미소높이 dz는 다음 식으로 나타낼 수 있다.

$$\mathrm{d}z = \frac{G}{k_y a}\frac{\mathrm{d}y}{(1-y)(y-y_i)} = \frac{L}{k_x a}\frac{\mathrm{d}x}{(1-x)(x_i-x)} \tag{6.34}$$

d. 용질기체 농도가 희박한 경우의 탑 높이 희박가스의 흡수에서는 $1-y \approx 1$, $1-x \approx 1$로 하므로 식 (6.34)를 탑정 $z=0$에서 탑저 $z=Z$까지 적분하면

$$Z = \frac{G}{k_y a}\int_{y_T}^{y_B}\frac{\mathrm{d}y}{y-y_i} = \frac{L}{k_x a}\int_{x_T}^{x_B}\frac{\mathrm{d}x}{x_i-x} = H_G N_G = H_L N_L \tag{6.35}$$

로 탑 높이 Z를 나타낼 수 있다. 여기서,

$$H_G = G/k_y a \qquad H_L = L/k_x a \tag{6.36}$$

$$N_G = \int_{y_T}^{y_B} \frac{\mathrm{d}y}{y - y_i} \qquad N_L = \int_{x_T}^{x_B} \frac{\mathrm{d}y}{x_i - x} \tag{6.37}$$

이다. 물질 이동의 추진력 $y-y_\mathrm{i}$, $x_\mathrm{i}-x$가 클수록 N_G, N_L이 작아지며 탑 높이는 낮아진다. 이 무차원변수 N_G, N_L을 기상 기준, 액상기준의 이동단위 수 또는 NTU (number of transfer unit)라고 한다. H_G, H_L은 이동단위수가 1일 때의 탑 높이를 나타내므로, 기상기준, 액상기준의 1이동단위높이, HTU (height of a transfer unit)라고 한다. 물질 이동용량계수 $k_x a$, $k_y a$가 클수록 HTU가 작아지며 소요 탑 높이는 낮아진다.

식 (6.37)에서 N_G, N_L을 구하기 위해서는 계면 조성 x_i, y_i를 알 필요가 있다. 식 (6.33)을 변형시키면

$$y - y_\mathrm{i} = -(k_x a / k_y a)(x - x_\mathrm{i}) \tag{6.38}$$

이 되므로, 계면조성 x_i, y_i는 조작선상의 점(x,y)를 지나는 기울기 $-(k_x a/k_y a)$의 직선[이것을 대응선(tie line)이라고 한다]과 평형선의 교점으로써 주어진다. 따라서 기상측과 액상측의 물질 이동용량계수 $k_x a$, $k_y a$의 값을 모르면, 계면조성 x_i, y_i를 구할 수 없다. 한편, 총괄물질 이동용량계수 $K_x a$, $K_y a$를 이용하면, 계면조성 x_i, y_i의 값을 사용하지 않고 직접 탑 높이 Z를 구할 수 있다. 식 (6.13)을 이용해 흡수 속도를 나타내면,

$$\mathrm{d}F = K_y a(y - y^*)\mathrm{S}\,\mathrm{d}z = K_x a(x^* - x)\mathrm{S}\,\mathrm{d}z \tag{6.39}$$

가 된다. 식 (6.34)를 도출한 순서로 탑 높이를 구하면 다음 식과 같다.

$$Z = \frac{G}{K_y a}\int_{y_T}^{y_B} \frac{\mathrm{d}y}{y - y^*} = \frac{L}{K_x a}\int_{x_T}^{x_B} \frac{\mathrm{d}y}{x^* - x} = H_\mathrm{OG} N_\mathrm{OG} = H_\mathrm{OL} N_\mathrm{OL} \tag{6.40}$$

여기서 H_OG, H_OL은 총괄의 HTU, N_OG, N_OL은 총괄의 이동단위 수(NTU)이며

$$H_\mathrm{OG} = G/K_y a \qquad H_\mathrm{OL} = L/K_x a \tag{6.41}$$

$$N_\mathrm{OG} = \int_{y_T}^{y_B} \frac{\mathrm{d}y}{y - y^*} \qquad N_\mathrm{OL} = \int_{x_T}^{x_B} \frac{\mathrm{d}y}{x^* - x} \tag{6.42}$$

로 정의된다. 식 (6.42)의 y^*, x^*는 $k_y a$ $K_x a$의 값을 몰라도, 그림 6.6과 같은 조작선과 평형선을 이용해 직접 구할 수 있다. y^*는 x에 평형인 기상 몰분율이므로 조작선상의 점

(x,y)를 지나 y축에 평행인 직선과 평형선의 교점 y좌표로서 주어진다. 마찬가지로 x^*는 x축에 평행인 직선과 평형선과의 교점 x좌표이다. 조작선상의 점 (x,y)에 대해 y^* 또는 x^*을 구해 피적분 함수의 $1/(y-y^*)$또는 $1/(x^*-x)$의 값을 산출하여 수치적분하면 총괄이동단위 수 H_{OG}, H_{OL}의 값을 구할 수 있다.

식 (6.14)에 G/a를 곱해 변형하면

$$G/k_y a = G/k_y a + mG/k_x a = G/k_y a + (mG/L)L/k_x a \tag{6.43}$$

가 되므로, H_{OG}와 H_{G}, H_{L}의 관계는 다음 식과 같다.

$$H_{\mathrm{OG}} = H_{\mathrm{G}} + (mG/L)H_{\mathrm{L}} \tag{6.44}$$

마찬가지로 H_{OL}와 H_{G}, H_{L}의 관계는 다음 식과 같다.

$$H_{\mathrm{OL}} = (L/mG)H_{\mathrm{G}} + H_{\mathrm{L}} \tag{6.45}$$

조작선, 평형곡선이 모두 직선으로 근사할 수 있는 경우에는 식 (6.37), 식 (6.42)는 해석적으로 적분할 수 있고, N_{G}, N_{L}, N_{OG}, N_{OL}은 각각 다음 식과 같다.

$$N_G = \frac{y_{\mathrm{B}} - y_{\mathrm{T}}}{(y-y_i)_{\mathrm{lm}}} \qquad N_L = \frac{x_{\mathrm{B}} - x_{\mathrm{T}}}{(x-x_{\mathrm{i}})_{\mathrm{lm}}} \tag{6.46}$$

$$N_{\mathrm{OG}} = \frac{y_{\mathrm{B}} - y_{\mathrm{T}}}{(y-y^*)_{\mathrm{lm}}} \qquad N_L = \frac{x_{\mathrm{B}} - x_{\mathrm{T}}}{(x-x^*)_{\mathrm{lm}}} \tag{6.47}$$

여기서 $(y-y_{\mathrm{i}})_{\mathrm{lm}}$, $(y-y^*)_{\mathrm{lm}}$ 등은 탑정과 탑저에서의 기액 계면 물질 이동의 추진력의 대수평균이다. 예를 들어, $(y-y_{\mathrm{i}})_{\mathrm{lm}}$은 다음 식으로 나타낼 수 있다.

$$(y-y_{\mathrm{i}})_{\mathrm{lm}} = \frac{(y-y_{\mathrm{i}})_{\mathrm{B}} - (y-y_{\mathrm{i}})_{\mathrm{T}}}{\ln[(y-y_{\mathrm{i}})_{\mathrm{B}}/(y-y_{\mathrm{i}})_{\mathrm{T}}]} \tag{6.48}$$

조작선, 평형곡선이 직선이 아닌 경우에도, 탑을 짧은 구간으로 분할하여 각각 구간에서 직선 근사하여 식 (6.35), 식 (6.40)에 의해 짧은 구간의 탑 높이를 구하면 그들의 총 합으로 탑 전체의 높이를 구할 수 있다.

e. 용질기체 농도가 큰 경우의 탑 높이 $G/k_y a$, $L/k_x a$의 값을 일정하다고 가정하면 식 (6.34)의 적분으로 탑 높이는 다음 식과 같아진다.

$$Z = \frac{G}{k_y a}\int_{y_T}^{y_B}\frac{dy}{(1-y)(y-y_i)} = \frac{L}{k_x a}\int_{x_T}^{x_B}\frac{dx}{(1-x)(x_i-x)}$$

$$= H_G\int_{y_T}^{y_B}\frac{dy}{(1-y)(y-y_i)} = H_L\int_{x_T}^{x_B}\frac{dx}{(1-x)(x_i-x)} \tag{6.49}$$

마찬가지로

$$Z = H_{OG}\int_{y_T}^{y_B}\frac{dy}{(1-y)(y-y^*)} = H_{OL}\int_{x_T}^{x_B}\frac{dx}{(1-x)(x^*-x)} \tag{6.50}$$

여기서 H_G, H_{OG}, H_L, H_{OL}은 식 (6.36), 식 (6.41)로 정의된 HTU이며, 식 (6.44), 식 (6.45)의 관계가 성립한다. 식 (6.49), 식 (6.50)의 적분은 일반적으로 가스의 용해도 곡선과 조작선을 이용해 비적분함수의 값을 구해 그것을 수치적분하여 구한다.

예제 6.2

1.5 mol%의 메탄올 증기를 포함하는 공기를 물로 세정하여 98%를 제거하고 싶다. 충진탑을 이용해 기액을 향류접촉시켜, 액가스유량비를 최소비의 1.8배로 조작할 때 필요한 탑 높이를 구하라. 단, 용해평형관계는 $y = 0.25\,x$로 나타내며, $H_G = 0.4$ m, $H_L = 0.3$ m이다.

해답

탑 출구 가스조성 : $y_T = (0.015)(0.02) / [0.985 + (0.015)(0.02)] = 3.04 \times 10^{-4}$

탑 입구 가스 조성 y_B에 평형인 액조성 : $x_B{}^* = 0.015 / 0.25 = 0.060$

최소액가스유량비 : 식 (6.31)에 의해 $(L^0/G^0)_{min} = 0.234$

실제 액가스유량비 : $L^0/G^0 = (1.8)(0.234) = 0.421$

총괄 HTU : 희박계 흡수이므로 $L^0/G^0 \approx L/G$

식 (6.44)에 의해 $H_{OG} = 0.4 + (0.25 / 0.421)(0.3) = 0.578$

탑저로부터 배출수 조성 : 식 (6.29)에 의해 $x_B = 0.0342$

(희박계의 식 (6.30)을 이용하면 $x_B = 0.0349$가 되며 위 값에 비해 1.2% 크다)

N_{OG} : 식 (6.47)을 이용한다. $y_B{}^* = (0.25)(0.0344) = 8.60 \times 10^{-3}$, $y_T{}^* = 0$

$y_B - y_B{}^* = 6.40 \times 10^{-3}$, $y_T = y_T{}^* = 3.04 \times 10^{-4}$

$(y-y^*)_{lm} = (6.40 \times 10^{-3} - 3.04 \times 10^{-4}) / \ln(6.40 \times 10^{-3} / 3.04 \times 10^{-4}) = 2.00 \times 10^{-3}$

$N_{OG} = (0.015 - 3.04 \times 10^{-4}) / 2.00 \times 10^{-3} = 7.35$

탑 높이 : 식 (6.40)에 의해 $Z = H_{OG}N_{OG} = (0.578)(7.35) = 4.25 = 4.3$ m

예제 6.3

15 mol%의 암모니아를 포함하는 공기를 충진흡수탑의 탑저에 공급하고, 상부에서 순수한 물을 흘려보내 공급된 암모니아의 99%를 회수하고 싶다. 액가스유량비를 2.1로 조작할 때의 탑 높이를 구하라. 단 H_{OG}는 0.5 m로 한다. 단, 탑 내의 온도는 30℃, 압력은 101.3 kPa이며, 그 때의 암모니아의 물에 대한 용해도가 다음과 같다. 또한 x, y는 몰분율을 나타낸다.

$x/10^{-2}$	1.25	1.66	2.07	2.58	3.08	4.06	5.02	7.35	9.57	13.7	17.5	20.9	24.1	29.7
$y/10^{-2}$	1.51	2.01	2.54	3.21	3.89	5.28	6.71	10.5	14.5	23.6	34.2	46.3	59.7	94.6

해답

암모니아의 용해도곡선이 왼쪽 그림과 같다.

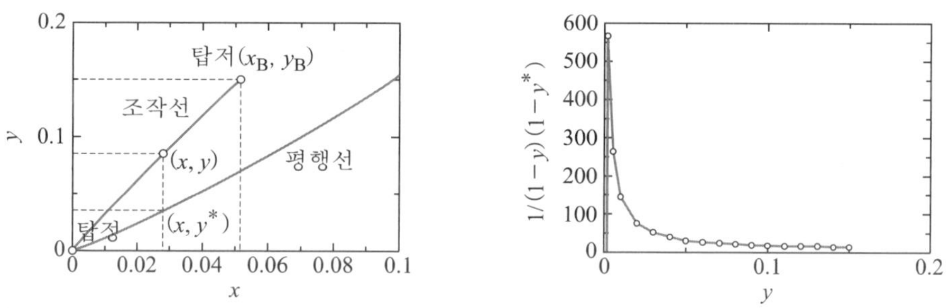

조작선 : 출구의 암모니아 농도 y_T를 구하면

$$y_T = \frac{(0.01)(0.15)}{(0.85)+(0.01)(0.15)} = 1.76 \times 10^{-3}$$

탑정농도 $x_T = 0$, $y_T = 1.76 \times 10^{-3}$, 액가스 유량비$(L^0/G^0) = 3.20$을 식 (6.28)에 대입하면 조작선은 다음 식으로 나타낼 수 있다.

$$y/(1-y) - 1.76 \times 10^{-3} = 3.20x/(1-x) \tag{1}$$

왼쪽그림에는 조작선도 나타냈다.

NTU : 암모니아의 대부분이 액으로 흡수되어 흡수탑 내의 유량 변화가 크기 때문에 식 (6.50)을 이용한다.

$$Z = H_{OG}\int_{0.001762}^{0.15} \frac{dy}{(1-y)(y-y^*)} \tag{2}$$

$1/[(1-y)(y-y^*)]$대 y의 관계는 오른쪽 그림과 같이 y가 작은 영역에서 크게 감소하는 곡선

으로 나타난다. 적분치는 가로축과 이 곡선 사이로 둘러싸인 면적과 같다. 0.001762부터 0.15까지의 구간을 [0.001762, 0.005], [0.005, 0.01], [0.01, 0.02], ⋯ , [0.09, 0.10], ⋯ , [0.14, 0.15]의 짧은 구간으로 분할하여, 사다리꼴 공식을 이용해서 수치적분하면

$$\int_{0.001762}^{0.15} \frac{\mathrm{d}y}{(1-y)(y-y^*)} = 7.14$$

탑높이 : 식 (6.50)으로 $Z = (0.5)(7.14) = 3.6\ \mathrm{m}$

(3) 붕단탑(棚段塔)

그림 6.3(c)와 같은 붕단탑은 각단 위에서 기액이 접촉하고, 기액간 물질 이동추진력이 클수록, 또한 물질 이동용량계수가 클수록 단에서 흘러내리는 액 중의 용질가스농도는 평형치에 가깝다. 궁극의 경우로써 기액이 평형상태가 되어 단을 떠나는 이상적인 경우의 설계법을 다음에 설명하겠다. 또한 기액이 평형이 되어 유출하는 단을 이상단이라고 한다.

그림 6.7과 같은 변수를 이용해 붕단탑의 물질수지식을 세운다. 탑정에서 탑저 방향으로 단의 번호를 1, 2, ⋯ , n, $n+1$, ⋯ 로 한다. 탑정에 공급되는 액의 몰분율을 $x_0 = x_\mathrm{T}$, 탑정에서 나가는 가스의 몰분율을 $y_0 = y_\mathrm{T}$로 하면, 제1단을 떠나는 가스는 그대로의 조성으로 탑정에서 나가므로 $y_1 = y_0 = y_\mathrm{T}$, 제n단을 떠나는 액가스의 조성을 각각 x_n, y_n으로 하면 그림 6.7의 점선으로 둘러싸인 탑정과 제n단의 구간으로 물질수지는 다음과 같다.

$$G^0\left(\frac{y_{n+1}}{1-y_{n+1}} - \frac{y_1}{1-y_1}\right) = L^0\left(\frac{x_n}{1-x_n} - \frac{x_0}{1-x_0}\right) \tag{6.51}$$

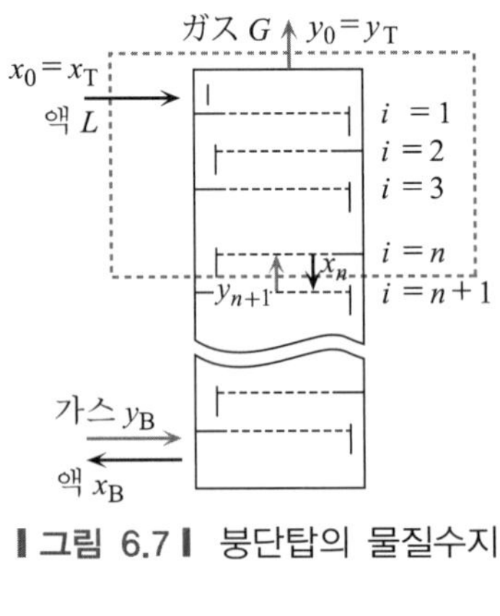

▌그림 6.7▌ 붕단탑의 물질수지

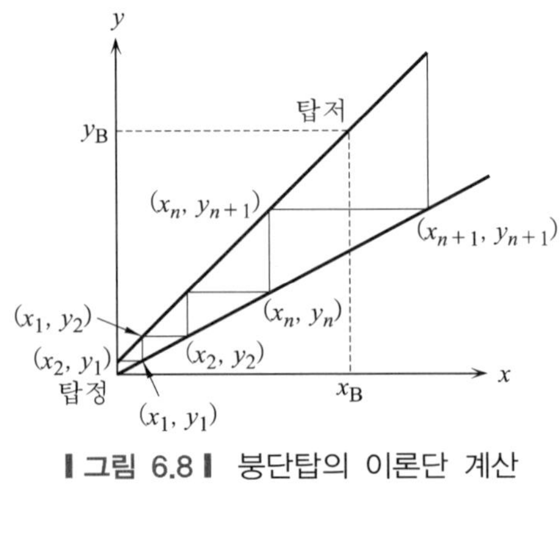

▌그림 6.8▌ 붕단탑의 이론단 계산

식 (6.51)을 식 (6.28)과 비교하면 점 (x_0, y_1), (x_1, y_2), $\cdots$, (x_n, y_n+1), $\cdots$ 은 식 (6.28)의 조작선상에 있다는 것을 알 수 있다. 또한 이상단에서는 단을 떠나는 기액은 평형이므로, (x_1, y_1), (x_2, y_2), $\cdots$, (x_n, y_n), $\cdots$ 은 평형선상에 있다. 이것으로 제1단을 떠나는 액조성 x_1은 $y_1 = y_T$에 평형인 조성이 된다. 이 x_1을 식 (6.51)에 대입하면 제2단을 떠나는 y_2를 얻을 수 있고, y_2에 평형인 액조성 x_2를 구할 수 있다. 각단을 떠나는 기액 조성은 상기의 순서를 도식화시킨 계단작도(그림 6.8)로 구할 수 있다. 입구 가스 조성 y_B보다 커지는 제 $n+1$단의 가스조성 y_{n+1}이 정해지면, 이상단의 단수는 n과 $n+1$ 사이의 값을 취하는 것이 된다. 탑저의 액조성 x_B를 이용해 $\Delta n = (x_B - x_n)/(x_{n+1} - x_n)$으로 하면, 이론단수는 $N_{\text{ideal}} = n + \Delta n$이 된다.

실제로는 각단위의 기액접촉 시간은 유한하므로 단을 떠나는 기액은 평형에는 달하지 않고 필요한 단수 N은 이론단수 N_{ideal}보다도 많아진다. 그 때 탑 단수 N은 탑효율 $E = N_{\text{ideal}}/N$을 이용해 다음 식으로 구할 수 있다.

$$N = N_{\text{ideal}}/E \tag{6.52}$$

6.2 흡착(吸着)

흡착(adsorption)은 기체/액체, 기체/고체, 액체/고체, 액체/액체 모든 계면에서도 일어날 수 있는 현상인데, 분리를 목적으로 한 흡착은 고체를 흡착제로써 사용하고 기체나 액체의 혼합물로부터 특정물질의 분리, 회수를 행한다. 그러한 흡착에 이용하는 물질을 흡착제(adsorbent) 또는 흡착재, 흡착매, 흡착되는 물질을 흡착종 또는 흡착질(adsorbate)이라고 한다.

제3장에서 설명했듯이 흡착현상은 반데르발스힘과 같은 약한 상호작용에 의한 물리흡착과 공유결합 등에 의해 고체표면에 강하게 결합하는 화학흡착으로 크게 구별된다. 한편, 흡착된 물질이 계면에서 탈리(脫離)되는 현상을 탈착(desorption)이라고 한다. 흡착력이 비교적 약한 물리흡착에서는 승온 또는 감압에 의해 탈착(脫着)이 발생하기 때문에 온도나 압력을 제어함으로써 가역적인 흡탈착 조작이 가능해진다.

공업조작에서는 내부에 다수의 세공이 있어 커다란 흡착면적을 가지는 다공질흡착제가 이용된다. 대표적인 흡착제와 그 용도를 표 6.3에 나타냈다. 활성탄은 탄소를 주성분으로 하는 다공질의 흡착제이다. 야자껍질, 목재, 석탄, 석유, 피치 등을 원료로 하고, 파쇄상, 구상, 분말상, 섬유상 등이 제조되고 있다. 표면이 비극성이므로 유기물질을 선택적으로 잘 흡착한다. 다공질 실리카 겔은 메타규산나트륨 수용액을 가수분해하여 얻어진 규산겔을 탈수·건조하

▎표 6.3▕ 흡착제의 종류와 용도

흡착제	입경, 섬유경 mm	평균공경 nm	비표면적 m^2g^{-1}	주된 용도
활성탄(탄소질원료)				
파쇄상 (야자껍질, 석탄)	0.4～1.7 0.5～2.4, 2.4～4.0	1.5～3.0	900～1500	정수, 가스정제, 용제회수, 공기정화, 액상탈색, 촉매단체
구상(석유)	0.25～0.6, 0.4～0.8	1.5～2.5	900～1350	정수, 용제회수, 가스정제
분말(목재)	< 0.15	1.5～5.0	700～15000	정수, 액상탈색, 탈취, 정제
섬유(피치)	0.013～0.017	3.5～5.0	1000～2000	오존제거, 용제회수, 탈취
활성알루미나	1.7～3.4, 3.4～4.8	4～12	150～330	탈습, 탈수
실리카겔	1.7～3.4, 3.4～4.8	2～3	550～700	탈습, 탈수
합성 제올라이트				
A형	펠릿 1.6, 3.2	0.3, 0.4, 0.5		H_2O, NH, H_2S, CO_2
X형	분말 < 0.01	0.8		H_2O, NH_3, 메르캅탄류, 유분
Y형		0.8		용제, 악취물질, 카페인

여 얻어진다. 활성알루미나는 수산화알루미늄을 가열탈수하고, 그 후 소성해서 다공질 구조로 한 것이다. 실리카겔이나 활성 알루미나가 광범위한 세공분포를 가지는데 비해, 합성 제올라이트 분말을 성형한 흡착제는 결정구조로부터 결정되는 마이크로세공(micro pore)을 가지고, 마이크로세공 직경보다 작은 분자가 마이크로세공(micro pore) 속으로 확산하여 흡착된다. 마이크로세공(micro pore)의 크기는 규산알루미늄을 구성하는 양이온(K, Na, Ca, H)에 의존하여, 평균세공직경은 A형에서는 0.3, 0.4, 0.5 nm, X형, Y형에서는 0.8 nm이다.

6.2.1 흡착평형 관계

기상흡착의 평형관계를 나타내는 방법에는 일정압력 조건 하에서 흡착제에 흡착된 흡착질의 양과 온도와의 관계를 나타내는 흡착등압선(adsorption isobar)과 일정온도 조건 하에서 흡착량과 압력 또는 농도와의 관계를 나타내는 흡착등온선(adsorption isotherm)이 있다. 일반적으로 흡착평형 관계라고 하면 액상인 경우도 포함하여 후자를 가리킨다. 흡착등온식은 흡착등온선을 식으로 나타낸 것이다. 일반적으로 흡착량은 흡착제 단위질량당의 흡착질의 질량 또는 물질로서 나타내고, 단위는 (kg 흡착질)(kg 흡착제)$^{-1}$ 또는 (kmol 흡착질)(kg 흡착제)$^{-1}$이다.

1성분계 또는 공존물질의 영향을 무시할 수 있는 경우의 흡착등온식을 다음에 설명하겠다.

a. 랑그뮈어(Langmuir)식 3.4절로 설명한 랑그뮈어의 흡착기구에 의하면 흡착종이 흡착사이트를 차지하는 비율 θ는 다음 식으로 주어진다.

$$\theta = K_{\mathrm{A}}p/(1+K_{\mathrm{A}}p) \tag{6.53}$$

여기서, p는 기상중의 흡착종의 압력(1성분계) 또는 분압(다성분계), K_{A}는 흡착평형정수이다. 전체 사이트가 흡착되었을 때의 흡착량을 q_{s}로 하면, 흡착량 q는

$$q = \frac{q_{\mathrm{s}}K_{\mathrm{A}}p}{1+K_{\mathrm{A}}p} \tag{6.54}$$

가 된다. 액상흡착의 경우에는 분압 p를 흡착종의 평형농도 C로 변환한다.

식 (6.54)는 분자, 분모에 p를 포함하므로, 평형흡착량 q를 분압 p에 대해 플롯(plot)해도 직선관계는 얻을 수 없다. 식 (6.54)를 다음과 같이 변형시키면

$$p/q = 1/q_{\mathrm{s}}K_{\mathrm{A}} + p/q_{\mathrm{s}} \tag{6.55a}$$

$$1/q = 1/q_{\mathrm{s}}K_{\mathrm{A}}p + 1/q_{\mathrm{s}} \tag{6.55b}$$

가 되며, p/q 대 p 또는 $1/q$ 대 $1/p$는 직선관계를 만족한다. 평형 데이터를 위 식에 따라 플롯하여 근사한 직선의 기울기와 절편으로 계수 K_{A}와 q_{s}를 구한다.

b. 헨리(henry)식 흡착량 q가 평형압 p 또는 평형농도 C와 비례관계에 있는 경우의 흡착식이다.

$$q = H_{\mathrm{p}}p \quad \text{또는} \quad q = H_{\mathrm{C}}C \tag{6.56}$$

랑그뮈어 식은 $p \to 0$ 에서는 $q/p \to K_{\mathrm{A}}q_{\mathrm{s}}$가 되므로 헨리식에 접근한다.

c. 프로인틀리히(Freundlich)식 다음 식과 같은 실험식이다.

$$q = kp^{1/n} \quad \text{또는} \quad q = kC^{1/n} \tag{6.57}$$

6.2.2 흡착 장치와 조작

원료유체와 흡착제를 접촉시키는 방식은 교반조를 이용하는 회분식, 장치 내에 흡착제를 충진 고정하여 유체를 유통시키는 반연속식과 장치 내에 흡착제를 제공·배출하면서 동시에 유체를 유통시키는 연속식으로 크게 구별되는데, 실제로는 교반조와 고정층을 이용하는 조작

이 많다. 교반조 회분 흡착은 원료와 흡착제를 교반조에서 교반혼합하여 흡착을 한 후, 액을 여과하여 흡착제와 분리한다. 반연속식 고정층에서는 유체의 입구에서 천천히 흡착이 진행되고, 흡착이 이루어지는 영역(이것을 흡착대라고 한다)의 하류 측에서는 유체중의 흡착질농도는 0이 된다. 하류를 향해 진행되는 흡착대가 고정층 출구에 달하고, 흡착질이 유출하기 시작하는 시점에서 흡착조작은 종료한다.

흡착조작이 종료된 흡착제는 승온 또는 감압하여 탈착재생 된다. 탈착을 위해 흐르는 유체로서는, 예를 들어 용제를 흡착한 활성탄에서는 수증기가, 또한 다음에 설명할 PSA법에서는 제품 가스가 이용된다.

압력 스윙 흡착(press swing adsorption, PSA)법은 복수의 고정층을 이용해 연속조작한다. 2탑을 이용한 경우의 PSA장치의 흐름이 그림 6.9와 같다. 탑 A에서는 가압 하에서 흡착이 이루어지고, 탑 B에서는 제품가스의 일부를 공급하면서 탈착이 이루어진다. 흡착이 완료되면 탑 내를 감압하고, 한편 탈착이 종료된 탑에는 원료가스를 공급하여 가압 하에서 흡착한다. 그림의 밸브를 개폐하여 탈착용 제품가스의 공급라인을 바꿔 가압흡착, 감압탈착을 한다.

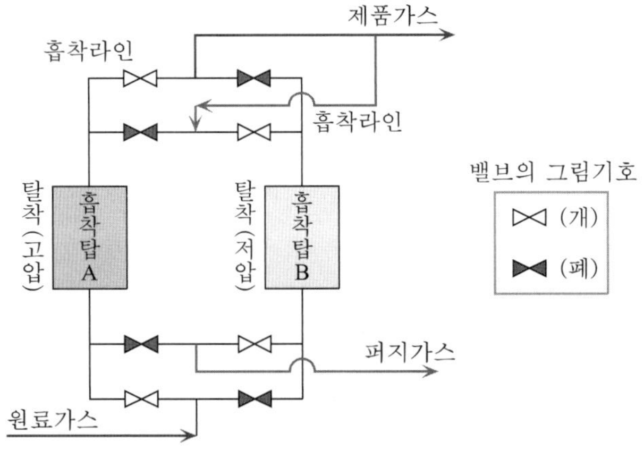

| 그림 6.9 | 2탑식 PSA흡착장치 구조

PSA는 제습, 공기분리에 의한 산소제조, 질소제조, 천연가스 정제 등 각종 가스 분리 공정에 이용되고 있고, 사용흡착제는 주로 합성 제올라이트이다. 흡착이나 탈착에 필요한 시간은 보통 30분 이하이다.

위에 설명한 조작은 원료를 연속적으로 공급하는 경우의 고정층 흡착이다. 만약 흡착성이 없는 유체를 고정층에 연속적으로 흘려보내면서 일정 시각에 소량의 혼합물을 단시간에 공급하면 흡착성이 높은 물질은 층 내에 머무는 시간이 길기 때문에 그림 6.10과 같이 흡착성이 낮은 성분부터 순서대로 유출된다. 이것이 이른바 흡착성의 차이를 이용한 크로마토그래피 분리법이다. 크로마토그래피분리법은 흡착성 이외에 전하, 소수성 등의 차이를 이용하여 혼합물을 성분마다 분취하는 방법도 개발되어있다. 분리제(이것을 고정상이라고 한다)를 충진한 컬럼에 소량의 시료를 주입한 후 분리제와의 친화성이 몹시 작은 유체(이것을 이동상이라고 한다)를 연속적으로 주입하여 분취하는 공업적인 크로마토그래피 장치도 실용화되어 있다.

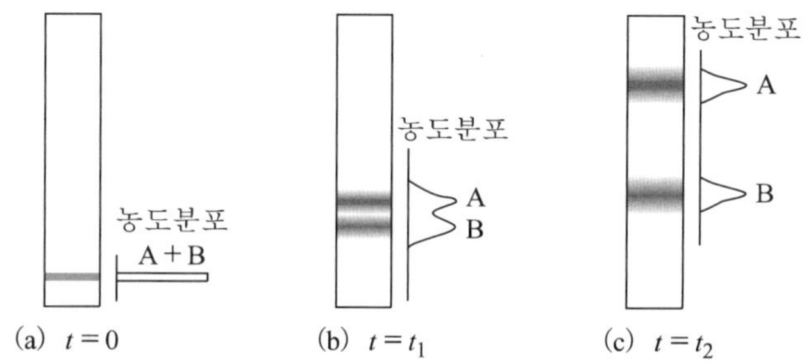

▌그림 6.10▐ 크로마토그래피 분리 원리

6.2.3 흡착 속도

다공성 입자로의 흡착 과정은 3.4.1절에서 설명했듯이 ① 유체본체에서 농도경막을 통해 흡착제 입자표면으로의 이동, ② 흡착제 입자 내부의 세공 내 확산, ③ 흡착점으로의 흡착고정, 이 세 가지 과정으로 이루어져있다. ②의 확산과정에는 유체상 중의 확산과 고체표면에 흡착한 상태에서의 표면확산도 포함되어 있기 때문에 세공 내 확산흡착현상은 복잡한 과정을 거쳐 진행된다. 일반적으로 ③의 흡착 과정은 ①, ③ 과정에 비해 빠른 경우가 많다. 이러한 경우에는 흡착질의 세공 내 유체상 농도와 세공벽 흡착농도와의 사이에는 국소평형이 성립하고, 흡착 과정은 ①의 농도경막을 통한 물질 이동과 ②의 세공 내 확산 두 가지 과정에 지배된다고 생각할 수 있다.

지금 용적 V의 장치에 질량 m_P의 흡착 제입자를 충진한 경우를 생각해 보자. 흡착개시부터 t시간 사이의 흡착량 $Q(t)$와 흡착제 단위질량당 흡착량 $\bar{q}(t)$의 관계는

$$Q(t) = m_p\bar{q}(t) = \rho_b V\bar{q}(t) \tag{6.58}$$

로 나타낸다. 여기서 $\rho_b = m_p/V$는 충진입자의 겉보기 밀도이다. 입자 밀도를 ρ_p, 입자를 충진한 장치의 공극의 체적분율을 ϵ로 하면 $\rho_b = (1-\epsilon)\rho_p$이다.

흡착 속도는 식 (6.58)의 시간 미분으로 나타낸다.

$$\frac{dQ}{dt} = \rho_b V\frac{d\bar{q}}{dt} \tag{6.59}$$

a. **유체경막 내 물질 이동** 유체상 본체에서 흡착제 입자표면으로의 흡착질 이동에 대해서는 흡착질의 농도차를 추진력으로 하는 통상의 물질 이동식을 적용한다.

$$N = k_\mathrm{f}(C - C_\mathrm{i}) \tag{6.60}$$

여기서, C는 유체상 본체 중의 흡착질농도, C_i는 입자표면의 유체상의 흡착질농도, N은 용질의 물질유속, k_f는 물질 이동 계수이다. 흡착제 입자의 외표면적을 A_p로 하면 식 (6.59), 식 (6.60)으로 다음 식이 된다.

$$\frac{\mathrm{d}\bar{q}}{\mathrm{d}t} = \frac{NA_\mathrm{p}}{\rho_\mathrm{b}V} = \frac{k_\mathrm{f}a_v}{\rho_\mathrm{b}}(C - C_\mathrm{i}) \tag{6.61}$$

여기서, $a_v = A_\mathrm{p}/V$는 장치단위체적당 충진입자의 외표면적이다. 또한 식 (6.61)의 계면 농도 C_i는 흡착의 진행과 함께 변화하는데 주의한다.

b. **세공 내 확산** 세공 내 확산현상은 복잡하므로, 그 속도를 정량적으로 평가하기 위해서는 어떠한 가정을 가질 필요가 있다. 위에서 설명한 ③의 흡착 과정이 빠른 경우에는 세공벽에 흡착된 흡착질의 농도는 세공내의 흡착질의 유체상 농도와 국소평형의 관계를 유지하면서 입자의 외표면에서 내부를 향해 감소한다. 시간 경과와 함께 그것들의 흡착질농도는 증가하고 최종적으로 흡착이 입자전체에 걸쳐 포화된 평형에 달한다.

따라서 입자 표면에서의 흡착량 q_i와 입자전체의 평형흡착량 $\bar{q}$는 $q_\mathrm{i} > \bar{q}$의 관계를 유지하면서 함께 시간적으로 증가해간다. 그때 흡착제 내부에서는 통상의 물질 이동과 마찬가지로 $q_\mathrm{i} - \bar{q}$를 추진력으로써 고상 흡착이 진행된다고 보고(이것을 선형추진력 근사라고 한다), 고상의 물질 이동 계수 k_p를 이용해 입자표면에서 입자 내부로의 흡착질의 확산 이동이 다음 식과 같다.

$$\frac{\mathrm{d}Q}{\mathrm{d}t} = \rho_\mathrm{b}V\frac{\mathrm{d}\bar{q}}{\mathrm{d}t} = A_\mathrm{p}k_\mathrm{p}(q_\mathrm{i} - \bar{q}) \tag{6.62}$$

위 식으로 다음 식을 구한다.

$$\frac{\mathrm{d}\bar{q}}{\mathrm{d}t} = \frac{k_\mathrm{p}a_v}{\rho_\mathrm{b}}(q_\mathrm{i} - \bar{q}) \tag{6.63}$$

c. **총괄물질 이동 계수** 유체경막을 통한 물질 이동과 세공 내의 확산은 직렬과정이므로 식 (6.61), 식 (6.63)으로 다음 식이 성립한다.

$$\frac{\mathrm{d}\bar{q}}{\mathrm{d}t} = \frac{k_{\mathrm{f}}a_v}{\rho_{\mathrm{b}}}(C - C_i) = \frac{k_{\mathrm{p}}a_v}{\rho_{\mathrm{b}}}(q_i - \bar{q}) \tag{6.64}$$

흡착입자 표면에서의 유체상 농도 C_{i}와 흡착제 고상 농도 q_{i}의 사이에 직선평형(헨리법칙) $q_{\mathrm{i}} = H_{\mathrm{C}}C_{\mathrm{i}}$가 성립하는 경우에는 6.1.3절에서 설명한 총괄물질 이동 계수 식 (6.13)~식 (6.15)와 같은 식 변형을 하면 식 (6.65), 식 (6.66)이 된다.

$$\frac{\mathrm{d}\bar{q}}{\mathrm{d}t} = \frac{1}{\rho_{\mathrm{b}}}\frac{(C - C_i) + (q_i - \bar{q})/H_C}{\dfrac{1}{k_{\mathrm{f}}a_v} + \dfrac{1}{k_{\mathrm{p}}a_v H_C}} = \frac{K_{\mathrm{f}}a_v}{\rho_{\mathrm{b}}}(C - C^*) \tag{6.65}$$

$$\frac{1}{K_{\mathrm{f}}a_v} = \frac{1}{k_{\mathrm{f}}a_v} + \frac{1}{k_{\mathrm{p}}a_v H_C} \tag{6.66}$$

여기서, $C^* = \bar{q}/H_{\mathrm{C}}$는 $\bar{q}$에 평형인 가상적인 유체상의 흡착질 농도 K_{f}, $K_{\mathrm{f}}a_v$는 각각 유체상 기준의 총괄물질 이동 계수, 총괄물질 이동 용량계수이다. 식 (6.66)의 우변의 제1항은 유체 내 물질 이동 저항을, 제2항은 흡착제 내 물질 이동 저항을 나타낸다. 6.1.4절에서 설명했듯이 조작범위의 평형관계를 직선 근사하여 평형선의 기울기로 H_{C}의 값을 구하면, 식 (6.66)을 이용해 흡착 속도를 평가할 수 있다.

유체 경막물질 이동계수 k_{f}는 유체와 흡착제 입자와의 상대속도, 입자경, 장치 내 입자충진상태, 유체물성 등에 의존한다. 조작기간 중 이들이 변화하지 않으면 k_{f}는 일정하게 유지된다고 봐도 좋다. 한편, 식 (6.63)의 흡착제 고상 측의 물질 이동 계수 k_{p}는 흡착초기에는 시간과 함께 변화하지만 흡착질의 고상 농도 분포가 상이적으로 변화하는 경우에는 일정 값을 가진다.

6.2.4 설계법

(1) 교반조 회분 흡착

교반조에 넣는 액의 체적을 V, 액 중의 흡착질의 초기농도를 C_0, 흡착제의 투입질량을 m으로 한다. 물질수지에서 조작개시 t 시간 후의 액농도 $C(t)$와 흡착제 단위질량당 평균흡착량 $\bar{q}(t)$의 관계는 다음 식으로 나타난다.

$$V(C_0 - C(t)) = m\bar{q}(t) \tag{6.67}$$

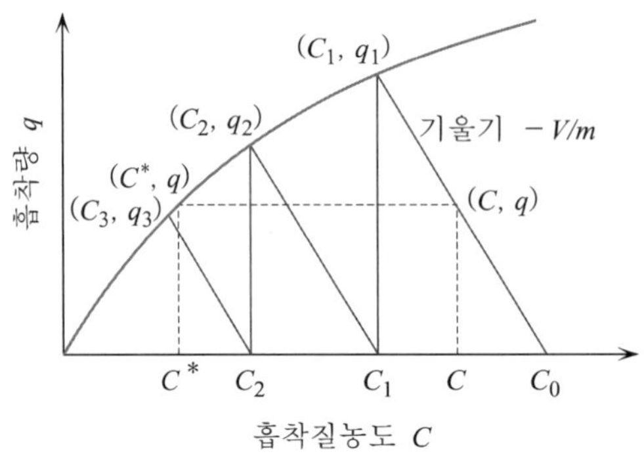

| 그림 6.11 | 교반조 회분 흡착

평형상태에 달했을 때의 액농도 C_1은 그림 6.11과 같이 위 식과 흡착등온선(q 대 C)의 교점의 농도로 주어진다.

$$C_1 = C_0 - (m/V)q \tag{6.68}$$

식 (6.67)을 시간 t로 미분하면, 액농도 C와 흡착량 $\bar{q}$의 시간변화를 나타내는 식을 구할 수 있다. 식 (6.65)의 관계를 이용하면

$$-\mathrm{d}C/\mathrm{d}t = (m/V)\mathrm{d}\bar{q}/\mathrm{d}t = K_\mathrm{f}a_v(C - C^*) \tag{6.69}$$

이 된다. $K_\mathrm{f}a_v$ 값이 일정하다고 가정하면, 액농도가 C_0부터 C에 달하기까지의 소요시간 t는 위 식을 적분하여 다음 식으로 구할 수 있다.

$$t = -\frac{1}{K_\mathrm{f}a_v}\int_{C_0}^{C}\frac{\mathrm{d}C}{C - C^*} \tag{6.70}$$

$\bar{q}(t)$에 평형인 액농도 C^*는 그림 6.11과 같이 흡착의 진행과 함께 변화하므로 위 식을 상온흡착식과 조합하여 소요시간 t를 구한다.

1회의 조작에서 분리가 불충분한 경우에는 여러 번 흡착조작을 하게 된다. 평형흡착 조작을 하는 경우에는 제1회의 종료농도 C_1이 제2회의 초기농도가 되며, 식 (6.68)의 C_0을, C_1, C_1을 C_2로 바꿔, 흡착등온식과의 교점으로 종료 평형농도 C_2를 구한다. 목적성분의 농도가 소정의 농도 이하가 될 때까지 이 절차를 반복하여 필요한 흡착 조작 회수를 구한다.

예제 6.4

활성탄을 이용해 체적 1 m^3의 수용액 중에 포함되는 0.2 kg의 페놀을 제거한다. 흡착등온식은 $q=0.35C^{0.18}$로 나타내며, q의 단위는 (kg－흡착질)(kg－흡착제)$^{-1}$, C의 단위는 (kg－흡착질)(m^3－용액)$^{-1}$이다.

1) 1 kg의 활성탄을 이용해서 회분 흡착을 할 때의 액농도를 구하라.
2) 1회당 0.5 kg의 활성탄을 이용해 회분 흡착을 2회 할 때, 흡착 후의 액농도를 구해, 흡착조작이 1회인 경우와 비교하라.

해답

1) 식 (6.68)에 수치를 대입하면, $(0.2-C)=0.35C^{0.18}$
   시행법에 의해 해를 구하면, $C=0.0228\ \mathrm{kg\ m^{-3}}$
2) 1회째 $(1/0.5)(0.2-C)=0.35C^{0.18}$에 의해 $C=0.0872\ \mathrm{kg\ m^{-3}}$
   2회째 $(1/0.5)(0.872-C)=0.35C^{0.18}$에 의해 $C=0.0103\ \mathrm{kg\ m^{-3}}$
   2회로 나눠 회분 흡착하면 흡착 후의 페놀 농도는 보다 저하된다.

(2) 고정층 흡착법

흡착제를 충진한 고정층에 유체를 흘려보내면 흡착은 층 입구에서 출구를 향해 진행해 간다. 흡착량이 원료유체 중의 흡착질 농도 C_0에 평형인 흡착량 q_0에 달하면 흡착이 이루어지는 영역은 고정층 내를 하류로 이행한다. 그 영역보다 더욱 하류 측에서는 흡착질농도 $C=0$, 흡착량 $\bar{q}=0$이다. 흡착질농도 C의 변화가 큰 영역을 흡착대라고 한다. 고정층 흡착탑 내의 유체상속에서 흡착질 농도분포의 개요를 그림 6.12에 나타냈다.

a. 파과곡선(breakthrough curve) 고정층 출구의 흡착질농도의 시간에 따른 변화를 나타내는 곡선을 파과곡선이라고 한다. 그림 6.13과 같이 흡착대 앞쪽 끝이 고정층 출구에 달하면 흡착질유체의 농도는 상승하기 시작해, 고정층 전체의 흡착이 완료되면 입구농도 C_0와 비슷해진다. 파과곡선 농도변화에 대해 임계치 C_B, C_E를 설정하고, $C=C_B$가 되는 시각을 파과점, $C=C_E$가 되는 시각을 종말점이라고 한다. 또한 파과점, 종말점에 달하기까지의 시간을 파과시간, 종말시간이라고 한다. 보통 임계치로는 $C_B/C_0=0.05\sim0.1$, $C_E/C_0=0.9\sim0.95$의 값이 이용된다. 파과점에 달하면 흡착조작을 종료하고, 재생조작을 개시한다.

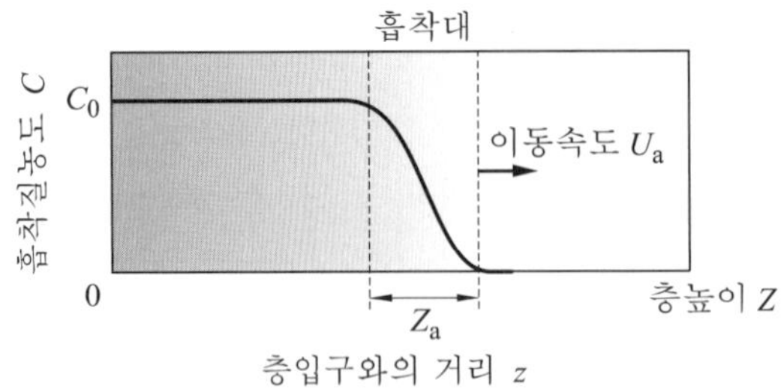

Ⅰ그림 6.12Ⅰ 고정층 내의 흡착질 농도 분포와 흡착대

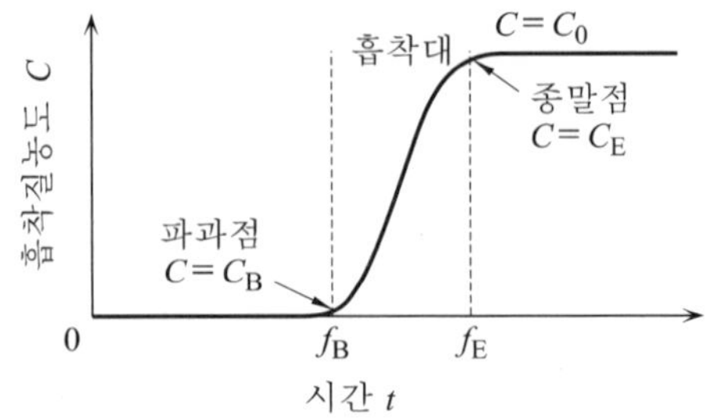

Ⅰ그림 6.13Ⅰ 파과곡선

b. 미소구간의 물질수지 파과곡선은 공간위치를 장치출구에 고정시켰을 때의 흡착질 농도의 시간변화이다. 한편 고정층 내에서는 유체 중의 흡착질 농도는 시간적, 공간적으로 변화한다. 그때 미소구간의 물질수지를 바탕으로 고정층 내 시공간 변화를 파과곡선의 시간변화와 연결시켜보자. 그림 6.14에 좌표계를 나타낸다. 흡착제를 충진하지 않는 경우의 공탑의 유로(流路) 단면적을 S, 충진했을 때의 공극의 체적분율을 ϵ, 충진된 흡착제 입자의 겉보기 밀도를 ρ_b로 한다. 또한 고정층 내의 흐름은 압출흐름이며, 유량 Q는 흡착에 의해 변화하지 않는다고 가정한다.

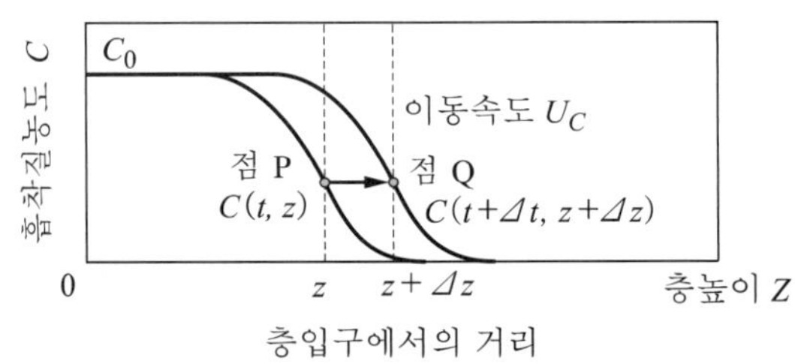

Ⅰ그림 6.14Ⅰ 등농도 유체의 이동속도

위치 z와 $z+\Delta z$ 사이의 미소영역의 물질수지를 구한다. 미소공극체적 $\epsilon S\Delta z$ 내의 유체농도의 시간변화 $(\partial C/\partial t)_z$, 흡착질의 유입량 $QC|_z$와 유출량 $QC|_{z+\Delta z}$ 및 미소충진량 $\rho_b S\Delta Ez$의 흡착제에 흡착한 흡착질의 시간변화량 $(\partial\bar{q}/\partial t)z$ 사이의 관계는 다음 식과 같다.

$$(\epsilon S\Delta z)\left(\frac{\partial C}{\partial t}\right)_z = Q(C|_z - C|_{z+\Delta z}) - (\rho_b S\Delta z)\left(\frac{\partial\bar{q}}{\partial t}\right)_z \tag{6.71}$$

위 식을 $\epsilon S\Delta z$로 나눠 $\Delta z \to 0$의 극한을 구하면

$$\left(\frac{\partial C}{\partial t}\right)_z = -\left(\frac{Q}{S\epsilon}\right)\lim_{\Delta z \to 0}\frac{(C|_{z+\Delta z} - C|_z)}{\Delta z} - \frac{\rho_b}{\epsilon}\left(\frac{\partial \bar{q}}{\partial t}\right)_z$$
$$= -\frac{u_0}{\epsilon}\left(\frac{\partial C}{\partial z}\right)_t - \frac{\rho_b}{\epsilon}\left(\frac{\partial \bar{q}}{\partial t}\right)_z \tag{6.72}$$

여기서, $u_0 = Q/S$는 공탑속도이다. 흡착량 $\bar{q}$가 유체 중의 농도 C에게만 의존한다고 가정하면, $(\partial\bar{q}/\partial t)_z = (\partial C/\partial t)_z(\mathrm{d}\bar{q}/\mathrm{d}C)$가 성립하므로 식 (6.72)에 의해 고정층 내의 유체 농도의 시공간변화는 다음 식으로 나타낼 수 있다.

$$\left[1 + \frac{\rho_b}{\varepsilon}\left(\frac{\mathrm{d}\bar{q}}{\mathrm{d}C}\right)\right]\left(\frac{\partial C}{\partial t}\right) = -\left(\frac{u_0}{\varepsilon}\right)\left(\frac{\partial C}{\partial z}\right)_t \tag{6.73}$$

c. **등농도점의 이동속도** 위치 z의 점 P에서 시각 t에 농도 $C(t,\ z)$를 가지는 유체가 시각 $t+\Delta t$에서는 위치 $z+\Delta z$의 점 Q까지 이동했다고 하면, 등온도점의 이동에 대해 다음 식이 성립하고

$$C(t+\Delta t, z+\Delta z) - C(t,z) = \left(\frac{\partial C}{\partial t}\right)_z \Delta t + \left(\frac{\partial C}{\partial z}\right)_t \Delta z = 0 \tag{6.74}$$

그 이동속도 $U_C = \lim\limits_{\Delta t \to 0}(\Delta z/\Delta t)_C = (\partial z/\partial t)_C$는 다음 식으로 주어진다.

$$U_C = \lim_{\Delta t \to 0}\left(\frac{\Delta z}{\Delta t}\right)_C = \left(\frac{\partial z}{\partial t}\right)_C = -\left(\frac{\partial C}{\partial t}\right)_z \Big/ \left(\frac{\partial C}{\partial z}\right)_t \tag{6.75}$$

식 (6.73), 식 (6.75)로 다음 식을 구할 수 있다.

$$U_C = (u_0/\epsilon)\Big/\left[1 + \frac{\rho_b}{\epsilon}\left(\frac{\mathrm{d}\bar{q}}{\mathrm{d}C}\right)\right] \tag{6.76}$$

d. **바람직한 평형관계** 평형에 가까운 흡착상태를 생각해보자. 등온흡착선이 위로 볼록한 경우에는 농도 C의 증가와 함께 $\mathrm{d}\bar{q}/\mathrm{d}C$는 감소하므로 식 (6.76)에 의하면 U_C는 농도가 작은 영역에서는 작고, 농도가 큰 영역에서는 커진다. 그러나 실제로는 흡착대 내의 농도는 상류부터 하류를 향해 감소하고, 농도가 높은 영역이 농도가 낮은 영역보다도 빠르게 이동하지는 않기 때문에 이 경우의 고정층 내 농도 분포는 흐름 방향에 급격히 변화하고 흡착대가 좁아진다. 한편, 등온흡착 곡선이 반대의 경우에는 농도가 작은 영역일수록 빠르게 하류로 이동하기 때문에 흡착대가 넓어진다. 이렇듯 흡착등온선이 위로 볼록한 경우에는

흡착대가 좁아지므로 바람직한 평형관계라고 불린다. 또한 이때 고정층 입구에서 비교적 짧은 거리에서 농도 분포는 정형이 되며 일정속도로 이동한다고 생각된다.

e. 흡착대의 이동속도와 조작선 정형농도 분포가 일정속도로 이동하는 경우, 흡착대의 이동속도 U_a는 등농도유체의 이동속도 U_C와 같고, 식 (6.76)에서 $d\bar{q}/dC$는 일정한 값이 된다. $C=0$에서 $\bar{q}=0$, $C=C_0$에서 $\bar{q}=q_0$의 조건에서 $\bar{q}$는 다음 식과 같다.

$$\bar{q}=(q_0/C_0)C \tag{6.77}$$

위 식은 유체상의 흡착질농도 C와 흡착량 $\bar{q}$의 관계를 나타내므로 조작선을 나타낸다. 위 식을 식 (6.76)에 대입하면, 흡착대의 이동속도 U_a는 다음 식과 같다.

$$U_a=\frac{C_0u_o}{\epsilon C_0+\rho_b q_0} \tag{6.78}$$

f. 흡착대의 길이와 파과시간 흡착개시부터 종료까지 필요한 시간을 구하기 위해서 식 (6.77)을 흡착 속도식 (6.65)에 대입하여 변형시키면, 다음 식과 같다.

$$\frac{dC}{dt}=\left(\frac{C_0}{q_0}\right)\left(\frac{K_f a_v}{\rho_b}\right)(C-C^*) \tag{6.79}$$

여기서, C^*는 $\bar{q}$에 평형인 유체상의 가상흡착질 농도이며, 그림 6.15와 같이 흡착평형 관계와 조작선으로 구할 수 있다. 흡착대 내에서 $K_f a_v=$일정하다고 가정하고 식 (6.79)를 적분하여 파과점 농도 C_B에서 종말점농도 C_E가 될 때까지의 시간을 구하면 그것은 흡착대 통과에 필요한 시간 t_E-t_B와 같다.

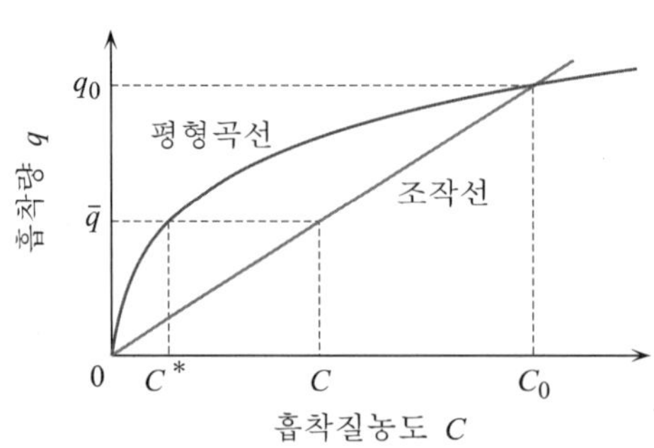

| 그림 6.15 | 고정층 흡착의 평형곡선과 조작선

$$t_E - t_B = \left(\frac{\rho_b q_0}{K_f a_v C_0}\right)\int_{C_B}^{C_E}\frac{dC}{C-C^*} \tag{6.80}$$

식 (6.78), 식 (6.80)에 의해 흡착대의 길이 Z_a는 다음 식으로 주어진다.

$$Z_a = U_a(t_E - t_B) = \left(\frac{u_0}{\varepsilon C_0 + \rho_b q_0}\right)\left(\frac{\rho_b q_0}{K_f a_v}\right)\int_{C_B}^{C_E}\frac{dC}{C-C^*} = H_{of}N_{of} \tag{6.81}$$

위 식은 농도차 $C-C^*$를 물질 이동의 추진력으로 하고 있기 때문에 적분항 N_{of}는 6.1.4절에서 설명한 총괄 NTU(이동단위수), 계수 H_{of}는 총괄 HTU (1이동단위 길이)에 대응한다. 위 식의 ϵC_0은 유체상 중의 흡착질량, $\rho_b q_0$은 흡착제에 흡착된 흡착질량을 나타내므로 통상의 조건에서는 $\epsilon C_0 \ll \rho_b q_0$이 성립하고, H_{of}는 다음 식으로 주어진다.

$$H_{of} = u_0 / K_f a_v \tag{6.82}$$

H_{of}는 식 (6.41)로 정의한 H_{OG}, H_{OL}과 유사한 파라미터이다.

흡착평형 관계가 랑그뮈어 식, 프로인틀리히 식으로 근사할 수 있는 경우에는 이동단위수 N_{of}는 각각 해석적으로 다음 식으로 주어진다.

$$\text{랑그뮈어 식}\quad N_{of} = \frac{1+K_A C_0}{K_A C_0}\ln\frac{C_E}{C_B} + \frac{1}{K_A C_0}\ln\frac{C_0 - C_B}{C_0 - C_E} \tag{6.83}$$

$$\text{프로인틀리히 식}\quad N_{of} = \ln\frac{C_E}{C_B} + \frac{1}{n-1}\ln\frac{1-(C_B/C_0)^{n-1}}{1-(C_E/C_0)^{n-1}} \tag{6.84}$$

해석해를 구할 수 없는 경우에는 $1/(C-C^*)$를 수치적분하여 N_{of}의 값을 구한다.

g. 파과시간과 고정층의 길이 파과시간 t_B와 고정층의 길이 Z와의 관계를 구한다. 파과시간까지 고정층에 공급된 흡착질의 양은 $QC_0t_B = Su_oC_ot_B$이다. 고정층의 입구 $z=0$부터 $z = Z - Z_a$까지의 영역에서는 흡착이 완료되어 있으므로 그 영역에서는 $\bar{q} = q_0$이다. 또한 $z = Z - Z_a$부터 $z = Z$까지의 영역에서는 흡착량은 q_0부터 0까지 변화하므로 이 영역의 흡착량을 평균이 $q_0/2$로 하면 전체 흡착량은 $\rho_b S q_0[(Z-Z_a) + Z_a/2] = \rho_b S q_0(Z - Z_a/2)$가 되며, 파과시간과 고정층의 길이 Z의 관계는 다음 식으로 주어진다.

$$t_B = \frac{\rho_b q_0}{u_0 C_0}\left(Z - \frac{Z_a}{2}\right) \tag{6.85}$$

예제 6.5

흡착제의 충진밀도 450 kg m^{-3}, 길이 0.7 m의 고정층을 이용해 유기물농도 0.15 kg m^{-3}의 폐수 처리를 했다. 공탑속도가 3×10^{-4}m s^{-1}일 때의 출구농도가 원액농도의 10%가 되는 파과시간은 620 h였다. 총괄물질용량계수 $K_f a_v$를 구하라. 단, 흡착 등온식은 $q = 0.45C^{0.12}$, q의 단위는 (kg－흡착질)(kg－흡착제)$^{-1}$, C의 단위는 (kg－흡착질)(m^3－용액)$^{-1}$이다.

해답

$n = 1/0.12$의 프로인틀리히형의 흡착등온식이므로 식 (6.84)에 $C_B/C_0 = 0.1$, $C_E/C_0 = 0.9$를 대입하면 $N_{of} = 2.28$이다.

흡착대의 길이는 고정층 길이에 비해 짧다고 가정하고 $\rho_b = 450$ kg m^{-3}, $u_0 = 3 \times 10^{-4}$ m s^{-1}, $t = 620$ h, $N_{of} = 2.28$, $q_0 = (0.45)(0.15)^{0.12} = 0.358$(kg－흡착질)(kg－흡착제)$^{-1}$을 식 (6.85)에 대입하면 $Z - Z_a/2 = (t_B u_0 C_0)/(\rho_b q_0) = 0.623$ m이 되며, 흡착대 폭은 $Z_a = 2 \times (0.7 - 0.623) = 0.154$ m이다. 흡착대 폭이 전장 0.7 m에 비해 짧다는 가정은 대체적으로 만족된다.

식 (6.81)에 의해 $H_{of} = 0.0675$ m가 되며, 식 (6.28)에 의해 $K_f a_v = u_0/H_{of} = 4.4 \times 10^{-3}$s^{-1}이다.

6.3 추출

추출(extraction)은 용매를 분리제로 사용하고, 액체 또는 고체의 원료혼합물 중의 목적성분을 용매에 녹여 내는 조작이다. 추출되는 목적성분을 용질 또는 추질(solute), 용매를 용제 또는 추제(solvent), 목적성분을 추출한 액을 추출액(extract)이라고 한다. 원료혼합물이 액체인 경우를 액액추출(liquid－liquid extraction) 또는 단순히 추출, 고체의 경우를 고액추출(solid－liquid extraction)이라고 한다. 또한 추제를 이용해 광석에서 금속을 추출하는 조작을 침출(leaching)이라고 한다. 액액추출에서는 원료혼합물의 용제성분을 원용매 또는 희석제(dilute), 추출잔물을 추잔액(raffinate)이라 한다. 추출조작은 표 6.4와 같이 여러 가지 분야에서 넓게 이용되고 있다.

고액추출에서는 고체 중의 용질은 고체에 함침한 용매 안을 확산하여 고체 내에서 용매본체에 녹는다. 고체 내부의 확산은 고체의 크기, 형상, 용질의 분포상태, 세공구조 등에 의존한다. 또한 고체자체의 용해 외에 반응도 생긴다. 이렇듯 고액추출은 복잡한 현상을 동반한다.

| 표 6.4 | 공업적인 추출조작

분 야	용 도
석유정제·화학공업	윤활유제조를 위한 방향족 분리 플라스틱 원료의 BTX(벤젠, 톨루엔, 크실렌), 계면활성제, 유지류, 초산, 실리콘오일의 정제, 각종 용제의 정제·세정
의약품 공업	항생물질, 비타민류, 한방약의 추출
식품 공업	천연물로부터 식물기름, 식품첨가물, 향료의 추출정제
광업, 금속정련광업 등	광석에서 금속 추출, 귀금속, 레어어스의 습식 정련, 폐수의 세정, 배수의 유용성분, 유용금속의 회수

한편, 액액추출은 원용매, 추제, 용질의 혼합액체가 2상 분리되는 조성범위를 이용하여 원료중의 목적성분을 추출한다. 원료에 추제를 가해 두 개를 접촉시키면 용질의 일부가 원용매상에서 추제상으로 이동하고, 동시에 원용매 일부가 추제상으로, 추제 일부가 원용매상으로 용해되어 2상 분리하는 것이 일반적이다. 따라서 액액추출의 원리는 액액평형과 계면을 통해 물질 이동을 바탕으로 설명된다. 이번 절에서는 액액추출을 다루겠다.

6.3.1 액액평형 관계

a. **삼각좌표** 액액추출에서는 원용매(희석제), 추제(용매), 추질(용질), 적어도 3성분으로 이루어진 계를 다룬다. 원용매와 추제가 녹지 않는 경우에는 원용매 중의 추질농도와 추제 중의 용질농도를 $x-y$좌표로 플롯하면 그것이 평형관계를 나타내고, 가스 흡수와 같이 취급할 수 있다.

원용매와 추제가 상호 용해되는 경우에는 삼각좌표를 이용해 3성분계의 액액평형관계를 나타낸다. 조성은 질량분율 또는 몰분율을 이용해 나타내며, 삼각좌표로서는 정삼각형, 직각이등변삼각형의 좌표를 이용한다. 이 책에서는 후자를 이용한다.

A(원용매), B(추제), C(추질)의 질량분율을 각각 x_A, x_B, x_C라 한다. 그림 6.16과 같은 등변의 길이가 1인 직각삼각형 ABC에서 변 AB, 변 AC를 각각 x_B축, x_C축에 취하면 점 A, B, C의 좌표는 각각 A, B, C 100%의 조성을 나타낸다. 내부의 점 M의 좌표 $(x_{B,M}, x_{C,M})$은 성분 B, C의 질량분율을 나타내며 $\overline{UM} = x_{B,M}$, $\overline{VM} = x_{C,M}$ 이다. 또한 $\overline{MW}$는 성분 A의 질량분율 $x_{A,M} = 1 - x_{B,M} - x_{C,M}$을 나타낸다.

b. **지렛대의 원리** 질량 m_Q, 조성($x_{A,Q}$, $x_{B,Q}$, $x_{C,Q}$)의 액 Q, 질량 m_S, 조성($x_{A,S}$, $x_{B,S}$, $x_{C,S}$)의 액 S와 그들을 혼합시킨 질량 $m_Q + m_S$의 액 M의 조성($x_{A,M}$, $x_{B,M}$, $x_{C,M}$) 사

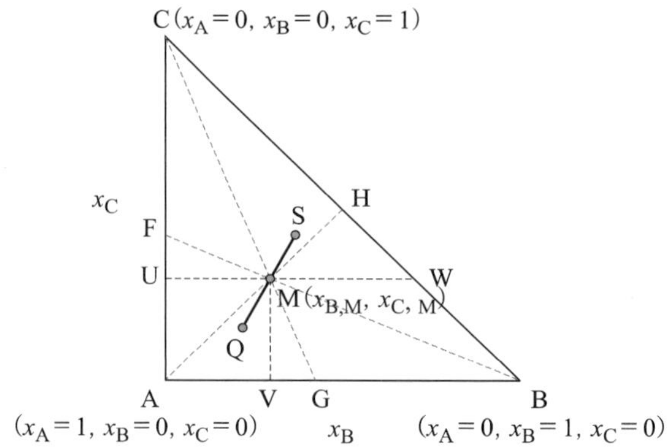

| 그림 6.16 | 삼각좌표의 농도와 지렛대의 원리

이에는 질량수지에 의해 다음 식이 성립한다.

$$\text{성분 B} \quad x_{B,M} = (m_Q x_{B,Q} + m_S x_{B,S})/(m_Q + m_S) \tag{6.86}$$

$$\text{성분 C} \quad x_{C,M} = (m_Q x_{C,Q} + m_S x_{C,S})/(m_Q + m_S) \tag{6.87}$$

위 식을 변형시키면

$$\frac{m_S}{m_Q} = \frac{x_{B,M} - x_{B,Q}}{x_{B,S} - x_{B,M}} = \frac{x_{C,M} - x_{C,Q}}{x_{C,S} - x_{C,M}} \tag{6.88}$$

이 된다. 삼각좌표에서 점 M은 선분 QS를 $\overline{QM} : \overline{MS} = m_S : m_Q$에 내분하는 점이며, 지렛대의 원리 $m_Q\overline{QM} = m_S\overline{MS}$를 만족시킨다. 2액 Q, S가 섞이지 않는 경우에는 식 (6.86), 식 (6.87)은 혼합액이 가상적으로 균일상을 형성할 때의 조성을 나타낸다.

선분 AM, BM, CM을 연장하여 삼각형의 각 변과 만나는 점을 그림과 같이 F, G, H로 한다. 지금, 성분 A와 성분 C의 조성이 점 F로 표시되는 액에 성분 B를 혼합해가면 혼합액의 조성을 나타내는 점은 선분 FB 위를 점 F부터 B를 향해 이동한다. 액 F의 질량을 m_F, 액 B의 질량을 m_B로 하면 $\overline{FM} : \overline{MB} = m_B : m_F$일 때 액 F와 액 B의 혼합조성은 점 M으로 표시된다. 한편 점 M으로 표시되는 조성의 액에서 성분 B만을 제거해 가면 액의 조성은 점 M에서 점 F를 향해 이동하고, 성분 B가 완전히 제거되었을 때의 액 조성은 점 F로 표시된다. 마찬 가지로 조성이 점 M으로 표시되는 액으로부터 성분 C만을 제거했을 때의 조성은 점 G로, 또한 성분 A만을 제거했을 때의 조성은 점 H로 나타난다.

이러한 관계는 질량, 질량분율 대신에 물질, 몰분율을 이용하는 경우에도 성립한다.

c. 용해도 곡선(solubility curve) 액액추출에서는 2액상 공존 하에서의 평형관계가 기본이 된다. 추질이 원용매, 추제 어느 것에 대해서도 완전히 용해되는 경우의 평형관계를 나타내는 법을 다음에 설명하겠다. 용해도 곡선은 균일액상의 조성영역과 2액상 공존의 조성영역과의 경계를 나타내는 곡선이다. 그림 6.17에서 곡선 A'RPEB'를 용해도곡선이라 하면, 이 곡선의 외부가 균일액상을 형성하는 조성영역, 내부가 2액상에 분리하는 조성영역이다.

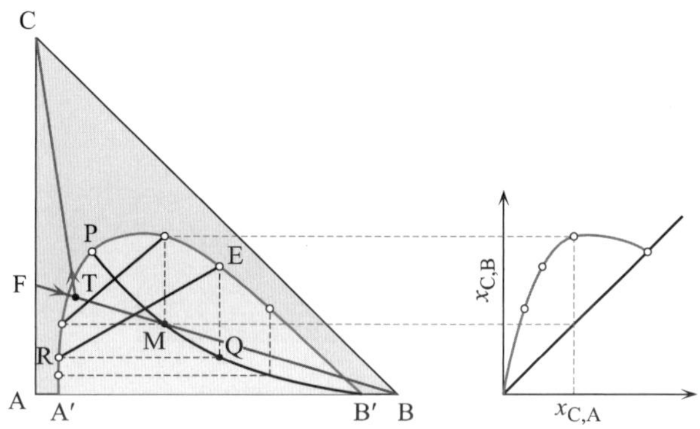

| 그림 6.17 | 용해도곡선, 대응선, 공역선, 분배곡선

실험에서는 용해도 곡선은 다음과 같이 구한다. 조성이 점 F의 액에 추제 B를 가해가는 경우 혼합액의 조성은 점 F에서 점 B를 향해 직선적으로 이동하고, 용해도 곡선을 가로지르면 액은 상분리하기 위해 탁해진다. 이 탁해지는 점을 백탁점(白濁点)이라고 한다. 조성이 점 T의 액에 추질 C를 가하면 탁해진 액의 겉보기 조성은 점 T에서 점 C를 향해 이동하고, 용해도곡선을 넘으면 액의 탁함이 사라진다. 용해도곡선은 이러한 순서를 반복해서 구해지는 탁해지는 조성 또는 탁함이 사라지는 조성의 플롯으로 구해진다.

용해도 곡선 내부의 점 M의 조성의 액은 실제로는 존재하지 않고, 2액으로 나눠진다. 이들 조성을 나타내는 점 E, R은 용해도 곡선상에 있고, 점 M은 선분 ER위에 있다. E액, R액의 질량을 m_E, m_R로 하면, 지렛대의 원리에 의해 $m_E : m_R = \overline{MR} : \overline{EM}$ 이 된다. 선분 ER과 같이 서로 평형인 2액의 조성을 연결하는 선분을 대응선(tie line)이라고 한다. 추질농도의 증가와 함께 대응선은 점 C를 향해 위로 이동하고, 그 길이도 짧아진다. 점 P는 대응선의 양끝이 일치하여 2액상의 조성이 같아지는 점이며, 플레이트 포인트(plait point)라고 한다. 대응선 ER의 점 E부터 변 AB로 내린 수직선과 점 R을 지나 변 AB에 평행으로 그은 선과의 교점 Q가 그리는 고선을 공역선(conjugate line)이라고 하며, 공역선으로 대응선을 구할 수 있다.

d. **분배곡선** 서로 평형인 원용매상 A 중의 추질 C의 질량분율 $x_{C,A}$를 가로좌표, 추제상 B 중의 질량분율을 $x_{C,B}$로서 세로좌표로 플롯해서 구할 수 있는 곡선을 분배곡선(distribution curve), $K_C = x_{C,B}/x_{C,A}$를 분배계수(distribution coefficient)라고 한다. 분배계수 K_C는 추제의 추출능력을 나타내고, 일반적으로 추질농도가 작은 범위에서는 K_C는 일정한 값이 된다. $x_{C,A}$와 $x_{C,B}$는 대응선의 끝점이므로 그림 6.18과 같은 작도에 의해 삼각좌표의 대응선은 분배곡선과 관련지을 수 있다.

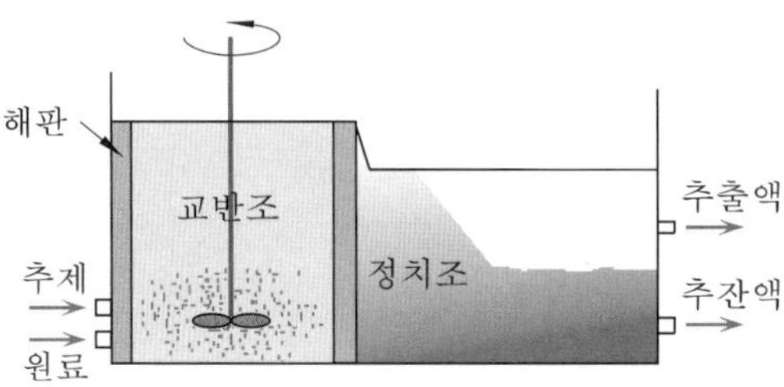

▎그림 6.18 ▎ 교반정치조

e. **분리계수** 추출에서는 일반적으로 추질 C뿐만 아니라 원용매 A도 추제상 B에 용해된다. 추제로서는 추질 C를 되도록 많이 녹이고, 원용매 A를 되도록 녹이지 않는 것, 즉 K_C가 크고 K_A가 작은 것이 바람직하다. 그 때 분리계수 β를 다음 식으로 정의하면, β는 추제의 능력을 나타낸다.

$$\beta = K_C / K_A = (x_{C,B}/x_{C,A})/(x_{A,B}/x_{A,A}) \tag{6.89}$$

$\beta > 1$이 아니면 추출에 의한 목적성분의 분리는 할 수 없다.

6.3.2 추출 장치와 조작

a **조형장치** 교반날개를 사용해 원료, 추제 중 한 쪽을 액적으로서 분산시켜 2액을 양호하게 접촉시키면서 추출한다. 이 때 액적이 되어 분산하는 상을 분산상, 내부에 액적을 포함하는 상을 연속상이라고 한다. 회분조작에서는 추출조작이 종료된 후 교반을 정지하여 액을 정치(静置)하고, 밀도차에 의해 상하 2상에 중력 분리한 추출액과 추잔액을 조 밑부분에서 순서대로 꺼낸다. 또는 조작종료 후의 액을 다른 조로 옮겨 상분리한다. 추출을 하는 교반조(믹서)와 상분리를 하는 정치조(세틀러)의 조합을 교반정치조(그림 6.18)라고 한다. 강하게 교반하면 미소액적이 생성되어 물질 이동이 촉진되어 비교적 짧은 시간에 평형에 가까

운 상태까지 달하지만, 유화상태가 되면 정치조에 의한 상분리가 어려워진다.

1회의 조작으로 추출이 불충분한 경우에는 추잔액에 추출액을 가해 추출을 반복한다. 이것을 다회추출이라고 한다. 다회추출에서는 회수를 더할 때마다 추출액 농도는 옅어진다. 연속조작은 그림 6.18과 같은 교반정치조를 이용해, 원료와 추제를 공급하면서 동시에 추출액과 추잔액을 배출한다. 여러 대의 교반정치조를 직렬로 연결하여 하는 조작을 연속다단추출이라고 한다. 액의 유통방식에 따라 조작은 병류조작[그림 6.19(a)]과 향류조작[그림 6.19(b)]으로 나눠진다. 병류조작은 회분다단추출 조작을 연속화시킨 것이므로 대량의 추제를 필요로 하고, 후단일수록 추출액의 농도는 감소한다. 그에 비해 향류조작은 다단의 교반정치조에서 원료를, 다른 쪽에서 추제를 공급하면서 추출액과 추잔액을 향류로 흘려보내므로 농도가 높은 추출액을 얻을 수 있다. 공업적으로는 추출효율이 높은 향류방식이 이용된다. 이러한 조작법은 교반모터와 펌프 사용대수가 많으므로 넓은 설치면적이 필요해진다.

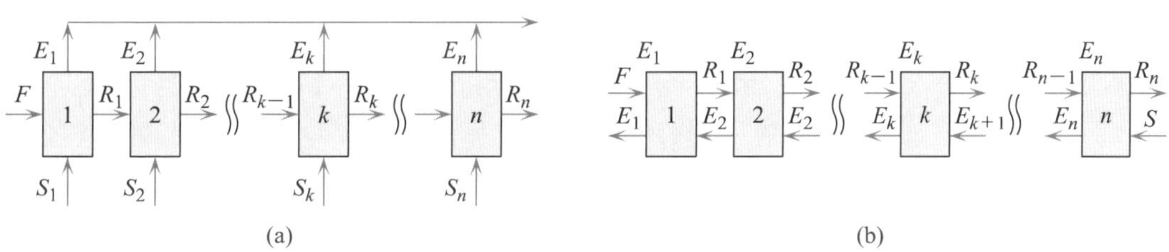

그림 6.19 병류 다단추출의 흐름(a)과 향류 다단추출의 흐름(b)

b. **탑형 추출 장치** 주로 연속 추출조작에 이용된다. 원료와 추제 중 밀도가 작은 액(경액)을 하부에서, 밀도가 큰 액(중액)을 상부에서 공급하고 중력을 이용해 향류 접촉시킨다. 대표적인 장치가 그림 6.20과 같다.

다공판탑은 다수의 구멍이 있는 판을 적당한 간격으로 탑 내에 설치하여 다단으로 하고, 각단에서 경액과 중액을 접촉시키는 장치이다. 그림 6.20(a)는 단의 하부에서 액적이 합일하여 균상이 된 경액이 다공판에서 액적이 되어 상승하고, 단 위를 흐르는 연속상과 십자접촉하여 추출이 이루어진다. 이렇듯 경액이 각단을 지날 때마다 분산합일을 반복하여 추출이 이루어지는데, 추출효율은 별로 높지 않다. 탑 내 흐름에 맥동을 주는 펄스탑[그림 6.20(b)]이나, 다단의 도넛상 방해판을 벽에 설치한 탑 내에서 다단의 원판을 회전시키는 회전 원판탑[그림 6.20(c)]에서는 분산상과 연속상 사이의 물질 이동이 촉진되어 추출성능이 개선된다.

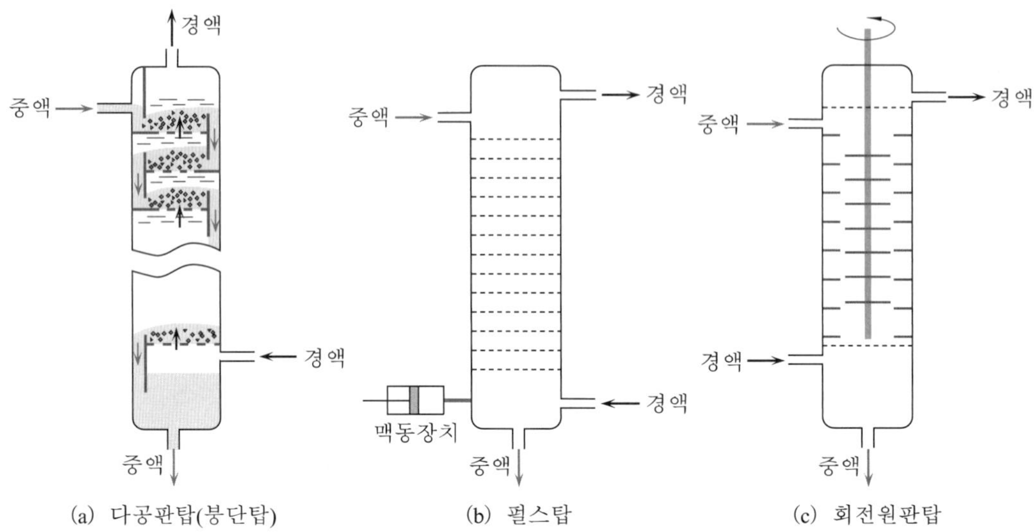

| 그림 6.20 | 탑형 추출 장치

탑형장치에서는 연속상과 분산상의 상대속도를 올리면 액적이 작아져, 2상간의 물질 이동이 촉진되지만, 한계를 넘으면 분산상이 연속상에 동반되어 흐르게 된다. 이 현상을 플러딩이라고 한다. 플러딩이 발생하면 탑 출구에서의 상분리가 어려워지므로 추출조작은 플러딩이 발생하지 않는 조건에서 한다.

중력 대신 원심력을 이용하면 보다 미세한 액적 생성이 가능해지며, 또한 상분리도 촉진할 수 있어 장치의 소형화가 가능해진다. 중액은 원심방향으로, 경액은 회전중심방향으로 흘러 충진물을 지나면서 액액접촉하여 장치의 중심부, 외주부에서 각각 경액, 중액으로 상분리한다.

6.3.3 추출 속도

원용매와 추제가 조금밖에 상호 용해되지 않는 경우 또는 그것들의 용해량이 거의 변화하지 않는 경우에는 용질만이 원용매상에서 추제상으로 이동한다고 봐도 좋다. 이러한 경우, 원용매상 중의 추질조성을 x, 추제상 중의 추질조성을 y로하고, 상계면을 통하는 용질의 물질 이동에 대해 이중 경막설을 적용하면 단위 체적당 추출 속도계 Na는 식 (2.36), 식 (2.39)로 다음 식으로 나타낼 수 있다.

$$Na = k_x a(x - x_{\mathrm{i}}) = k_y a(y_{\mathrm{i}} - y) = K_x a(x - y/m) = K_y a(ms - y) \tag{6.90}$$

a는 단위체적당 액액 계면적이며, 총괄물질 이동용량계수 K_xa, K_ya와 물질 이동용량계수 k_xa, k_xa의 관계는 식 (6.14), 식 (6.15)와 같이 다음 식이 된다.

$$\frac{1}{K_xa}=\frac{1}{k_xa}+\frac{1}{mk_ya} \qquad \frac{1}{k_ya}=\frac{m}{k_xa}+\frac{1}{k_ya} \tag{6.91}$$

원용매와 추제의 상호 용해도 병행하여 일어나는 경우에는 추질이 원용매상에서 추제상을 향해 이동하는데 비해 추제는 원용매상으로, 또한 원용매는 추제상을 향해 이동하기 때문에 용질의 물질 이동은 추제, 원용매의 물질 이동의 영향을 받게 된다. 추출 속도를 촉진시키기 위해서는 2액을 양호하게 접촉시켜서 두 상의 물질 이동 계수 k_x, k_y를 증대시키고, 또한 미소액적을 발생시켜서 액액계면적 a를 크게 할 필요가 있다. 하지만 액적이 너무 작아지면 액은 유화되고 탑형장치에서는 플러딩이 발생한다. 또한 교반정치조로는 2상분리가 어려워지므로 유화는 피해야 한다.

6.3.4 설계법

(1) 추제 선정

실제 조작에는 적은 사용량으로 높은 추출률(= 추출액 중의 용질량 / 원료 중의 용질량)을 가지는 추제를 이용하고 싶다. 그를 위해서는 분배계수, 선택율이 모두 큰 추제가 바람직하지만 분배계수가 큰 추제는 선택률이 작은 경우도 많다. 추제는 다음에서 설명할 추출조작 후의 추출률, 선택률과 추제의 사용량을 종합적으로 고려하여 선정한다.

(2) 탑형 추출 장치

경액의 원료가 탑저에서, 중액의 추제가 탑정에서 공급되어 탑 내에서 액액접촉하여 추출액이 탑저에서, 추잔액이 탑정에서 떠나는 경우를 생각해보자. 탑형 추출 장치의 물질수지를 구하기 위한 변수와 좌표계가 그림 6.21과 같다. 탑정을 $z=0$으로서 아랫방향으로 z좌표를 취한다. 탑저의 위치는 $z=Z$이다. 경액 중의 원용매 A, 추제 B, 추질 C의 유량을 A_L, B_L, C_L, 중액 중의 그것들을 A_H, B_H, C_H로 한다. 또한 경액 중의 추질농도를 x, 중액 중의 그것을 y로 한다. 희석제, 추제의 용해도가 거의 변화하지 않는 경우에는 경액 중의 원용매 A와 추제 B의 유량의 합 및 중액 중의 그것들의

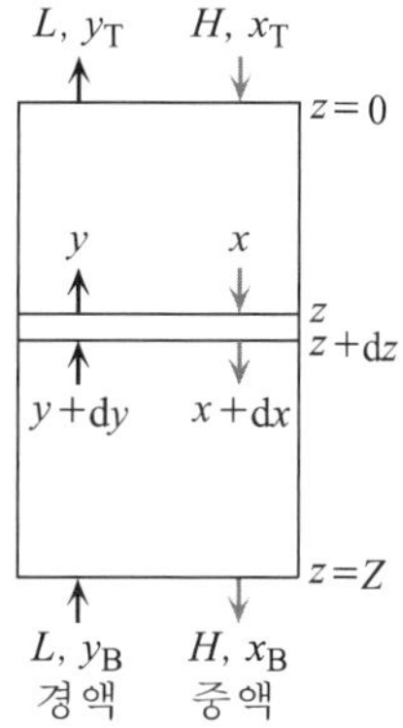

▌그림 6.21▐ 향류 추출탑의 좌표와 조작변수

유량의 합은 사실상 일정해진다. 거기서 $A_L + B_L = L^0 =$일정, $A_H + B_H = H^0 =$일정하다고 하자.

그림 6.21과 같은 탑형 추출 장치의 탑정 $z = 0$과 $z = z$의 단면에서 추질의 물질수지를 구하면 L^0, H^0은 탑 내에서 일정하므로 다음 식이 성립한다.

$$H^0\left(\frac{y}{1-y} - \frac{y_T}{1-y_T}\right) = L^0\left(\frac{x}{1-x} - \frac{x_T}{1-x_T}\right) \tag{6.92}$$

여기서 x, y는 원용매상 중의 용질농도, 추제상 중의 용질농도이며, x_T, y_T는 그들의 탑정에서의 농도이다. 용질농도가 작은 경우에는 위 식은 다음 식과 근사할 수 있다.

$$H^0(y - y_T) = L^0(x - x_T) \tag{6.93}$$

식 (6.92), 식 (6.93)은 가스 흡수의 물질수지식 식 (6.28), 식 (6.30)과 같다. 경액상으로부터 중액상으로 용질이 이동하므로 경액상이 기상, 중액상이 흡수액상에 대응한다. 이 물질수지식과 추출 속도를 나타내는 식 (6.90)에 유의하면 가스 흡수탑 높이를 구하는 Z = HTU ×NTU의 관계식을 그대로 추출탑 높이에 적용할 수 있는 것을 알 수 있다.

(3) 교반정치조

이 형식의 장치를 이용한 조작에서는 추출액, 추잔액은 평형에 가까운 조성까지 도달할 수 있는 경우가 많다. 거기서 평형관계를 이용한 설계법을 다음에 설명하겠다.

a. 병류 다단추출 그림 6.19(a)의 1단의 조에 공급되는 원료와 추질을 포함하지 않는 추제의 유량을 F, S_1, 추출액, 추잔액의 배출유량을 유량 E_1, R_1으로 하면 원료와 추제를 혼합한 액의 평균조성은 그림 6.22와 같은 삼각좌표상의 선분 FB를 $\overline{BM_1} : \overline{FM_1} = F : S_1$에 내분하는 점 M_1로 나타난다. 이 평균조성을 가지는 혼합액이 상분리 하면 그 평형조성은 점 M_1을 지나는 대응선의 끝점 R_1, E_1로 나타난다. 지금 추질 C의 질량분율을 원료에서 $x_F = x_{C,F}$, 추출액에서 $x_{E_1} = x_{C,E_1}$, 추잔액에서 $x_{R_1} = x_{C,R_1}$으로 하면 원료, 추제, 추출액, 추잔액의 물질수지로 다음 식이 된다.

$$F + S = M_1 = E_1 + R_1 \tag{6.94}$$

$$x_F F = x_{E_1} E_1 + x_{R_1} R_1 \tag{6.95}$$

x_{E_1}, x_{R_1}은 대응선으로 구할 수 있으므로, 두 식에서 추출액유량 E_1과 추잔액유량 R_1이 구해진다.

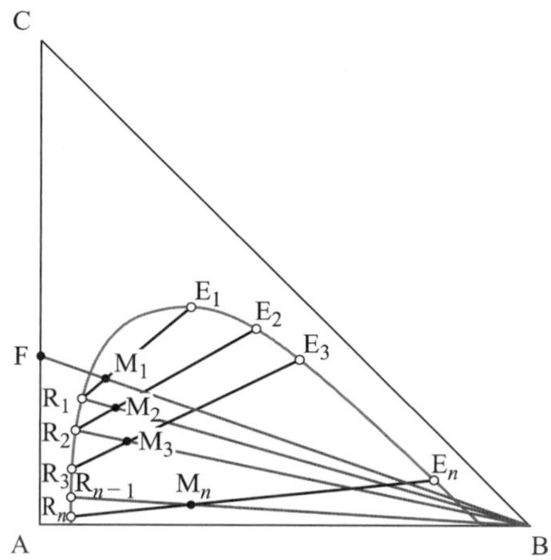

| 그림 6.22 | 병류 다단추출 조작의 도해법

2번째 추출기에서는 첫 번째 추출기로부터의 추잔액에 새로운 추출액을 가해 추출한다. 유입되는 추잔액과 추출액의 평균조성은 선분 R_1B를 $\overline{BM_2} : \overline{R_1M_2} = R_1 : S_2$에 내분하는 점 M_2로 표시되고, 그것이 2상분리 되면 추출액, 추잔액의 평균조성은 점 M_2를 지나는 대응선의 끝점 R_2, E_2가 된다. 같은 순서를 제 k번째 추출기에 적용하여 유입되는 추잔액의 유량 R_{k-1}, 추제액은 유량 S_k부터 2액의 평균조성을 나타내는 점 M_k를 정해, 그것을 지나는 대응선의 끝점으로 추출액의 조성 x_{E_k}, 추잔액의 조성 x_{R_k}를 구한다. 4번째 추출기를 떠나는 추출액유량 E_k와 추잔액량 R_k는 전체 질량수지와 용질의 질량수지

$$R_{k-1} + S_k = E_k + R_k \qquad (k = 2, 3, \cdots, n) \tag{6.96}$$

$$x_{R_{k-1}} R_{k-1} + S_k = x_{E_k} E_k + x_{R_k} R_k \qquad (k = 2, 3, \cdots, n) \tag{6.97}$$

로 구할 수 있다. 회분조작인 경우에는 유량을 장치량으로 바꾸면, 위의 관계식으로 추출액, 추잔액의 양과 농도가 구해진다.

b. 향류 다단추출 유량과 조성을 이미 알고 있는 원료와 추제를 이용해 일정하게 정한 농도의 추잔액을 얻기 위한 단수를 구하는 방법을 설명하겠다. 그림 6.19(b)와 같이 제1단에 공급되는 원료 유량을 F, 제n단에 공급되는 추제의 유량을 S, 제1단에서 유출되는 추출

액 유량을 E_1, 제n단에서 유출되는 추잔액 유량을 R_n, 그것들의 추질농도를 x_{F}, x_{S}, x_{E_1}, x_{R_n}으로 하면 장치 전체의 물질수지는 다음 식과 같다.

$$\text{전량 수지} \qquad F+S=E_1+R_n=M \tag{6.98}$$

$$\text{추질의 수지} \quad x_F F+x_S S=x_{\mathrm{E}_1}E_1+x_{R_n}R_n \tag{6.99}$$

원료(유량 F)와 추제(유량 S)의 혼합액(유량 M)의 추질농도 $x_M=(x_F F+x_s S)/(F+S)$는 그림 6.23(b)의 삼각좌표상에서 선분 FS를 $\overline{\mathrm{FM}}/\overline{\mathrm{MS}}=S/F$에 내분하는 점 M으로 구할 수 있다. 평형 조작이므로 추출액의 추질농도 x_{E_1}을 가리키는 점 E_1과 추잔액의 추질농도 x_{R_n}을 가리키는 점 R_n은 함께 용해도 곡성상에 있으며, 식 (6.99)에서 점 M은 선분 $\mathrm{E}_1\mathrm{R}_n$ 위에 있다. 추잔액의 추질농도 x_{R_n}을 나타내는 용해도 곡선상의 점 R_n과 점 M을 지나는 직선을 그으면 용해도 곡선과의 교점 E_1로부터 추출액의 추질농도 x_{E_1}을 구할 수 있다.

다음으로 제k단의 물질수지를 구한다.

$$\text{전량 수지} \qquad R_{k-1}+E_{k+1}=R_k+E_k \tag{6.100}$$

$$\text{추질의 수지} \quad x_{R_{k-1}}R_{k-1}+x_{E_{k+1}}E_{k+1}=x_{R_k}R_k+x_{E_k}E_k \tag{6.101}$$

위 식을 변형시키면 제1단부터 제n단에 걸쳐서 다음 식이 성립한다.

$$F-E_1=R_{k-1}-E_k=R_n-S=D(k=1,2,\cdots,n) \tag{6.102}$$

$$x_F F-x_{E_1}E_1=x_{R_{k-1}}R_{k-1}-x_{E_k}E_k=x_n R_n-x_s S=x_D D\ \ (k=1,2,\cdots,n) \tag{6.103}$$

식 (6.102), 식 (6.103)에 의해

$$R_{k-1}/E_k=(x_{E_k}-x_D)/(x_{R_{k-1}}-x_D) \tag{6.104}$$

여기서, D는 예를 들면 E_1과 혼합하면 그 조성이 F에 일치하는 가상의 액유량 D이며, 그 액조성 x_D는 점 F와 E_1을 지나는 직선과 점 R_n과 S를 지나는 직선의 교점 D로써 삼각좌표상에서 주어진다.

이렇게 해서 점 D가 정해지면 각단의 추출액, 추잔액의 조성은 다음과 같이 구할 수 있

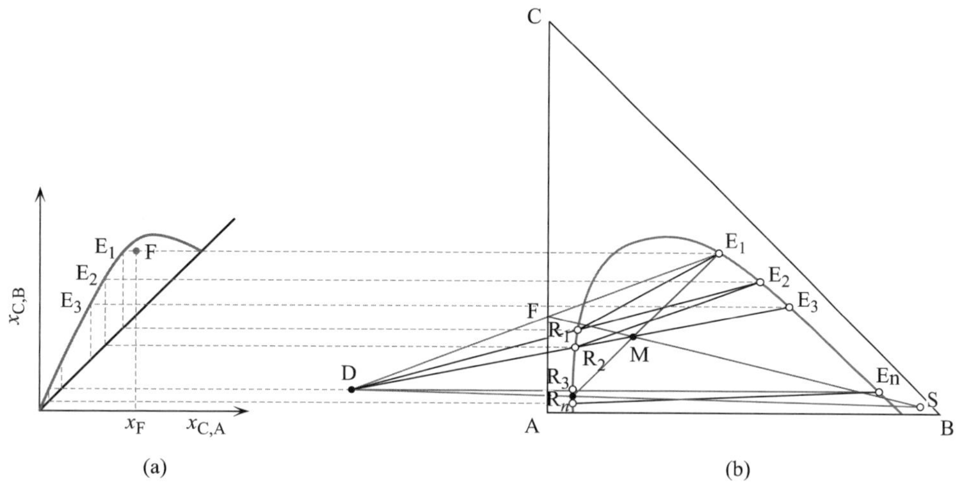

| 그림 6.23 | 향류 다단추출 조작의 도해법

다. 식 (6.102)를 제1단에 적용하면 $F - E_1 = R_1 - E_2 = D$이며, 추출액과 추잔액 사이에는 평형이 성립한다고 가정하므로, 점 E_1을 지나는 대응선에서 점 R_1이 구해진다. $R_1 - E_2 = D$에서, 점 E_2는 직선 R_1D와 용해도 곡선의 교점이 되며, 제2단을 유출하는 추출액의 조성을 구할 수 있다. 이 순서를 제n단까지 반복하여 제n단을 유출하는 추잔액 중의 추질농도 x_n이 주어진 목표치(설계치) 이하가 되면 그 때의 n이 필요한 단수가 된다. 각단의 추출액, 추잔액의 농도가 결정되면 식 (6.102)~식 (6.104)에 의해 각단을 유출하는 추출액량 E_k, 추잔액량 R_k를 구할 수 있다. 이렇듯 점 D를 지나는 직선을 그어 추출조작 설계를 하므로 점 D를 조작점이라고 한다.

필요 단수는 분배곡선으로도 구할 수 있다. 식 (6.103)은 k단의 추출상의 농도 x_{E_k}와 추잔 상의 농도 $x_{R_{k-1}}$의 관계를 나타내고 있으므로 그림 6.23(a)와 같이 가로축에 추잔층의 농도 x_R, 세로축에 추출상의 농도 x_E를 취하고, 원료조성을 점 $F(x_F,\ x_{E_1})$으로 나타내면 다음의 계단작도에 의해 필요 단수를 구할 수 있다. 삼각 좌표상의 추출상의 점 E_1은 그림 6.23(a)의 분배곡선상의 점 E_1에 대응하여, 그 가로축 좌표는 추잔 상의 조성 x_{R_1}을 나타내므로, 삼각 좌표상의 추잔 상의 점 R_1이 정해진다. 제2단에서 유출하는 추출상의 농도는 삼각좌표상에서는 선분 DR_1의 연장상의 용해도곡 선과의 교점 E_2로 나타내므로, 그것에 평형인 추잔 상의 농도는 분배곡선상의 점 E_2의 가로좌표로 주어진다. 이 계단작도를 반복하여 추잔액 농도가 설정농도보다도 낮아질 때의 단수가 소요단수 n이다.

이렇게 해서 구한 단수는 각단에서 평형이 성립할 때의 단수이므로, 단효율 η가 1(또는

100%)의 이론단을 나타낸다. 완전한 평형에 달하지 않은 실제 조작의 단수는 단효율 η을 이용해 다음 식에 의해 구할 수 있다.

$$\text{실제단수} = \text{이론단수}/\eta \tag{6.105}$$

그림 6.23(b)에서 추제량을 감소시키는 점 M은 점 F를 향해 이동하고, 조작점 D는 점 A에 접근한다. 그 결과 직선 DR_k의 기울기는 대응선 R_kE_k의 기울기에 가까워진다. 만약 두 개의 기울기가 일치하면 k단 이후의 추출액, 추잔액조성은 변화하지 않으므로 추잔액을 소정의 농도로 감소시킬 수는 없다. 그 조건에 대응하는 유량을 최소 추제량이라고 하며, 그 값은 점 F를 지나는 대응선 RE와 FS의 교점의 조성으로 구할 수 있다.

예제 6.6

초산 – 니트로메탄 – 수계의 상호 용해도와 대응선의 데이터를 아래 표에, 용해도곡선과 분배곡선을 그림 1에 나타냈다.

상호 용해도(wt%, 299.85 K)						대응선(wt%, 299.85 K)	
초산	니트로메탄	물	초산	니트로메탄	물	니트로메탄	물층
0.00	9.60	90.4	22.7*	54.3*	23.0*	2.75	6.74
5.40	12.60	82.0	20.8	60.0	19.15	5.01	11.40
11.7	14.30	74.0	18.05	66.0	15.95	6.50	14.15
19.4	18.2	62.5	12.88	77.1	10.02	7.43	16.30
22.3	21.7	56.0	9.90	83.2	7.90	11.90	20.60
24.6	25.4	50.0	7.00	86.9	6.10		
25.9	37.8	36.3	3.66	93.0	3.34		
25.5	44.2	30.3	0.00	98.1	1.89		
23.8	51.6	24.6	*플레이트점의 조성				

A.E.Skrzec, N. F. Murphy, Ind. Eng. Chem., 46, 2245(1954)에 의한다.

1) 초산수용액에 니트로메탄을 섞어서 회분추출 한 후, 추출액에서 니트로메탄을 또한 추잔액에서 물을 완전히 제거했을 때의 추질농도를 구하는 법을 설명하라. 또한 그 때의 최대추질농도를 구하라.
2) 니트로메탄 300 kg을 이용해 20 wt%의 초산수용액 100 kg을 단추출한 경우와 니트로메탄을 100 kg씩 나눠서 2회 추출한 경우의 추출율을 비교하라.
3) 니트로메탄을 이용해 초산 20 wt%의 수용액 100 kg h^{-1}을 향류 다단추출하고, 추잔액 농도를 2 wt% 이하로 하고 싶다. 니트로메탄의 최소유량을 구하라.

4) 니트로메탄 300 kg h^{-1}을 이용해 20 wt%의 초산수용액 100 kg h^{-1}을 향류 다단추출 하고, 추잔액 농도를 2 wt% 이하로 하고 싶다. 필요이론단수를 구하라.

해답

1) 추출액, 추잔액의 조성을 그림 1의 점 E, R로 나타낸다. 추출액으로부터 완전히 니트로메탄을 제거했을 때의 추질농도는 직선 BE와 세로축과의 교점 F로 주어져 있다. 점 F의 추질농도가 최대가 되는 것은 직선 BEF가 용해도곡선과 접하는 경우이며, 56.3 wt%(점 F_{max}의 세로좌표)가 된다. 초산－니트로메탄 혼합액에서 초산을 물로 추출하는 경우에는 추출액조성은 그림 1의 점 R로 주어진다. 추출액으로부터 물을 제거했을 때의 추질농도는 직선 AR과 직각삼각형 좌표의 긴 변과의 교점 H로 주어지며, 그 최대값은 직선 ARH가 용해도곡선에 접할 때의 교점 H_{max}로부터 51.5 wt%가 된다.

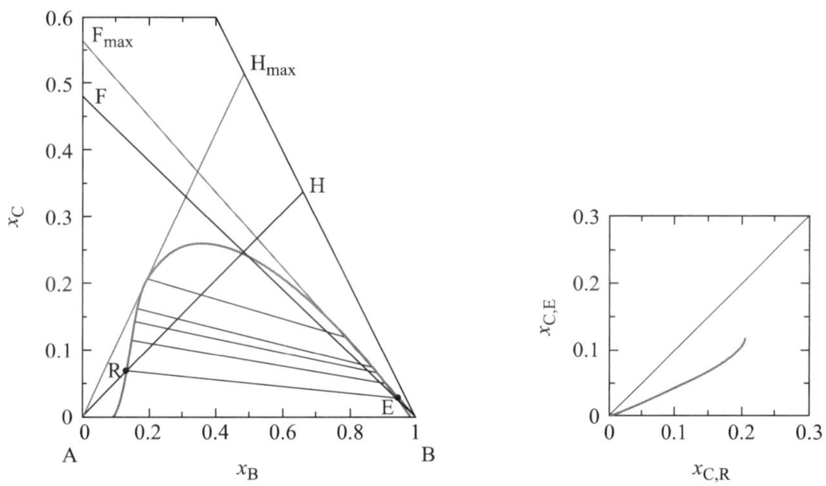

▌그림 1▐ 용해도곡선(좌)과 분배곡선(우)

2) 그림 2의 조성점, 작도선을 참고하여

단추출 : 혼합액의 추질농도 $x_{C,M} = (0.2)(100) / (100 + 300) = 0.050$

혼합액조성 점 M($x_{B,M} = 0.750,\ x_{C,M} = 0.050$)

추출액조성 점 E($x_{B,E} = 0.925,\ x_{C,E} = 0.038$)

추잔액조성 점 R($x_{B,R} = 0.138,\ x_{C,R} = 0.090$)

액량 $E/R = (0.750 - 0.138) / (0.925 - 0.750) = 3.50$

(유효숫자가 많은 가로좌표의 값 $x_{B,R}$, $x_{B,M}$, $x_{B,E}$를 이용해 산출)

E + R = 400이므로, E = 311.1 kg, R = 88.9 kg

추출액중의 추질량 $x_{C,R}R = (0.038)(311.1) = 11.8$ kg

추출률 = 11.8/20 = 0.59, 59%

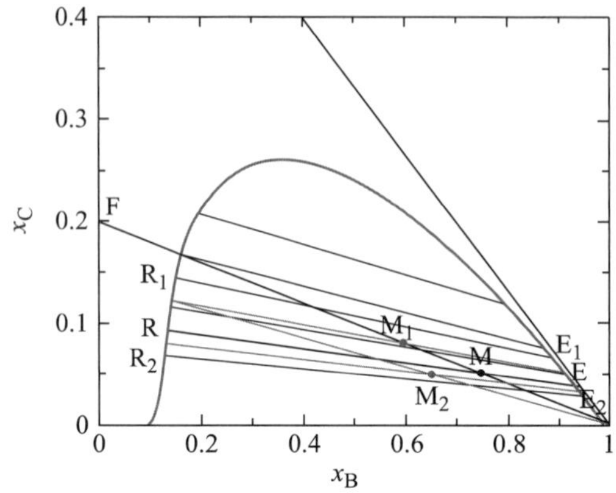

▌그림 2▌ 최소 추량, 단추출, 2회 추출

2회 추출 1회 : 혼합액조성 점 $M_1(x_{B,M_1} = 0.60,\ x_{C,M_1} = 0.08)$

추출액조성 점 $E_1(x_{B,E_1} = 0.902,\ x_{C,E_1} = 0.053)$

추잔액조성 점 $R_1(x_{B,R_1} = 0.141,\ x_{C,R_1} = 0.121)$

액량 $E_1/R_1 = (0.60 - 0.141)/(0.902 - 0.600) = 1.52$

$E_1 + R_1 = 250$이므로 $R_1 = 99.2$ kg, 추잔액 중의 추질량 $x_{C,R_1}R_1 = 12.0$ kg

2회 추출 : 혼합액조성 점 $M_2(x_{B,M_2} = 0.658,\ x_{C,M_2} = 0.0482)$

추출액조성 점 $E_2(x_{B,E_2} = 0.935,\ x_{C,E_2} = 0.032)$

추잔액조성 점 $R_2(x_{B,R_2} = 0.134,\ x_{C,R_2} = 0.078)$

액량 $E_2/R_2 = (0.658 - 0.134)/(0.938 - 0.658) = 1.87$

$E_2 + R_2 = 99.2 + 150 = 249.2$이므로 $R_2 = 86.8$ kg

추잔액 중의 추질량 $x_{C,R_2}R_2 = 6.77$ kg,

즉, 2회 추출의 추출률은 $(20 - 6.77)/20 = 0.661$, 66%이며, 단추출에 비해 7%높다.

3) 그림 3을 참고할 것. 초산농도의 감소와 함께 대응선의 기울이가 감소하는 계이므로 향류다단장치의 제1단을 나오는 추출액조성을 나타내는 점 E′와 추잔액조성을 나타내는 점 R′을 연결하는 직선 E′R′과 직선 FR′이 평행이 되는 경우가 최소 추제량에 대응한다. 분배곡선을 병용해서 그들의 좌표를 구하면 점 $E'(x_{B,E'} = 0.848,\ x_{C,E'} = 0.090)$, 점 $R'(x_{B,R'} = 0.173,\ x_{C,R'} = 0.177)$이 된다. 직선 FB와 직선 $E'R_n$의 교점 M′의 좌표$(x_{B,M'} = 0.643,\ x_{C,M'} = 0.071)$에 의해, 니트로메탄의 유량 S를 구하면 $S/F = (0.643 - 0)(1.0 - 0.643) = 1.80$에서 최소 추제량 180 kg h^{-1}이다.

4) 다단추출의 조성점과 작도가 그림 3과 같다.
혼합액조성 점 $M(x_{B,M} = 0.750,\ x_{C,M} = 0.05)$

최종 추잔액 점 $R_n(x_{B,R_n} = 0.108,\ x_{C,R_n} = 0.02)$

직선 R_nM과 용해도곡선의 교점 $E_1(x_{B,E_1} = 0.894,\ x_{C,E_1} = 0.057)$

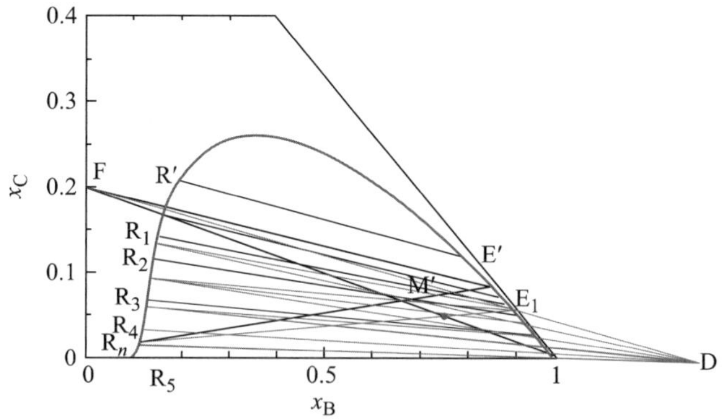

| 그림 3 | 향류 다단추출

추잔상조성 점 $R_1(x_{B,R_1} = 0.150,\ x_{C,R_1} = 0.133)$

직선 R_nB와 직선 FE_1과의 교점 $D(x_{B,D} = 1.291,\ x_{C,D} = -6.5 \times 10^{-3})$

식 (6.104)에 의해 $F/E_1 = (x_{C,E_1} - x_{C,D})/(x_{C,F} - x_{C,D}) = 0.3075,\ E_1 = 325\ \mathrm{kg\ h^{-1}}$

식 (6.102)에 의해 $D = F - E_1 = -225\ \mathrm{kg\ h^{-1}}$

2단 : 식전 R_1D와 용해도곡선의 교점 $E_2(x_{B,E_2} = 0.920,\ x_{C,E_2} = 0.040)$

추잔상조성 점 $R_2(x_{B,R_2} = 0.138,\ x_{C,R_2} = 0.095)$

3단 : 직선 R_2D와 용해도곡선의 교점 $E_3(x_{B,E_3} = 0.944,\ x_{C,E_3} = 0.024)$

추잔상조성 점 $R_3(x_{B,R_3} = 0.128,\ x_{C,R_3} = 0.061)$

4단 : 직선 R_3D와 용해도곡선의 교점 $E_4(x_{B,E_4} = 0.962,\ x_{C,E_4} = 0.013)$

추잔상조성 점 $R_4(x_{B,R_4} = 0.116,\ x_{C,R_4} = 0.033)$

5단 : 직선 R_4D와 용해도곡선의 교점 $E_5(x_{B,E_5} = 0.972,\ x_{C,E_5} = 0.006)$

추잔상조성 점 $R_5(x_{B,R_5} = 0.107,\ x_{C,R_5} = 0.015),\ E_5 = 329.2\ \mathrm{kg\ h^{-1}}$

$x_{C,R_3} = 0.015 < 0.02$이므로 이론단수는 5단이다.

추출률 [20 − (0.015)(329)] / 20 = 0.753. 75%

문 제

6.1 30℃, 1기압의 산소와 평형인 물의 용존산소 농도를 구하라.

6.2 암모니아가 물에 용해되면 $NH_3 + H_2O \leftrightarrows NH_4^+ + OH^-$(평형정수 K)에 따라 산해리한다. 용해된 암모니아의 농도 $[NH_3]$와 암모니아 분압 p 사이에 헨리 법칙을 적용하면 $[NH_3^*]/p^{1/2} = p^{1/2}/H_C + (K/H_C)^{1/2}$의 관계가 성립하는 것을 설명하라. 여기서 $[NH_3^*] = [NH_3] + [NH_4^+]$이다.

6.3 식 (6.48)을 도출하라.

6.4 향류 충진탑에 흡수액을 흘려보내 3 mol%의 유해가스 A를 포함하는 배기가스를 세정하고, 90% 제거하고 싶다. 흡수액 중의 A의 농도는 탑정에서 0, 탑저에서 3.5 mol%이다. 희박흡수조건을 가정하여 충진탑의 필요 높이를 구하라. 단, 기상기준의 총괄의 1이동단위 높이는 $H_{OG} = 0.8$ m, 유해가스 A의 기액 평형 관계는 $y = 0.5\,x$이다.

6.5 입상활성탄을 이용해 공기 중의 톨루엔 증기를 흡착제거하기 위해 다음 흡착등온 수치를 얻었다. 랑그뮈어 흡착등온식의 파라미터를 구하라.

p[Pa]	70.9	122	170	255
q[(kg－톨루엔)(kg－활성탄)$^{-1}$]	0.241	0.275	0.286	0.320

6.6 용액 중에 농도 3.0 kmol m^{-3}으로 함유되는 유기산의 제거를 활성탄을 이용해 한다. 처리액의 체적은 2 m^3, 활성탄의 흡착등온식은 $q = 11.7C^{0.5}$이다. 여기서 q [(mol－흡착질)(kg－흡착제)$^{-1}$], C [(kmol－흡착질)(m^3－용액)$^{-1}$]이다. 다음의 교반조 흡착조작에서 유기산농도를 1/20으로 하고 싶다. 필요한 흡착제 양을 구하라.
1) 단흡착
2) 등량의 활성탄을 이용한 2회 회분 흡착

6.7 식 (6.77)과 랑그뮈어의 흡착등온식으로 식 (6.83)을 도출하라.

6.8 흡착제를 밀도 400 kgm^{-3}으로 충진한 높이 1.5 m의 고정층에 농도 0.5 mol m^{-3}의 유기물을 포함하는 수용액을 공탑속도 0.25 mm s^{-1}로 송입하고, 정화처리 한다. 흡착등온식은 $q = 6.5C^{0.4}$(q [(mol － 흡착질) (kg － 흡착제)$^{-1}$], C [(kmol － 흡착질) (m^3 － 용액)$^{-1}$), 총괄물질 이동용량계수는 $K_f a_v = 4 \times 10^{-3}$s^{-1}이다. 고정층의 출구농도가 입구농도의 10%가 되기까지의 파과 시간을 구하라.

6.9 유량 100 kgh^{-1}의 20 wt%의 초산수용액을 메틸이소부틸케톤(MIBK)으로 추출한다.
1) 추제유량 200 kgh^{-1}에서 단추출할 때의 추출률을 구하라.
2) 추제유량 100 kgh^{-1}에서 2단병류추출 할 때의 추출률을 구하라.
이 계의 상호 용해도를 표 1에, 대응선의 평형관계가 표 2와 같다.

표 1 상호 용해도(wt%)

물	MIBK	초산
98.45	1.55	0
76.8	3.7	19.5
57.5	10.5	32.0
48.4	17.4	34.2
39.6	26.0	34.4
29.1	37.6	33.3
12.0	66.4	21.6
6.5	81.6	11.9
2.12	97.9	0.0

표 2 평형관계

물층의 초산농도	케톤상의 초산농도
2.85	1.87
11.7	8.9
20.5	17.3
27.2	24.6
32.8	30.8
34.6	33.6

6.10 30 wt%의 초산을 포함하는 벤젠용액을 물로 향류 다단추출한다. 벤젠용액의 유량이 200 kgh^{-1}, 추제의 물의 유량이 40 kgh^{-1}일 때, 추잔액 중의 초산농도를 1 wt% 이하로 하기 위해 필요한 단수를 구하라. 초산－벤젠－물계의 액액평형수치는 다음 표와 같다.

벤젠층(wt%)			물층(wt%)			벤젠층(wt%)			물층(wt%)		
초산	벤젠	물	초산	벤젠	물	초산	벤젠	물	초산	벤젠	물
0.15	99.849	0.001	4.56	0.04	95.4	22.8	76.35	0.85	64.8	7.7	27.5
1.4	98.56	0.04	17.7	0.2	82.1	31	67.1	1.9	65.8	18.1	16.1
3.27	96.62	0.11	29	0.4	70.6	35.3	62.2	2.5	64.5	21.1	14.4
13.3	86.4	0.4	56.9	3.3	39.8	37.8	59.2	3	63.4	23.4	13.2
15	84.5	0.5	59.2	4.	36.8	44.7	50.7	4.6	59.3	30	10.7
19.9	79.4	0.7	63.9	6.5	29.6	52.3	40.5	7.2	52.3	40.5	7.2

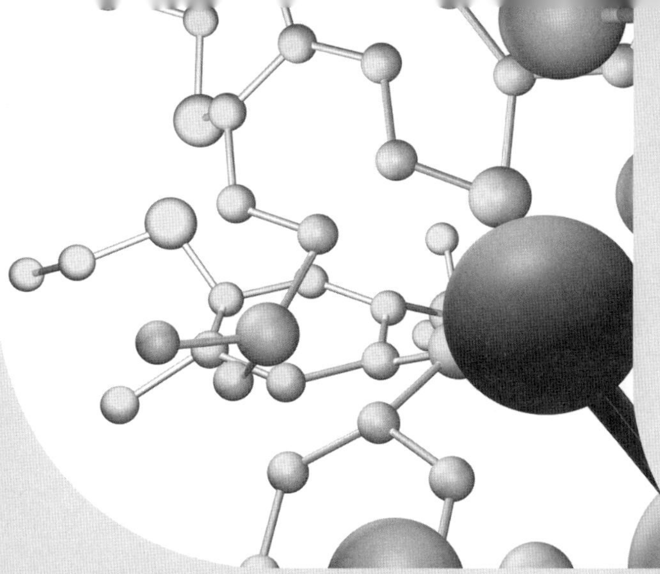

제 7 장

상변화를 이용하는 분리 정제

제 7 장 상변화를 이용하는 분리 정제

7.1 기액평형의 기초

7.1.1 상의법칙

단일 또는 복수의 물질로 구성된 계가 평형상태일 때, 성분의 수 C, 상의 수 P와 자유도 F에는 다음과 같은 식이 성립한다.

$$F = C - P + 2 \tag{7.1}$$

위 식을 깁스(Gibbs)의 상의 법칙이라고 하며, 자유도의 수만큼 조건을 지정하면 계의 평형관계가 정해진다.

7.1.2 화학포텐셜과 퓨가시티

기상, 액상의 온도와 압력이 동일하고, 각 성분의 기상과 액상의 화학포텐셜이 같을 때 두 상은 평형이 된다. 순수 물질의 화학포텐셜 μ은 1 mol당 깁스 자유에너지 $\widetilde{G}$이며, 이상기체에서는 압력 p와 다음 식과 같은 관계에 있다.

$$\mathrm{d}\mu = RT\mathrm{d}\ln p \tag{7.2}$$

실재 기체의 화학포텐셜은 압력 p 대신 퓨가시티(fugacity) f를 이용해 식 (7.2)와 같은 형태의 다음 식으로 정의된다.

$$\mathrm{d}\mu = RT\mathrm{d}\ln f \tag{7.3}$$

퓨가시티는 퓨가시티 계수 φ를 이용해 압력 p와 연결 지을 수 있다.

$$f = \varphi p \tag{7.4}$$

이상기체로서 근사할 수 있는 낮은 압력범위에서는 $\varphi = 1$, $f = p$가 성립한다.

다성분계에서는 성분 i의 화학포텐셜 μ_i는 그 퓨가시티 f_i를 이용해 다음 식으로 나타낼 수 있다.

$$\mathrm{d}\mu_i = RT\mathrm{d}\ln f_i \tag{7.5}$$

각 성분의 기상과 액상의 화학포텐셜이 같은 평균 조건은 기상의 퓨가시티 $f_{i,\mathrm{G}}$가 액상인 퓨가시티 $f_{i,\mathrm{L}}$과 같은 조건에서도 동등하다.

$$f_{i,\mathrm{G}} = f_{i,\mathrm{L}} \tag{7.6}$$

기상 중의 성분 i의 퓨가시티 $f_{\mathrm{i,G}}$는 기상의 분압 p, 몰분율 y_i, 퓨가시티 계수 φ_i를 이용해 다음 식으로 나타낼 수 있다.

$$f_{i,G} = \varphi_i\, y_i\, p \tag{7.7}$$

한편, 액상 중의 성분 i의 퓨가시티 $f_{i,L}$은 몰분율 x_i와 활량계수 γ_i를 이용해 다음 식으로 나타낼 수 있다.

$$f_{i,\mathrm{L}} = \gamma_i x_i f_{i,\mathrm{L}}{}^{\circ} \tag{7.8}$$

여기서 $f_{i,\mathrm{L}}{}^{\circ}$은 등온, 등압에서의 성분 i의 순물질의 퓨가시티이다. 순물질의 기액평형에서는 액상의 퓨가시티 $f_{i,\mathrm{L}}{}^{\circ}$는 기상의 퓨가시티 $f_{i,\mathrm{G}}{}^{\circ}$와 같다. 기상의 퓨가시티 $f_{i,\mathrm{G}}{}^{\circ}$는 성분 i의 순물질의 증기압 $P_i{}^{\circ}$와 그 퓨가시티 계수 $\varphi_i{}^{\circ}$의 곱으로 주어지므로 $f_{i,\mathrm{L}}{}^{\circ} = f_{i,\mathrm{G}}{}^{\circ} = \varphi_i{}^{\circ} p_i{}^{\circ}$가 성립한다.

이로 인해 평형상태에 있는 액상, 기상의 조성 x_i, y_i는 두 상의 퓨가시티 관계를 나타내는 식 (7.6), 식 (7.7), 식 (7.8)에 의해 다음 식과 같아진다.

$$\varphi_i y_i p = \gamma_i x_i \varphi_i{}^{\circ} p_i{}^{\circ} \tag{7.9}$$

위 식을 이용해서 평형조성 x_i, y_i를 구하기 위해서는 퓨가시티 계수 φ_i, $\varphi_i{}^{\circ}$, 활량계수 γ_i 및 순물질의 증기압 $p_i{}^{\circ}$값을 알 필요가 있다.

기상이 이상기체로 근사 가능한 낮은 압력범위에서는 $\varphi_i = 1$, $\varphi_i{}^{\circ} = 1$에 의해

$$p_i = y_i\, p = \;= \gamma_i\, x_i\, p_i{}^{\circ} \tag{7.10}$$

이 된다. 더욱이 액상이 이상용액[51)]이라 근사할 수 있는 경우에는 $\gamma_i = 1$에서

$$p_i = y_i\, p = x_i\, p_i{}^{\circ} \tag{7.11}$$

---

51) 이상용액이란 혼합에 동반되는 체적 변화가 없고, 혼합에 의한 발열이나 흡열도 없고 또한 내부에너지 변화도 없는 용액을 말한다. 이상용액은 혼합물의 성분 i의 퓨가시티 f_i는 그것과 등온, 등압에서의 순성분 i의 퓨가시티 $f_i{}^{\circ}$와 혼합물의 몰분율 x_i의 곱으로 나타낼 수 있다. 벤젠이나 톨루엔 같은 화학적으로 구조가 비슷한 혼합물의 기액평형은 이상용액이라 가정한 관계식을 이용해 잘 표현된다.

이 된다. 식 (7.11)은 라울의 법칙(Raoult's law)으로 알려져 있다.

이번 장에서는 증발, 응축에 직접 관계되는 기액평형의 기본식을 설명했다. 자세한 내용에 대해서는 물리화학, 화학열역학, 화학공학열역학의 전문서를 참고하길 바란다.

7.1.3 순물질의 증기압과 온도 관계

식 (7.9), 식 (7.10), 식 (7.11)과 같이 기액 평형관계를 구하기 위해서는 순물질의 증기압 p와 온도 T의 관계를 알 필요가 있다. 증기압의 온도의존성은 다음의 클라우시우스-클라페이론(Clausius-Clapeyron)의 식에 의해 증발잠열과 관련시킬 수 있다.

$$\frac{\mathrm{d}p}{\mathrm{d}T} = \frac{\Delta \widetilde{H}_{\mathrm{V}}}{T\Delta \tilde{v}} \tag{7.12}$$

여기서 $\Delta \widetilde{H}_{\mathrm{V}}$는 단위몰당 증발잠열(증발 엔탈피), $\Delta \tilde{v}$는 단위몰당 기체와 액체의 체적 차이이다. 또한 증발잠열로서 단위질량당 증발잠열을 이용하는 경우에는 기액의 체적차로서 단위질량당 체적차를 이용한다. 일반적으로 액체 체적은 기체 체적에 비해 몹시 작기 때문에 $\Delta \tilde{v}$가 기체의 몰체적과 같다고 근사하고, 거기에 이상기체의 법칙을 이용하면 식 (7.12)는 다음 식과 같아진다.

$$\frac{\mathrm{d}\ln p}{\mathrm{d}T} = \frac{\Delta \widetilde{H}_{\mathrm{V}}}{RT^2} \tag{7.13}$$

$\Delta \widetilde{H}_{\mathrm{V}}$를 일정하다고 보고, 위 식을 적분하면 다음 식이 된다.

$$\ln\left(\frac{p}{p_0}\right) = -\left(\frac{\Delta \widetilde{H}_{\mathrm{V}}}{R}\right)\left(\frac{1}{T} - \frac{1}{T_0}\right) \tag{7.14}$$

증발잠열이 주어져 있으면, 위 식을 이용해 기준온도 T_0과 그 증기압 p_0로 온도 T에서의 증기압 p를 구할 수 있다. 식 (7.14)의 표현을 바탕으로 증기압 추산식에서 다음의 안토인(Antoine)식은 대표적인 식이다.

$$\ln p = A - \frac{B}{C + T} \tag{7.15}$$

대표적인 물질의 안토인 정수의 값이 표 7.1과 같다. 안토인의 식 (7.15)를 식 (7.13)에 대입하면 증발잠열 $\Delta \widetilde{H}_{\mathrm{V}}$는 다음 식으로 나타낼 수 있다.

┃표 7.1┃ 안토인 정수 A, B, C (압력 p [Pa], 온도 T [K]*)

물질	A	B	C	온도범위[K]
물	23.1964	3816.44	−46.13	284∼441
메탄올	23.4803	3626.55	−34.29	257∼364
에탄올	23.8047	3803.98	−41.68	270∼369
벤젠	20.7936	2788.51	−52.36	280∼377
톨루엔	20.9065	3096.52	−53.67	280∼410

* “화학공학편람”, 제6판, p.17, 마루젠(丸善) (1999)에 의한다.

$$\Delta \widetilde{H}_{\mathrm{V}} = [BT^2/(C+T)^2]R \tag{7.16}$$

열교환 공정, 에너지 변환공정에 이용되는 수증기, 암모니아 등의 작동유체에 대해서는 온도, 압력과 엔탈피, 엔트로피, 비체적 등의 열역학선도가 작성되어 있으며, 증기압과 온도의 관계를 알 수 있다.

7.2 혼합 유체의 기액 평형 관계

7.2.1 비휘발성 용질을 포함한 용액의 증기압과 비점상승

비휘발성 용질을 포함하는 용액에서는 액상에 평형인 기상은 용매 증기만으로 이루어져있다. 기액 평형식 식 (7.9)를 용매(성분 1이라 한다)에 적용시키면 기상의 압력, 즉 증기압 p_1과 순용매의 증기압 $p_1°$의 관계는 다음 식으로 나타낼 수 있다.

$$p_1 = y_1 p = (\gamma_1 \varphi_1° / \varphi_1) x_1 p_1° = \alpha p_1° \tag{7.17}$$

위 식의 무차원의 비례계수 $\alpha = (\gamma_1 \varphi_1°/\varphi_1) x_1$을 관계 증기압이라고 한다.

용질농도가 희박하고, 라울의 법칙이 근사적으로 성립하고, 용질의 해리가 일어나지 않는 경우에는 식 (7.11)에 의해 $\alpha = x_1$이 된다. 고농도 용액은 일반적으로 비이상용액이며 라울의 법칙은 성립하지 않는다.

비휘발성 용질 농도가 일정한 조건에서는 용액의 비점을 그 증기압과 같은 압력을 나타내는 순용매의 비점에 대해 그리면 직선관계를 만족시키는 경우가 많다. 용질농도를 변화시켜 얻은 이러한 직선군을 듀링(Duhling)선도라 한다. 그 예를 그림 7.1에 나타냈다. 듀링 선도는 불휘발성 용질을 포함하는 용액의 비점을 알면 편리하다.

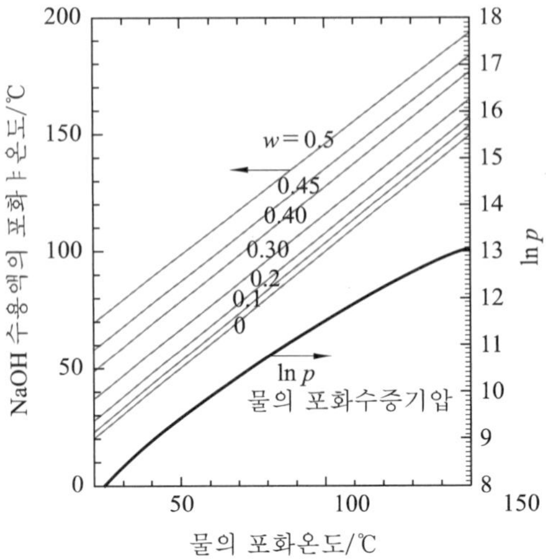

▌그림 7.1▐ NaOH 수용액의 듀링선도(w : 질량분율, p의 단위는 Pa)

식 (7.11), 식 (7.17)에 의해 비휘발성 용질을 포함하는 용액의 증기압은 그 온도의 순 용매의 증기압보다 낮아지는 것, 따라서 동일압력 조건 하에서 비점은 순 용매의 비점보다 높아지는 것을 알 수 있다. 이 현상을 비점상승(boiling point rise, BPR 또는 boiling point elevation, BPE)이라고 한다. 비점상승은 듀링 선도로도 알 수 있다.

위의 설명에서는 기상, 액상의 압력은 균일하다고 가정했다. 하지만 중력의 영향을 고려하면 유체상 중의 압력은 중력방향으로 변화한다. 유체가 정지되어 있을 때, 기준위치 $z = 0$에서의 압력 $p(0)$과 중력방향 z의 위치의 압력 $p(z)$ 사이에는

$$p(z) = p(0) + \rho g z \tag{7.18}$$

이 성립한다. 기체의 밀도는 작기 때문에 장치 내 압력은 일정하다고 봐도 좋지만, 액체에서의 압력은 깊이 방향으로 증가하기 때문에 액 중의 비등온도는 표면의 비등온도보다도 높아진다. 이것을 액 깊이에 의한 비점상승이라고 한다. 또한 정지유체중의 압력을 정압(靜壓)이라고 한다.

예제 7.1

안토인 식의 정수를 이용해 다음 질문에 답하라.

1) 압력 0.5 atm에서의 물의 비등온도와 증발잠열을 구하라.
2) 전열 코일 가열기에 물을 넣어 비등시킨다. 증기 압력이 0.5 atm일 때 수면에서 1 m 아래에 있는 전열 코일면의 비등온도와 비점상승을 구하라.

해답

1) 비등온도 : 안토인식에 $p = (0.5)(1.013 \times 10^5) = 5.065 \times 10^4$ Pa를 대입하여 구하면

$T = 354.8$ K K $= 81.7$℃

증발잠열 : 식 (7.16)에 의해 $\Delta\widetilde{H}_V = 41.9 \times 10^3$ J mol^{-1} $= 2.33 \times 10^3$ kJ kg^{-1}

(수증기 표[52]에 기재되어 있는 $\Delta\widetilde{H}_V = 2.304 \times 10^3$ kJ kg^{-1}과 오차 1%로 일치)

2) 정압 : $p = 5.065 \times 10^4 + \rho gh$. 수온을 80℃라 가정

80℃의 물의 밀도 $\rho = 973.8$ kg m^{-3}을 이용하면 정압 $p = 6.018 \times 10^4$ Pa

안토인 식에 의해 비등온도 $T = 359.18$ K $= 86.03$℃

86.0℃의 물의 밀도 $\rho = 968.0$ kg m^{-3}을 이용하면 $p = 6.014 \times 10^4$ Pa가 되며

안토인식에 의해 비등온도 $T = 359.16$ K $= 86.0$℃와 정합성이 있는 값이 얻어졌다.

비점상승 : BPR $= 86.0 - 81.7 = 4.3$℃

7.2.2 액상이 완전히 서로 녹는 2성분계

2성분계의 기액평형에서는 상의 수는 $P = 2$이므로 자유도는 $F = 2$가 되며 온도 T, 압력 p, 액상, 기상의 조성 x, y 중 어느 것이든 두 개를 지정하면 계는 확정된다.

압력 1기압($p = 1.013 \times 10^5$ Pa)의 메탄올-수계의 기액 평형 관계가 그림 7.2와 같다. T 대 x의 곡선은 액의 비등온도와 조성의 관계를 나타내고 비점곡선 또는 액상선이라고 한다. T대 y곡선은 증기의 응축온도와 조성의 관계를 나타내고, 이슬점곡선 또는 기상선이라고 한다. 또한 액상과 기상의 평형조성의 관계를 나타내는 선도를 $x - y$선도라고 한다. 일반적

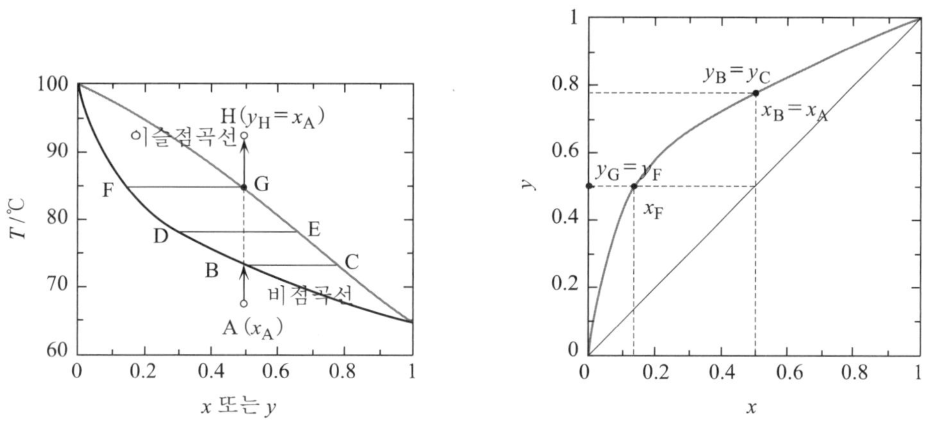

그림 7.2 메탄올-수계의 평형곡선(비점곡선, 이슬점곡선과 $x - y$선도, 압력 1 atm = 1.013×10^5 Pa)

52) "1999 일본기계학회 증기표", 일본기계학회편(1999)

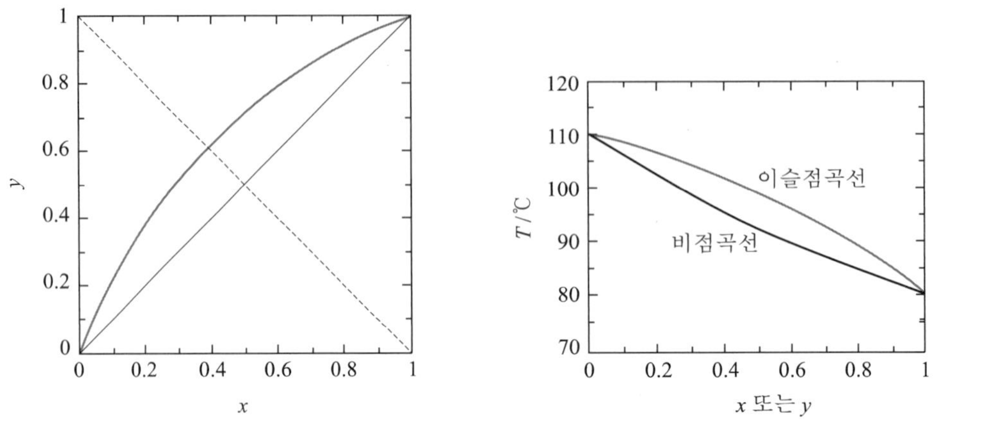

▌그림 7.3▐ 벤젠－톨루엔계의 평형곡선(비점곡선, 이슬점곡선과 $x-y$선도, 압력 1 atm = 1.013×10^5 Pa)

으로 x, y에는 증발하기 쉬운 저비점 성분의 몰분율을 이용한다.

1기압 하에서 메탄올 수용액을 가열 승온시킬 때의 상 거동을 그림 7.2를 이용해 설명하겠다. 조성 x_A(점 A)의 액을 가열하면 점 B에서 비등하기 시작해 점 C의 메탄올이 풍부한 조성 y_C의 증기가 발생한다. 더욱 가열 승온이 이어지면 용기 내에서는 기상과 액상이 공존하는 상태가 된다. 비점 B와 이슬점 G 사이의 온도에서는 기상의 평형조성은 x_A보다도 높고, 액상의 조성은 x_A보다 낮다. 더욱이 승온하여 계의 온도가 이슬점에 달하면 액상은 소멸하여 기상의 조성은 초기 액조성으로 돌아간다.

점 H의 혼합증기를 냉각하는 경우에 계는 승온인 경우와는 반대의 변화를 보인다. 온도가 이슬점온도 G에 달하면, 증기의 응축이 시작된다. 계의 온도를 비점과 이슬점 사이로 설정하면 증기 일부가 응축하여 고비점성분이 풍부한 액상과 저비점성분이 풍부한 액상으로 나눠진다. 이것을 부분응축(partial condensation)이라고 한다. 계의 온도를 점 B의 비점 이하로 낮추면 증기는 완전히 액화된다. 이것을 총응축(total condensation)이라고 한다.

벤젠－톨루엔 계의 기액평형선도(1기압)를 그림 7.3에 나타냈다. 그림 7.2와 비교하면 이 계의 $x-y$곡선은 점(1.0), 점(0.1)을 지나는 대각선에 대해 높은 대칭성을 보인다. 일반적으로 화학적구조가 비슷한 2성분의 기액평형은 이러한 대칭성을 보인다.

그림 7.2, 그림 7.3은 1기압의 기액평형선도인데 이들 계의 비점곡선, 이슬점곡선은 압력을 상승시키면 고온측으로 이동하고, 감소시키면 저온측으로 이동한다.

메탄올－물계, 벤젠－톨루엔계 모두 전체 농도범위에서 저비점성분의 농도는 액상보다도 기상이 더 높지만, 일정 농도에서 혼합물의 기액의 평형조성이 같아지는 계도 존재한다. 에탄올－벤젠 계의 평형관계(1기압)는 그림 7.4와 같이 온도 68.0℃에서 액상 조성 x와 기상

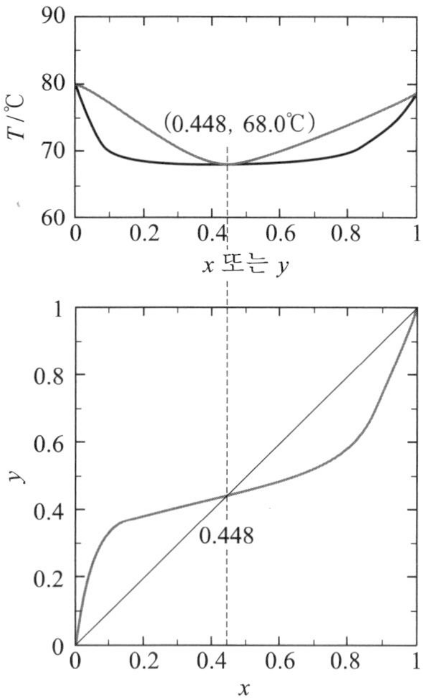

▎그림 7.4▎ 에탄올–벤젠계의 평형곡선

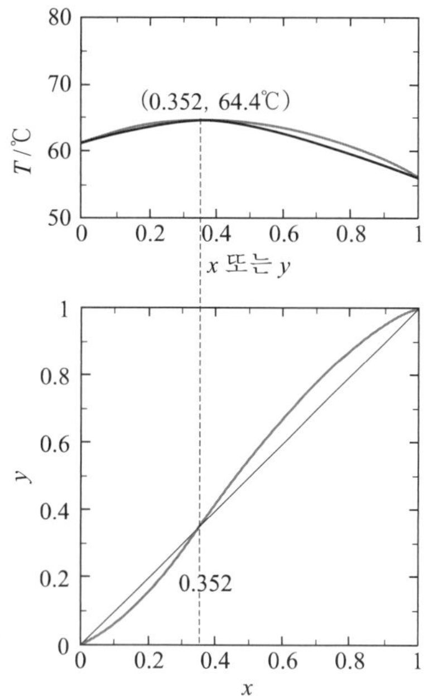

▎그림 7.5▎ 아세톤–클로로포름계의 평형곡선

조성 y가 같아진다($x = y = 0.448$). $x = y$가 되는 조성을 공비조성이라고 하며, 공비조성을 가지는 혼합물을 공비혼합물(azeotrope 또는 azeotropic mixture)이라고 한다. $0 < x < 0.448$의 조성의 액을 가열하여도 $y = 0.448$ 이상의 조성의 증기는 얻을 수 없다. 또한 $0.448 < y < 1$의 조성의 증기를 응축해도 $x = 0.448$ 이하의 조성의 액은 얻을 수 없다. 이 계의 비점은 공비조성으로 최저가 되며, 이러한 혼합물을 최저공비혼합물(azeotropic mixture with minimum boiling temperature 또는 minimum point azeotrope)이라 한다. 공비혼합물의 대부분은 최저공비혼합물이다.

한편 최고 비점을 보이는 공비혼합물도 있다. 그림 7.5와 같은 아세톤–클로로포름 계는 1기압 하에서 $x = 0.352$에서 공비혼합물을 형성하고, 그 비점은 64.4℃이다. 이러한 공비혼합물을 최고공비혼합물(azeotropic mixture with maximum boiling temperature 또는 maximum point azeotrope)이라 한다.

7.2.3 액상이 상호 불용해인 2성분계

완전히 불용해인 액액계는 존재하지 않지만, 예를 들어 벤젠–물계는 근사적으로 불용해인 계로 다룰 수 있다. 이러한 경우의 평형조성대 온도의 관계(전압 1기압)를 그림 7.6에 나타냈다. 성분 A가 벤젠, 성분 B가 물이며 x, y는 벤젠의 액상, 기상의 몰분율, 점 A는 벤젠의 비점(80.1℃), 점 B는 물의 비점을 나타낸다. 이 계의 기액의 공존상태는 ① 기상과 두 성분의 액상이 공존할 경우, ② 기상과 한 성분의 액상이 공존하는 경우로 나눠진다. ①의 경우는 3상이 공존하는 상태이므로 자유도는 1이 되며, 압력을 지정하면 온도, 조성은 자동적으로 정해진다. 점 C가 1기압 하의 3상 공존상태를 나타내며 $x = y = 0.705$, $T = 69.0$℃이다.

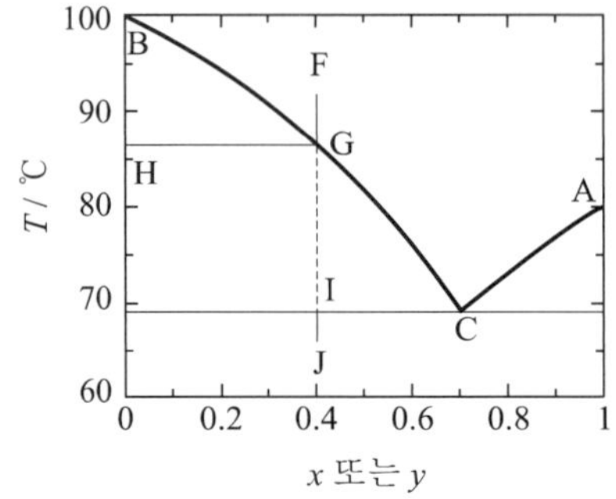

그림 7.6 벤젠－물계의 평형곡선

지금, 점 F의 혼합증기를 액화시켜 점 J의 온도까지 냉각하는 경우의 상태변화를 생각해보자. 증기상의 온도가 점 G에 도달하면 성분 B의 물이 점 H에서 응축하기 시작한다. 점 G는 혼합증기 중의 수증기 분압이 그 온도에서의 순수 포화증기압과 같다. 더욱이 온도를 내리면 물의 응축이 진행되고, 증기의 평형조성은 점 G에서 점 C를 향해 이동한다. 점 C의 온도에서 벤젠의 응축도 동시에 일어나며 응축액을 균일상으로 봤을 때의 겉보기 조성은 점 C의 조성으로 나타난다. 점 F의 벤젠－물계의 증기가 점 C의 온도에서 전부 액화되면 겉보기 조성은 점 I로 나타나며, 그 액을 더욱이 냉각하면 액의 온도는 점 I에서 점 J로 변화한다. 겉보기 조성이 점 J로 나타나는 2액을 가열 증발시키는 경우에는 반대경로를 거쳐 점 F의 증기가 된다. 또한 점 C보다 큰 벤젠농도의 혼합증기를 냉각하는 경우의 상 거동도 마찬가지이며, 온도 저하와 함께 기액 평형관계는 곡선 AC 위를 점 C를 향해 변화한다. 점 C는 증기조성과 겉보기 액조성이 같아지므로 이상계에서의 공비상태를 나타낸다.

7.2.4 액상의 상호 용해도에 한도가 있는 2성분계

이 계의 상태도(전압 일정)가 그림 7.7과 같다. 점 A, B는 순 성분 A, B의 비점을 나타낸다 곡선 ADF 우측은 성분 A가 풍부한 균상액 영역, 곡선 BEG 좌측은 성분 B가 풍부한 균상액 영역, 곡선 DF와 EG 사이는 혼합액이 2액상으로 분리되는 영역을 나타낸다. 곡선 AD, BE는 균상액의 비점곡선, 곡선 AC, BC는 이슬점곡선이다. 2액상과 증기상의 3상이 공존하는 상태는 2액이 불용해인 경우와 마찬가지로 점 C로 표시된다.

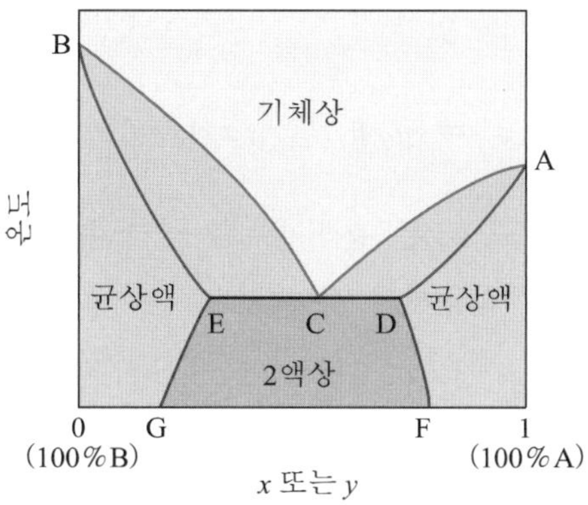

▎그림 7.7▐ 액상의 상호 용해에 한도가 있는 기액계의 평형곡선

7.2.5 기액평형비, 상대휘발도, 분리계수

평형상태에 있는 성분 i의 기상의 몰분율 y_i와 액상의 몰분율 x_i의 비 K_i를 기액평형비 (equilibrium ratio)라고 한다.

$$K_i = y_i / x_i \tag{7.19}$$

다성분계 기액평형 의론에는 일반적으로 평형비 K_i가 이용된다.

성분 i의 액상 중의 몰분율 x_i와 증기상 중의 분압 p_i의 비 k_i를 휘발도(volatility)

$$k_i = p_i / x_i \tag{7.20}$$

성분 j에 대한 성분 i의 휘발도의 비 α_{ij}를 상대휘발도(relative volatility) 또는 비휘발도

$$\alpha_{ij} = k_i / k_j \tag{7.21}$$

라고 한다. 라울의 법칙이 성립하는 계에서는 성분 i의 휘발도는 $k_i = p_i°$가 되며, 상대휘발도는 순성분 i와 j의 증기압의 비 $\alpha_{ij} = p_i° / p_j°$으로 표시된다. 또한 식 (7.19)~식 (7.21)에 의해 상대휘발도는 다음 식과 같이 기액평형비의 비와 같다.

$$\alpha_{ij} = k_i/k_j = (p_i/x_i)/(p_j/x_j) = [(p_i/p)/x_i] / [(p_j/p)/y_i] \tag{7.22}$$

$$= (y_i/x_i)/(y_j/x_j) = K_i/K_j$$

일반적으로 어떤 방법을 이용한 원료를 조성이 다른 두 개의 제품 P, Q로 분리할 때, 분리 난이도를 나타내는 분리계수는 제품 P의 성분 i, j의 몰분율 y_i, y_j, 제품 Q의 그것들 x_i, x_j

를 이용해 다음 식으로 나타낼 수 있다.

$$\beta_{ij} = (y_i/y_j)/(x_i/x_j) = K_i/K_j \tag{7.23}$$

따라서 식 (7.22)의 상대휘발도 α_{ij}는 분리계수를 나타낸다. 또한 추출의 분리계수 β 식 (6.59)는 식 (7.23)을 3성분계에 적용시킨 것이다.

7.2.6 기액 평형관계의 계산법

혼합물의 기액 평형함수는 일반적으로 식 (7.9)로 나타낼 수 있고,

$$\varphi_i \, y_i \, p = \gamma_i \, x_i \, \varphi_i^{\circ} \, p_i^{\circ} \tag{7.9}$$

저압 하에서는 φ_i, $\varphi_i^{\circ} = 1$로 둘 수 있으므로 기액 평형관계는 식 (7.10)으로 나타낼 수 있다.

$$p_i = y_i \, p = \gamma_i \, x_i \, p_i^{\circ} \tag{7.1}$$

또한 조성에 대해서는 다음 식이 속박조건이 된다.

$$\sum_{i=1}^{n} x_1 = \sum_{i=1}^{n} y_i = 1 \tag{7.24}$$

2성분계에서 성분 1의 몰분율을 x, y, 휘발도를 k_1, 성분 2의 휘발도를 k_2로 할 때 라울의 법칙이 성립하는 계에서는 돌턴의 분압 법칙에 의해 다음 식이 성립하고,

$$y = p_1/p = k_1 x/[k_1 x + k_2(1-x)] = \alpha_{12} x/[1 + (\alpha_{12} - 1)x] \tag{7.25}$$

상대휘발도 α_{12}로부터 액상조성 x에 대한 기상조성 y를 구할 수 있다.

라울의 법칙이 성립하지 않는 계에서는 식 (7.9), 식 (7.10)으로 기액 평형 관계를 구하게 되는데, 그를 위해서는 순물질의 증기압식(예를 들면, 안토인 식), 활량계수 γ_i 및 퓨가시티 계수 φ_i, φ_i°의 상관식, 추산식이 필요해진다. 자세한 내용은 문헌[53]을 참고하길 바란다.

계산방식의 예로 식 (7.10)을 이용해 저압 하의 비점과 그 증기조성을 구하는 경우(이것을 비점계산이라고 한다)에 대해서 설명하겠다. 이 경우 압력과 액상의 조성(n개)을 부여해서 평형온도와 기상의 조성(n개)을 구하게 된다. 일반적으로 포화증기압을 구하는 식은 안토인

53) "화학공학편람" 제 6판, 화학공학회편, p.66, 마루젠(丸善) (1999).

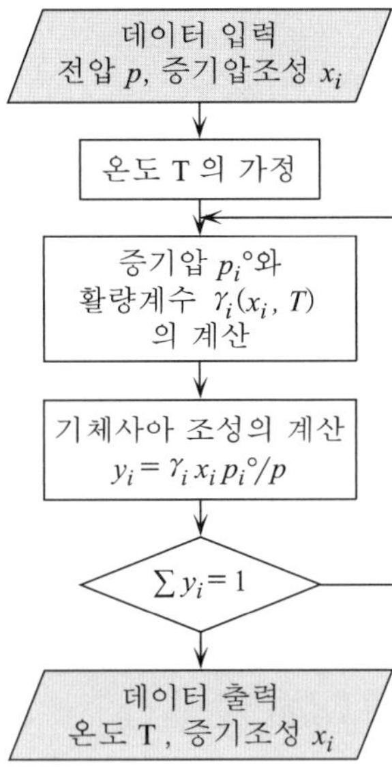

| 그림 7.8 | 저압비점곡선의 계산 흐름도

식과 같이 비선형이다. 또한 활량계수식은 일반적으로 액조성 x_i 또는 액조성 x_i와 온도 T의 함수로써 나타내며 액조성에 관하여 비선형이다.

온도 T를 가정하여 기상 조성의 총합이 1을 만족시키도록 식 (7.10)을 이용해 비점과 기상의 조성의 반복계산 한다(그림 7.8). 증기조성을 부여해서 정압 하의 이슬점과 액조성을 구하는 계산(이슬점계산)도 반복계산이 필요해진다. 이러한 계산에는 활량계수식이나 퓨가시티계수식 등을 조합한 컴퓨터 프로그램이 이용된다. 더욱이 계산에서 구한 기액 평형 관계를 이용해 증류장치, 증류공정 시뮬레이션 해석을 하는 소프트웨어도 개발되어 있다.

예제 7.2

벤젠-톨루엔계에서는 라울의 법칙이 성립한다고 가정하고, 1기압에서의 벤젠 40 mol% 혼압액의 비점과 증기조성을 구하라.

해답

벤젠을 성분 1, 톨루엔을 성분 2로 한다. 표 7.1의 안토인 정수를 이용해 벤젠, 톨루엔의 비점을 구하면, 80.1℃, 110.6℃이 된다.

계산 순서는 다음과 같다. 벤젠 조성 $x_1 = 0.4$의 액의 비점 T를 80.1~110.6℃ 사이의 값으로 가정하고, 안토인 식으로 순 벤젠의 증기압 $p_1°$와 순 톨루엔의 증기압 $p_2°$를 계산한다. 라울의 법칙을 적용하여 $y_1 + y_2 = x_1(p_1°/p) + (1-x_1)(p_2°/p) = 1$을 만족시키는 온도 T를 시행법으로 구한다(단, $p = 1.013 \times 10^5$ Pa). 결과는 T=95.1℃, $y_1 = x_1(p_1°/p) = 0.621$이 된다. 기상 조성 y_1은 식 (7.25)로도 구할 수 있는데, 시행법 계산에는 기상조성 y_1을 구하므로, $y_1 + y_2 = 1$의 조건을 만족시키면 그때의 y_1이 기상조성이 된다.

기상 조성이 0.1부터 0.9까지의 라울의 법칙 계산결과와 평형 수치와의 비교가 다음 표와 같다.

	x_1	0	0.1	0.2	0.3	0.4	0.5	0.6	0.7	0.8	0.9	1
기액평형 데이터	y_1	0	0.208	0.372	0.507	0.619	0.713	0.791	0.857	0.912	0.959	1
	T/℃	110.6	105.7	101.8	98.3	95.2	92.4	89.8	87.3	85.0	82.6	80.1
라울의 법칙	y_1	0	0.209	0.376	0.511	0.622	0.714	0.791	0.856	0.911	0.959	1
	T/℃	110.6	106.1	102.1	98.5	95.1	92.1	89.3	86.8	84.4	82.2	80.1
식 (7.25), $\alpha_{av} = 2.47$	y_1	0	0.215	0.382	0.514	0.622	0.712	0.788	0.852	0.908	0.957	1

라울의 법칙이 성립하는 경우의 상대휘발도는 $\alpha_{12} = (p_1/x_1)/(p_2/x_2) = p_1°/p_2°$가 되며, 순물질의 증기압의 비로 주어진다. 상대휘발도는 벤젠의 비점 80.1℃에서는 $\alpha_{12} = 2.60$, 톨루엔의 비점 110.6℃에서는 $\alpha_{12} = 2.35$가 된다. 식 (7.25)의 α_{12}로서 평균 상대휘발도 α_{av}를 이용할 때, 일반적으로 두 성분의 비점에서의 α_{12}의 기하평균을 이용하는 경우가 많다.

$\alpha_{av} = (2.60 \times 2.35)^{1/2} = 2.47$을 이용해 식 (7.25)에서 계산한 증기조성을 표의 가장 아래 행에 나타냈다. 라울의 법칙, 평균 상대휘발도를 이용한 계산치는 기액평형 데이터와 잘 일치한다.

7.3 증발·응축

증발(evaporation)조작에는 단순히 증기를 발생시키는 것뿐만 아니라 혼합용액 중의 용매만을 증발시켜서 용액을 농축시키는 조작이나 용매를 증발회수하는 조작도 포함된다. 용액농축이나 용매회수 조작 예로는 설탕, 소금, 수염화나트륨 등의 희박용액의 농축, 과즙액의 농축이나 도금 폐액의 농축처리, 해수의 담수화 등이 있다. 한편 응축(condensation)조작은 기체의 액화나 기상 혼합물 중의 고비점성분의 분리회수 등에 이용된다. 증발·응축 조작에서는 일반적으로 장치의 열교환부를 통해 가열·냉각한다. 응축조작도 마찬가지이며, 계로부터의 열의 누출이 없다고 하면 증발·응축 속도는 열의 공급·제거 속도에 의해 결정된다. 일반적으로 계가 동적인 평형상태로 유지된다고 가정하고 기액 평형관계와 물질수지, 열수지에 근거하여 기본적인 장치설계를 한다.

7.3.1 응축장치

증기 응축은 냉각기, 브라인 등의 냉매를 고체벽을 통해 간접적으로 응축하는 표면응축법 및 증기와 냉각액을 직접 접촉시켜서 응축시키는 혼합응축법으로 크게 구분된다. 대표적인 열교환기인 다관원통형 열교환기(다관식 열교환기, multitube heat exchanger, shell and tube heat exchanger)는 표면응축기로 잘 이용된다. 이 형식의 열교환기는 평행으로 나열된 다수의 전열관의 관다발(tube bundle)이 긴 원통용기(shell) 안에 들어있는 구조를 가진다. 그림 7.9와 같은 열교환기에서는 내부의 U자관과 바깥쪽의 동체가 한 곳에 고정되어 있으므로 열에 의한 팽창·수축을 흡수할 수 있다. 이 장치를 응축장치로서 이용하는 경우에는 동체 쪽에 피응축열기를 관측에 냉매를 흘려보낸다. 응축장치의 설계는 기본적으로는 열교환기의 설계와 같다.

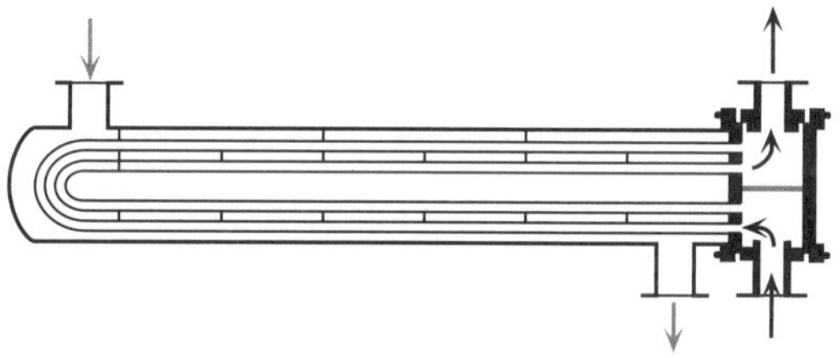

그림 7.9 다관원통형 열교환기

7.3.2 증발장치

증발에 사용되는 장치를 증발관(evaporator)이라고도 한다. 증발법으로서는 연소식, 자연순환식, 강제순환식, 박막식, 플래시식이 있고, 용액의 점성, 용질의 결정성, 열변성·분리성의 성질이나 농축도를 고려하여 적절한 증발법을 선정할 수 있다.

연소식은 용액을 넣은 용기나 관을 직화로 가열하는 방식 및 액 중에 연소가스를 분출시키거나 버너를 액 중에 설치하여 직접 액을 가열하고 증발시키는 방식이다.

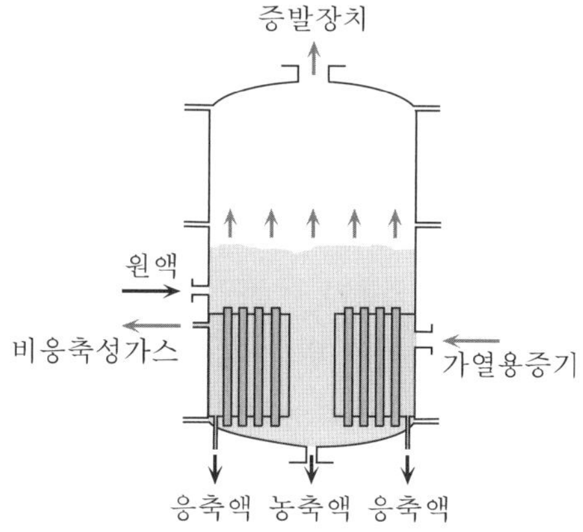

그림 7.10 표준형 증발관

순환식 증발관에서는 다발의 전열관 안쪽이나 바깥쪽에 가열용 열매체(예를 들면, 수증기)를 흘려보내 용액을 가열하고 증발시킨다. 그 중에서 표준형 증발관이 그림 7.10과 같다. 가열용 수증기에는 비응축성가스가 희미하게 포함되어있기 때문에 그 축적을 막기 위해 수증기측 가열실 내의 증기의 일부를 외부로 꺼내기 위한 관이 설치되어있다. 박막식은 가열관내의 용액을 회전날개를 이용해 내면에 퍼뜨려 박막화를 하거나 또는 용액을 가열관 외표면을 따라 액막상으로 흘러내리게 해서 증발시킨다.

용액의 증발속도는 일반적으로 전열속도에 지배된다. 큰 증발속도를 얻기 위해서는 전열속도를 올릴 필요가 있고, 증발실의 압력을 낮게 해서 가열 수증기의 응축온도와 용액의 비등온도와의 차를 크게 한다.

7.3.3 증발조작의 에너지 절약

a. **다중효용 증발법** 증발조작에서는 가열 수증기의 응축량과 거의 같은 양의 수증기가 수용액에서 증발되므로 발생된 증기를 다음 관의 용액의 가열증발에 사용하면 에너지를 절약할 수 있다. 복수의 증발관을 연결하여 진공장치를 이용해 각 관의 조작압력을 순차적으로 낮게 하면 각각 관에서 발생하는 수증기를 다음 관의 가열용 수증기로서 이용할 수 있다. 이렇듯 외부에서 가열용 수증기를 제1관에 공급하는 것만으로 다음 관 이후의 가열·증발을 하고 에너지를 절약하는 방법을 다중효용 증발법이라고 한다. 실용적으로는 2~6개의 효용관이 이용된다. 그림 7.11에 순방향 흐름 조작의 3중 효용관 시스템이 나와 있다.

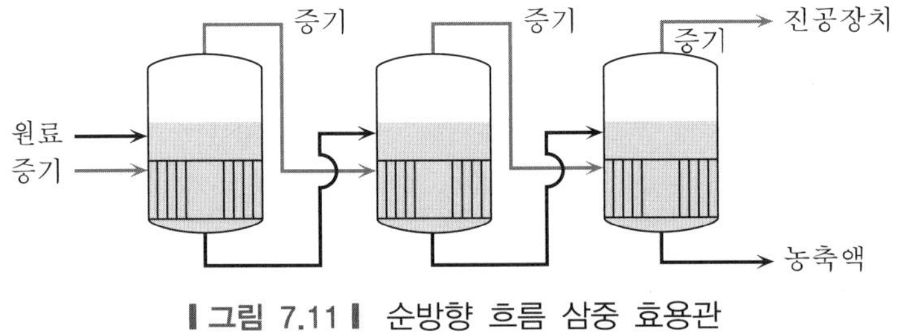

▌그림 7.11▐ 순방향 흐름 삼중 효용관

b. **자기증기 압축법** 용액에서 발생한 증기를 압축기나 증기 이젝터를 이용해 압축하여 승온시키고 증발기의 가열부로 되돌려 용액을 증발시키는 방식이다. 압축기를 이용하는 경우에는 10~15 효용관에 상당하는 에너지 절약을 실현할 수 있다. 또한 이 방법에서는 운전을 개시할 때 수증기나 전열을 이용해 용액을 증발시키기 위한 가열부가 별도로 필요하다.

c. **다단 플래시 증발법** 물을 예를 들어 플래시 증발을 설명하겠다. 포화증기압보다 높은 압력을 가한 고온 열수를 조임부에 유통시킨 후, 저온의 물속에 불어넣으면 조임부에 의한 압력 저하에 의해 발생한 열수의 과잉 엔탈피가 액의 승온과 증발에 사용된다. 이러한 증

발법을 플래시 증발이라 한다.

플래시 증발법은 해수의 담수화 공정에 이용된다. 그 개요를 그림 7.12에 나타냈다. 페이지 사정상 단수는 3단으로 했다. 해수를 증발실 내 상부에 설치한 전열관 내를 유통시켜서 예열하고 더욱이 외부 열교환기에 의해 승온시킨 후, 조임부를 통해 감압 하의 증발관에 제공하여, 첫 단 장치에서 플래시 증발시켜서 해수를 비등시킨다. 데미스터에서 비말 동반 물방울이 제거된 수증기는 상부 해수의 예열에 사용되는 전열관 외표면에서 응축하고, 담수로써 나오게 된다. 한편 플래시 증발 후의 해수는 증발잠열을 빼앗긴 만큼 온도가 저하되는데, 후단의 압력을 순차적으로 낮게 설정함으로써 해수의 플래시 증발이 반복된다. 가열면에서 비등이 발생하지 않기 때문에 스케일 석출을 막을 수 있고, 응축액이 그대로 나오게 되는 특징이 있다. 현재 해수의 담수화에는 다중 효용관, 다단 플래시법 및 역침투막법이 이용되고 있다. 열에너지를 이용하는 다중 효용관, 다단 플래시법은 대량의 조수(造水)가 가능하며, 기계적 에너지를 이용하는 역침투막법은 에너지 절약에 뛰어나다.

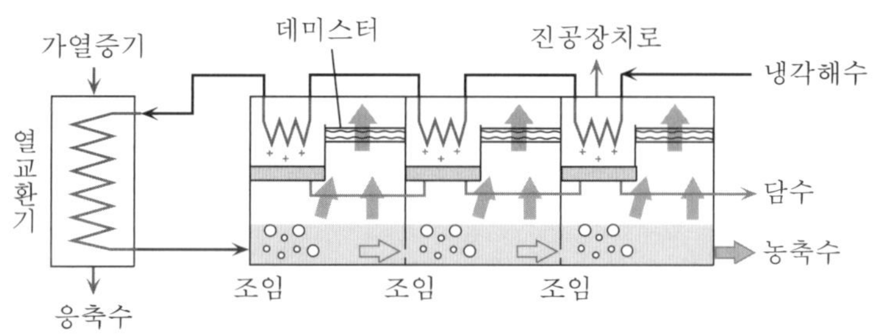

❙그림 7.12❙ 다단 플래시 증발에 의한 해수담수화 공정

7.3.4 단일 증발관의 설계

그림 7.13과 같은 단일 증발관의 설계법을 설명한다. 질량기준의 원액 공급속도, 용매의 증발속도, 농축액의 배출속도를 각각 F, V, L, 원료 중의 비휘발성 용질의 질량분율을 w_{F}, 농축액의 그것을 w_{L}로 하면 정상상태의 전체 물질수지와 용질의 물질수지는 다음 식과 같다.

$$F = V + L \tag{7.26}$$

$$Fw_{\mathrm{F}} = Lw_{\mathrm{L}} \tag{7.27}$$

다음으로 열수지식을 세운다. 원료, 증발한 용매, 농축액의 단위질량당 엔탈피를 $\widehat{H}_{\mathrm{F}}$, $\widehat{H}_{\mathrm{V}}$, $\widehat{H}_{\mathrm{L}}$, 증발관에 공급되는 가열 수증기량을 S, 그 엔탈피를 $\widehat{H}_{\mathrm{S}}$, 배출되는 응축수량을 D, 그

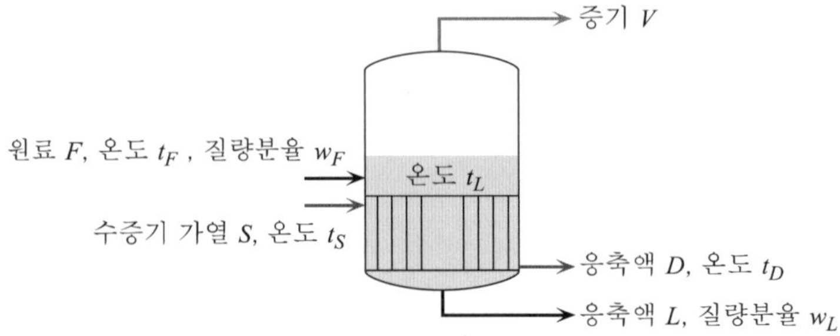

| 그림 7.13 | 증발관의 수지 계산

엔탈피를 $\widehat{H}_{\mathrm{D}}$로 한다. 가열 수증기 중에 포함되는 비응축성 가스 비율은 일반적으로 조금이기 때문에 다음 식이 성립한다.

$$S \approx D \tag{7.28}$$

에너지 수지에 의해 정상상태의 증발관의 가열량 Q는 다음 식과 같다.

$$Q = \widehat{H}_{\mathrm{V}} V + \widehat{H}_{\mathrm{L}} L - \widehat{H}_{\mathrm{F}} F \tag{7.29}$$

식 (7.26)을 이용해 L을 소거하면

$$Q = (\widehat{H}_{\mathrm{V}} - \widehat{H}_{\mathrm{L}}) V + (\widehat{H}_{\mathrm{L}} - \widehat{H}_{\mathrm{F}}) F \tag{7.30}$$

이 된다. 이 열량 Q가 가열증기로부터 공급되므로 식 (7.28)로 다음 식이 된다.

$$Q = (\widehat{H}_{\mathrm{S}} - \widehat{H}_{\mathrm{D}}) S \tag{7.31}$$

위의 열수지식에서 용액의 증발잠열은 그 온도에서의 용매의 증발잠열과 같고, 농도변화에 의한 희석열(혼합열)과 비열의 온도변화를 무시할 수 있다고 가정한다.

$\widehat{H}_{\mathrm{V}} - \widehat{H}_{\mathrm{L}}$은 관 내 용액온도에서의 용매의 증발잠열 $\Delta \widehat{H}_{\mathrm{V}}$와 같고, 또한 $\widehat{H}_{\mathrm{L}} - \widehat{H}_{\mathrm{F}} = \widehat{c}_{p\mathrm{F}}(T_{\mathrm{L}} - T_{\mathrm{F}})$로 표시되므로 식 (7.30)의 전열량 Q는 다음 식과 같다.

$$Q = \Delta \widehat{H}_{\mathrm{V}} V + \widehat{c}_{p\mathrm{F}} (T_{\mathrm{L}} - T_{\mathrm{F}}) F \tag{7.32}$$

여기서 $\widehat{c}_{p\mathrm{F}}$는 용액의 비열, T_{F}, T_{L}은 원액의 농도, 관내 농축액의 온도이다.

한편 포화온도 T_{S}, 과열도 ΔT_{S}의 과열수증기를 이용해 가열하고, 전량 응축시킨 후 온도

T_D로 배출된다고 하면 식 (7.31)의 Q는 다음 식과 같아진다.

$$Q = (\widehat{H}_S - \widehat{H}_D)S = [\Delta\widehat{H}_S + \widehat{c}_{pS}\Delta T_S + \widehat{c}_{pW}(T_S - T_L)]S \tag{7.33}$$

여기서 $\Delta\widehat{H}_S$는 물의 증발잠열, $\widehat{c}_{pS}$는 과열수증기의 정압비열, $\widehat{c}_{pW}$는 물의 비열이다.
이들 식에서 구할 수 있는 필요 가열량 Q와 증발관의 전열면적 A의 관계는

$$Q = UA\Delta T \tag{7.34}$$

로 주어진다. 여기서 U는 총괄열전달 계수 ΔT는 가열용수증기와 관내 비등액의 온도차이다. 과열수증기는 가열면에 닿으면 바로 현열을 빼앗겨 포화수증기가 되므로 가열용 수증기측의 온도로서는 그 압력에서의 포화온도를 이용한다. 또한 비등액의 온도에 대해서는 용질에 의한 비점 상승 뿐만 아니라 액 깊이에 의한 비점상승도 고려할 필요가 있다.

예제 7.3

단일효용관을 이용해 질량분율 0.05의 NaOH수용액을 질량분율 0.30까지 농축한다. 원료의 온도는 30℃, 공급속도는 3.0 kg s^{-1}, 증발관 내 압력은 20 kPa이다. 가열에는 0.2 MPa의 포화수증기를 이용하고, 응축수는 110℃로 배출된다. 이 조작에 필요한 가열 수증기량 및 효용관의 전열면적을 구하라. 단, 증발관의 총괄열전달 계수는 1800 Wm^{-2}K^{-1}, 원액의 비열은 3.82 kJ kg^{-1}K^{-1}, 가열 수증기의 응축액의 비열은 4.22 kJ kg^{-1}K^{-1}로 한다.

해답

표 7.1의 안토인 정수를 이용해 압력 20 kPa의 물의 포화온도를 구하면 T = 333.23K(60.1℃), 증발잠열 $\Delta\widehat{H}_V$ = 42.16 kJ kmol^{-1} = 2342 kJ kmol^{-1}(증기표에서는 2321 kJ kmol^{-1})이다.
그림 7.1의 듀링선도에서 질량분율 0.30 NaOH수용액의 비등온도는 75℃이고, 0.2 MPa의 포화수증기온도는 120.2℃, 증발잠열은 $\Delta\widehat{H}_V$ = 2262 kJ kg^{-1}(수증기표에 의하면 2201 kJ kg^{-1})이다.
이후의 계산에서는 수증기표의 $\Delta\widehat{H}_V$를 이용한다.
질량수지 식 (7.26), 식 (7.27)에 의해
$L = (0.05)(3)/(0.3) = 0.5$ kg s^{-1}, $V = 3.0 - 0.5 = 2.5$ kg s^{-1}
에너지 수지 식 (7.30)에 의해
$Q = (2321 \times 10^3)(2.5) + (3.82 \times 10^3)(75 - 30)(3) = 6.32 \times 10^6$ W
필요증기량 식 (7.32)에 의해
$Q = [2201 \times 10^3 + (4.22 \times 10^3)(120.2 - 110)]\ S = 2.24 \times 10^6 S$. $S = 2.82$ kg s^{-1}
전열면적 $A = Q/U\Delta T = (6.32 \times 10^6)/(1800)(120.2 - 75) = 77.7$ m^2

7.4 증류

7.4.1 단증류

용기에 혼합원료를 넣어 증발시켜 발생한 증기를 외부에 내보내 응축시키면 저비점이 풍부한 액을 얻을 수 있다. 이 조작을 단증류(simple distillation)라고 하며, 내보내진 응축액을 증류액(distillate)이라 한다. 증류의 진행과 함께 관내액(bottoms)의 고비점 성분이 진해지므로 증류액의 저비점 성분의 농도는 감소한다. 따라서 단증류로 얻어진 농축도에는 한계가 있다. 조작 예로는 그림 7.14의 화학실험실에서 이루어지는 증류나 포트스틸(pot still, 증류솥)을 이용한 위스키 증류가 있다.

이 조작이 기액평형상태를 유지하여 이루어지는 경우의 관내액과 증류액의 액량과 조성 관계식을 2성분계에 대해서 도출한다. 시각 t일 때의 관내액의 물질을 L, 저비점성분의 몰분율을 x로 하면, 관내액의 증발속도는 $-\mathrm{d}L/\mathrm{d}t$로 주어진다. 관내액 중의 저비점성분의 감소속도 $-\mathrm{d}(Lx)/\mathrm{d}t$는 저비점성분의 증발속도 $-y(\mathrm{d}L/\mathrm{d}t)$와 같으므로 다음 식이 성립한다.

$$\frac{\mathrm{d}(Lx)}{\mathrm{d}t}=\frac{L\,dx+x\,dL}{dt}=\frac{y\,dL}{dt} \tag{7.35}$$

위 식의 분자를 정리하면 다음 식과 같아진다.

$$\frac{\mathrm{d}L}{L}=\frac{\mathrm{d}x}{y-x} \tag{7.36}$$

증류개시할 때의 액량을 L_0, 조성을 x_0으로 하고, 액량 L일 때의 조성을 x로 하면

$$\ln\frac{L}{L_0}=\int_{x_0}^{x}\frac{\mathrm{d}x}{y-x} \tag{7.37}$$

가 된다. 이 식을 레일리의 식(Rayleigh equation)이라고 한다. 상대휘발도 α_{12}가 일정한 경우에는 식 (7.25)의 관계를 이용해 식 (7.37)의 우변을 적분하면 다음 식이 된다.

$$\ln\frac{L}{L_0}=\frac{-1}{\alpha_{12}-1}\left(\ln\frac{x_0}{x}+\alpha_{12}\ln\frac{1-x}{1-x_0}\right) \tag{7.38}$$

증류액의 평균조성 x_{D}는 증류 개시 때와 종료 때의 물질수지에 의해 다음 식으로 주어진다.

$$x_{\mathrm{D}}=(L_0x_0-Lx)/(L_0-L) \tag{7.39}$$

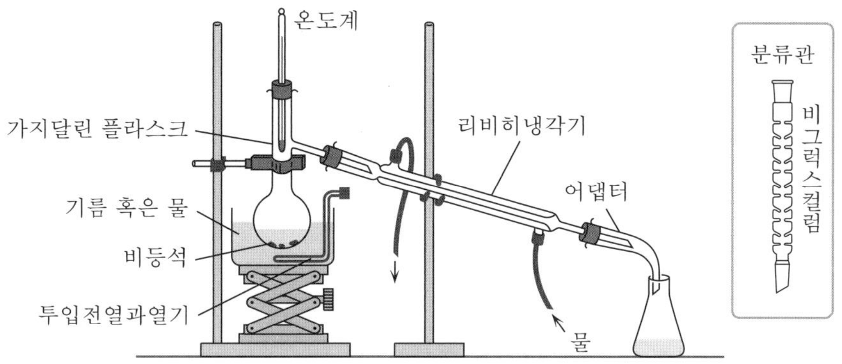

▌그림 7.14▐ 단증류(분류)장치)

위 식의 도출에는 발생하는 증기가 액과 평형이라고 가정했다. 만약 그림 7.14의 플라스크에 설치한 컬럼의 단열이 불충분한 경우에는 발생한 증기 일부가 컬럼 벽에서 냉각되어 액이 되는 부분응축이 발생하고 응축액은 벽을 하강하면서 증기의 응축열에 의해 그 일부가 증발하는 현상이 발생한다. 컬럼벽을 적시는 응축액의 온도는 플라스크 액의 온도보다도 낮기 때문에 그 주변 증기는 저비점 성분이 농축된 상태로 존재한다. 플라스크 상부와, 내부에 많은 돌기를 만들어 기액접촉면적을 넓힌 비그럭스 컬럼(Vigreux column ; 그림 7.14의 오른쪽 끝)이나 유리구슬 등의 충진물을 넣은 컬럼을 설치하면 혼합증기가 상승하는 동안에 부분응축과 응축액의 증발이 반복되어 저비점성분의 농축도가 올라간다. 이러한 증류를 정류(rectification)라고 한다. 상부에 설치한 온도계를 관측하면서 좁은 온도범위에서 증기를 유출시키면 순수에 가까운 성분으로 이루어진 증류액을 얻을 수 있다. 이 조작을 분류(fractionation)라고 하며, 그 목적에 이용하는 컬럼을 분류관(fractionating column)이라고 한다.

예제 7.4

벤젠 40 mol%, 톨루엔 60 mol%의 혼합액을 1기압 하에서 단증류하고, 원액의 40%를 유출(流出)시켰을 때의 잔액조성과 증류액의 평균조성을 구하라.

해답

[방법 1] $L/L_0=0.60$이므로 식 (7.37)에 의해

$$\int_{0.4}^{x}\frac{\mathrm{d}y}{y-x}Z=\ln\frac{L}{L_0}=-0.511 \qquad (1)$$

이 된다.

좌변을 적분하기 위해 예제 7.2의 벤젠−톨루엔의 평형데이터로 $y-x$를 구하고 $x=0.2\sim0.6$

의 범위로 x의 2차식으로 최소이승근사하면

x	0.2	0.3	0.4	0.5	0.6
y	0.372	0.507	0.619	0.713	0.791
$y-x$	0.172	0.207	0.219	0.213	0.191

$$x-y = -0.9429x^2 + 0.7983x + 0.0508$$
$$= -0.9429(x - 0.9061)(x + 0.05945) \tag{2}$$

식 (2)를 식 (1)에 대입하여 적분하면

$$\ln[(x + 0.05945)/(0.9061 - x)] = -0.5617 \tag{3}$$

식 (3)을 만족시키는 x는 $x = 0.290$. 식 (7.39)로 증류액의 평균농도 $x_D = 0.620$.

[방법 2] 예제 7.2에서 설명했듯이 벤젠−톨루엔계의 평형데이터는 평균휘발도 $\alpha_{12} = \alpha_{av} = 2.47$을 이용해 나타낼 수 있다. 식 (7.38)을 이용하면

$$\frac{-1}{2.47-1}\left(\ln\frac{0.4}{x}+2.47\ln\frac{1-x}{0.6}\right)=\ln\left(\frac{L}{L_0}\right)\equiv -0.511$$

시행법에 의해 위 식을 만족시키는 x를 구하면 $x = 0.288$, 또는 $x_D = 0.624$, 이들의 수치는 방법 1로 구한 수치에 거의 같다.

7.4.2 플래시 증류

그림 7.15에 연속 플래시 증류장치의 개략이 나와 있다. 원액을 펌프로 가압하여 열교환기를 통해 고온 고압의 액으로 한 후 감압벨브를 통해 단열적으로 감압시키면 액은 플래시 증발하여 기액이 혼합된 상태가 된다. 그 기액혼상류를 기액분리실에 도입하여 증기는 냉각하여 증류액으로서, 관내 잔류는 관출액으로서 연속적으로 외부에 내보낸다. 이 조작을 플래시 증류(flash distillation) 또는 기액 2상이 평형에 가까운 상태로 증류되기 때문에 평형 플래시 증류라고도 한다.

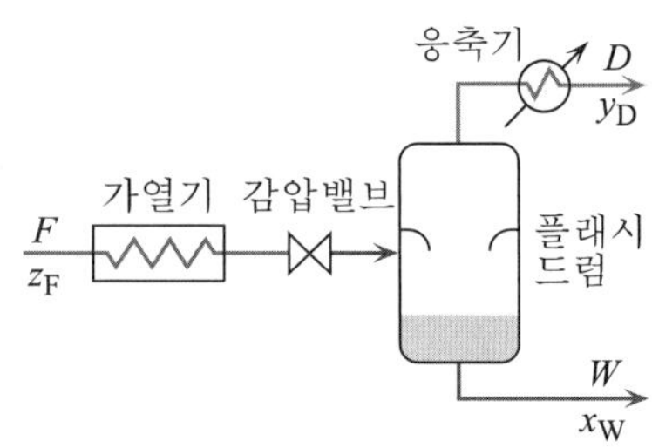

그림 7.15 플래시 증류장치

2성분계의 평형 플래시 증류의 계산법을 다음에 설명하겠다. 단위로서 물질 몰분율을 이용하고 원액의 공급속도를 F, 조성을 z_F, 증류액의 유량을 D, 조성 y_D, 관출액의 유량를

W, 조성을 x_W로 한다.

전체 물질수지는

$$F = D + W \tag{7.40}$$

저비점성분의 물질수지는

$$Fz_F = Dy_D + Wx_W \tag{7.41}$$

위 식에서 F를 소거하면 다음 식이 된다.

$$(y_D - z_F)/(x_W - z_F) = -W/D \tag{7.42}$$

조작선의 식 (7.42)와 $x-y$선도의 관계가 그림 7.16과 같다. $x-y$선도는 예제 7.2에서 설명한 벤젠-톨루엔계의 선도이다. 좌표 (x_W, y_D)의 점은 증류액과 관출액의 평형조성을 나타낸다. 대각선상에 $y = z_F$가 되는 점 F로 하면 식 (7.42)에서 직선 PF의 기울기는 $-W/D$가 된다. F와 x_F를 이미 알고 있는 경우 D 또는 W 중 하나를 부여하면, 다른 쪽은 식 (7.40)으로 구할 수 있다. 점 F에서 기울기 $-W/D$의 직선을 그어 $x-y$평형곡선과의 교점 P를 구하면 x_W, y_D가 구해진다. 관출액, 증류액의 조성 중 한 쪽을 알고 있는 경우에는 점 P의 좌표가 주어지므로 직선 PF의 기울기로 W/D의 값이 구해지며, 식 (7.40)에 의해 유출 유량 D와 관출액량 W를 구할 수 있다.

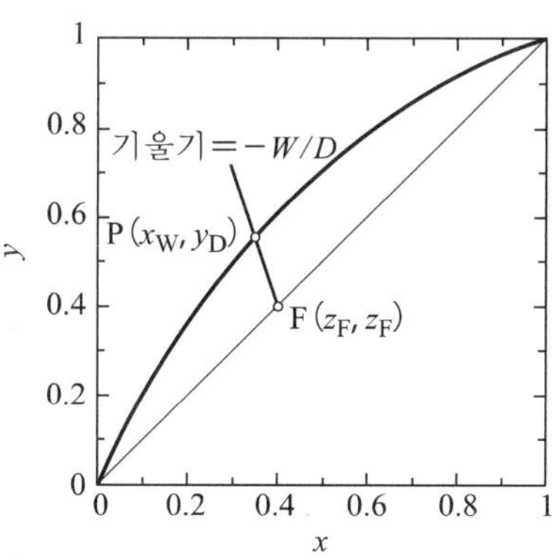

그림 7.16 플래시 증류의 조작선 (벤젠-톨루엔계 1기압)

예제 7.5

1) 벤젠 40 mol%, 톨루엔 60 mol%의 혼합액을 1기압 하에서 플래시 증류한다. 원료 25%를 증류액으로서 꺼낼 때, 증류액과 관출액의 조성을 구하라.

2) 다성분계($i=1\sim n$)의 혼합액을 플래시 증류할 때 원료조성 z_i, 관출액조성 x_i, 원료유량 F, 증류액량 D, 관출액량 W의 관계는 기액평형비 $K_i=y_i/x_i$를 이용한 다음 식으로 나타낼 수 있다는 것을 설명하라.

$$\sum_{i=1}^{n} z_i/[K_i(D/F)+W/F]=1 \tag{1}$$

3) 벤젠 60 mol%, 톨루엔 25 mol%, 크실렌 15 mol%로 이루어진 혼합액을 100℃, 1기압에서 플래시 증류할 때의 원료에 대한 증류액량의 비와 증류액, 관출액 조성을 구하라. 이 계에서는 라울의 법칙이 성립한다고 보고, 크실렌의 안토인 식(p [Pa], T [K])의 정수는 m－크실렌의 A = 21.0318, B = 3366.99, C = －58.04로 대표된다고 한다.

해답

1) $D=0.25\text{F}$, $W=0.75\text{F}$에서 식 (7.42)는 $(y_\text{D}-0.4)/(x_\text{W}-0.4)=-3$이 된다. 그림 7.16에서 점 F(0.4, 0.4)를 지나는 기울기 －3의 직선을 그어 평행선과의 교점 P의 좌표를 구하면 $y_\text{D}=0.56$, $x_\text{W}=0.34$이다.
2) 성분 수지 $Fz_i=Dy_i+Wx_i=(DK_i+W)x_i$에서 $x_i=Fz_i/(DK_i+W)$이다. 이것을 전성분에 대해서 더하면 $\sum_{i=1}^{n} Fz_i/(DK_i+W)=1$. 변형하면 식 (1)을 구할 수 있다.
3) 라울의 법칙이 성립할 때의 기액평형비는 $K_i=y_i/x_i=p_i°/p$ (p는 전압)이다.
   100℃의 포화증기압 $p_i°$를 안토인 정수(벤젠, 톨루엔은 표 7.1)로 계산하여 기액평형비를 구하면 벤젠 $K_1=1.777$, 톨루엔 $K_2=0.7322$, 크실렌 $K_3=0.3075$
   주어진 조건에서 $z_1=0.60$, $z_2=0.25$, $z_3=0.15$
   D/F에 적당한 값을 가정하여 $W=1-D/F$를 구해 식 (1)을 만족시키는 $x_i y_i$를 구한다.
   $D/F=0.739$, $W/F=0.261$일 때
   벤젠($i=1$) : $x_1=0.381$, $y_1=0.678$
   톨루엔($i=2$) : $x_2=0.312$, $y_2=0.228$
   크실렌 ($i=3$) : $x_3=0.307$, $y_3=0.094$

7.4.3 증류탑

단증류 실험장치(그림 7.14)에 분류관을 접속시키면 증기 부분응축과 응축된 액의 증발이 반복되어 저비점성분의 농축도가 올라가는 것을 7.4.1절에서 설명했다. 공업적인 증류조작에서는 탑정에서 나온 증기를 응축시켜, 응축액을 탑정 부근으로 되돌려 정류효과를 얻는다. 이 조작을 환류(reflux)라고 한다. 따라서 증류장치는 탑저의 액을 비등시키기 위한 가열기, 탑정증기를 응축시키는 응축기 및 탑 내에서 증기와 액을 접촉시키는 동체탑으로 구성되어 있다. 탑저액의 가열에는 내부가열방식과 외부가열방식이 있는데, 대형장치에서는 후자가 이용되는 경우가 많다. 외부가열 하는 장치를 리보일러(reboiler)라고 하며, 다관형 열교환기가 주로 이용된다.

공업적인 증류장치는 그림 7.17과 같이 다수의 붕단(플레이트, 트레이, plate, tray)을 설치해 각단에서 기액접촉하는 붕단탑(플레이트탑, plate column)과 충진물을 넣은 충진탑으로 크게 구분된다. 붕단탑은 증기가 단의 하부에서 유입되어 단 위의 액과 접촉해 응축한다. 그 응축열에 의해 단 위의 액이 비등하고, 발생한 증기는 윗 단을 향해 흐른다. 그림 7.17과 같은 다공판 트레이나 포종단은 대표적인 트레이이며, 액은 한쪽 끝에서 유입되어 단 위에서 증기와 접촉하면서 다른 한쪽의 끝을 향해 이동하고, 다운코머(강류관, down comer)를 지나 아래 단으로 흐른다.

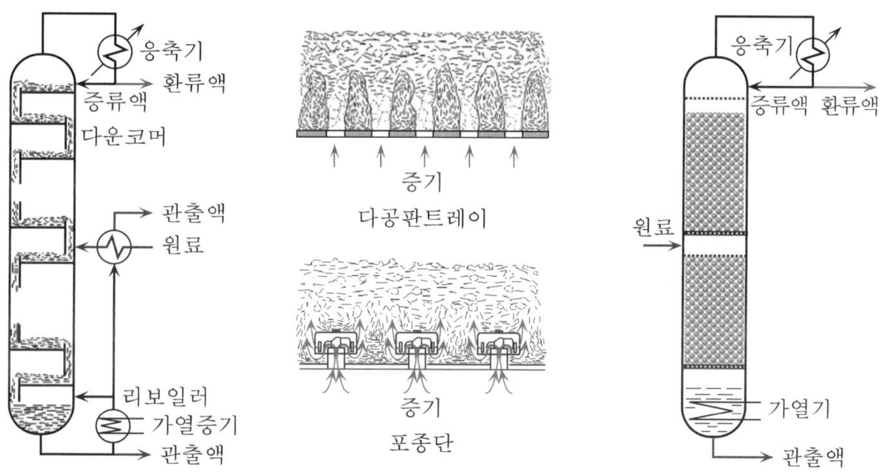

그림 7.17 붕단탑(다공판트레이, 포종단)(왼쪽)과 충진탑(오른쪽)

충진탑은 최하부의 가열부에서 비등한 증기가 상승하면서 충진물의 표면 위에서 상부에서 흘러내려온 액과 접촉하여 비등과 응축이 탑 내에서 연속적으로 이루어진다. 충진물로는 가스 흡수에 이용되는 충진물(그림 6.2)이 이용된다. 충진탑 내에서의 기액 접촉은 단 간격이 매우 작은 경우에 상당하므로 미분접촉(differential contact)이라 한다. 한편 단탑의 접촉방식을 단접촉(stage contact)이라고 한다.

다음으로 정류의 원리를 그림 7.18과 같은 3단 단탑을 이용해 설명하겠다. 첫 번째로 탑정에서 응축된 액의 전량이 탑 내로 돌아가는 경우(이것을 전환류라고 한다)를 생각해보자. 최하단(제1단)에 액이 충진되어 가열이 시작되면 발생한 증기는 붕단의 간격을 지나 상승하고, 탑정을 나와 응축기에 들어와 응축된다. 응축액은 전량이 탑정 한쪽의 단에서 붕단(제3단)으로 되돌려져, 붕단 위를 다른 쪽 끝을 향해 흐르는 동안에 붕단의 하부에서 상승하는 증기와 접촉한다. 제3단의 끝까지 도달한 액은 하강관을 흘러 제2단으로 공급되어 단 위에서 하부에서 상승하는 증기와 접촉한다. 제2단의 한쪽 끝까지 도달한 액은 하강관을 통해 가열이 이루어지는 제1단으로 돌아간다.

이들 장치가 외부에서 단열되어 액의 가열량과 증기의 냉각량이 같은 경우에는 탑 내는 열적으로 정상상태가 된다. 각단에서 기액이 평형으로 유지된다고 볼 때의 각단의 조성이 그림 7.18의 $x-y$선도와 같다.

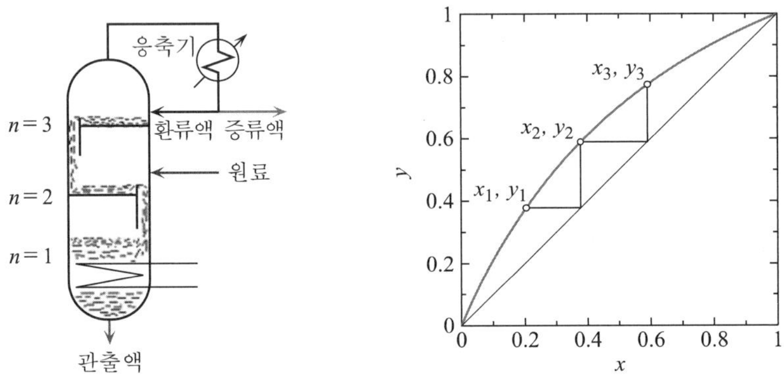

▌그림 7.18▐ 정류효과의 설명(3단 증류탑 전환류조작)

제1단의 액의 조성을 x_1, 발생하는 증기의 조성을 y_1으로 한다. 제1단에서 발생한 증기는 제2단에서 위에서 하강해온 액과 접촉하여 응축하고, 제2단의 액의 조성은 $x_2 = y_1$이 된다. 그 응축잠열에 의해 제2단의 액은 증발하고 x_2에 평형인 조성 y_2의 증기가 발생한다. 마찬가지로 제3단의 액의 조성은 $x_3 = y_2$가 되며, x_3에 평형인 조성 y_3의 증기가 발생한다. 그림 7.18과 같은 계단작도는 이 조성변화를 나타내고 있다. 단증류에서는 증류액의 조성은 y_1이지만, 3단의 붕단을 설치함으로써 저비점성분은 y_3의 농도까지 농축된다. 붕단의 수를 늘리면 더욱 농축도가 올라간다. 충진탑은 탑정증기의 응축액의 환류에 의해 상승하는 증기와 하강하는 액의 접촉이 탑정에서 탑저까지 연속하여 발생하여 정류가 이루어진다.

다음으로 이 3단의 붕단탑의 제2단에 포화상태의 원료액(조성 $x_F = x_2$)을 공급하고, 탑정증기의 응축액의 일부를 증류액으로서 가열부의 액을 관출액으로서 연속적으로 꺼내는 경우를 생각해보자. 원료공급량, 증류액량, 관출액량이 미량인 경우에는 그림 7.18과 같은 기액평형상태가 탑의 각단에서 근사적으로 유지되고, 조성 $x_F = x_2$의 원료를 연속적으로 공급하면서 조성 y_3의 증류액과 조성 x_1의 관출액을 연속적으로 꺼낼 수가 있다. 증류액량, 관출액량이 미량이지 않은 경우에는 각단의 평형에 가해 물질수지를 생각할 필요가 있다. 그것에 대해서는 다음에 설명하겠다.

7.4.4 붕단탑의 물질수지와 열수지

그림 7.19와 같이 원료가 중간 단에 공급되는 연속조작을 생각해보자. 탑정에서 나온 증기는 응축되어 응축액의 일부는 증류액으로서 꺼내지고 나머지는 환류액(reflux)으로서 탑정단으로 돌아간다. 한편 탑저의 액의 일부는 관출액으로서 꺼내지고 나머지는 가열비등시켜서 탑으로 돌아간다. 원료단으로부터 상부를 농축부(rectifying section), 하부를 회수부(stripping section)라고 한다. 여기서는 각단 위에서 기액이 평형으로 유지되는 이상적인 경우(이상단)의 2성분계의 연속증류에 대해서 물질수지, 열수지부터 탑 내의 증류유량, 액유량과 조성의 관계를 도출한다.

원료, 증류액, 관출액의 물질 유량을 F, D, W, 저비점성분의 몰분율을 z_{F}, x_{D}, x_{W}라 한다. 붕단의 위치는 농축부에서는 탑정단을 $n=1$, 회수부에서는 원료단을 $m=1$로서 탑저를 향해 센다. 또한 원료는 유량 qF, 조성 x_{F}의 포화액과 유량 $(1-q)F$, 조성 y_{F}의 포화증기의 2상 유체로써 공급되는 것으로 한다.

a. 탑전체 탑 전체의 물질수지와 저비점성분의 물질수지는 다음 식과 같다.

$$F = D + W \tag{7.43}$$

$$Fz_{\mathrm{F}} = qFx_{\mathrm{F}} + (1-q)Fy_{\mathrm{F}} = Dx_{\mathrm{D}} + Wx_{\mathrm{W}} \tag{7.44}$$

탑전체의 열수지는 열손실이 없다고 하면 다음 식과 같다.

$$qF\widetilde{H}_{\mathrm{LF}} + (1-q)F\widetilde{H}_{\mathrm{V,F}} + Q_{\mathrm{R}} = D\widetilde{H}_{\mathrm{L,D}} + W\widetilde{H}_{\mathrm{L,W}} + Q_{\mathrm{C}} \tag{7.45}$$

여기서 $\widetilde{H}_{\mathrm{L}}$은 포화액의 몰엔탈피, $\widetilde{H}_{\mathrm{V}}$는 포화증기의 몰엔탈피, 아래첨자 F, D, W는 원료, 증류액, 관출액을 나타낸다.

b. 농축부 그림 7.18의 점선으로 나타낸 경계 I에 대해서 전량 수지와 성분 수지를 구하면

$$V_{n+1} = L_n + D \tag{7.46}$$

$$V_{n+1}y_{n+1} = L_n x_n + Dx_{\mathrm{D}} \tag{7.47}$$

여기서 L_n, x_n은 제n단을 떠나는 액의 유량과 그 조성, V_{n+1}, y_{n+1}은 제n단에 유입되는 (제$n+1$단을 떠나는) 증기의 유량과 그 조성이다. 식 (7.46), 식 (7.47)을 이용해서 증기유량, 액유량, 조성의 관계를 구하기 위해서는 n단을 떠나는 증기유량 V_n과 액유량

L_n의 관계를 알 필요가 있다.

그때 열수지식에 근거하여 증기유량 V_n, 액유량 L_n의 관계를 구한다. 전축기의 열수지에 의해 증기유량 V_1은 전축기 냉각열량 Q_C와 다음 식과 같은 관계가 있다.

$$V_1 \Delta \widetilde{H}_{V,1} = Q_C \tag{7.48}$$

여기서 $\Delta \widetilde{H}_{V,1} = \widetilde{H}_{V,1} - \widetilde{H}_{L,1}$은 탑정증기의 몰응축잠열이며, 증류액, 환류액의 증발잠열과 같다. 영역 I에 대해서 열수지를 구하면

$$V_{n+1} \widetilde{H}_{V,n+1} = L_n \widetilde{H}_{L,n} + D\widetilde{H}_{L,D} + Q_C \tag{7.49}$$

가 된다. 식 (7.46)을 이용해 식 (7.49)의 D를 소거하면 다음 식이 된다.

$$V_{n+1}(\widetilde{H}_{V,n+1} - \widetilde{H}_{L,D}) = L_n(\widetilde{H}_{L,n} - \widetilde{H}_{L,D}) + Q_C \tag{7.50}$$

2성분계의 증류에는 탑 내 액의 엔탈피가 조성, 온도에 상관없이 일정하고, 몰증발잠열도 일정하다고 근사할 수 있는 경우가 많다. 이러한 경우에는 식 (7.50)은 증발잠열 $\Delta \widetilde{H} = \widetilde{H}_V - \widetilde{H}_L$을 이용해서 다음 식으로 나타낼 수 있다.

$$V_{n+1} \Delta \widetilde{H}_V = Q_C \tag{7.51}$$

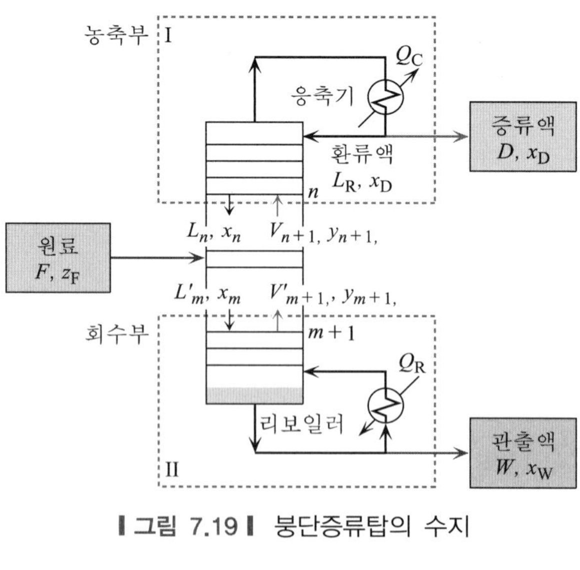

Ⅰ 그림 7.19 Ⅰ 붕단증류탑의 수지

식 (7.48), 식 (7.51)로 증기유량은 일정해지며, 식 (7.46)으로 액유량도 일정해진다. 이 등몰유량 조건이 성립할 때 증기유량을 $V_n = V$, 액유량을 $L_n = L$이라 하면 식 (7.47)은 다음 식으로 나타낼 수 있다.

$$Vy_{n+1} = Lx_n + Dx_{\mathrm{D}} \tag{7.52}$$

c. **회수부** 영역 II에 대해서 물질수지와 열수지를 구하면

$$V'_{m+1} = L'_m - W \tag{7.53}$$

$$V'_{m+1}y_{m+1} = L'_m x_m - Wx_{\mathrm{W}} \tag{7.54}$$

$$V'_{m+1}\widetilde{H}_{\mathrm{V},m+1} = L'_n \widetilde{H}_{\mathrm{L},m} - W\widetilde{H}_{\mathrm{L,W}} + Q_{\mathrm{R}} \tag{7.55}$$

여기서 L'_m, x_m은 제$m+1$단에 유입되는 (제m단을 떠나는) 액의 유량과 그 조성, V'_{m+1}, y_{m+1}은 제$m+1$단을 떠나는 증기의 유량과 그 조성, Q_{R}은 리보일러의 가열량이다. 식 (7.53)을 이용해 식 (7.55)를 변형시키면 다음과 같은 식이 된다.

$$V'_{m+1}(\widetilde{H}_{\mathrm{V},m+1} - \widetilde{H}_{\mathrm{L,W}}) = L'_m(\widetilde{H}_{\mathrm{L},m} - \widetilde{H}_{\mathrm{L,W}}) + Q_{\mathrm{R}} \tag{7.56}$$

농축부의 경우와 마찬가지로 증기와 액의 엔탈피, 몰증발잠열이 일정하다고 근사할 수 있는 경우에는 식 (7.56)은 증발잠열 $\Delta\widetilde{H}_{\mathrm{V}}$를 이용해

$$V'_{m+1}\Delta\widetilde{H}_{\mathrm{V}} = Q_{\mathrm{R}} \tag{7.57}$$

으로 나타낼 수 있고, 증기유량 V'_{m+1}=일정, 또한 식 (7.53)으로 액유량 L'_m=일정의 등몰유량 조건이 성립한다. $V'_{m+1} = V'$, $L'_m = L'$라 하면, 식 (7.55)는 다음 식과 같아진다.

$$V'y_{m+1} = L'x_m - Wx_{\mathrm{W}} \tag{7.58}$$

d. **액유량과 증기유량의 관계** 몰증발잠열이 일정하다는 조건이 성립하는 경우에는 식 (7.43), 식 (7.45)로 다음 식을 구할 수 있다.

$$(1-q)F\Delta\widetilde{H}_{\mathrm{V}} + Q_{\mathrm{R}} = Q_{\mathrm{C}} \tag{7.59}$$

원료가 포화액으로 공급되는 경우에는 $q = 1$이므로 $Q_{\mathrm{R}} = Q_{\mathrm{C}}$가 되며, 리보일러의 가열에

사용되는 열량이 전축기의 냉각열량으로 사용된다.

식 (7.48), 식 (7.57)의 관계(단, $V_1 = V$, $V'_{m+1} = V'$)를 식 (7.59)에 대입하여 식 (7.43)을 이용해 정리하면 다음 식이 된다.

$$V' = V - (1-q)F = L + D - (1-q)F = L + qF - W \tag{7.60}$$

$$L' = L + qF \tag{7.61}$$

위 식은 원료단으로 부터의 증기량 V가 회수부의 증기유량 V'와 증기로서 공급되는 원료 $(1-q)F$의 합이 되는 것, 또한 원료로 부터 하강하는 액유량 L'가 원료의 액유량 qF, 원료단으로 흘러내리는 액유량 L의 합이 되는 것을 나타내고 있다.

7.4.5 단수 계산

a. **MaCabe－Thiele 해석법**　액의 몰엔탈피와 몰증발잠열이 일정하다고 근사할 수 있는 경우에는 농축부와 회수부의 물질수지식은 식 (7.52), 식 (7.58)로 나타낼 수 있다. 이들 식을 $x-y$선도와 조합해 계단작도를 하여 이론단수를 구하는 방법이 MaCabe－Thiele 도해법이다.

b. **조작선**　다음 식으로 정의되는 환류비 R

$$R \equiv L_{\mathrm{R}}/D = L/D \tag{7.62}$$

를 이용해 농축부의 식 (7.52)를 변형시키면 다음 식이 된다.

$$y_{n+1} = \frac{R}{R+1}x_n + \frac{1}{R+1}x_{\mathrm{D}} \tag{7.63}$$

위 식을 농축부의 조작선이라고 한다. 한편 회수부의 식 (7.58)은 다음 식과 같다.

$$y_{m+1} = \frac{L'}{V'}x_n - \frac{W}{V'}x_{\mathrm{W}} = \frac{L_{\mathrm{R}} + qF}{L_{\mathrm{R}} + qF - W}x_m - \frac{W}{L_{\mathrm{R}} + qF - W}x_{\mathrm{W}} \tag{7.64}$$

이것을 회수부의 조작선이라고 한다.

c. **q선**　농축부의 식 (7.52)와 회수부의 식 (7.58)의 교점을 (x, y)로 하면,

$$(V - V')y = (L - L')x + Dx_{\mathrm{D}} + Wx_{\mathrm{W}} \tag{7.65}$$

가 되며, 식 (7.44), 식 (7.60), 식 (7.61)을 이용해 위 식을 정리하면 다음 식이 된다. 이것을 q선이라고 한다.

$$y = -[q/(1-q)]x + z_{\mathrm{F}}/(1-q) \tag{7.66}$$

$x-y$선도와 조작선, q선의 관계가 그림 7.20과 같다. 농축부의 조작선 식 (7.63)은 점 D $(x = x_{\mathrm{D}},\ y = x_{\mathrm{D}})$를 지나 기울기 $R/(R+1)$의 직선으로 나타낼 수 있다. 회수부의 조작선 식 (7.64)는 점 $W(x = x_{\mathrm{W}},\ y = x_{\mathrm{W}})$를 지나, 기울기는 1보다도 크다. 두 조작선은 점 Q에서 만나며, 대각선상에 원료조성을 나타내는 점 $F(x = z_{\mathrm{F}},\ y = z_{\mathrm{F}})$를 표시하면, 직선 FQ는 식 (7.66)의 q 선을 나타낸다. q선은 원료가 비점의 액으로서 제공되는 경우는 x축에 수직, 비점의 증기로서 공급되는 경우에는 x축에 평행이 된다.

원료 상태를 더욱 일반화시키고, 비점 이하의 액이나 과열증기가 공급되는 경우의 q의 값에 대해서 생각해보자. 원료의 몰엔탈피를 $\widetilde{H}_{\mathrm{F}}$, 원료액, 원료증기의 몰엔탈피를 $\widetilde{H}_{\mathrm{L}}$, $\widetilde{H}_{\mathrm{V}}$라 하면, q는 원료 중의 액의 몰분율이므로,

$$\widetilde{H}_{\mathrm{F}} = q\widetilde{H}_{\mathrm{L}} + (1-q)\widetilde{H}_{\mathrm{V}} \tag{7.67}$$

이 되며, 변형시키면 q는 다음과 같이 정의된다.

$$q = \frac{\widetilde{H}_{\mathrm{V}} - \widetilde{H}_{\mathrm{F}}}{H_{\mathrm{V}} - H_{\mathrm{L}}} = \frac{\widetilde{H}_{\mathrm{V}} - \widetilde{H}_{\mathrm{F}}}{\Delta H_{\mathrm{V}}} \tag{7.68}$$

$$= \frac{\text{원료 1mol을 포화증기로 변환하는데 필요한 열량}}{\text{원료의 몰증발잠열}}$$

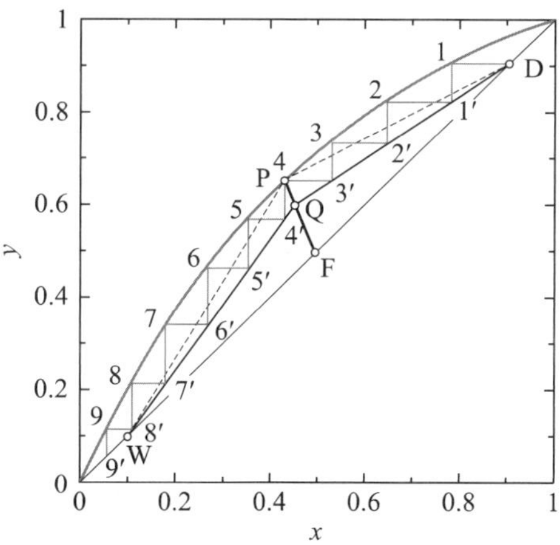

▌그림 7.20▐ MaCabe-Thiele 계단작도

앞의 식에서 원료가 비점 이하의 액으로 공급되는 경우에는 $q > 1$, 과열증기로 공급되는 경우에는 $q < 0$이 된다.

d. 단수작도 그림 7.20의 계단선은 MaCabe－Thiele의 이론단수의 계산순서를 나타낸 것이다. 점 D는 증류액 조성 x_{D}, 제1단을 떠나는 증기조성은 $y_1 = x_{\mathrm{D}}$이므로, 점 D를 지나는 수평선과 평형선과의 교점 1은 제1단 위의 액조성 x_1과 제1단에서 떠나는 증기조성 y_1을 부여한다. 교점 1로부터의 주직선과 조작선과의 교점 1'의 y좌표는 제2단을 떠나는 증기조성 y_2를 부여하고, 교점 $1'$를 지나는 수평선과 평형선과의 교점 2의 x좌표는 제2단상의 액조성 x_2를 부여한다. 계단작도가 점 Q를 넘으면 회수부의 조작선 QW를 이용해 액조성이 관출액의 조성을 넘을 때까지 같은 절차를 반복한다. 관출액 조성 x_{W}는 점 8'과 점 9의 x좌표의 도중에 있으며 비례배분하여 계단작도의 스텝수 S를 구하면 $S = 8.2$가 된다. 회수부의 최종단은 가열부나 리보일러이므로, S부터 1을 그은 수 $N = S-1 = 7.2$가 이론단수가 된다.

실제로 필요한 단수는 N_{a}는 이론단수 N을 탑효율 E로 나누어 구한다.

$$N_{\mathrm{a}} = \frac{N}{E} \tag{7.69}$$

예제 7.6

벤젠과 톨루엔의 혼합원료(평균조성 벤젠 50 mol%, 2/3가 액량, 1/3이 증기)를 증류탑에 공급하고, 벤젠 90 mol%의 증류액과 톨루엔 90 mol%의 관출액으로 나누고 싶다. 압력 1기압, 환류비 2로 조작할 때의 이론단수를 구하라.

해답

전량 수지 : $F = D + W$

성분 수지 : $z_{\mathrm{F}} = 0.5,\ x_{\mathrm{D}} = 0.9,\ x_{\mathrm{W}} = 0.1$에서 $0.5F = 0.9D + 0.1F$

이들의 수지식에 의해 $D = 0.5F,\ W = 0.5F$, 또한 $R = L_{\mathrm{R}}/D = 2$에 의해 $L_{\mathrm{R}} = F$

농축부의 조작선 :

$$\text{식 (7.63)은 } y_{n+1} = (2/3)x_n + 0.3 \tag{1}$$

회수부의 조작선 :

$$\text{식 (7.64)는 } y_{m+1} = (10/7)x_m - (3/7) \tag{2}$$

식 (1), (2)에서 두 조작선의 교점 Q의 좌표를 구하면 $x = 0.45,\ y = 0.6$

식 (1), (2)를 이용한 계단작도가 이미 설명한 그림 7.20의 계단작도이다. 이론단수는 7.2단, 원료공급단은 3.8단이 된다. 단수작도는 관출액 조성의 점 W에서 위를 향해 진행시켜 단수를 구하면 된다. 아니면, 두 조작선의 교점인 점 Q를 기점으로 해서 위를 향해 계단작도하여 농축부의 단수를, 아래를 향한 계단작도로 회수부의 단수를 구하면 된다.

7.4.6 환류비와 이론단수

식 (7.63)에 의해 농축부의 조작선의 기울기는 환류비 R의 감소와 함께 감소하고, q선과의 교점 Q는 평형선을 향해 이동한다. 점 Q가 평형선상의 점 P에 있을 때 계단작도로 알 수 있듯이 이론단수는 무한대가 된다. 이때의 조건으로 환류비의 최소치 R_m은 다음 식으로 주어진다.

$$R_\mathrm{m} = \frac{(x_\mathrm{D} - y_\mathrm{P})}{(y_\mathrm{P} - x_\mathrm{P})} \tag{7.70}$$

한편 환류비 R의 증가와 함께 조작선의 기울기는 증가한다. $R = \infty$의 극한에서는 조작선은 대각선과 일치하고, 이론단수는 최소가 된다. $R = \infty$의 조건은 증류액은 꺼내지 않고 탑정의 응축액 전량을 탑으로 환류하는 조작이며, 그것을 전환류라고 한다.

a. 펜스케(Fenske) 식 라울의 법칙이 성립하는 계에서는 평형관계는

$$y = \frac{\alpha_{12} x}{[1 + (\alpha_{12} - 1)x]} \tag{7.25}$$

로 나타낼 수 있다. 상대휘발도 $\alpha_{12} = \text{const.} = \alpha$가 성립하는 경우에는 최소이론단수 N_m은 다음과 같이 해석적으로 나타낼 수 있다. 탑저를 제n단으로 하면, 조성 관계는 $x = x_\mathrm{W}$, $y = y_n$이므로,

$$y_n = \frac{\alpha x_\mathrm{W}}{[1 + (\alpha - 1)x_\mathrm{W}]} \tag{7.71}$$

또한 전환류조건의 조작선은 $y_n = x_{n-1}$이므로 제$n-1$단에서는

$$y_{n-1} = \frac{\alpha x_{n-1}}{[1 + (\alpha - 1)x_{n-1}]} = \frac{\alpha y_n}{[1 + (\alpha - 1)y_n]} = \frac{\alpha^2 x_\mathrm{W}}{[1 + (\alpha^2 - 1)x_\mathrm{W}]} \tag{7.72}$$

이 계산을 탑정 $n = 1$까지 반복하면 $y_1 = x_\mathrm{D}$로 다음 식을 구할 수 있다.

$$y_1 = x_D = \frac{\alpha^{n+1} x_W}{[1 + (\alpha^{n+1} - 1) x_W]} \tag{7.73}$$

위 식을 정리하여 $n = N_m$이라 하면 최소이론단수는 다음 식과 같다.

$$S_m = N_m + 1 = \ln \left\{ \frac{[x_D (1 - x_W)]}{(x_W (1 - x_D))} \right\} \ln \alpha \tag{7.74}$$

여기서 S_m은 최소 스텝수이다. 식 (7.74)를 펜스케의 식이라고 한다. 상대휘발도가 변화하는 경우에는 탑정과 탑저의 상대휘발도의 기하평균 α_{av}가 위 식의 α 대신 이용할 수 있다. 환류비 R을 늘리면 단수는 작아도 되지만, 일정량의 유출액량을 얻기 위해서는 증기량을 늘릴 필요가 있으므로 가열량이 증대하고, 또한 탑정으로부터의 증기를 응축시키는 냉각열량도 증대한다. 이러하듯이 운전비를 고려하면 환류비는 작은 편이 좋다. 경험적으로는 통상의 조작 1.1 < R/R_m < 1.5의 범위에서 이루어지며 $R/R_m = 1.2$ 가깝게 최적조건이 있다고 알려져 있다.

b. **길리랜드(Gilliland)의 상관관계** 길리랜드는 실제로 이용되는 증류탑에 대해서 스텝수 S, 환류비 R과 최소환류비 R_m, 최소 스텝수 S_m과의 상관관계를 조사해 $(S - S_m)/(S+1)$과 $(R - R_m)/(R+1)$의 상관도를 나타냈다(그림 7.21).[54)]

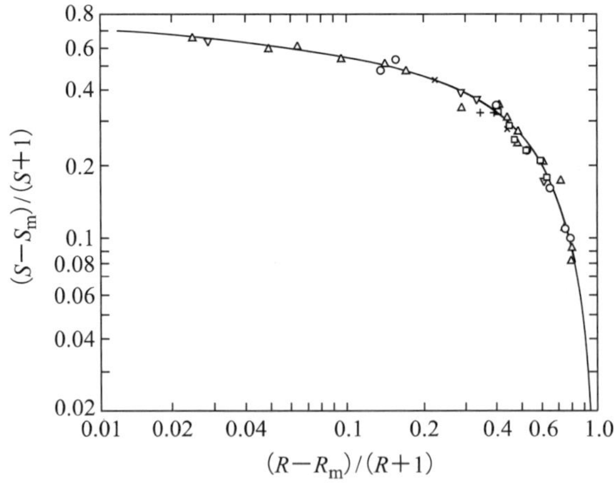

▎그림 7.21 ▎ 길리랜드의 상관관계(**○**, **△** 등은 여러 데이터 점이다. [히라타 미츠호(平田光穂), "화학공 학연습", 제2판, 후지타 시게후미(藤田重文) 편, p.48, 동경화학동인(1979)에 의한다.

54) E.R. Gilliland, Ind. Eng. Chem., 32, 1220 (1940)

또한 히라타(平田)는 $(R-R_m)/(R+1)<0.7$의 범위에서 상관관계는 다음 식과 같이 나타난다는 것을 설명했다.[55]

$$\log_{10}\left(\frac{S-S_m}{S+1}\right)=-0.9\left(\frac{R-R_m}{R+1}\right)=0.17 \tag{7.75}$$

탑의 단수 $N=S-1$은 최소환류비 R_m, 환류비 R과 식 (7.74)로 주어지는 최소 스텝수 S_m으로 구할 수 있다.

또한 원료공급단의 스텝수 S_F는 식 (7.75)의 x_W 대신에 원료의 액조성 x_F를 대입하여 구하고, 이론 스텝수 S를 기준으로 비례분배하여 구한다.

$$S_{Fm}=N_{Fm}+1=\frac{\ln\left\{\frac{[x_D(1-x_F)]}{[x_F(1-x_D)]}\right\}}{\ln\alpha} \tag{7.76}$$

$$S_F=(S/S_m)S_{Fm} \tag{7.77}$$

예제 7.7

예제 7.6을 식 (7.74)~식 (7.77)을 이용해 풀어라.

해답

그림 7.20의 점 P의 좌표 ($x_P=0.43$, $y_P=0.65$)에 의해 최소환류비를 구할 수 있다.

$$R_m=(0.9-0.65)/(0.65-0.43)=1.136$$

예제 7.2의 상대휘발도 $\alpha=2.47$을 이용해 식 (7.74)에 의해 S_m을 구한다.

$$S_m=\ln[0.9(1-0.1)/0.1(1-0.9)]/\ln 2.47=4.86$$

$R=2$, $R_m=1.136$, $S_m=4.86$을 식 (7.75)에 대입하여 S를 구한다.

$$\log_{10}[(S-S_m)/(S+1)]=-0.429 \qquad S=8.34$$

원료의 액조성은 식 (7.25), $qx_F+(1-q)y_F=z_F$와 $z_F=0.5$, $q=2/3$ 에서
$(2/3)x_F+(1/3)\{2.47x_F/[1+(2.47-1)x_F]\}=0.5$ 시행법으로 x_F를 구하면 $x_F=0.426$

55) 히라타 미츠호(平田光穂), 화학공학, 19, 44(1955)

식 (7.76)으로 S_{Fm}을 구하면 $S_{\mathrm{Fm}}=2.76$

식 (7.77)의 비례배분에서 원료위치는 $S_{\mathrm{F}}=(8.34)\times(2.76/4.86)=4.74$

위의 계산에서 전체 단수 $N=S-1=8.34-1=7.3$

$$\text{원료공급단 } N_{\mathrm{F}}=S_{\mathrm{F}}-1=3.7$$

이러한 결과는 예제 7.6의 계단작도의 결과와 잘 일치하고 있다.

7.4.7 특수 증류

상대휘발도가 1에 가까운 혼합물을 증류에 의해 분리 정제하는 경우 증류탑의 단수는 몹시 많아진다. 또한 공비혼합물에서는 증류탑의 단수나 환류비에 상관없고 최저공비의 경우에는 탑정으로부터 또한 최고공비의 경우에는 탑저로부터 상대휘발도가 1인 조성의 액이 나와, 그 이상의 농축은 불가능하다. 이러한 계에 대해 제3성분을 가해 상대휘발도를 개선할 수 있다면, 증류에 의해 분리 정제가 가능한 경우가 있다. 이러한 방법에는 공비증류와 추출증류가 있다. 그것과는 별도로, 증기압이 낮은 물질을 비휘발성 물질로부터 비교적 낮은 온도에서 분리 가능한 방법으로써 수증기 증류가 있다.

a. **공비증류(azeotropic distillation)** 에탄올－물계는 최저공비 혼합물이며, 1기압에서 78.2℃로 에탄올 89.4 mol%의 공비조성을 가진다. 이 계에 시클로헥산을 공비제(entrainer)로서 가해 3성분계로 하면 온도 62.1℃, 에탄올 30.2 mol%, 물 17.6 mol%, 시클로헥산 52.2 mol%의 최저공비혼합물을 형성한다. 공비조성에 가까운 메탄올 수용액에 시클로헥산을 가해 증류시키면 탑저에서 거의 순수한 에탄올이 나온다. 한편 탑정에서는 3성분의 공비혼합물의 증기가 발생하여 전축된 액은 시클로헥산층과 물층로 상분리된다. 상분리된 시클로헥산층은 3성분의 공비증류를 하기 위해 증류탑의 상부로 되돌려진다. 한편, 시클로헥산과 에탄올을 조금 포함하는 물층은 뒤로 이어지는 증류탑에서 시클로헥산, 에탄올과 물로 분리되어 시클로헥산과 에탄올은 에탄올 수용액의 원료와 함께 원래의 증류탑으로 공급된다. 이러한 공비증류는 원료 중의 한 성분 또는 두 성분과 각각 최저공비혼합물을 만드는 제3성분을 첨가하여 3성분계의 공비혼합물이 쉽게 2상으로 나눠지는 것을 이용하여 분리 정제를 한다.

b. **추출증류(extractive distillation)** 벤젠(비점 80.1℃)과 시클로헥산(비점 80.7℃)은 벤젠 농도 54.5 mol%, 77.6℃의 최저 공비혼합물을 형성한다. 이것에 벤젠과 친화성이 강한 페놀을 첨가하면 벤젠이 시클로헥산보다 증발이 잘 안 되게 된다. 증류탑의 탑정 가까운 곳에

제3성분의 페놀을 공급하면, 그것이 탑 내를 흘러내리는 동안에 추출에 의해 벤젠 농도가 증가하고, 벤젠은 페놀과 함께 꺼내지게 된다. 한편 탑정에서는 거의 순수한 시클로헥산이 제품으로써 나오게 된다. 벤젠과 페놀의 관출액은 후속 증류탑에서 벤젠과 페놀로 분리되어 벤젠은 제품으로서, 페놀은 원래의 증류탑의 탑정부근에 공급된다. 추출증류는 2성분에 비해 비점이 높고 또한 한쪽 성분과 친화성이 높은 제3성분의 용제(solvent)를 첨가하여 한 성분의 휘발도를 저하시켜 다른 성분을 증류 정제하는 방법이다.

c. **수증기증류(steam distillation)** 서로 녹지 않는 이상계의 혼합액은 겉보기 공비온도와 조성을 가지는 것을 7.2.3절에서 설명했다(그림 7.6 참조). 비점이 높은 물과 녹지 않는 액 A와 물 W를 장치에 넣어 가열, 또는 수증기를 불어넣어 가열하면 그 액의 분압 p_A와 물의 분압 p_W가 용기 내의 전압 p와 같아졌을 때에 두 액이 비등하고 그 온도는 순수한 액 A의 비점이나 물의 비점보다 낮다. 발생한 증기를 응축시키면 응축액은 성분 A와 물에 2상 분리하고 성분 A를 꺼낼 수 있게 된다. 따라서 수증기증류는 증기압이 낮은 물질을 비휘발성물질에서 분리시킬 때 효과적인 방법이며, 통상의 증류조작에서는 고진공 또는 고온을 설정해야 증류되는 물질 분리에 넓게 이용된다. 예를 들면, 식물에서 휘발성방향물질을 포함하는 유기화합물을 추출할 때 이용된다.

문 제

7.1 질량분율 0.30의 수산화나트륨 수용액을 압력 0.15기압의 증발관에서 증발시킬 때의 액면온도를 구하라. 또한 액면 하 1 m에 설치된 전열면의 비등온도를 구하라. 단, 용액밀도 1.30×10^3 kg m^{-3}, 중력가속도 9.81 m s^{-2}로 한다.

7.2 1기압, 65℃, 상대습도 60%의 공기의 감습을 가압 응축 조작으로 한다.
1) 수증기분압을 구하라.
2) 공기를 0.3 MPa 의 가압 하에서 30℃로 냉각했을 때에 수분 제거율을 구하라.

7.3 증발관을 이용하여 질량분율 0.05의 설탕수용액을 질량분율 0.40까지 농축하고 싶다. 가열에는 120℃의 포화수증기를 이용해 액온을 50℃로 유지시켜 증발한다. 공급온도 30℃의 설탕수용액을 매 시 6톤 처리하기 위해 필요한 증발관의 전열면적을 구하라. 단, 용액의 비열용량은 3.75 kJ kg^{-1}K^{-1}, 증발잠열은 2.35 MJ kg^{-1}, 가열 수증기의 응축잠열은 2.20 MJ kg^{-1}, 및 총괄열전달 계수는 1.5 kW m^{-2}s^{-1}이라 한다.

7.4 40 mol%의 메탄올 수용액을 단증류했다. 관출액의 농도가 10 mol%가 되었을 때의 유출액량과 관출액량의 비 및 유출액의 평균농도를 다음 표의 메탄올－물계의 기액평형평형(101.3 kPa)수치로 구하라.

x	0.05	0.1	0.2	0.3	0.4	0.5	0.6	0.7	0.8	0.9	0.95
y	0.275	0.418	0.579	0.665	0.729	0.779	0.825	0.870	0.915	0.958	0.979

7.5 벤젠 50 mol%, 톨루엔 30 mol%, 크실렌 20 mol%의 혼합액을 105℃, 1기압에서 플래시증류할 때, 원료에 대한 증류액량비와 관출액, 유출액의 조성을 구하라(예제 7.6 참고).

7.6 전축기와 리보일러를 갖춘 붕단식 증류탑을 이용해 메탄올 수용액의 정제를 1기압 하에서 한다. 원료는 메탄올 35 mol%의 비점액으로 유량은 1200 kmol h^{-1}이다. 최소환류비의 1.3배의 환류비로 조작하여 메탄올 농도 95 mol%의 증류액, 5 mol%의 관출액을 얻고 싶다. 농축부, 회수부에서의 기액의 등몰유량을 가정하여, 이론단수와 원료공급단을 구하라.

7.7 문제 7.6에서 메탄올－물계에 대해 펜스케 식을 이용했을 때의 이론단수를 구하라.

제 8 장

서론 : 속도차 분리

제 8 장 속도차 분리

8.1 입자직경과 입자직경 분포

8.1.1 입자의 크기

분립체는 일반적으로 여러 크기로 이루어진 입자의 집합이며, 입자직경은 분포를 가진다. 입자직경 측정법에는 여러 방법이 있다. 광학현미경, 전자현미경, 카메라 접사촬영으로 입자의 2차원 모양을 얻을 수 있다. 그렇게 얻어진 2차원 모양에 대해 일정방향의 2개의 평행선을 입자에 외접시켰을 때의 평행선의 간격(정방향 직경), 하나의 정방향의 직선을 그어 입자 내 선분의 길이가 최대가 되는 폭(정방향 최대직경), 입자의 촬영면적과 같은 면적의 원의 직경(투영원상당 직경) 등의 투영직경이 정의된다. 컴퓨터 화상처리를 이용하면 다수의 입자상 데이터로 위에 언급한 투영직경을 구할 수 있다.

또한 입자의 침강속도와 같은 속도를 가지는 구의 직경(스토크스 직경)을 구해 그것을 대표입자 직경으로 하는 경우도 있다. 침강속도에 대해서는 후에 설명하겠다. 체를 이용하는 분급조작에서는 체의 눈금 크기로 입자직경을 구할 수 있다. 레이저 회절 산란법은 입자에 레이저 광을 비추었을 때의 회절 또는 산란광의 각도 패턴이 입자의 크기에 의존하는 것을 이용해서 입자직경을 측정한다.

8.1.2 분급

혼합입자로 이루어진 분체를 입자직경, 밀도, 화학성분, 색 등에 주목하여 나누는 것을 분급(classification)이라고 한다. 입자직경에 따라 조분(粗粉)과 미분(微粉)로 나누는 조작을 단순히 분급이라고 부르는 경우가 많다. 분급은 체를 이용한 방법과 흐름장을 이용하는 방법으로 크게 구분된다.

JIS표준 체의 눈금과 메시의 관계는 표 8.1과 같다. 눈금은 체(sieve)의 그물코의 한 변의 길이를 가리킨다. 1인치(2.54 cm)각의 한 변 당 눈의 수를 나타내는 메시는 미국에서 주로 사용된다. 메시가 같아도 철망의 선 직경이 다르면 눈금은 다르다. JIS표준 체의 눈금은 등비수열을 이루고 있으며, 공비는 $2^{1/4}$이다. 눈금 a의 체를 통과하고, 눈금 b의 체 위에 잔류한 분립체의 평균 직경은 산술평균 $(a+b)/2$ 또는 기하평균 $\sqrt{ab}$ 로서 구한다.

| 표 8.1 | 표준 체의 눈금(JIS Z 8801－19852)과 메시 번호(ASTM E－11)

JIS 눈금/μm	메시	JIS 눈금/μm	메시	JIS 눈금/μm	메시
		850	20	106	140
5600	$3\frac{1}{2}$	710	25	90	170
4750	4	600	30	75	200
4000	5	500	35	63	230
3350	6	425	40	53	270
2800	7	355	45	45	325
2360	8	300	50	38	400
2000	10	250	60	32	450
1700	12	212	70		
1400	14	180	80		
1180	16	150	100		
1000	18	125	120		

공업적인 분급장치로는 원형 또는 사각형의 틀에 체를 설치한 틀 전체를 움직이게 하는 것이 많다. 그물면에 대해서 수직방향의 진동 체, 원, 타원, 직선, 원호, 스파이럴 등 면내 진동 체, 회전 체 등 다양한 체가 있다.

8.1.3 입자직경 분포 곡선

입자직경 분포 측정법에는 사분법(입자직경 40 μm 이상, 질량기준), 현미경법(0.5~100 μm, 개수기준), 침강법(1~100 μm, 질량기준), 원심침강법(0.15 μm, 질량기준), 레이저 회절산란법(0.1 μm~3 mm, 체적기준) 등이 있다.

입자직경 분포를 개수기준 또는 질량기준으로 나타낸 곡선을 입자직경 분포 곡선이라고 하며, 다음의 3가지 분포곡선이 있다. 단, 측정되는 입자직경은 방법에 의해 다르다.

a. **잔유율 곡선 $R(D_p)$** 입자직경 D_p에 의해 큰 입자량 전체에 대한 비율 R과 D_p의 관계를 나타낸 곡선이며, 눈금 D_p의 체 위에 잔류한 입자의 비율을 나타내므로 체상분포라고도 한다. $D_p = 0$일 때, $R = 1$, D_p의 증가와 함께 R은 감소하고 $D_p = D_{pmax}$에서 $R = 0$이 된다. R의 표시에는 %도 이용된다.

b. **통과율 곡선 $P(D_p)$** 입자직경 D_p에 의해 작은 입자의 양의 전체에 대한 비율 P와 D_p의 관계를 나타낸 곡선이며, 눈금 D_p인 체를 통과한 입자의 비율을 나타내므로 체하분포라고도 한다. $D_p = 0$에서 $P = 0$, $D_p = D_{pmax}$에서 $P = 1$이다.

c. **입자직경 빈도분포 함수 $f(D_p)$** 입자직경 D_p와 $D_p + \Delta D_p$ 사이에 존재하는 입자의 양 ΔW의 전체 W에 대한 비율인 입자직경도수분포를 $F(D_p)$로 하면 $f(D_p)$는 다음 식으로 정의된다.

$$f(D_p) = \lim_{\Delta D_p \to 0} F(D_p)/\Delta D_p \tag{8.1}$$

$$\int_0^{D_{pmax}} f(D_p) \mathrm{d} D_p = 1 \tag{8.2}$$

잔류율 $R(D_p)$와 통과율 $P(D_p)$와 입자직경 빈도분포 함수 $f(D_p)$의 관계는

$$R(D_p) = \int_{D_p}^{D_{pmax}} f(D_p) \mathrm{d} D_p = 1 - P(D_p) \tag{8.3}$$

$$P(D_p) = \int_0^{D_p} f(D_p) \mathrm{d} D_p = 1 - R(D_p) \tag{8.4}$$

$$f(D_p) = -\mathrm{d} R(D_p)/\mathrm{d} D_p = \mathrm{d} P(D_p)/\mathrm{d} D_p \tag{8.5}$$

분립체의 입자직경 분포는 일반적으로 입자직경이 큰 방향으로 일그러지고, D_{pmax}로 끝나는 비대칭 분포가 된다. 입자직경 분포 곡선의 예가 그림 8.1과 같다.
입자직경 D_p의 가로축을 대수 눈금으로 바꿔서 입자직경 분포를 플롯하면 정규분포에 따르는 경우가 있고, 이것을 대수 정규분포라고 한다.

$$f_1 = \frac{1}{\sigma_1 \sqrt{2\pi}} \exp\left[-\frac{(\ln D_p - \mu)^2}{2\sigma_1} \right] \tag{8.6}$$

여기서 μ는 $\ln D_p$의 평균, σ_1은 대수 정규분포의 표준편차이다. 분쇄생성물이나 분진의 경우에는 입자직경이 넓은 범위에 걸쳐서 분포하고 대수 정규분포에서 어긋나는 경우가 많다. 이러한 경우에는 로진-레뮬러(Rosin-Rammler)식이 이용된다.

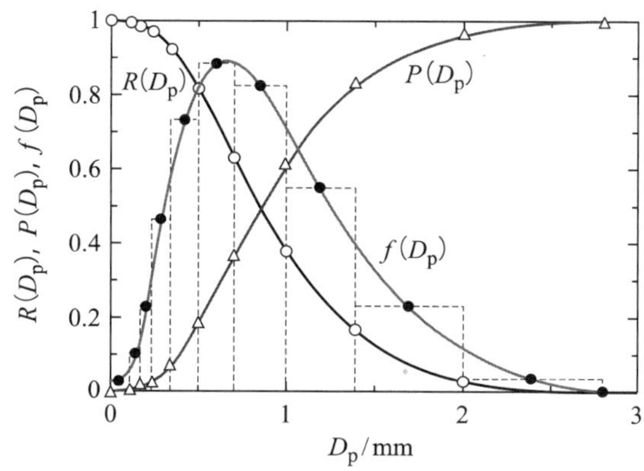

| 그림 8.1 | 잔유율 곡선, 통과율 곡선, 입자직경 빈도 분포곡선(예제 8.1의 결과)

8.1.4 평균 직경

입자직경 분포로 여러 평균 직경을 구할 수 있다. 어느 좁은 범위의 평균입자직경을 D_{pi}, 그 개수를 n_i, 질량을 w_i로 하면 개수기준, 질량기준의 입자직경도수 분포로부터 개수기준의 산술평균 직경 D_1, 평균표면적직경 D_S, 평균체적계직경 D_V등 표 8.2와 같은 관계의 개수평균의 입자직경을 계산할 수 있다. 이들 평균 직경 $\overline{D_p}$는 일반적으로 다음 식으로 나타낼 수 있다.

| 표 8.2 | 개수기준의 평균 직경

	기호	개수도수분포	질량도수분포	α, β	비고
산술평균 직경	D_1	$\frac{\sum n_i D_i}{\sum n_i}$	$\frac{\sum (w_i/D_i^{\ 2})}{\sum (w_i/D_i^{\ 3})}$	$\alpha=1$ $\beta=0$	개수평균 직경
평균표면적 직경	D_S	$\left(\frac{\sum n_i D_i^{\ 2}}{\sum n_i}\right)^{1/2}$	$\left(\frac{\sum (w_i/D_i)}{\sum (w_i/D_i^{\ 3})}\right)^{1/2}$	$\alpha=2$ $\beta=0$	면적의 개수평균 직경
평균체적 직경	D_V	$\left(\frac{\sum n D_i^{\ 3}}{\sum n_i}\right)^{1/3}$	$\left(\frac{\sum w_i}{\sum (w_i/D_i^{\ 3})}\right)^{1/3}$	$\alpha=3$ $\beta=0$	체적의 개수평균 직경
면적(체면적) 평균 직경	D_3	$\left(\frac{\sum n_i D_i^{\ 3}}{\sum_i D_i^2}\right)$	$\frac{\sum w_i}{\sum w_i (1/D_i)}$	$\alpha=3$ $\beta=2$	주로 면적을 이용한 평균 직경
질량(체적) 평균 직경	D_4	$\left(\frac{\sum n_i D_i^{\ 4}}{\sum n_i D_i^{\ 3}}\right)$	$\frac{\sum w_i D_i}{\sum w_i}$	$\alpha=4$ $\beta=3$	주로 질량(체적)을 이용한 평균 직경

$$\overline{D}_p = \left(\sum n_i D_{pi}^{\alpha} / \sum n_i D_{pi}^{\beta}\right)^{\frac{1}{\alpha-\beta}} = \left(\sum w_i D_{pi}^{\alpha-3} / \sum w_i D_{pi}^{\beta-3}\right)^{\frac{1}{\alpha-\beta}} \tag{8.7}$$

입자직경 빈도분포 함수를 이용하면 평균 직경 $\overline{D}_p$는 식 (8.8)로 나타낼 수 있다.

$$\overline{D}_p = \left[\frac{\int_0^{\infty} f_n(D_p) D_p^{\alpha} \mathrm{d}D_p}{\int_0^{\infty} f_n(D_p) D_p^{\beta} \mathrm{d}D_p}\right]^{\frac{1}{\alpha-\beta}} = \left[\frac{\int_0^{\infty} f_w(D_p) D_p^{\alpha-3} \mathrm{d}D_p}{\int_0^{\infty} f_w(D_p) D_p^{\beta-3} \mathrm{d}D_p}\right]^{\frac{1}{\alpha-\beta}} \tag{8.8}$$

여기서 f_n, f_w는 개수기준, 질량기준의 입자직경 빈도분포 함수이다. 입자밀도가 일정한 경우에는 질량기준은 체적기준과 동일해진다. 그 외에 입자직경 분포 곡선의 대표값으로 정해지는 평균 직경으로 잔유율이 50%의 메디안직경, 빈도분포가 최대가 되는 모드직경이 있다.

예제 8.1

입체분포를 체로 나누어 아래표의 잔류율 분포를 구했다. 잔류율 곡선, 통과율 곡선, 입자직경 빈도분포 함수의 그래프를 그려라. 또한 개수평균 직경 D_1, 평균표면적 직경 D_S, 평균체적 직경 D_V, 체면적 평균 직경 D_3을 구하라.

눈금 / mm	<0.125	0.125	0.18	0.25	0.355	0.5	0.71	1.00	1.40	2.00	2.80
R	1.000	0.996	0.990	0.974	0.925	0.818	0.631	0.390	0.169	0.0316	0.000

해답

통과율 곡선은 $P=1-R$으로 구한다. 산술평균 직경 D_p, 도수분포 ΔF, 입자직경밀도 $f=\Delta F/\Delta D_p$, 산술평균 직경 D_1, 평균면적 직경 D_S, 평균체적 직경 D_V, 체면적평균 직경 D_3의 계산표가 다음과 같다.

D_p/mm	0.0625	0.154	0.215	0.303	0.428	0.605	0.855	1.200	1.700	2.400	$\sum$
ΔF	0.004	0.006	0.016	0.049	0.107	0.187	0.241	0.221	0.1374	0.0316	1.000
$f=\Delta F/\Delta D_p$	0.032	0.109	0.229	0.467	0.738	0.890	0.831	0.553	0.233	0.040	
$\Delta F/D_p$	0.0640	0.0393	0.0744	0.1620	0.2503	0.3091	0.2819	0.1842	0.0808	0.0132	1.4592
$\Delta F/D_p^2$	1.024	0.258	0.346	0.534	0.585	0.511	0.330	0.1535	0.0480	0.0055	3.7962
$\Delta F/D_p^3$	16.384	1.6918	1.6099	1.7702	1.3695	0.8445	0.3856	0.1279	0.0280	0.0023	24.214

개수평균 직경	평균면적 직경	평균체적 직경	체면적평균 직경
$D_1 = 0.157\ \pi$m	$D_S = 0.245$ mm	$D_V = 0.346$ mm	$D_S = 0.685$ mm

그림 8.1의 잔유율 곡선, 통과율 곡선, 입자직경 빈도분포 곡선은 위 표의 결과를 나타낸다. 정의에 따라 평균 직경은 다르다는 것에 주의한다.

8.2 입자에 작용하는 힘과 종말 속도

8.2.1 저항계수와 저항력

정지유체 중 직경 D_p의 구형입자가 일정속도 u_p로 이동하고 있다고 할 때, 입자에 작용하는 저항력 R은 다음 식과 같다.

$$R = C_D A\left(\frac{1}{2}\rho_f u_p^2\right) \tag{8.9}$$

여기서 C_D는 저항계수, A는 입자의 운동방향의 투영면적, $\pi D_p{}^2/4$, ρ_f는 유체의 밀도를 나타낸다. 저항계수 C_D는 구의 주변을 이동하는 유체의 관성력과 점성력의 비율인 레이놀즈(Reynolds)수 Re에 의존한다. 여기서, μ는 유체의 점도이다.

$$Re = \rho_f D_p u_p/\mu \tag{8.10}$$

저항계수 C_D는 그림 8.2와 같이 Re의 증가와 함께 감소한다. C_D의 변화는 Re수의 영역별로 다음 식으로 근사할 수 있다.

스토크스 영역($Re < 6$)에서 $\quad C_D = 24/Re \quad$ (8.11)

알렌 영역($6 < Re < 500$)에서 $\quad C_D = 10/\sqrt{Re} \quad$ (8.12)

뉴턴 영역($500 < Re < 10^5$)에서 $\quad C_D = 0.44 \quad$ (8.13)

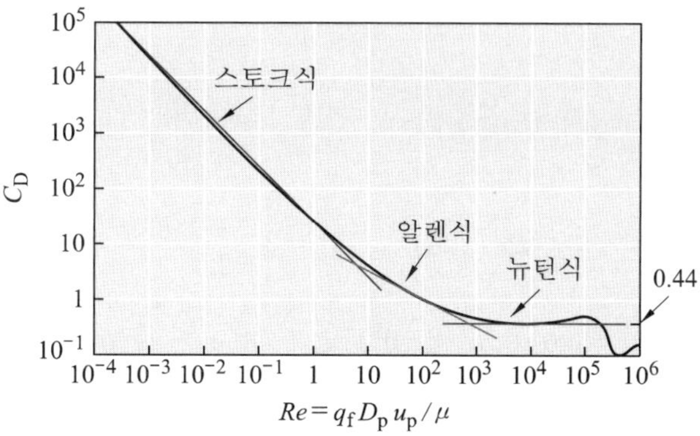

▌그림 8.2▌ 구의 저항계수와 레이놀즈수의 관계

식 (8.11)～식 (8.13)을 각각 스토크스(Stokes), 알렌(Allen), 뉴턴(Newton)의 저항법칙이라고 한다. 스토크스의 저항법칙식 (8.11)은 구의 주변을 흐르는 느린 점성 유체의 이론해에 의해 도출된다.

식 (8.9)～식 (8.13)에 의해 구형입자에 작용하는 저항력 R은 다음 식과 같다

$$\text{스토크스 영역} \quad F_\mathrm{D} = (24\mu/\rho_\mathrm{f} D_\mathrm{p} u_\mathrm{p})(\pi {D_\mathrm{p}}^2/4)(1/2)(\rho_\mathrm{f} {u_\mathrm{p}}^2) = 3\pi\mu u_\mathrm{p} D_\mathrm{p} \tag{8.14}$$

$$\text{알렌 영역} \quad F_\mathrm{D} = 1.25\pi[\mu\rho_\mathrm{f}(u_\mathrm{p} D_\mathrm{p})^3]^{1/2} \tag{8.15}$$

$$\text{뉴턴 영역} \quad F_\mathrm{D} = 0.055\pi\rho_\mathrm{f}(u_\mathrm{p} D_\mathrm{p})^2 \tag{8.16}$$

뉴턴 영역에서 항력은 유체점도에 의존하지 않는다. 또한 유체가 움직이는 경우에는 u_p로 입자와 유체의 상대속도를 이용한다.

8.2.2 중력침강의 종말 속도

입자에는 중력, 부력과 저항력이 작용하고, 그 합력 F는 다음 식과 같다.

$$F = (\rho_\mathrm{P} - \rho_\mathrm{f}) V_\mathrm{P} g - C_\mathrm{D}\left(\frac{\pi D_\mathrm{P}^2}{4}\right)\left(\frac{\rho_f u_\mathrm{P}^2}{2}\right) \tag{8.17}$$

여기서 ρ_f는 유체의 밀도, ρ_p는 입자의 밀도, V_p는 입자의 체적, C_D는 저항계수, u_p는 입자의 속도이다. 정지유체 중의 입자에 작용하는 중력, 부력과 저항력이 균형을 이룰 때 입자는 등속으로 침강한다. 그 속도를 종말 속도(terminal velocity)라고 한다. $F=0$일 때 식 (8.17)에 식 (8.11)～(8.13)의 저항계수를 대입하면, 구 입자의 각각 저항계수에 대한 종말 속도 u_t를 구할 수 있다. 종말 속도 u_t는 스토크스 영역에서는 ${D_\mathrm{p}}^2$에, 알렌영역에서는 D_p에, 뉴턴영역에서는 ${D_\mathrm{p}}^{1/2}$에 비례한다.

$$\text{스토크스 영역}(Re < 6) \quad u_\mathrm{t} = \frac{(\rho_\mathrm{p} - \rho_\mathrm{f}) g {D_\mathrm{p}}^2}{18\mu} \tag{8.18}$$

$$\text{알렌 영역 } (6 < Re/500) \quad u_\mathrm{t} = \left[\frac{4}{225}\frac{(\rho_\mathrm{p} - \rho_\mathrm{f})^2 g^2}{\rho_\mathrm{f}\mu}\right]^{1/3} D_\mathrm{p} \tag{8.19}$$

$$\text{뉴턴 영역 } (500 < Re < 10^5) \quad u_\mathrm{t} = [3(\rho_\mathrm{p} - \rho_\mathrm{f}) g/\rho_\mathrm{f}]^{1/2} D_\mathrm{p}^{1/2} \tag{8.20}$$

예제 8.2

직경 50 μm과 500 μm의 수적의 공기 중의 종말 속도를 구하라. 단, 공기의 밀도는 1.2 kg m^3, 점도는 1.8×10^{-5} Pa s이다.

해답

스토크스식을 가정, 식 (8.18)에 의해

$D_p = 50\ \mu\text{m}$, $u_t = 0.0756\ \text{m s}^{-1}$, $Re = 0.252 < 6$ (적용범위)

$D_p = 500\ \mu\text{m}$, $u_t = 7.56\ \text{m s}^{-1}$, $Re = 252 > 6$ (적용범위 외)

알렌 영역을 가정, 식 (8.19)에 의해

$D_p = 500\ \mu\text{m}$, $u_t = 2.15\ \text{m s}^{-1}$, $Re = 71.7$ (적용범위)

이로 인해 50 μm수적 $u_t = 0.0756\ \text{m s}^{-1}$, 500 μm 수적$u_t = 2.15\ \text{m s}^{-1}$

8.3 외력을 이용하는 입자의 분리

8.3.1 중력분리

a. **상승흐름형** 상승류를 이용하여 혼합입자를 분급하는 장치의 개략적인 내용을 그림 8.3에 나타냈다. 3종류의 입자(미립, 중립, 조립)가 상부에서 투입되어 조립과 중립의 종말 속도의 중간으로 속도설정한 상승공기류에 의해 조립과 미립, 중립으로 분급되는 모습이 나타나 있다. 분급용 공기류를 타고 장치 위에서 배출되는 미립과 중립이 마찬가지로 후속 장치의 상부에서 공급되면 보다 저속의 공기상승류를 공급함으로써 탑 하부로 침강하는 중립자와 탑정에서 공기류에 동반되는 미립자로 분급된다.

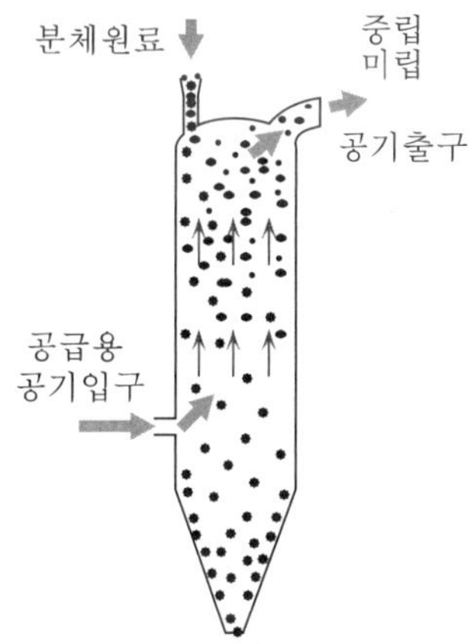

| 그림 8.3 | 상승류형 분급장치

b. **수평흐름형** 입자를 포함하는 유체를 장치 내에 수평방향(x방향)으로 흘려보내면 입자는 중력침강(z방향)에 의해 하강하고 장치의 바닥면에 침착하므로 유입된 입자의 일부 또는 전부를 분리할 수 있다. 그림 8.4와 같이 장치의 높이를 H, 길이를 L이라 하고, 지면의 수직방향의 깊이 폭을 W로 한다. 입구 높이 H_L로부터 유입된 입자가 마침 출구에서 벽면에 침착한다고 하면, 동일종말 속도를 가지는 입자는 H_L보다 하부에서 유입된 경우에는 바닥면에 침착하고, H_L보다 상부에서 유입되는 경우에는 장치에서 유출된다. H_L에서 들어온 입자의 궤적

을 한계입자 궤적이라고 한다.

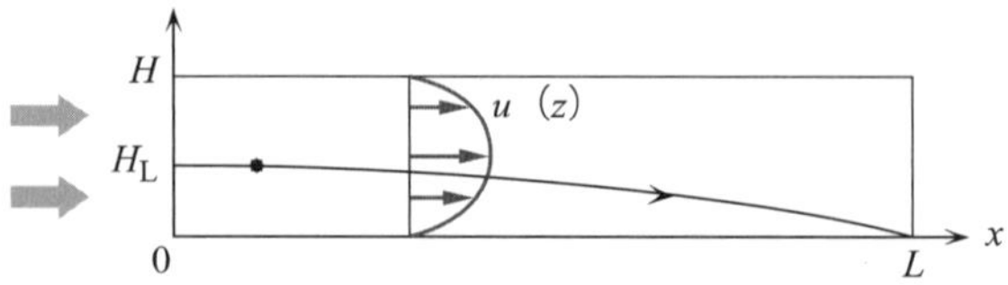

▌그림 8.4▐ 수평흐름형 분급장치

입자가 유체속도 $u(z)$를 타고 수평방향으로 이동하고, 종말 속도 u_t에서 수직방향으로 침강할 때, 입자의 위치를 $(x_p,\ z_p)$로 하면, 그 궤적은 다음 식과 같다.

$$\mathrm{d}x_p/\mathrm{d}t = u(z_p) \tag{8.21}$$

$$\mathrm{d}z_p/\mathrm{d}t = -u_t \tag{8.22}$$

두 식으로 다음 식을 구할 수 있다.

$$\mathrm{d}z_p/\mathrm{d}x_p = -u_t/u(z_p) \tag{8.23}$$

식 (8.23)을 변형해서 $x_p = 0$에서 $z_p = H_L$, $x_p = L$에서 $z_p = 0$의 조건 하에 적분하면

$$\int_0^{H_L} u(z_p)\mathrm{d}z_P = \int_0^{H_L} u(z)\mathrm{d}z = \int_0^{L} u_t dx_P = u_t L \tag{8.24}$$

이 된다. 이 관계를 만족시키는 종말 속도 u_t를 가지는 입자직경 D_p의 입자 속에서 입구 높이의 $z = 0 \sim H_L$의 범위에서 유입된 입자는 전량이 바닥면에 침착하므로, 그 분리효율 $\eta(D_p)$는 다음 식으로 주어진다.

$$\eta(D_P) = \int_0^{H_L} u(z)\mathrm{d}z \Big/ \int_0^{H} u(z)\mathrm{d}z = u_t(D_P)L/\Gamma \tag{8.25}$$

여기서 $\Gamma = Q/W$는 장치단위 폭 당 유량, Q는 유체의 유량이다.
속도 분포가 균일할 경우$[u(z) = u]$에는 식 (8.24), 식 (8.25)에 의해

$$H_L(D_p) = u_t(D_p)L/u = u_t(D_p)\theta \tag{8.26}$$

$$\eta(D_\mathrm{p}) = H_\mathrm{L}(D_\mathrm{P})/H \tag{8.27}$$

이 된다. 여기서 $\theta = L/u$는 체류시간이다.

입자직경 분포를 가지는 입자가 유입되는 경우, 입자직경 빈도분포 함수를 $f(D_\mathrm{p})$로 하면 D_p와 $D_\mathrm{P}+\Delta D_\mathrm{p}$ 사이의 입자직경을 가지는 입자의 비율은 $f(D_\mathrm{p})\,\Delta D_\mathrm{p}$가 된다. 또한 종말 속도 u_t, 분리효율 η는 입자직경 D_p의 함수가 되므로 그 입자직경 범위의 부분분리효율 ΔE는

$$\Delta E = \eta(D_\mathrm{p})f(D_\mathrm{p})\Delta D_\mathrm{p} = (L/\Gamma)u_\mathrm{t}(D_\mathrm{p})f(D_\mathrm{p})\Delta D_\mathrm{p} \tag{8.28}$$

으로 나타낼 수 있고, 전체 입자에 대한 분리효율 E는 다음 식과 같다.

$$E = \int_0^\infty \eta(D_\mathrm{p})f(D_\mathrm{p})\mathrm{d}\,D_\mathrm{p} = (L/\Gamma)\int_0^\infty u_\mathrm{t}(D_\mathrm{p})f(D_\mathrm{p})\mathrm{d}\,D_\mathrm{p} \tag{8.29}$$

예제 8.3

210 μm부터 1000 μm의 입자경분포를 가지는 광물(비중 4.80)과 모래(비중 2.55)의 혼합물이 있다. 이 혼합물을 물 흐름 속에 분산시켜, 미립자부터 순서대로 이류되어 수중분급한다. 완전히 분급할 수 있는 광물의 입자직경 범위를 구하라. 단, 물의 밀도는 1.00 kg m^{-3}, 점도는 1 m Pas로 한다.

해답

알렌영역을 가정하여 식 (8.19)에 의해 중력침강의 종말 속도 u_t와 D_p의 관계 및 Re를 구한다.

비중 4.80의 광물입자 : $u_\mathrm{t} = 291\,D_\mathrm{p}$ (단, u_t[m s^{-1}], D_p[m])

D_p = 0.210 mm의 입자는 u_t = 0.0611 m s^{-1}, Re = 12.8

D_p = 1.00 mm의 입자는 u_t = 0.291 m s^{-1}, Re = 291

비중 2.55의 모래입자 : u_t = 160 D_p(단 u_t[m s^{-1}], D_p[m])

D_p = 0.210 mm의 입자는 u_t = 0.0336 m s^{-1}, Re = 7.06

D_p = 1.00 mm의 입자는 u_t = 0.160 m s^{-1}, Re = 160

전체 입자의 종말 속도가 알렌영역에 있다는 것을 확인할 수 있었다.

상승수류의 연직속도가 0.160 m s^{-1}보다도 큰 경우에는 모래입자는 모두 상승한다. 0.160 m s^{-1}의 종말 속도를 가지는 광물입자의 입자직경은 D_p = 0.160/291 = 0.550 × 10^{-3}이 되므로 물흐름 속도를 0.160 m s^{-1}으로 설정하면 0.550 mm 이상의 광물입자만이 침강하고 완전히 분급된다.

예제 8.4

속도 분포가 균일한 바닥면적 5 m^2의 수평 물흐름 침강장치를 이용해 입자직경 0.15 mm까지의 입자(비중 2.7)를 제거하고 싶다. 최대처리 유량을 구하라. 단, 물의 물성치는 예제 8.3과 같다.

해답

침강장치의 액 깊이를 H, 길이를 L, 깊이 폭을 W, 체류시간 θ, 입자의 침강속도를 u_t로 한다. 높이 H로부터 유입된 입자가 밑면으로 침강하기까지 필요한 시간이 체류시간 θ보다도 크다고 하면 입자는 모두 제거되므로, $H/u_t \le L/(Q/HW) = LHW/Q$의 관계가 성립한다. 변형시키면 유량은 $Q \le LWu_t$의 관계를 만족시킨다.
비중 2.7, 입자직경 0.15 mm의 입자의 물속에서의 종말 속도를 스토크스 영역이라고 가정한다. $u_t = 0.0208\ \mathrm{m\ s^{-1}}$($Re$ = 3.12, 스토크스 영역)가 되므로,

$$Q \le (0.0208)(5) = 0.104\ \mathrm{m^{-3}s^{-1}}$$

최대처리 유량은 $0.104\ \mathrm{m^3s^{-1}} = 6.24\ \mathrm{m^3min^{-1}}$

8.3.2 원심력 분리

질량 m의 질점이 회전반경 r, 각속도 ω로 원운동 할 때, 질점에는 $F_c = mr\omega^2$의 원심력이 작용한다. $r\omega^2$은 원심가속도이며, 다음 식과 같은 중력가속도 g와 그 비 Z_c를 원심효과(centrifugal effect)라고 한다.

$$Z_c = r\omega^2/g \tag{8.30}$$

반경위치 r에서의 유체의 선회(旋回)속도를 u_θ로 하면 유체의 각속도는 $w = u_\theta/r$이므로 원심가속도는 다음 식과 같다.

$$r\omega^2 = {u_\theta}^2/r \tag{8.31}$$

스토크스의 저항법칙이 적용되는 경우 선회흐름장의 반경위치 r_p에 놓인 입자의 반경방향의 이동속도 u_{pr}은 식 (8.18)의 중력가속도 g 대신에 원심가속도 rw^2을 이용해 다음 식으로 나타낼 수 있다.

$$u_{pr} = \mathrm{d}r_p/\mathrm{d}t = (\rho_p - \rho_f)r_p\omega^2{D_p}^2/18\mu = u_s r_p\omega^2/g = Z_c u_S \tag{8.32}$$

여기서 u_S는 중력침강에서의 스토크스의 종말 속도[식 (8.18)]이다. 회전수가 6000 rpm (rpm은 1분당 회전수)인 경우, 각속도는 $\omega = 2\pi n =$ 628 rad s^{-1} 반경 $r = 5$ cm의 위치의 원심효과는 Z_c = (0.05)(628)^2 / 9.8 = 2012가 된다. 이렇듯 원심장에서는 중력과는 자리수가 다른 큰 힘이 입자에 가해지므로 중력장에서는 분리가 어려운 미소 입자나 액적의 분리가 가능해진다. 다음에 설명할 사이클론과 원심분리기는 원심력을 이용한 대표적인 공업적 분리장치이다.

a. **사이클론** 그림 8.5에 사이클론의 구조의 예가 나와 있다. 입구에서 유입된 분진을 포함한 유체는 원통 내벽을 따라 선회하면서 하강하고, 원추의 하단부근에서 반전하여 사이클론의 중앙부를 회전하면서 상승하고 출구에서 유출한다. 유체 중의 입자는 회전류의 원심작용에 의해 바깥쪽으로 날려 벽을 타고 원추하부에서 배출된다.

지금, 반경위치 r_D에서의 입자가 유체의 입구유입속도 u_i를 타고 선회한다고 하면 식 (8.31)과 식 (8.32)에 의해

$$u_{pr} = (\rho_p - \rho_f) D_p{}^2 u_i{}^2 / 18\mu r_p \tag{8.33}$$

이 된다. 그림 8.5의 사이클론 형상에서는 외주부에 유입된 입자가 n회전하는 사이에 반경방향으로 입구유로폭 $b = D_c/4$를 이동하여 내 원통(직경 $e = D_c/2$)의 바깥 가장자리에 도달하면 분리되므로, 분리가능한 최소 입자직경 D_{pmin}을 정하는 조건

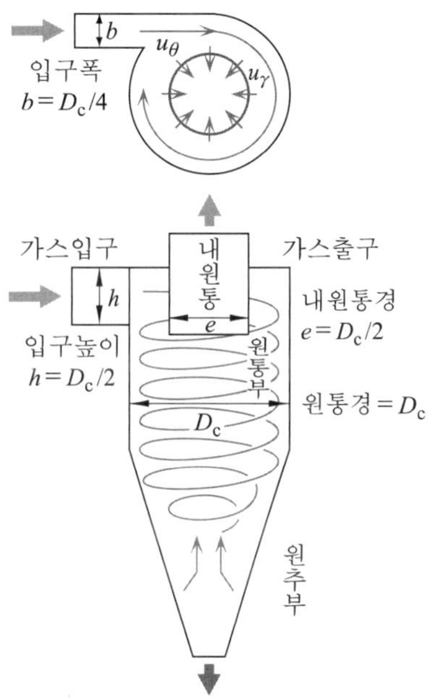

| 그림 8.5 | 사이클론

$$b/u_{pr} \leq 2\pi n r_p / u_i \tag{8.34}$$

에서 최소 입자직경은 다음 식으로 나타낼 수 있다.

$$D_{pmin} = \left[\frac{9\mu b}{\pi n \nu_i (\rho_p - \rho_f)} \right]^{1/2} \tag{8.35}$$

그림 8.5와 같은 사이클론에서는 $n = 5$ 정도이다. 기체 사이클론의 분리 가능 직경은 일반적으로 1 μm이다. 분리경이 동일한 경우 액체 사이클론은 기체 사이클론에 비해 소형이 된다.

b. 원심분리기 원심분리기는 매분 1만 회전 이상의 고속도로 원통 전체를 회전시켜, 몹시 큰 원심효과를 하부에서 유입하는 현탁액 중의 입자나 비중이 다른 분산 액적에 작용시켜서 연속분리 하는 장치이다. 그림 8.6과 같은 구조의 원심분리기에서 공급액유량을 Q_v로 하고, 입자는 액을 타고 균일한 축방향속도 $Q_v/\pi(r_2{}^2-r_1{}^2)$로 조용히 위쪽으로 흘러간다고 하면, 입자의 축방향의 이동속도는 다음 식과 같다.

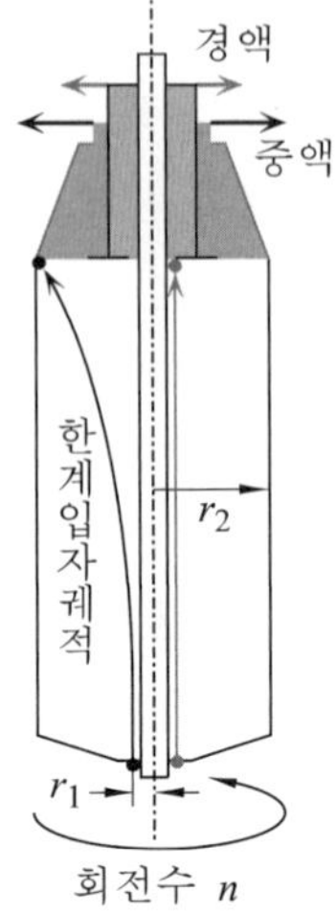

그림 8.6 원심분리기

$$\mathrm{d}z_p/\mathrm{d}_t = Q_v/\pi(r_2{}^2-r_1{}^2) \tag{8.36}$$

식 (8.32) 식 (8.36)에 의해

$$\frac{\mathrm{d}r_p}{\mathrm{d}z_p} = \frac{u_S\pi(r_2{}^2-r_1{}^2)}{Q_v}\frac{r_p\omega^2}{g} \tag{8.37}$$

가 된다. 분리가능한 최소 입자직경의 한계입자 궤적은 입구에서 $z_p=0$이고, $r=r_1$, 장치 높이 $z_p=L$에서 $r=r_2$를 만족하므로 식 (8.37)을 적분하면

$$Q_v = \frac{\pi L(r_2^2-r_1{}^2)u_S\omega^2}{g\ln(r_2/r_1)} \tag{8.38}$$

가 되고, 종말 속도가 u_S보다 큰 입자를 분리하기 위한 유량 Q_v를 구할 수 있다.

예제 8.5

그림 8.6과 같은 구조의 원심분리기를 이용해 매분 60 L의 슬러리(액점도 1×10^{-3} Pa s)를 처리한다. $r_1=10$ mm, $r_2=50$ mm, $L=600$ mm, 입자와 유체의 밀도차가 2.0×10^2 kg m^{-3}일 때, 직경 5 μm 이상의 입자를 완전히 분리하기 위해 필요한 회전수를 구하라.

해답

스토크스 중력침강속도

$u_S=(2.0\times10^2)(9.81)(5\times10^{-6})^2/(18)(1\times10^{-3}) = 2.73\times10^{-6}$ m s^{-1}

$Q_v=1.0\times10^{-3}$ m^{3}s^{-1}, $L=0.6$ m, $r_1=0.01$ m, $r_2=0.05$ m, $g=9.81$ m s^{-2}

를 식 (8.38)에 대입하면

회전각속도 $\omega=1.13\times10^3$ rads^{-1}, 회전수 $n=180$ s^{-1} $=1.08\times10^4$ rpm

8.3.3 전기력을 이용하는 분리

전하 q를 가지는 미립자가 강도 E의 전기장 중에 놓이면 입자에는 qE의 정전기력이 작용한다. 이 힘이 스토크스의 저항력[식 (8.14)]과 균형을 이룰 때 입자는 일정속도로 이동하고, 정지유체 중의 입자속도 u_{p}는 다음 식과 같아진다.

$$u_{\mathrm{p}} = qE/3\pi\mu D_{\mathrm{p}} \tag{8.39}$$

전기장의 인가에 의해 하전입자가 이동하는 현상을 전기영동이라고 한다. 전기장을 인가함으로써 하전입자와 유체 사이에서 이동속도의 차가 생기고, 또한 하전량, 크기가 다른 입자는 입자사이에서 이동속도의 차가 생긴다. 전기력을 이용하는 대표적인 분리방법으로는 용액중의 하전물질이나 콜로이드입자 등을 분리하는 전기영동과 기체흐름 중의 미립자를 분리하는 전기집진이 있다.

a. **전기영동** 용액에 전기장을 인가하면 줄 열이 발생하기 때문에 용액 내에 온도나 밀도의 불균일이 생기며, 그 결과 자연대류가 발생하여 영동 현상이 흐트러진다. 그 때문에 대형 공업장치 개발이 어려워 전기영동법은 주로 분석기술로서 발달되어 왔다.
줄 발열에 의한 불균일을 억제하기 위해서 모세관이나 막, 겔 등의 담체가 이용된다. 석영관에서는 실라놀기의 해리에 의해 관벽이 마이너스로 대전하고, 관벽부근의 용액은 플러스에 대전한다. 거기에 전기장을 인가하면 관벽부근의 플러스로 대전된 용액에 정전기력이 작용하여 관내 액 전체가 거의 균일한 속도로 음극을 향해 이동한다. 이러한 플러그 흐름 중에 하전물질, 하전입자의 혼합시료를 주입하면, 영동속도 차이에 의해 시간 경과와 함께 상호분리가 진행되고 크로마토 분석과 같은 분석이 이루어진다. 이 방법을 모세관 전기영동법이라고 한다. 막이나 겔의 담체 중에는 분자량이 큰 물질일수록 이동이 막아진다. 이러한 담체에 혼합시료를 도포하고 전기장을 인가하여 영동시키면 전하량과 분자량의 차이에 의해 분리가 진행된다. 영동 후에 염색함으로써 담체 중의 영동 물질의 위치나 분리 패턴을 가시화하고, 단백질의 분석이나 DNA의 염기배열 결정을 할 수 있다. 이렇듯 전기영동법은 특히 바이오분야에서는 중요한 분리 분석기술이다.

b. **전기집진** 기류 중에 부유하는 전하 $q = ne$, 직경 D_{p}의 구형미립자에 전기장을 인가하면, 입자의 이동속도는 식 (8.39)에 의해 다음 식과 같다.

$$u_{\mathrm{p}} = \frac{neE}{3\pi\mu D_{\mathrm{p}}} \tag{8.40}$$

전기집진에서는 그림 8.7과 같이 콜로나 방사(1500～6000 Vcm^{-1})에 의해 기체 중의 입자를 마이너스로 대전시켜 강전기장 하에서 입자를 집진극으로 이동시켜서 포집한다. 극판 형식으로는 평판형과 원통형이 있으며, 원통형에서는 중심에 방전극을 배치한다.

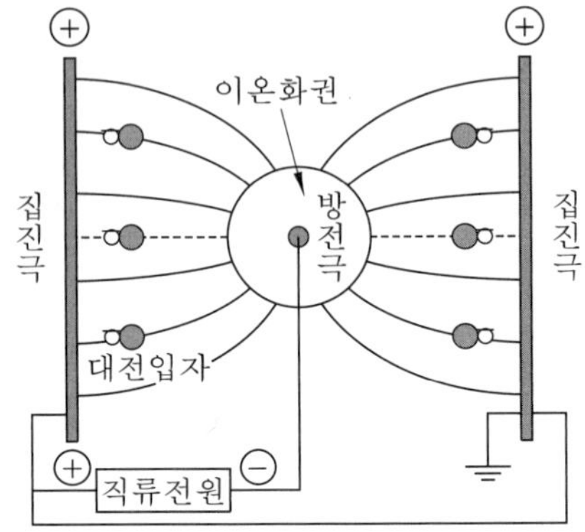

Ⅰ그림 8.7Ⅰ 전기집진 원리

입자는 이온화된 가스와의 충돌에 의해 마이너스로 대전하지만 그 대전량에는 한도가 있다. 최대 하전수를 n_m으로 하면, 입자직경 D_p가 0.5 μm 이상에서는 n_m은 입자표면적에 비례($n_m \propto D_p{}^2$)하는데, 그 이하의 입자직경에서는 D_p에 비례하게 된다. 그 결과, 식 (8.40)으로부터 전기장 중의 종말 속도 u_t는 $D_p > 0.5\mu$m에서는 D_p에 비례하고, 0.5μm 이하에서는 상수에 가까워진다. 중력집진이나 원심력집진에서는 스토크스 종말 속도는 $u_t \propto D_p{}^2$이므로, 입자직경 D_p가 작아지면 집진효율은 급격히 나빠진다. 한편 전기집진에서는 D_p의 감소와 함께 종말 속도는 상수에 점근하므로 미립자를 효율적으로 집진할 수 있다.

8.4 관성력을 이용하는 입자의 분리

8.4.1 한계입자 궤적과 포집 효율

균일한 속도를 가지는 기체흐름이 직경 D의 원주를 향해 흐를 때, 원통부근의 기체 흐름은 원통표면에 따른 유선으로 나타난다. 입자는 원주에서 멀리 떨어진 위치에서는 원주로 향하는 기체 흐름을 타고 이동하는데, 그림 8.8과 같이 원주부근에서는 기체 흐름의 유선이 비뚤어지기 때문에 입자는 관성에 의해 현재 운동을 유지하려고 해서 그 궤적은 기체 흐름에서

벗어난다. 그 결과 기체 흐름 중에 존재하는 입자의 일부가 원주에 충돌하고, 충돌한 입자가 재이탈하지 않으면, 입자는 원주에 포집된다. 이렇듯 기체 흐름 중에 둔 장애물에 의해 부유한 입자가 기체흐름의 유선에서 한쪽으로 치우치게 되고 장애물에 충돌하여 포집되는 방법을 관성집진이라고 한다.

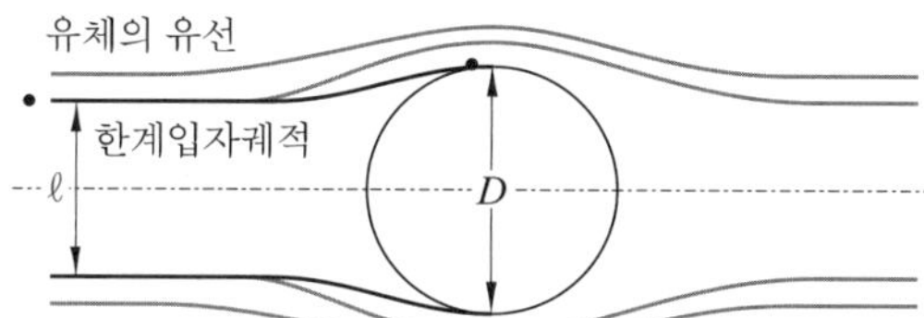

| 그림 8.8 | 단일원주에 의한 입자의 포집

그림 8.8에서 입자가 원주표면에 충돌하는 가장 바깥쪽 궤적을 한계입자 궤적이라고 한다. 원주의 상류측에서 유선이 평행이 되는 영역의 한계입자 궤적의 폭을 ℓ이라고 하면, 폭 ℓ의 안에 존재하는 입자는 모두 원통에 충돌한다. 충돌한 입자 모두가 포집되는 경우에는 포집효율 η는 다음 식으로 나타낼 수 있다.

$$\eta = \ell / D \tag{8.41}$$

장애물이 구(球)나 원판인 경우에는 축 대칭류가 되므로, 포집효율은 다음 식이 된다.

$$\eta = (\ell / D)^2 \tag{8.42}$$

한계입자 궤적은 입자의 운동방정식으로 구할 수 있다. x, y 방향의 속도성분 u_x, u_y를 가지는 2차원 기체흐름 속의 입자좌표를 x_p, y_p, 입자속도를 $u_{px} = \mathrm{d}x_p/\mathrm{d}t$, $u_{py} = \mathrm{d}y_p/\mathrm{d}t$로 하면 입자에는 유체와의 상대속도 $\mathrm{d}x_p/\mathrm{d}t - u_x$, $\mathrm{d}y_p/\mathrm{d}t - u_y$에 응한 저항력이 작용한다. 지금 $\rho_p \gg \rho_f$이고 스토크스 저항법칙이 적용되는 경우, 입자의 운동방정식은 식 (8.14)에 의해 다음 식이 된다.

$$\rho_P \frac{\pi}{6} D_P^3 \frac{\mathrm{d}^2 x_P}{\mathrm{d}t^2} + 3\pi\mu D_P \left(\frac{\mathrm{d}x_P}{\mathrm{d}t} - u_x \right) = 0 \tag{8.43}$$

$$\rho_P \frac{\pi}{6} D_P^3 \frac{\mathrm{d}^2 y_P}{\mathrm{d}t^2} + 3\pi\mu D_P \left(\frac{\mathrm{d}y_P}{\mathrm{d}t} - u_y \right) = 0 \tag{8.44}$$

단, 중력의 영향은 고려하지 않았다. 장애물이 존재할 때의 기체흐름의 흐름을 풀어 u_x, u_y를 구한 후, 입자의 궤적을 위 식으로 계산한다. 입자의 궤적에서 장애물의 가장 바깥 가장자리에 충돌하는 한계입자 궤적을 구하면 포집효율 η을 구할 수 있다.

8.4.2 필터 집진

관성분리의 포집효율을 단일한 원주 구에 대해서 설명했는데, 실제로는 섬유를 충진한 필터, 여포, 덩어리상 물질의 충진층이 입자 포집재로서 이용된다. 섬유필터는 공극률이 높고, 대부분이 95% 이상이다. 따라서 섬유필터의 집진률은 원주상의 섬유 주변의 입자궤적으로 추정할 수 있다. 단일원주의 포집효율이 기본이 되는데, 실제로는 인접한 섬유의 간섭이 있으므로 필터 전체의 집진률은 단일원주의 포집효율과는 다르다.

공극률이 높은 섬유필터를 분진이 유통될 때의 분진농도 변화를 구하는 법을 아래에 설명하겠다. 섬유직경 D_{f}, 길이 L, 공극률ϵ, 포집효율 η의 섬유 필터를 생각해보자. 유통방향의 단위길이의 필터에 포함되는 섬유의 투영 전기장을 ℓ로 하면, 섬유의 투영 면적은 $D_{\mathrm{f}}\ell$, 필터의 체적은 $(\pi/4)D_{\mathrm{f}}{}^2\ell/(1-\epsilon)$가 되므로 필터단위체적당 섬유의 투영면적은 다음 식과 같다.

$$S = D_{\mathrm{f}}\ell\left[\frac{\pi}{4}D_{\mathrm{f}}{}^2\ell/(1-\epsilon)\right] = 4(1-\epsilon)/\pi D_{\mathrm{f}} \tag{8.45}$$

단면적 A의 필터를 기체가 체적 유량 Q_{v}로 유통할 때, 공탑속도 $\overline{u} = Q_{\mathrm{v}}/A$와 섬유필터 공극을 통하는 기체 속도 u의 사이에는 $u = \overline{u}/(1-\epsilon)$의 관계가 성립한다. 유통방향의 짧은 거리 $\mathrm{d}x$ 사이에 존재하는 필터 섬유의 투영면적은 $SA\,\mathrm{d}x = [4(1-\epsilon)/\pi D_{\mathrm{f}}]A\,\mathrm{d}x$, 필터의 섬유간격을 유통하는 기체 속도는 $\overline{u}/\epsilon$이므로, 입자농도를 C[개수/체적]로 하면, 포집되는 입자수는 단위시간당 $C(\overline{u}/\epsilon)\eta[4(1-\epsilon)/\pi D_{\mathrm{f}}]A\,\mathrm{d}x$가 된다. 짧은 거리 $\mathrm{d}x$ 사이에 입자농도가 $\mathrm{d}C$만큼 감소한다고 하면 입자수의 수지에 의해 다음 식이 성립한다.

$$-Q_{\mathrm{v}}\mathrm{d}C = C\frac{\overline{u}}{\epsilon}\eta\left(\frac{4(1-\epsilon)}{\pi D_{\mathrm{f}}}\right)A\,\mathrm{d}x \tag{8.46}$$

필터 입구의 입자농도 C_0, 출구 입자농도 C_1으로 하고, 위 식을 필터의 두께 L까지 적분하면 다음 식이 된다.

$$\int_{C_0}^{C_1}\frac{\mathrm{d}C}{C} = \ln\frac{C_1}{C_0} = -\frac{4(1-\epsilon)}{\pi D_{\mathrm{f}}\epsilon}\eta L \tag{8.47}$$

식 (8.48)에서 필터에서 유출되는 기체 중의 입자농도는 필터 두께에 대해 지수함수적으로 감소한다. 또한 집진률 E는 다음 식으로 주어진다.

$$E = 1 - \frac{C_1}{C_0} = 1 - \exp\left(-\frac{4(1-\epsilon)}{\pi D_f \epsilon}\eta L\right) \tag{8.48}$$

또한 포집효율 η은 일반적으로 공극률 ϵ에 의존한다.

8.5 여과

8.5.1 여재와 여과 압력

여과란 여포, 막, 입자층, 철망, 유공판 등의 여재에 입자 현탁액, 함진기체를 유통시켜 고체입자와 유체를 나누는 조작이다. 입자농도가 0.1 vol% 이하의 경우에는 입자는 여재의 내부에서 포착된다. 이것을 여재 여과라고 한다. 그 기구는 전 절에서 설명한 필터집진과 같다. 입자농도가 약 1 vol%를 넘으면 여재면상에 입자가 퇴적한 케이크층이 형성된다. 고체입자는 케이크층에 포착되기 때문에 여과 진행과 함께 케이크층이 성장한다. 이것을 케이크 여과라고 한다.

여재에는 고체입자의 뛰어난 분해능, 작은 액의 유통저항, 고체입자에 의한 세공의 폐색이 잘 일어나지 않고, 여재면에서 케이크 제거가 용이, 기계적·화학적으로 안정 등의 특성이 요구된다. 여포는 가장 널리 이용되는 여재이며, 실의 재질, 짜는 방법 등에 의해 여러 특성을 가지게 할 수 있다. 나일론, 폴리에스테르 등의 합성섬유, 유리섬유 외에 면, 삼, 양모 등의 여포가 있다. 막에 대해서는 다음 절에서 설명하겠다. 대표적인 입자층은 모래층이며, 음료수, 공업용수의 청징(淸澄)여과에는 2 mm 정도의 모래를 충진한 두께가 약 1 m의 모래 여과층이 넓게 이용된다. 금속제 망이나 유공판은 주로 굵은 입자의 여과에 이용된다.

입자가 미세한 경우에는 여포의 막힘이나 케이크층의 저항이 증대하여 여과가 어려워지는 경우가 많다. 이러한 경우에는 여과조제(규조토, 펄라이트 등)를 슬러리액에 혼합하여 현탁입자나 콜로이드상 물질을 여과조제에 흡착 또는 포함시켜서 여포의 막힘 방지나 흐름의 저항을 저감시킨다.

여과는 입자를 포함하는 원액측의 압력과 유출되는 여액층의 압력 차에 의해 이루어진다. 이 압력차를 여과 압력이라고 한다. 여과 압력의 크기에 따라 여과조작은 중력여과(여과 압력 3～50 kPa), 진공여과(100 kPa 이하), 가압여과(50 kPa～2 MPa), 압착여과(여과 케이크의 압밀탈수 1～10MPa)로 나눠진다. 또한 원심여과는 원심력이 압력으로 변환되므로, 큰 여과 압력을 가할 수 있다. 대표적인 여과장치인 판틀형 압축 여과기가 그림 8.9와 같다.

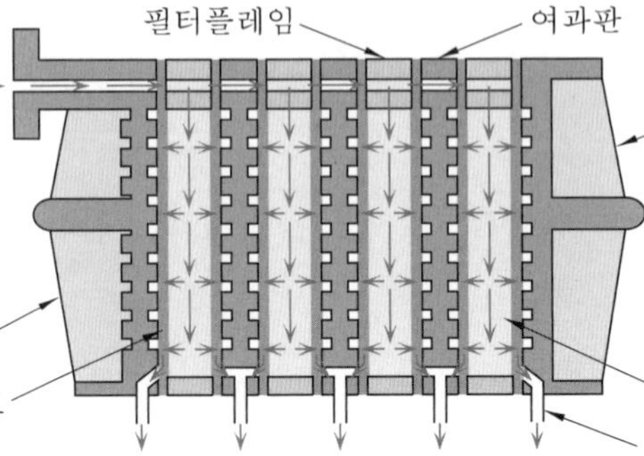

| 그림 8.9 | 판틀형 압축 여과기

8.5.2 여과 방정식

입자 현탁액의 케이크 여과는 액은 케이크층을 지난 후 여재를 지난다. 케이크층이나 여재 내부에서 액이 유통가능한 간극은 좁고 굴곡이 있으며, 흐름은 점성에 지배당한다. 여액의 유량 Q_v는 여과면적 A와 유로 입구와 출구의 압력차 Δp에 비례하고, 유체의 점도 μ에 반비례한다. 이들을 고려하면 여과 압력 Δp_f와 여과유량 Q_v의 관계는 다음과 같다.

$$\frac{Q}{A} = \frac{\mathrm{d}V}{A\,\mathrm{d}t} = \frac{\mathrm{d}v}{\mathrm{d}t} = \frac{\Delta p_f}{\mu(R_c + R_m)} \tag{8.49}$$

여기서 V는 여재를 통과한 여액의 체적, v는 단위 여과면적당 여액량이다. R_m은 여재의 저항이므로 일정하다고 봐도 좋지만 여과 진행과 함께 케이크층의 두께는 증가하므로 케이크층의 저항 R_c는 증가한다. 원료의 현탁고체의 질량농도를 c라 하면, R_c는 단위 여과면적당에 생성된 케이크량에 비례한다고 볼 수 있으므로 케이크의 비저항 α를 이용해 R_c를 다음 식과 같이 나타낼 수 있다.

$$R_c = \alpha c v \tag{8.50}$$

α가 변화하지 않는 경우를 비압축성 케이크, 변화하는 경우를 압축성 케이크라고 한다. 압축성 케이크에서는 비저항은 케이크 내 압력에 의존하여 변화한다. 예를 들어, 압축성 케이크의 평균 비저항을 나타내는 식으로서 다음 식이 있다.

$$\overline{\alpha} = \alpha_0 \Delta p_c{}^n \tag{8.51}$$

여기서, Δp_c는 케이크 간 압력차이다.

비압축성 케이크 여과인 경우에는 식 (8.49), 식 (8.50)에 의해 다음 식이 된다.

$$\frac{\mathrm{d}v}{\mathrm{d}t} = \frac{\Delta p_{\mathrm{f}}}{\mu(\alpha c v + R_{\mathrm{m}})} \tag{8.52}$$

a. 정압 여과 Δp_{f} =일정한 여과 조건에서는 식 (8.53)을 초기조건 $t = 0$에서 $v = 0$으로 적분하면 다음 루스(Ruth)의 여과 방정식이 된다.

$$v^2 + 2v_0 v = kt \tag{8.53}$$

여기서 $v_0 = R_{\mathrm{m}}/\alpha c$, $k = 2\Delta p_{\mathrm{f}}/\alpha c\mu$이다. 위 식을 변형하면

$$t/v = v/k + 2v_0/k \tag{8.54}$$

가 되며 t/v대 v의 플롯에서 v_0, k의 값을 얻을 수 있고, 그로부터 R_{m}, α가 구해진다. 또한 식 (8.53)에서 v는 다음 식과 같다.

$$v = \sqrt{v_0^2 kt} - v_0 \tag{8.55}$$

b. 정속 여과 여과속도 $\mathrm{d}v/\mathrm{d}t$가 일정한 여과 조건에서는 다음 식이 성립한다.

$$\mathrm{d}v/\mathrm{d}t = v/t \tag{8.56}$$

α =일정한 경우, 식 (8.52)에 대입하여, 여과액 v가 되는 여과시간 t를 구할 수 있다.

$$t = \mu v(\alpha c v + R_{\mathrm{m}})/\Delta p_{\mathrm{f}} \tag{8.57}$$

예제 8.6

판틀형 압축 여과기를 이용한 현탁액의 정압 여과에서 다음과 같은 결과를 얻었다.

시간 / min	10	30	60
여액량 / m^3	0.030	0.058	0.085

케이크를 충분히 세정한 후 농도가 1/2배의 같은 입자 현탁액을 동일 조작조건에서 여과한다. 1시간 의 정압 여과에서 얻어지는 여액량을 구하라.

해답

여과면적을 A로 하면 여액량은 $V=vA$이다. 식 (8.55)는 다음 식과 같아진다.

$$t/V=V/kA^2+2v_0/kA \tag{1}$$

여과데이터를 식 (1)에 따라 정리한 결과가 다음 표와 같다.

$V/\mathrm{m^3}$	0.030	0.058	0.085
$t/V/\mathrm{min\ m^{-3}}$	333	517	706

최소자승법으로 근사하면

$$t/V=6.78\times10^3V+1.28\times10^2 \quad \text{또는} \quad V^2+0.0189V=1.47\times10^{-4}t \tag{2}$$

농도가 $\frac{1}{2}$이 되면, k, v_0 모두 2배가 되므로 여과 방정식은

$$V^2+0.0378V=2.94\times10^{-4}t \tag{3}$$

으로 나타난다. $t=60$ min을 식 (3)에 넣어 여액량을 구하면 $V=0.116\ \mathrm{m^3}$

8.6 막 분리

재료개발기술의 진전에 의해 각종 고분자막이나 무기막이 개발되어 현재 해수의 담수화, 초순수의 제조, 단백질이나 과즙의 농축분리, 인공투석 등 넓은 분야에서 막 분리가 실용화되고 있다. 막 분리 대상은 이온, 저분자부터 고분자, 단백질, 세균, 혈구와 같이 수 nm부터 μm까지 넓은 범위에 이른다.

막은 세공을 가지는 다공막과 명확한 세공을 가지지 않는 치밀막으로 크게 구분된다. 다공막은 세공의 체 기구에 의해 분리가 이루어진다. 한편 치밀막은 투과성분의 막으로의 용해속도, 막내 확산속도 차에 의해 분리가 이루어진다. 또한 구조는 두께방향으로 구조가 균일한 막과 균일하지 않은 막으로 나눠진다. 후자의 막에는 제막과정에서 도막의 용매성분을 증발시켜서 표면부분에 얇고 치밀한 층을 형성한 후, 비용매 중에 침지시켜 고분자상과 용매상으로 상분리를 유기시켜 남은 부분을 다공질체로서 치밀층을 지지하는 구조의 비대칭성막이나, 다공성막 표면에 다른 재질의 치밀층을 형성시킨 복합막이 있다. 복합막의 예가 그림 8.10과 같다. 현재, 해수의 담수화 등의 공업적 역침투에 사용되는 막의 대부분이 복합막이다.

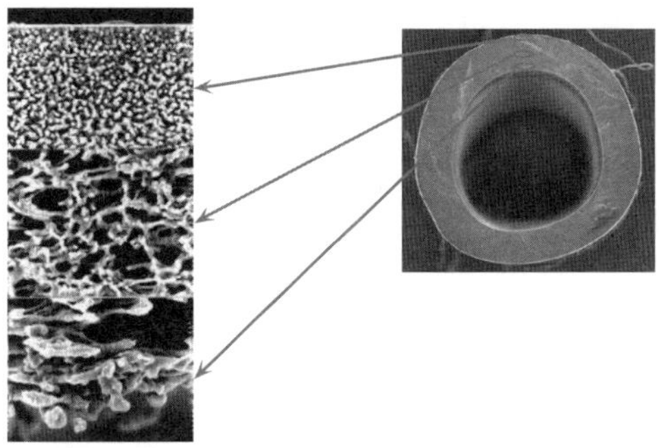

▌그림 8.10▐ 치밀층과 다공질지지층으로 이루어진 중공사 UF막 [도레이(주) 제공]

압력차를 추진력으로 하는 막 분리법은 투과하는 물질의 분자량, 사이즈에 따라 정밀 여과(microfiltration, MF, 압력차 $\Delta p = 10 \sim 100$ kPa), 한외 여과(ultrafiltation, UF, $\Delta p = 0.1 \sim 1$ MPa), 나노 여과(nanofiltration, NF, $\Delta p = 0.1 \sim 2$ MPa), 역삼투(reverse osmosis, RO, $\Delta p = 1 \sim 7$ MPa)로 나눠진다. 8.5절에서 설명한 여과에서는 통상 1 μm 이상, 정밀 여과에서는 0.01～10 μm, 한외 여과에서는 1～100 nm(분획분자량수백～3000000), 나노 여과에서는 1～10 nm(분획분자량 200～1000), 역삼투에서는 NaCl 등 수 Å 부터 수 nm의 물질 등이 분리 대상이 된다. 이들 관계를 모식적으로 그림 8.11에 나타냈다. 압력차는 기계적 에너지를 이용해 발생시키므로 이들의 막 분리는 열에너지를 이용한 증류나 증발에 비해 에너지 절약성이 뛰어나다. 그 외의 추진력으로서 투석에서는 농도차, 전기투석에서는 전위차가 이용된다.

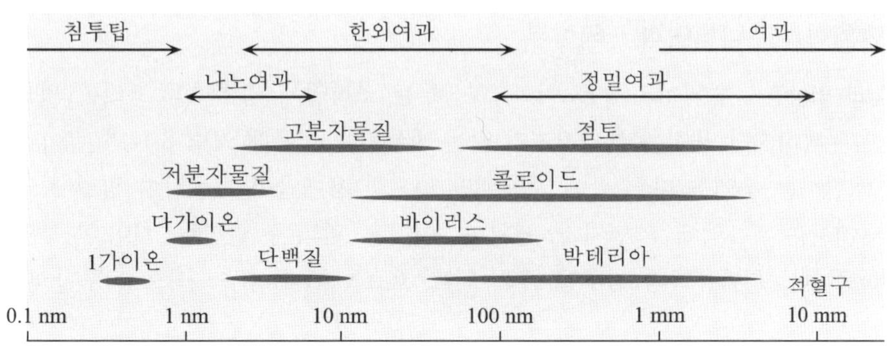

▌그림 8.11▐ 압력추진형 막 분리법과 분리 대상의 사이즈

막의 형태로는 평막, 관상막, 중공사막 등이 있고 공업장치에는 이들 막을 모듈화시켜 이용한다. 평면 막 모듈, 관형 모듈, 평막을 스파이럴상으로 두른 스파이럴 모듈, 다수의 중공사를 장전한 중공사 모듈 등이 있다(그림 8.12, 8.13). 이들 요소를 연결하여 실제 처리에 필

요한 막 면적을 가지는 장치를 구성하므로 스케일 업이 간편하다. 액의 흐름방법으로는 장치에 공급한 액 전부를 여과하는 방식과, 중공사막 등에서는 액을 여과하면서 출구에서 배출하는 방식이 있다. 전자를 전량(데드엔드) 여과, 후자를 크로스플로우 여과라고 한다. 다음에 각종 막 분리법의 요점을 설명하겠다.

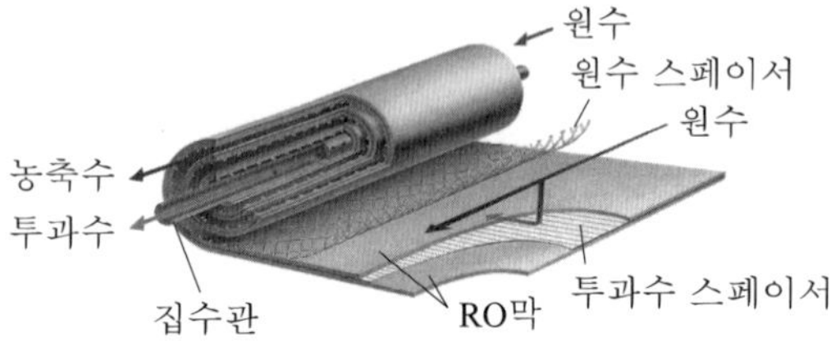

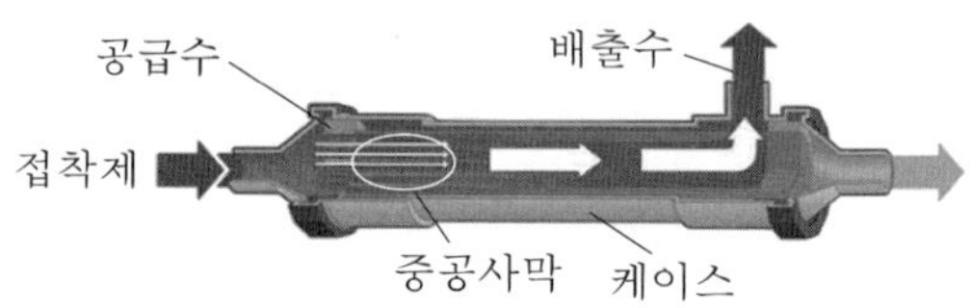

| 그림 8.12 | (좌) 스파이럴 모듈 [닛토전공(주) 제공]
| 그림 8.13 | (우) 중공사 모듈 [아사히 가세이케미컬즈(주) 제공]

8.6.1 정밀 여과

케이크를 형성하는 입자 사이즈는 작지만, 여과기구는 8.5절에서 설명한 기구와 같다. 여액량과 여과 압력의 관계에 대해서는 식 (8.49)～식 (8.57)이 적용된다. 입자크기가 작아지면 입자는 브라운 운동을 하게 되는데, 정밀 여과의 입자직경 범위에서는 브라운 운동의 영향은 거의 없다.

8.6.2 한외여과 · 나노여과 · 역삼투

a. **침투압과 역삼투** 한외여과, 나노여과, 역삼투는 조작압에 침투압을 고려할 필요가 있다. 용액은 투과하지만 용질은 투과시키지 않는 반투막을 이용해 그림 8.14와 같이 한쪽에 용질을 포함하는 용액을 다른 쪽에 순용매만 넣으면 용매만이 이동하여 평형에 달한다. 평형상태에서는 두 액에 액면차가 생기며, 이것을 압력에 환산한 것이 삼투압(osmosis pressure)이다. 희박용액의 침투압 Π는 반트 호프(van't Hoff)의 식으로 구할 수 있다.

$$\Pi = RT\sum C_i \tag{8.58}$$

여기서 C_i는 몰농도, R은 기체정수, T는 절대온도이다. 용질이 해리하는 경우의 농도로는 해리된 각성분의 농도의 총합을 이용한다. 그림 8.14의 용액측에 삼투압보다도 큰 압력을 기계적으로 가하면, 용액 중의 용매가 순용매 측에 투과한다. 이렇게 해서 용액만을 투과시키는 조작을 역삼투(reverse osmosis)라고 한다.

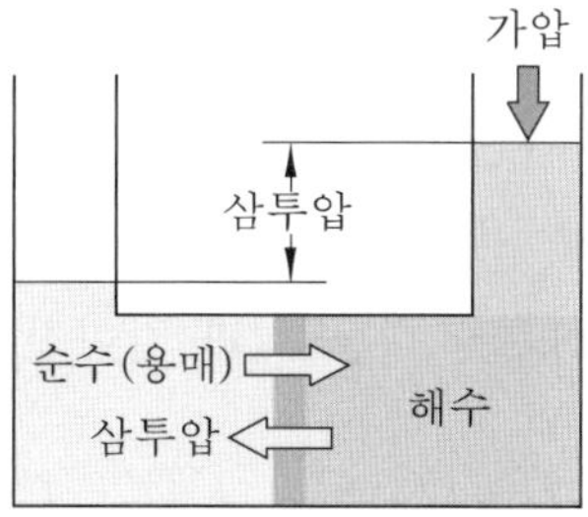

▌그림 8.14▐ 침투압과 역침투조작의 개념도

b. **농도분극** 입자나 물질의 크기가 작아지면 그들의 확산현상을 고려할 필요가 생긴다. 막을 투과할 수 없는 성분은 막면 부근에서 축적하고 그림 8.15와 같은 농도 분포가 형성된다. 이 현상을 농도분극(concentration polarization)이라 한다.

용질은 투과류를 타고 이동하면서 농도 구배에 의해 역방향으로 확산한다. 막면 부근에 형성되는 농도 분포를 경막설을 이용해 해석하기 위해서 경막의 두께를 δ_C로 하고, 경막의 바깥 가장자리를 원점으로 해서 막 면에 대해 수직방향으로 z좌표를 취한다(그림 8.15 참고). 용질 A에 대해 용매 B가 대량으로 존재할 때의 1차원 확산은 식 (2.17)과 같다.

$$N_{Az} = -D_{AB}(dC_A/dz) + x_A(N_{Az} + N_{B2}) \tag{2.17}$$

N_{Az}는 고정좌표계에서의 성분 A의 이동유속이다. 위식은 전체적인 흐름을 타고 운반되는 성분 A의 이동량 $x_A(N_A + N_B) = C_A u^*$와 그것과는 반대방향의 확산량 $D_{AB}(dC_A/dz)$의 차가 성분 A의 이동량이 되는 것을 나타내고 있다.

경막 내 성분 A의 정상수지에서 $N_{Az} = N_{Az}|_{z=\delta_C}$가 되며, 막 면에서의 성분 A의 유속은 성분 A의 투과 유속과 같다. 성분 A에 대해 막을 투과하는 용매 B는 대량으로 존재하므

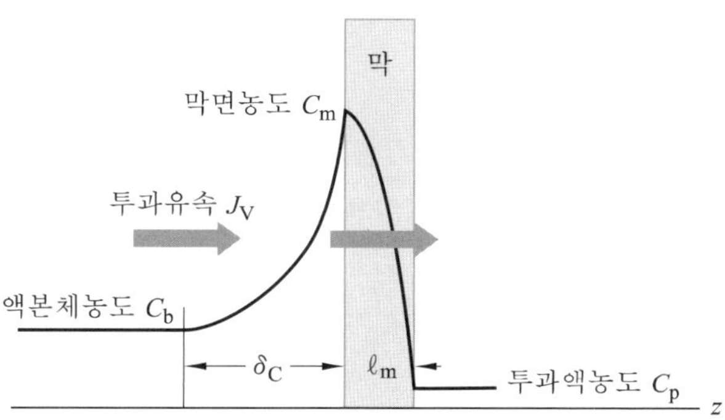

▌그림 8.15▐ 농도분극과 막 내 농도 분포

로, 단위면적당 투과 유속 J_V는 몰평균속도 u^*와 같다고 할 수 있다. 또한 투과액 중의 성분 A의 농도를 C_{Ap}로 하면 $N_{Az} = C_{Ap}J_V$의 관계가 성립한다.[56] 이 경막설을 이용한 해석에서는 용질은 1성분이므로 이후의 식 전개에서는 $C = C_A$로서 첨자 A를 생략한다. 또한 $D_{AB} = D$로 하면, 식 (2.17)은 다음 식과 같아진다.

$$D(\mathrm{d}C/\mathrm{d}z) = J_V(C - C_p) \tag{8.59}$$

위 식을 경계조건 $z = 0$에서 $C = C_b$, $z = \delta_C$에서 $C = C_m$을 바탕으로 풀면, 다음 식이 된다.

$$\frac{C_m - C_p}{C_b - C_p} = \exp\left(\frac{J_V}{D/\delta_C}\right) = \exp\left(\frac{J_V}{k_C}\right) \tag{8.60}$$

여기서, $k_C = D/\delta_C$는 경막물질 이동 계수이다. 경막물질 이동 계수 k_C와 투과 유속 J_V가 주어지면 식 (8.60)에 의해 막면 위의 성분 A의 농도를 구할 수 있다.

농도분극이 일어나지 않을 때의 겉보기 저지율 r_{obs}는 공급액의 용질농도 C_b, 투과액 중의 용질농도 C_p를 이용해 다음 식으로 나타낼 수 있다.

$$r_{obs} = \frac{C_b - C_p}{C_b} = 1 - \frac{C_p}{C_b} \tag{8.61}$$

하지만 실제로는 농도분극을 고려했을 때의 진정한 저지율 r은 막면 전후의 농도 C_m, C_p를 이용해 다음 식으로 나타낼 수 있다.

$$r = 1 - \frac{C_p}{C_m} \tag{8.62}$$

막 표면 농도 C_m의 증가는 저지율을 저하시킬 뿐만 아니라 삼투압의 상승을 불러일으키고, 또한 겔층 형성으로 이어진다.

c. 막 내 수송 현상과 농도 분포 침투압 $\Delta\Pi$를 가지는 용액을 압력차 Δp로 조작한 경우의 투과액의 체적유속 J_V를 나타내는 관계식으로서 다음 식이 있다.

$$J_V = L_p(\Delta p - \sigma\Delta\Pi) \tag{8.63}$$

56) 제2장에서는 확산유속에 대해 변수 J를 이용했지만, 막 분리 분야에서는 투과 유속에 대해 변수 J_V를 전통적으로 이용하고 있으므로, 여기서는 그에 따라 J_V를 이용한다.

이 식은 불가역 과정의 열역학에 근거하여 도출되었다.[57] L_p는 순 용매의 투과계수, σ은 반사계수(반발계수라고도 한다)이며, 순 용매만이 투과되는 완전한 반투막에서는 $\sigma = 1$, 용질, 용매가 모두 투과하고 막으로써 선택성이 없는 경우에는 $\sigma = 0$이다.

다음으로 막 내 농도 분포를 도출한다. 막면 위에서는 용질농도는 $C_{\rm m}$이며, 투과액의 용질농도는 $C_{\rm p}$이므로, 그림 8.15와 같이 막 내에는 용질농도 분포가 생긴다. 막이 완전한 투과막이 아닌 경우를 생각하면, 막 내에서의 용질은 $J_{\rm V}(1-\sigma)C_{\rm A}$의 유속으로 이동하면서 농도 구배에 의해 확산 이동하고 그 합이 용질의 투과 유속 $J_{\rm S} = J_{\rm V} C_{\rm p}$에 같다고 하면 다음 식이 성립한다.

$$J_{\rm S} = J_V C_{\rm p} = - D_{\rm m} \frac{{\rm d}C}{{\rm d}z} + J_{\rm V}(1-\sigma)C \tag{8.64}$$

여기서, $D_{\rm m}$은 막 내 용질의 확산계수이다. 막의 두께를 $\ell_{\rm m}$으로 하고, 원료측 막 면을 원점으로 하고 $z = 0$이고, $C = C_{\rm m}$, $z = \ell_{\rm m}$에서 $C = C_{\rm p}$의 경계조건을 이용해 식 (8.64)를 풀어 저지율을 구하면

$$r = 1 - \frac{C_{\rm P}}{C_m} = \frac{\sigma\{1-\exp[-J_{\rm V}(1-\sigma)/P_{\rm m}]\}}{\{1-\sigma\exp[-J_{\rm V}(1-\sigma)/P_{\rm m}]\}} \tag{8.65}$$

여기서, $P_{\rm m} = D_{\rm m}/\ell_{\rm m}$이다. $J_{\rm V}$가 증대함과 함께 r은 증가하고 σ에 수속한다.

원액의 용질농도 $C_{\rm b}$, 투과액 중의 용질농도 $C_{\rm p}$와 투과유량 $J_{\rm V}$에 의해 저지율 r 및 막 특성 σ과 $P_{\rm m}$을 구하기 위해서는 물질 이동 계수 $k_{\rm C}$를 이용해 식 (8.61)로 막 면 농도 $C_{\rm m}$을 계산하고 식 (8.65)로 저지율을 구한다. 구해진 저지율 r을 $1/J_{\rm V}$에 대해 플롯 하고, $1/J_{\rm V}$가 감소함에 따라 r이 σ에 점근하는 것을 이용해서 측정 데이터와 식 (8.65)를 그려서 σ과 $P_{\rm m}$을 구한다.

d. 모듈의 설계 유량 $Q_{\rm F}$로 공급된 용질농도 $C_{\rm F}$의 원액이 막을 유량 $Q_{\rm p}$, 농도 $C_{\rm p}$로 투과하고, 비투과액은 출구에서 유량 $Q_{\rm R}$, 농도 $C_{\rm R}$로 유출될 때의 크로스플로우 여과장치의 흐름의 개요가 그림 8.16과 같다. 장치 설계는 조작압력, 원료액농도 $C_{\rm F}$, 막의 수송정수 $(S, P_{\rm m}, L_{\rm p})$ 및 모듈 내 국소적인 부분에서의 역삼투조건, 저지율과 식 (8.63), 식 (8.65)를 이용해 이루어진다.

57) O.Jedem A. Katchalsky, Biochim. Biophys. Acta, 27. 229 (1958)

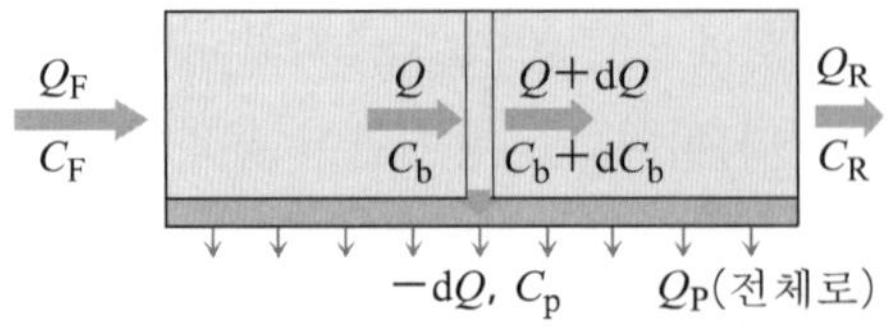

▌그림 8.16▐ 막 모듈의 물질수지

공급액량에 대한 투과액량의 비율로써 회수율 η을 정의하면

$$\eta = Q_P / Q_F = \left[\int_0^A J_v \mathrm{d}A \right] / Q_F \tag{8.66}$$

여기서 A는 막 면적이다. A와 $A+\mathrm{d}A$의 미소구간에서의 용질의 물질수지를 구하면 $\mathrm{d}(C_bQ) = C_p\mathrm{d}Q$가 성립하므로, 모듈 전체에서는

$$\int_{C_F}^{C_R} \frac{\mathrm{d}C_b}{C_b - C_p} = -\ln(1-\eta) \tag{8.67}$$

여기서 C_b는 국소의 평균농도이며 그것을 진정한 저지율 r과 관련시켜 적분하면 회수율, 막면적과 액농도와의 관계를 구할 수 있다.

지금 모듈 전체의 평균 저지율 $\bar{r} = 1 - C_p/C_b$를 이용해 식 (8.67)을 적분하면 비투과액의 농도 C_R은 간이적으로 다음 식으로 나타낼 수 있다.

$$C_R = C_p(1-\eta)^{-\bar{r}} \tag{8.68}$$

모듈 전체의 물질수지에 의해 투과액의 평균농도 $\overline{C}_p$는 다음 식과 같다.

$$\overline{C_P} = (Q_F C_F - Q_R C_R)/(Q_F - Q_R) = C_F[\{1-(1-\eta)^{1-\bar{r}}\}/\eta] \tag{8.69}$$

이 투과액 농도에 대응하는 평균공급액 농도는 다음 식과 같다.

$$\overline{C_F} = \overline{C_P}/(1-\bar{r}) = C_F[\{1-(1-\eta)^{1-\bar{r}}\}/\{\eta(1-\bar{r})\}] \tag{8.70}$$

8.6.3 투석

막 양면의 농도차를 추진력으로써 용질이 이동하는 현상이 투석(dialysis)이다. 원료액 1, 투과액 2 사이에 있는 막 면 부근의 용질의 농도 분포가 그림 8.17과 같다. 용질농도를 액 본체에서 $C_{b,1}$, $C_{b,2}$, 막 면에서 $C_{i,1}$, $C_{i,2}$로 하고 물질 이동 계수 k_1, k_2를 이용해 용질의 투과 유속 N을 나타내면

$$N = k_1(C_{b,1} - C_{i,1}) = k_2(C_{i,2} - C_{b,2}) \tag{8.71}$$

이 된다. 막 내 용질농도를 C^{m}, 확산계수를 D_m, 막 두께를 ℓ_m으로 하고, 막 내 용질농도 분포를 직선으로 하면, 막 내 투과 유속은 다음 식과 같다.

$$N = \frac{D_m}{\ell_m}(C_{i,1}^{m} - C_{i,1}^{m}) \tag{8.72}$$

막 내 농도 C^{m}과 용액농도 C 사이에 다음의 분배평형식이 성립한다고 하면,

$$C^{m} = K_m C \tag{8.73}$$

이 된다. 투과 유속 N_A는 총괄물질 이동 계수 K를 이용해 다음 식으로 나타낼 수 있다.

$$N_A = K(C_{b,1} - C_{b,2}) \tag{8.74}$$

$$\frac{1}{K} = \frac{1}{k_1} + \frac{\ell_m}{K_m D_m} + \frac{1}{k_2} = \frac{1}{k_1} + \frac{1}{P_m} + \frac{1}{k_2} \tag{8.75}$$

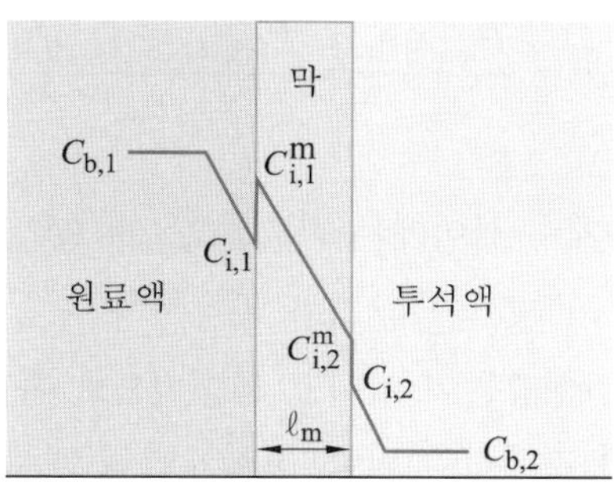

그림 8.17 투석막과 액의 농도경막

$P_{\mathrm{m}} = D_{\mathrm{m}}/\ell_{\mathrm{m}}$은 막의 투과계수이다. 식 (8.75)는 막 투과의 저항이 막 자신의 저항과 막의 양측 액의 경막 저항으로 이루어지는 것을 나타낸다. 투과실험에서 얻은 K의 값으로 막 자신의 투과계수 P_{m}을 구하기 위해서는 경막물질 이동 계수를 알고 있는 장치를 이용할 필요가 있다. 막내 확산계수는 용질의 분자량이 작을수록 크기 때문에 투석에 의해 원료액으로부터 저분자물질이 우선적으로 막 분리된다.

8.6.4 가스 분리

가스 분리막은 다공질막과 비다공질막으로 크게 구분된다.

a. 다공질막 기체분자 운동론에 의하면 분자량 M의 기체의 평균속도는 다음 식과 같고

$$\bar{u} = \sqrt{\frac{8RT}{\pi M}} \tag{8.76}$$

분자량이 작은 분자일수록 빠른 속도를 가진다. 직경 d의 세공을 통해 혼합가스가 이동하는 상황을 생각해보자. 평균자유행정 λ가 d보다도 충분히 작은 경우에는 가스가 세공을 통하는 사이에 분자끼리 충돌이 일어나므로 성분간의 속도차는 나타나지 않고 혼합가스는 분리되지 않는다. 하지만 세공직경이 자유정도보다 작아지면 가스끼리 충돌은 감소하고 혼합가스 중의 각 분자는 주로 세공벽과의 충돌을 반복하면서 세공을 투과한다. 그 결과 분자량이 작은 가스일수록 투과속도가 커진다.

지금 원료측 전압을 p_{H}, 성분 i의 몰분율을 x_i, 투과측의 전압을 p_{L}, 성분 i의 몰분율을 y_i로 하면 분압차는 $\Delta p_i = p_{\mathrm{H}} x_i - p_{\mathrm{L}} y_i$가 된다. 성분 i의 투과 유속 J_i를 투과계수 $P_{\mathrm{m}\,i}$를 이용해 원료측과 투과측의 분압차 Δp_i, 막 두께 ℓ_{m}과 관련시키면

$$J_i = \frac{P_{\mathrm{m}\,i}\Delta \mathrm{p}_i}{\ell_{\mathrm{m}}} = \frac{P_{\mathrm{m}\,i}(p_{\mathrm{H}} x_i - p_{\mathrm{L}} y_i)}{\ell_{\mathrm{m}}} \tag{8.77}$$

이 된다. 성분 A, B의 투과계수 사이에는 $P_{\mathrm{m\,A}}/P_{\mathrm{m\,B}} = (M_{\mathrm{B}}/M_{\mathrm{A}})^{1/2}$ 의 관계가 성립하므로 투과 유속에 차가 생기며 성분간 분리가 가능하다.

분자와 벽의 충돌은 완전 탄성충돌이 아니고 세공벽으로 흡착도 생긴다. 세공직경이 작아짐에 따라 벽으로의 흡착이 지배적이 되고, 고체표면 위에서의 확산속도 차가 분리성능에 나타난다. 세공직경이 더욱 작아져서 분자사이즈와 같을 정도가 되면 세공이 분자체의 효과를 가지며 혼합가스 중의 성분분리가 이루어진다.

b. 비다공질막 세공을 가지지 않는 비다공질막에서는 투과성분의 막으로의 용해, 막 내에서의 확산에 의해 분리가 된다. 막으로의 용해에 대해 헨리법칙($p_i = H_i C_i$)을 이용하면 막면의 용질농도는 분압과 관련지을 수 있게 되어 투과 유속은 원료측 분압 $p_{\mathrm{H}}\, x_i$와 투과측 분압 $p_{\mathrm{L}}\, y_i$의 차를 이용해 나타낼 수 있다.

$$J_{\mathrm{i}} = \frac{D_{\mathrm{m\,i}}}{H_{\mathrm{i}}} \frac{(p_{\mathrm{H}} x_{\mathrm{i}} - p_{\mathrm{L}} y_{\mathrm{i}})}{\ell_{\mathrm{m}}} = P_{\mathrm{m\,i}} \frac{(p_{\mathrm{H}} x_{\mathrm{i}} - p_{\mathrm{L}} y_{\mathrm{i}})}{H_{\mathrm{i}}} \tag{8.78}$$

여기서 $D_{\mathrm{m}\,i}$는 막에 용해된 성분 i의 확산계수, ℓ_{m}은 막 두께, $P_{\mathrm{m}\,i} = D_{\mathrm{m}\,i}/\ell_{\mathrm{m}}$은 투과계수이다. 성분 A, B의 투과 유속의 비로 나타내는 분리계수 α_{AB}는

$$\alpha_{\mathrm{AB}} = \frac{J_{\mathrm{A}}}{J_{\mathrm{B}}} = \frac{P_{\mathrm{m\,A}}(x_{\mathrm{A}} - \gamma y_{\mathrm{A}}) H_{\mathrm{B}}}{P_{\mathrm{m\,B}}(x_{\mathrm{B}} - \gamma y_{\mathrm{B}}) H_{\mathrm{A}}} \tag{8.79}$$

여기서, $\gamma = p_{\mathrm{L}}/p_{\mathrm{H}}$로 주어진다.

문 제

8.1 비중 5.0의 광물입자가 섞인 비중 2.65의 모래가 있고, 그 입자직경은 JIS 체의 눈금 500 μm 부터 180 μm 의 범위에 있다. 이 광물입자를 수중분급(중력침강)에 의해 모래로부터 완전히 나누기 위해서는 어느 눈금의 JIS 체를 이용해서 최소 몇 개의 구분으로 분급하면 되는가? 물의 밀도는 997 kg m^{-3}, 점도는 0.890 mPa s로 한다.

8.2 비중 2.5의 입자를 포함하는 물을 수평침강조에 유량 0.2 m^{3}s^{-1}로 흘려보내고, 입자직경 0.2 mm까지의 입자를 제거하고 싶다. 침강조의 바닥면적을 구하라. 단, 침강조의 유속은 균일하다. 물의 밀도, 점도는 문제 8.1의 값을 이용하라.

8.3 일정각속도 ω로 회전하고 있는 원통용기에 고체입자(밀도 ρ_p, 직경 D_p)를 포함하는 액체(밀도 ρ_f, 점도 μ)가 들어있다. 스토크스의 저항법칙이 적용가능하다고 보고, 고체입자가 반경 r_1에서 r_2까지 이동했을 때의 중력침강거리를 구하라.

8.4 그림 8.6과 같은 원심분리기($r_1 = 10$ mm, $r_2 = 50$ mm, $L = 600$ mm)를 8000 rpm으로 회전하여 매분 100 L의 물 슬러리를 처리한다. 슬러리 입자의 비중이 2.5일 때, 분리 가능한 최소 입자직경을 구하라. 물이 밀도는 998.2 kg m^{-3}, 점도는 1.01 MPa s이다.

8.5 두께 1 mm의 필터를 이용해 함진공기를 처리하자 집진률이 90%였다. 집진률을 99.5%로 하고 싶다. 필터의 두께를 구하라.

8.6 단면적 100 cm^{2}의 소형압여기를 이용해 슬러리를 0.2 MPa의 조건으로 정압 여과하고, 다음의 결과를 얻었다.

시간 / min	5	10	20
여액량 / cm^3	5.80×10^3	8.44×10^3	1.20×10^4

이 슬러리를 대형압여기(단면 0.80 m × 0.80 m)를 이용해 0.12 MPa의 조건에서 정압 여과한다. 30분의 여과조작으로 10 m^{3}의 여액량을 얻기 위해 필요한 여포의 장수를 구하라.

8.7 식 (8.65)를 도출하라.

8.8 식 (8.67), 식 (8.68)을 도출하라.

제 9 장

장치 내 흐름

제9장 장치 내 흐름

9.1 유체의 성질

9.1.1 압축성

압력 증가와 함께 유체의 체적은 감소하고 밀도는 증가한다. 이 성질을 압축성이라고 한다. 액체는 체적 변화가 몹시 작기 때문에 일반적으로 비압축성 유체로 본다. 기체는 압축성이 있지만 계 내의 압력변화가 작은 경우에는 비압축성유체로 다룰 수 있다.

9.1.2 점성

정지(靜止)된 평판벽에 따라 유체가 흐를 때, 그림 9.1과 같이 벽에 접한 유체는 정지하고 벽에서 떨어질수록 유체 속도는 증가한다. 평판벽을 x좌표에, 그것에 수직방향으로 y좌표를 취한다. 유체가 x방향으로 정연하게 유속 u로 흐른다고 하면 $y+\Delta y$의 위치에서 속도 $u+\Delta u$를 가지는 유체는 y 위치의 속도 u의 유체를 가속시키려고 하는 힘을 주고, 반대로 y의 위치의 유체는 $y+\Delta y$의 위치의 유체를 감속시키려고 하는 힘을 준다. 이것이 점성에 의한 전단력이며, 속도구배가 클수록 전단력은 크다. 그 때, $y=$일정한 위치의 평면을 생각해보자. 그 단위면적당 작용하는 전단응력 τ와 속도구배 $\mathrm{d}u/\mathrm{d}y$의 관계가 다음 식과 같다.

$$\tau = \mu \mathrm{d}u/\mathrm{d}y \tag{9.1}$$

위 식의 μ를 유체의 점성을 나타내는 점도(viscosity), 식 (9.1)을 뉴턴의 점성 법칙이라고 한다. 위 식에서 점도의 SI 단위는 [kg m^{-1}s^{-1}] = [Pa s]가 된다. 또한 동점도 $v=\mu/\rho$는 확산계수와 같은 단위 [m^{2}s^{-1}]를 가진다.

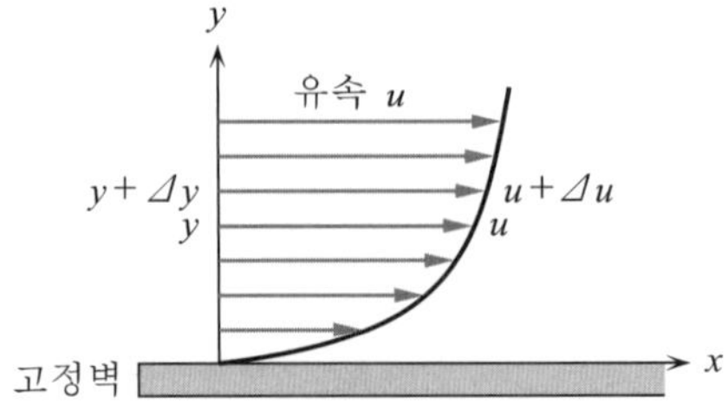

| 그림 9.1 | 고체벽 위의 속도 분포

기체나 저분자 용액은 일반적으로 뉴턴의 점성 법칙을 따른다. 이러한 유체를 뉴턴유체(Newtonian fluid)라고 한다. 온도 상승과 함께 기체 점도는 증가하지만 액체 점도는 감소한다. 또한 기체, 액체 모두 점도의 압력의존성은 작다.

9.1.3 점도계와 유동 곡선

회전 원추와 평판으로 이루어진 콘 플레이트(cone-plate)형 점도계나 회전이중원통형 점도계는 대표적인 액체점도계이다. 그림 9.2에 스프링을 이용한 콘 플레이트형 점도계의 기본구조가 나와 있다. 원추와 원판의 간극에 시료를 넣고 원추를 회전시켜 스프링의 꼬임각도로 원추에 작용하는 토크를 측정한다. 장치정수를 이용해 회전수와 토크의 측정치로부터 시료의 전단응력 τ와 속도구배 $\dot{\gamma} = \mathrm{d}u/\mathrm{d}y$에 관한 수치를 구할 수 있다. 외원통과 내원통의 간극이 좁은 회전이중원통형 점도계로 원통의 회전수와 원통에 작용하는 토크에 의해 전단응력과 속도구배 관계를 구할 수 있다.

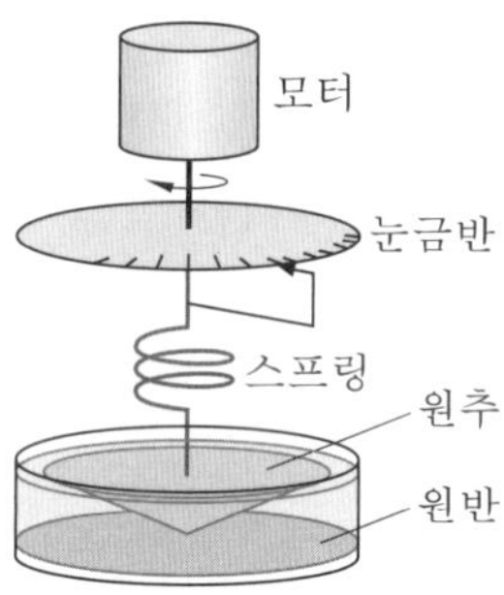

| 그림 9.2 | 콘 플레이트 형 회전점도계(원리도)

전단응력 τ와 속도구배 $\dot{\gamma} = \mathrm{d}u/\mathrm{d}y$의 관계를 나타내는 곡선을 유동 곡선이라고 한다(그림 9.3). 뉴턴유체의 전단응력과 속도구배 관계는 직선이 된다. 고분자용액이나 콜로이드용액 등에서는 전단응력과 속도구배 사이에 비례관계가 성립하지 않는 유체가 많다. 이러한 유체를 비뉴턴유체(non-Newtonian fluid)라고 한다. 비뉴턴유체의 대표적인 모델로 지수법칙(power law)유체 모델, 빙햄(Bighead)유체 모델이 있다. 지수법칙유체의 유동 곡선은 다음 식과 같고

$$\tau = m(\mathrm{d}u/\mathrm{d}y)^n \tag{9.2}$$

$n < 1$의 유체를 유사소성(pseudoplastic)유체, $n > 1$의 유체를 딜러턴트(dilatant)유체라고 한다.

일정 값의 전단응력 τ_y(강복응력, yield stress 라고 한다)보다 큰 전단력을 가하지 않으면 유동이 발생하지 않는 유체를 소성(plastic)유체라고 한다. 빙햄유체 모델은 소성유체 모델의 하나이며, 유동 곡선은 다음 식과 같다.

$$\tau = \tau_y + \eta(\mathrm{d}u/\mathrm{d}y) \tag{9.3}$$

$n<1$의 지수법칙유체의 유동 곡선을 속도구배 $\mathrm{d}u/\mathrm{d}y$가 큰 영역에서 직선 근사하면 그 직선은 $\mathrm{d}y/\mathrm{d}y=0$의 위치에서 τ축과 교차하고, 마치 강복응력을 가지는 것처럼 보인다. 이러한 이유로 $n<1$의 지수법칙유체를 유사소성유체라고 한다.

식 (9.1)을 바탕으로 비뉴턴유체의 겉보기 점도 μ_{app}를 구하면

$$\mu_{\mathrm{app}} = \tau(\mathrm{d}u/\mathrm{d}y) \tag{9.4}$$

가 된다. μ_{app}는 속도구배에 의존하여 변화하고, $n<1$의 유사소성유체와 빙햄 유체는 $\mathrm{d}u/\mathrm{d}y$의 증가와 함께 μ_{app}가 감소한다. 한편 $n<1$의 딜러턴트유체는 μ_{app}가 증가한다. $\mathrm{d}u/\mathrm{d}y$의 증가와 함께 μ_{app}가 감소하는 유체를 shear thinning 유체, 증가하는 유체를 shear thickening 유체라고 하는 경우도 있다.[58] 이러한 물질의 변형과 유동을 다루는 학문분야를 레올로지(rheology)라고 한다.

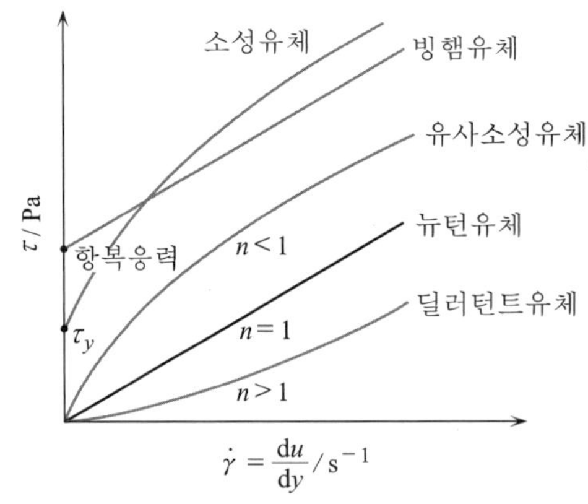

| 그림 9.3 | 유동 곡선

58) shear thinning, shear thickening에 대한 적절한 번역이 정해져있지 않아 영여로 표기했다.

9.2 원관 흐름

화학공정에서는 원통형 장치가 많고 또한 장치 간 유체수송도 관로를 이용해 이루어진다. 원관 내 흐름은 화학공학에서는 기본적인 흐름이다.

9.2.1 층류의 속도 분포

원관 내를 흐르는 유체 속도가 늦은 경우 또는 점도가 높은 경우에는 유체는 관축방향으로 정연히 흐른다. 이러한 흐름을 층류(liminar flow)라고 하며, 가령 유체 중에 미소한 불균일이 발생해도 점성 작용에 의해 사라지고 만다. 수평인 직원관 내 층류를 뉴턴의 점성 법칙을 이용해 다음에 해석하겠다.

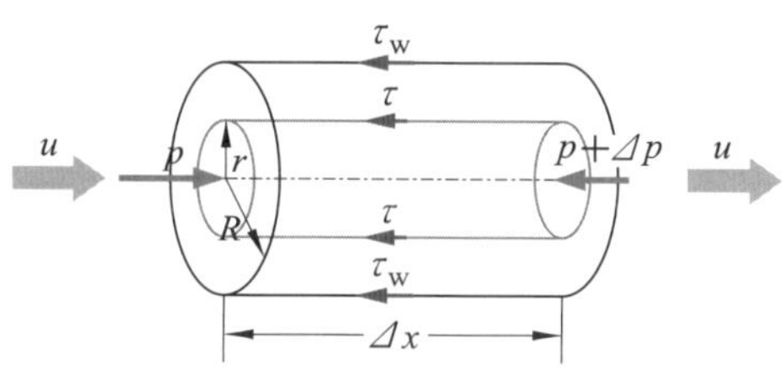

| 그림 9.4 | 수평관흐름의 압력과 전단응력의 관계

좌표계를 그림 9.4에 나타냈다. 원관반경을 R, 중심축을 x축으로 하고, 반경 r, 길이 Δx의 미소 원주의 유체에 작용하는 힘의 관계를 생각해보자. 위치 x의 원주단면(면적 πr^2)에는 압력 $p(x)$가 x방향으로 한편 위치 $x+\Delta x$의 원주단면에는 $p(x)+(\mathrm{d}p/\mathrm{d}x)\Delta x$의 압력이 반대방향에 작용한다. 이들 힘과 원주측면에 작용하는 전단력 $2\pi r\Delta x\tau$의 관계는 다음 식과 같다.

$$\left[p-\left(p+\frac{\mathrm{dp}}{\mathrm{dx}}\Delta x\right)\right]\pi r^2 = (2\pi r\Delta x)\tau \tag{9.5}$$

위 식을 정리하면

$$\tau = (r/2)(-\mathrm{d}p/\mathrm{d}x) \tag{9.6}$$

이 되며, 원관 벽면($r=R$)에 작용하는 전단응력 τ_w는 다음 식과 같다.

$$\tau_w = (R/2)(-\mathrm{d}p/\mathrm{d}x) \tag{9.7}$$

식 (9.6), 식 (9.7)에 의해

$$\tau = \tau_w (r/R) \tag{9.8}$$

이 되며, 전단응력은 중심에서는 0이고, 반경 r에 비례하여 증가한다.

벽으로부터의 거리 y와 반경 r과의 관계 $y = R - r$을 고려하면, 뉴턴의 점성 법칙 식 (9.1)과 식 (9.8)에 의해 다음 식이 된다.

$$\mathrm{d}u/\mathrm{d}r = -(\tau_w/\mu)(r/R) \tag{9.9}$$

원관중심 $r = 0$에서 유속이 최대 $u = u_{max}$가 되는 경계조건을 이용해 식 (9.9)를 적분하면 다음 식이 된다.

$$u_{max} - u = (\tau_w R/2\mu)(r/R)^2 \tag{9.10}$$

관 벽 $r = R$에서의 유체의 점착조건 $u = 0$과 식 (9.7)에 의해 최대속도 u_{max}는 다음 식과 같다.

$$u_{max} = (\tau_w R/2\mu) = (R^2/4\mu)(-\mathrm{d}p/\mathrm{d}x) \tag{9.11}$$

식 (9.10), 식 (9.11)에 의해 다음 식이 되고, 속도 분포 형상은 포물선이 된다.

$$u = (\tau_w R/2\mu)[1-(r/R)^2] = u_{max}[1-(r/R)^2] \tag{9.12}$$

또한 식 (9.12)는 벽면 부근에서는 다음 식과 같이 근사된다.

$$\lim_{\tau\to R} u = \lim_{\tau\to R}(\tau_w/2\mu R)(R-r)(R+r) = (\tau_w/\mu)y \tag{9.13}$$

위 식에서 벽 부근의 유체속도는 직선적으로 변화하고 유체에 작용하는 국소의 전단응력 τ은 벽면전단응력 τ_w와 같다고 생각해도 좋다.

다음으로 식 (9.12)로 유량을 구한다. 반경 r과 $r + \mathrm{d}r$의 환상부를 흐르는 유량은 $u2\pi r\,\mathrm{d}r$이므로 원관 내를 흐르는 유량 Q_V는 다음 식과 같다.

$$Q_V = \int_0^R u2\pi r\,\mathrm{d}r = \frac{\pi R^2 u_{max}}{2} = \frac{\pi R^4}{8\mu}\left(-\frac{\mathrm{d}p}{\mathrm{d}x}\right) \tag{9.14}$$

위 식을 하겐－포아젤(Hagen-Poiseuill)의 식이라고 한다. 단면평균속도 $\overline{u}$는

$$Q_V = \pi R^2 \overline{u} \tag{9.15}$$

로 정의되므로 식 (9.11), 식 (9.14)에 의해

$$\bar{u} = u_{max}/2 = (\tau_w R/4\mu) = (R^2/8\mu)(-\mathrm{d}p/\mathrm{d}x) \tag{9.16}$$

가 되어, 단면평균속도 $\bar{u}$는 중심속도 u_{max}의 1/2가 된다. 원 관의 길이 L의 범위에서 포물선의 속도 분포가 형성되는 경우에는 $-\mathrm{d}p/\mathrm{d}x = -\Delta p/L$이 성립하므로 유량 Q_V, 단면평균속도 $\bar{u}$는 압력차에 비례하고, 점도에 반비례하여 변화한다. 식 (9.16)의 관계를 이용하면 속도 분포 식 (9.12)는 다음 식과 같아진다.

$$u = 2\bar{u}[1 - (r/R)^2] \tag{9.17}$$

식 (9.17)의 속도 분포가 그림 9.5(a)와 같다.

마찰계수 f를 다음 식으로 정의하면

$$f = \tau_w/(\rho\bar{u}^2/2) \tag{9.18}$$

식 (9.16)에 의해 다음 식이 된다.

$$f = 8\mu/\rho\bar{u}R = 16\mu/\rho\bar{u}d = 16/Re \tag{9.19}$$

여기서 $d = 2R$은 원 관의 직경, $Re = \rho\bar{u}d/\mu$는 2.9절에서 설명한 레이놀즈수(Re수)이다.

이러한 결과는 $Re < 2100$에서 성립한다. 레이놀즈수를 $Re = \rho\bar{u}d/\mu = \rho\bar{u}^2/(\mu\bar{u}/d)$로 변형시키면 $\rho\bar{u}^2$은 유체가 가지는 운동량, 즉 관성력을 나타내며 $\bar{u}/d$는 속도구배에 대응하므로 $\mu\bar{u}/d$는 전단응력을 나타낸다. 따라서 레이놀즈수는 관성력과 점성력의 비를 나타낸다. $Re < 2100$에서는 유체 중에 미세한 불균일이 있어도 점성 작용에 의해 사라지고 유체는 관축 방향으로 정연히 흐른다.

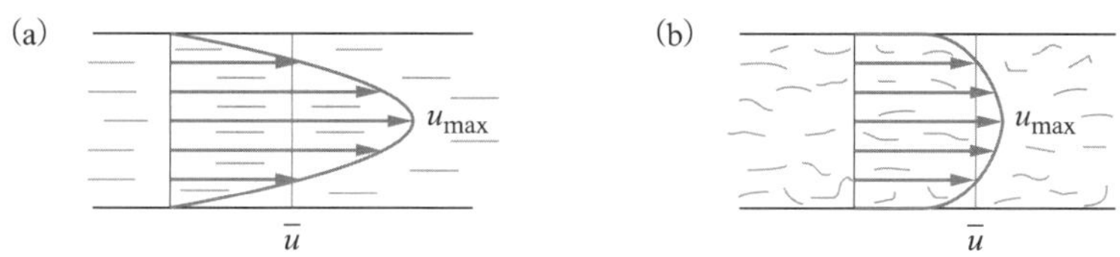

그림 9.5 원관 내 층류(a)와 난류(b)의 속도 분포(난류의 속도 분포는 1/7승칙)

9.2.2 난류의 속도 분포

원관 내 Re 수가 2100을 넘으면 유체의 관성력이 점성력에 비해 커지며 유체 중에 잠재하는 미소한 불균일이 점성에 의해 사라지지 않고 증폭되게 된다. $2.1 \times 10^3 < Re < 4 \times 10^3$의 범위는 층류에서 난류로의 전이영역이며, $Re > 4 \times 10^3$에서는 원 관의 전단면에 걸쳐서 흐트러진 흐름이 출현한다. 난류에서 유체는 3차원 속도성분을 가지고 시간적, 공간적으로도 끊임없이 변동하면서 전체로서는 관축방향으로 흐른다. 흐트러진 움직임에 의해 관중심부의 빠른 속도를 가진 유체입자는 관 벽으로 향하고, 한편 관 벽 부근의 늦은 속도를 가진 유체입자는 관중심부를 향해 이동하고 주변 유체와 섞인다. 이러한 난류의 혼합작용 때문에 유속 변화는 관중심부에서는 비교적 작다. 그러나 관 벽에 가까워질수록 유체의 불균일이 감퇴하기 때문에 유속은 급격이 감소한다. 난류의 속도 분포는 층류와 같이 해석적으로 구할 수 없다. 실험결과에 근거한 대표적인 것으로서, 지수법칙 속도 분포와 대수법칙 속도 분포가 있다.

a. **지수법칙 속도 분포** 벽과의 거리 y의 거듭제곱으로 나타나는 다음 식의 속도 분포를 지수법칙 속도 분포라고 한다.

$$u/u_{\max} = (y/R)^n \tag{9.20}$$

최대속도 $u_{\max}$와 단면평균속도 $\overline{u}$와의 사이에는 다음과 같은 관계가 성립한다.

$$u_{\max}/\overline{u} = (1+n)(2+n)/2 \tag{9.21}$$

니쿠라제(Nikuradse)의 측정에 의하면 $Re = 4 \times 10^3$에서 $n = 1/6$, $Re = 10^5$에서 $n = 1/7$, $Re = 3.2 \times 10^6$에서 $n = 1/10$이 되며, Re수의 증가와 함께 지수 n은 감소한다. Re수가 $10^4 \sim 10^5$의 범위에서는 $n = 1/7$이 되고, 1/7승칙의 속도 분포라고 불린다. 그 속도 분포는 그림 9.5(b)와 같다. 지수법칙 속도 분포는 근사식이므로 관중심에서의 속도 구배는 0이 되지 않는다.

b. **대수법칙 속도 분포** 난류에서도 평활한 벽면의 몹시 가까운 영역에서는 점성이 지배적이 되고, 층류의 속도 분포 식 (9.13) $u = (\tau_w/\mu)y$가 성립하는 영역이 있다. 이러한 영역을 점성저층 또는 층류저층이라고 하며, 벽면에 작용하는 전단응력 τ_w와 점도 μ에 지배되는 흐름이 형성한다. 다음 식으로 정의되는 마찰속도 u^*

$$u^* = (\tau_w/\rho)^{1/2} = (f/2)^{1/2}\overline{u} \tag{9.22}$$

를 이용해 속도 u와 거리 y를 다음 식으로 무차원화시키면

$$u^+ = u/u^*,\ y^+ = \rho u^* y/\mu \tag{9.23}$$

식 (9.13)의 속도 분포는 다음 식과 같다.

$$u^+ = y^+,\ y^+ \le 5 \ (\text{점성저층}) \tag{9.24}$$

즉, 무차원 속도 u^+, 무차원 거리 y^+를 이용하면 벽 부근의 속도 분포는 Re수의 값에 상관없이 식 (9.24)로 나타낼 수 있다. 식 (9.24)가 성립하는 범위는 $y^+ \le 5$이다.
무차원속도 u^+, 무차원 거리 y^+를 이용한 속도상관법 $y^+ > 5$의 영역에 적용시키면 속도 분포의 측정결과는 근사적으로 식 (9.25), 식 (9.26)이 된다.

$$u^+ = 5.0 \ln y^+ - 3.05 \qquad 5 \le y^+ \le 30 \quad (\text{전이영역}) \tag{9.25}$$

$$u^+ = 2.5 \ln y^+ + 5.5 \qquad y^+ \ge 30 \quad (\text{난류영역}) \tag{9.26}$$

이들을 대수속도 분포식이라고 한다. 그림 9.6에 점성저층, 전이영역, 난류영역의 속도 분포식 식 (9.24), 식 (9.25), 식 (9.26)을 나타냈다.

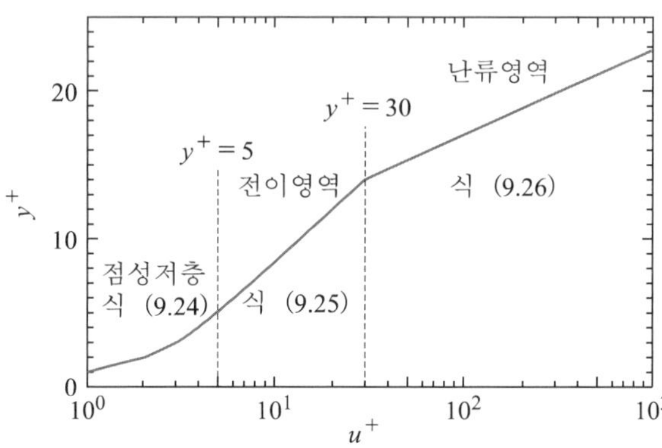

| 그림 9.6 | 점성저층, 전이영역, 난류영역의 속도 분포

9.2.3 마찰계수와 패닝의 식

원관벽에 작용하는 압력과 전단응력의 관계를 나타내는 식 (9.7)은 난류에서도 성립한다. 수평원관 내 속도 분포가 흐름 방향으로 변화하지 않는 영역(이것을 완전발달 영역이라고 한다)의 길이 L, 그 사이의 압력차를 $\Delta p = p|_{x+L} - p|_x$로 하면 $\mathrm{d}p/\mathrm{d}x = \Delta p/L$이 되므로, 식

(9.7)의 직경 d를 이용해 변환시키면

$$\tau_w = (d/4)(-\Delta p/L) \tag{9.27}$$

이 된다. 식 (9.18)로 정의되는 마찰계수 $f = \tau_w/(\rho \bar{u}^2/2)$를 이용해 위 식을 변형시키면 다음의 패닝(Fanning)의 식이 된다.

$$-\Delta p = 4f(L/d)(\rho \bar{u}^2/2) \tag{9.28}$$

수평원관에서는 하류를 향해 압력이 하강($\Delta p < 0$)하므로, $-\Delta p > 0$이 되는 것에 주의해야 한다. 또한 그림 9.4에서 설명했듯이 수평관 흐름의 $-\Delta p/\rho$는 유체단위 질량당 에너지 손실을 나타내므로 $-\Delta p$를 압력손실이라고 부르는 경우도 있는데, 이것은 수평직원관에만 해당된다.

층류($Re < 2.1 \times 10^3$)의 마찰계수 f는 이미 설명했듯이

$$f = 16/Re \tag{9.19}$$

로 나타낼 수 있다. $5 \times 10^3 < Re < 10^5$의 난류에 적용할 수 있는 상관식으로 다음 블라지우스(Blasius)의 식이 있다.

$$f = 0.0791\, Re^{-1/4} \tag{9.29}$$

보다 넓은 범위의 Re수에 적용가능한 식으로는 대수속도 분포 식 (9.26)에 근거한 프란틀(Prandtl)의 식이 있다.

$$1/\sqrt{f} = 4.0 \log_{10}(Re\sqrt{f}) - 0.4 \tag{9.30}$$

식 (9.30)은 평활관에 적용된다. 강관이나 주철관 등의 조면관에 대해서 식 (9.30)을 확장시키면, 마찰계수 f는 조면의 거칠기(요철의 높이) ϵ와 관경 d의 비 ϵ/d를 이용한 다음 식으로 나타낼 수 있다.

$$\frac{1}{\sqrt{f}} = -4.0 \log_{10}\left[\frac{1.26}{Re\sqrt{f}} + \frac{1}{3.71}\left(\frac{\varepsilon}{d}\right)\right] \tag{9.31}$$

식 (9.30), 식 (9.31)이 그림 9.7과 같다. 식 (9.30)은 위 식에서 $\epsilon = 0$인 경우에 상당한다. $5 \times 10^3 < Re < 10^5$에서는 식 (9.30)은 블라지우스 식과 거의 일치한다. 벽면의 거칠기는 인발관에서 1.5 μm, 시판강관에서 50 μm, 주철관에서 0.3 mm 정도이다. ϵ가 커질수록 마찰계수 f는 커지며, 충분히 거친 경우에는 Re수의 증가와 함께 마찰계수 f는 일정한 값에 가까

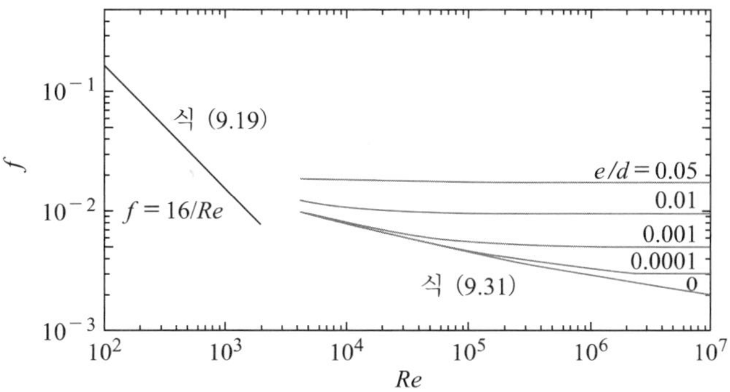

▌그림 9.7▐ 마찰계수 f와 레이놀즈 수 Re 관계도

워진다.

밀도 ρ, 점도 μ의 유체가 직경 d, 길이 L의 원관 내를 단면평균유속 $\bar{u}$로 흐를 때의 압력 강하 $-\Delta p$는 $Re = \rho \bar{u} d / u < 2100$의 경우에는 식 (9.19), 식 (9.28)로, $Re > 4000$인 경우에는 식 (9.28)～식 (9.31)로 구할 수 있다.

예제 9.1

내경 20 mm의 평활관에 20℃의 물(밀도 998.2 kg m^3, 점도 1.00 m Pa s)가 단면평균유속 1.01 ms^{-1}로 흐를 때의 점성저층의 두께와 저층 끝에서의 속도를 구하라.

해답

Re수를 구하면 $Re = (998.2)(1)(0.020) / (1.00\times10^{-3}) = 2.00\times10^4$
블라지우스의 식 (9.29)로 마찰계수를 구하면 $f = 6.65 \times 10^{-3}$
식 (9.22)에 의해

$$u^* = (6.65 \times 10^{-3}/2)^{1/2}\ (1.0) = 0.0577 \text{ m s}^{-1}$$

$y^+ = 5$, $y^+ = 5$에서 점성저층의 두께 y와 그 위치에서의 속도 u를 구하면

$$y = (5)(1.00 \times 10^{-3}) / [(998.2)(0.0577)] = 8.68 \times 10^{-5} \text{ m} = 87\ \mu\text{m}$$
$$u = (5)(0.0577) = 0.289 \text{ m s}^{-1}$$

이 계산으로 알 수 있듯이 점성저층의 두께는 몹시 얇고, 저층 끝에서의 속도는 평균속도의 약 30%이다. 또한 전이 영역도 포함한 두께는 $y^+ = 30$부터 $y = (86.9)(30 / 5) = 521\ \mu$m $= 0.52$ mm, 그 위치에서의 속도는 $u^+ = 2.5 \ln 30 + 5.5 = 14$에 의해 $u = 0.808$ m s^{-1}이 되고, 난류에서의 벽 부근의 좁은 영역에서 속도가 크게 변화한다.

9.2.4 비원형 단면의 상당 직경

비원형 단면의 수평유로에서는 벽면에 작용하는 전단응력을 유체가 접하는 면적에 걸쳐 적분한 힘이 유로단면에 작용하는 압력에 의한 힘과 균형을 이룬다. 거기서, 유로단면적을 A, 유로단면 내에서 유체가 유로(流路) 벽과 접하는 부분의 길이(젖음변 길이)를 Γ (그림 9.8 참고), 유로 벽에 작용하는 평균 전단응력을 $\overline{\tau_w}$, 유로의 길이 L의 구간의 압력차를 $\Delta p = p|_{x+L} - p|_x$로 하면, 식 (9.7)과 같은 힘의 관계가 성립한다.

$$\bar{\tau}_w \Gamma L = -A\Delta p \tag{9.32}$$

위 식에 대해 평균 마찰계수 $\bar{f} = \bar{\tau}_w/(\rho\bar{u}^2/2)$ 를 도입하면 패닝의 식 (9.28)과 같은 형태의 다음 식이 된다.

$$-\Delta p = (4\bar{f})\left(\frac{L}{4A/\Gamma}\right)\frac{\rho\bar{u}^2}{2} = 4\bar{f}\frac{L}{d_{eq}}\frac{\rho\bar{u}^2}{2} \tag{9.33}$$

식 (9.33)의 d_{eq}를 수력 상당(水力相当) 직경이라고 하며, 다음 식으로 정의된다.

$$d_{eq} = \frac{4A}{\Gamma} = \frac{4(\text{유로단면적})}{(\text{윤변길이})} \tag{9.34}$$

평균마찰계수 $\bar{f}$의 해석 수치나 실험 상당식이 없는 경우에는 수력 상당 직경을 이용해 Re수를 계산하고, 그것에 대응하는 원관류의 마찰계수를 $\bar{f}$로 둠으로써 비원형 단면유로의 압력강하를 근사적으로 구할 수 있다. 그림 9.8의 폭 a, 높이 b의 사각형 유로에서는 $d_{eq} = 2ab/(a+b)$, 폭 a의 홈을 흐르는 액의 깊이가 b인 경우에는 $d_{eq} = 4ab(a+2b)$이다. 또한 외경 a, 내경 b의 이중원관 환상부 유로에서는 $d_{eq} = [4\pi(a^2-b^2)/4]/[\pi(a+b)] = a-b$이다.

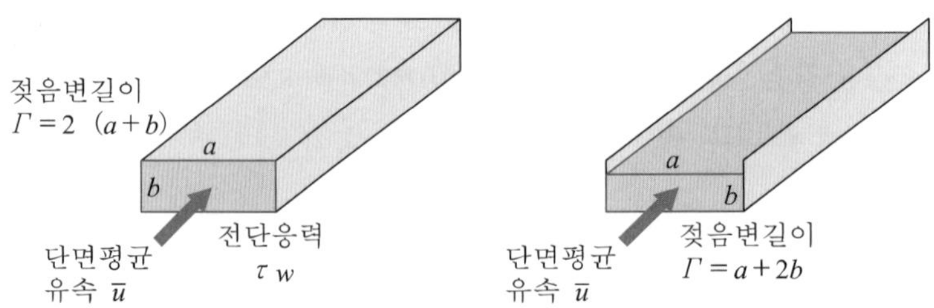

그림 9.8 비원형 유로의 상당 직경

9.3 충진층 흐름

충진층은 촉매반응, 흡착, 여과 등에 이용된다. 충진물이 작아지면 간극의 유로는 좁아지며, 유체를 흘려보내기 위해 큰 압력을 가할 필요가 있다. 또한 유로는 구불구불하고, 그 단면은 일반적으로 복잡한 형상을 하고 있으며 단면적도 일정하지 않다.

그림 9.9(a)와 같이 길이 L의 수평 충진층을 유체가 층류로 흐르는 경우를 해석한다. 충진층의 전체적 V에 대한 간극체적의 비율을 나타내는 공극률을 ϵ, 유로길이를 L, 유로단면적을 A, 간극유로의 젖음변 길이를 Γ, 충진층 단위체적당 충진물의 표면적을 S_B로 하면, 식 (9.34)에서 수력 상당직경은 다음 식과 같다.

$$d_{eq} = 4AL/\Gamma L = 4\epsilon V/S_B V = 4\epsilon/S_B \tag{9.35}$$

충진물이 없는 공탑의 유로단면적을 A_0, 충진물이 들어간 경우의 유로단면적을 A로 하면, 그 비는 공극률을 나타낸다.

$$A/A_0 = AL/A_0 L = \epsilon \tag{9.36}$$

또한 유량을 Q_V로 하면, 공탑을 흐르는 단면평균속도 $\bar{u} = Q_V/A_0$과 충진물의 틈을 흐르는 유속 $u = Q_V/A$ 사이의 관계는 다음 식과 같다.

$$u = \bar{u}/\epsilon \tag{9.37}$$

그림 9.9(b)와 같이 길이 L의 충진층 내 구불구불한 유로를 늘려 직관으로 했을 때의 길이를 유효길이 L_e로 하면, 수력 상당 직경 d_{eq}, 유효길이 L_e의 유로 내를 유속 u로 흐르는 경우의 압력차 $-\Delta p$가 길이 L의 충진층에 유체를 흘려보낼 때의 압력차가 된다. 식 (9.37)의 속도 u, 원관층류의 마찰계수 $f = 16/Re$, $Re = \rho u d_{eq}/\mu$을 식 (9.33)에 대입하고, 식 (9.35)를 이용하면 다음 식이 된다.

$$-\Delta p = 32\mu L_e u/{d_{eq}}^2 = (2L_e/L)(\mu L\bar{u}{S_B}^2/\varepsilon^3) = k(\mu L\bar{u}{S_B}^2/\varepsilon^3) \tag{9.38}$$

여기서, $k = 2L_e/L$이다. 충진물의 비표면적(입자단위체적당 표면적) S_V는

$$S_B = (1-\epsilon)S_V \tag{9.39}$$

로 나타낼 수 있으므로, 식 (9.38)은 다음 식이 된다.

$$-\Delta p = k\mu L\overline{u}(1-\epsilon)^2 S_{\mathrm{V}}{}^2/\epsilon^3 \tag{9.40}$$

위 식을 코제니－카르멘(Kozeny-Carman)의 식이라고 한다. 충진입자가 구형인 경우에는 $S_{\mathrm{V}} = 6/d_{\mathrm{p}}$이므로 식 (9.40)은 다음 식과 같다.

$$-\Delta p = 36\,k\mu L\overline{u}(1-\epsilon)^2/\epsilon^3 d_{\mathrm{p}}{}^2 \tag{9.41}$$

위 식은 층류 영역에 대해 성립하고, 여러 충진물을 이용한 실험결과에 의하면 $k = 4 \sim 5$이다. 더욱이 난류영역까지 적용할 수 있는 실험식으로서 다음의 Ergun의 식이 있다.

$$-\frac{\Delta p}{L} = 150\frac{\mu\overline{u}(1-\varepsilon)^2}{\varepsilon^3 d_{\mathrm{p}}^2} + 1.75\frac{\rho\overline{u}^2(1-\varepsilon)}{\varepsilon^3 d_{\mathrm{p}}} \tag{9.42}$$

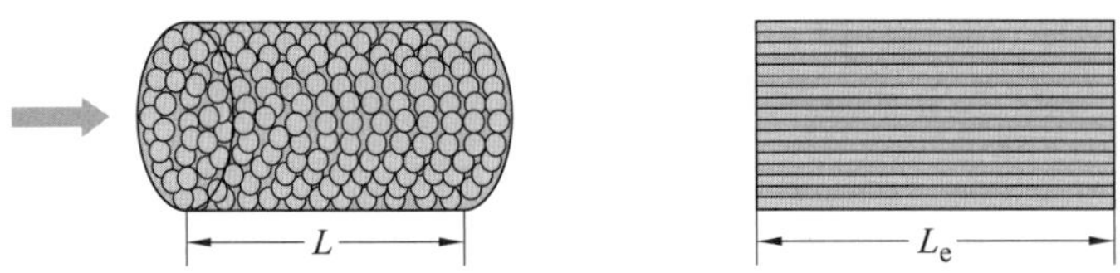

(a) 충전층 (b) 모델

▌그림 9.9▐ 충진층의 모델화

9.4 흐름 계의 에너지 손실과 유체 수송기의 동력

9.4.1 기계적 에너지 보존의 법칙

1.4.1절에서 흐름계의 에너지 수지식을 도출하고 유체단위질량당 정상상태에서의 에너지 수지는 식 (1.36)으로 나타나는 것을 설명했다.

$$\Delta\widehat{H} + \Delta\widehat{E}_{\mathrm{K}} + \Delta\widehat{E}_{\mathrm{P}} = \widehat{Q} + \widehat{W} \tag{1.36}$$

그림 9.10과 같이 경계 1의 연직 높이를 z_1, 유체의 유입속도를 u_1, 경계 2의 연직 높이를 z_2, 유출속도를 u_2, 흐름 계의 일을 W_{s}로 하면, 식 (1.36)은 다음 식이 된다.

$$\widehat{H}_1 + u_1^2/2 + gz_1 + \widehat{Q} + \widehat{W}_s = \widehat{H}_2 + u_2^2/2 + gz_2 \tag{9.43}$$

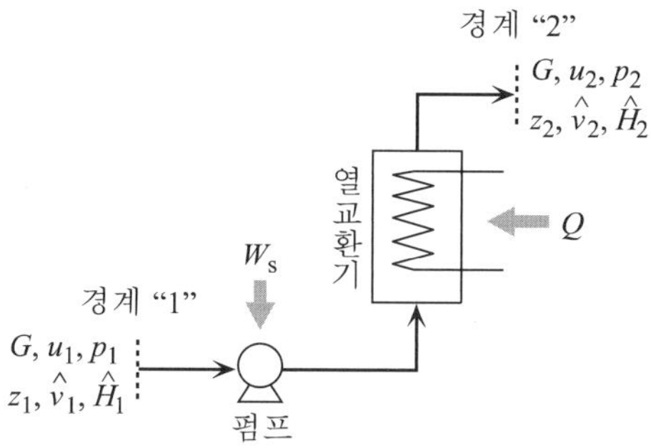

그림 9.10 기계적 에너지 수지의 흐름도

유체가 경계 1에서 경계 2까지 흐르는 동안에 유체가 가지는 에너지 일부는 유체 내부의 속도구배에 기인하는 점성마찰에 의해 열로서 사라진다. 내부에너지가 상태량인 것에 주의하면, 유체 내부에너지의 변화 ΔU는 단위질량의 유체를 피스톤 용기에 충진한 닫힌계를 이용해 다음과 같이 구할 수 있다. 단위질량의 유체가 압력 p_1, 체적 v_1의 상태에서 압력 p_2, 체적 v_2의 상태로 변화할 때의 내부에너지의 변화 $\Delta \widehat{U} = \widehat{U_2} - \widehat{U_1}$은 같은 유체가 그림 9.10의 경계 1에서 경계 2까지 흐르는 동안의 내부에너지 변화와 같다. 유체단위질량당 마찰에 의한 에너지 손실량을 $\widehat{F}$로 하고, 이것을 계에 가하는 열량에 포함해서 생각하면, 닫힌계의 열역학 제1법칙으로부터 다음 식이 성립한다.

$$\Delta \widehat{U} = \widehat{U}_2 - \widehat{U}_1 = (\widehat{Q} + \widehat{F}) - \int_{v_1}^{v_2} p\,\mathrm{d}v \tag{9.44}$$

식 (9.44)에 $\widehat{H} = \widehat{U} + pv$ 의 관계를 이용해 식 (9.43)에 대입하면

$$\frac{u_1^2}{2} + gz_1 + p_1 v_1 + \widehat{W}_s + \int_{v_1}^{v_2} p\,\mathrm{d}v = \frac{u_2^2}{2} + gz_2 + p_2 v_2 + \widehat{F} \tag{9.45}$$

이 된다. 더욱이 $p\mathrm{d}v = \mathrm{d}(pv) - v\mathrm{d}p$ 의 관계를 이용하면 최종적으로 다음 식이 된다.

$$\frac{u_1^2}{2} + gz_1 + \widehat{W}_s = \frac{u_2^2}{2} + gz_2 + \int_{p_1}^{p_2} v\,\mathrm{d}p + \widehat{F} \tag{9.46}$$

식 (9.46)을 기계적 에너지 식 또는 베르누이(Bernoulli)의 식의 일반형이라고 한다.

비용적 v가 일정한 비압축성 유체에서는, $v = 1/\rho$의 관계에서 식 (9.46)은

$$\frac{u_1^2}{2}+gz_1+\frac{p_1}{\rho}+\widehat{W}_s=\frac{u_2^2}{2}+gz_2+\frac{p_2}{\rho}+\widehat{F} \tag{9.47}$$

이 된다. 압력 변화 $-\Delta p=p_1-p_2$는 일반적으로는 에너지 손실 $\widehat{F}$와 다르다. 단, 수평원관 흐름에서는 $\widehat{F}=(p_1-p_2)/\rho=-\Delta p/\rho>0$이 된다. 이 책에서는 변화 후 상태에서 변화 전 상태 차를 나타낼 때의 기호 Δ를 사용하고 있는데, $\Delta p=p_1-p_2$로 정의하고 그것을 압력 손실을 부르는 경우도 있기 때문에 주의할 필요가 있다. 식 (9.47)을 중력가속도 g로 나누면 $\widehat{\mathrm{W}}/g$, $\widehat{F}/g$의 단위는 높이 [m]가 된다. 이 높이를 두(頭, head)라고 하며, $u^2/2g$를 속도두, $p/\rho g$를 압력두, z를 위치두, $\widehat{F}/g$를 손실두라고 한다.

점성마찰이 없고 또한 펌프 등의 기계적 일도 없는 흐름에서는 식 (9.47)은 다음의 베르누이의 식이 된다.

$$u_1{}^2/2+gz_1+p_1/\rho=u_2{}^2/2+gz_2+p_2/\rho \tag{9.48}$$

정지 액체 내 액표면의 압력을 p_1, 표면으로부터의 깊이 h의 위치의 압력을 p_2로 하면, 위 식에서 정수압의 관계를 구할 수 있다.

$$p_2=p_1+\rho g(z_1-z_2)=p_1+\rho hg \tag{9.49}$$

지금까지의 식의 도출에는 유로단면 내 유체속도 분포는 균일하다고 가정했다. 난류에서는 이 가정이 근사적으로 성립하고, 단면평균속도 $\overline{u}$를 위 식의 u로서 이용할 수 있다. 그렇지만 포물선 속도분포를 가지는 원관층류에서는 단면 평균한 유체단위질량당 운동에너지는 $u^2/2$가 아니라 $\overline{u}^2$이 된다.

9.4.2 배관 내 흐름의 에너지 손실

유체수송을 하는 배관은 직원관 외에 확대관, 축소관, 곡관, 엘보, T자관 등의 이음매 부품으로 구성되고, 또한 배관 중간에 밸브와 유량계를 설치해 유량의 조절과 측정을 한다. 주된 배관부품이 그림 9.11과 같다. 배관 부품 내 흐름의 에너지 손실의 평가에는 다음 식으로 정의되는 마찰손실계수 K가 이용된다.

$$\widehat{F}=Ku^2/2 \tag{9.50}$$

비압축성유체인 경우의 K의 평가법을 다음에 설명하겠다.

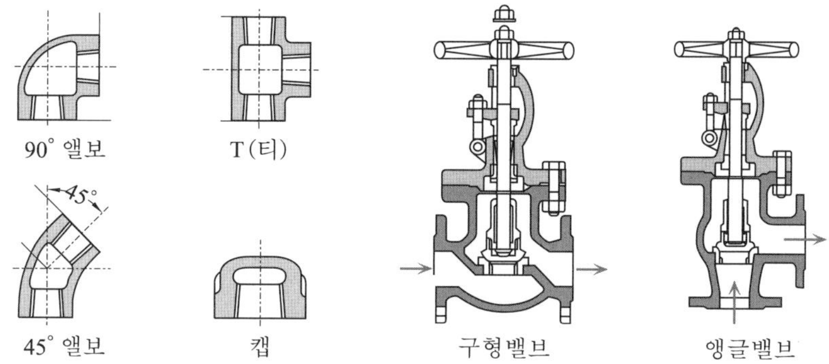

| 그림 9.11 | 배관부품

a. 직원관의 에너지 손실 길이 L의 수평직원관에서는 $\overline{u_1} = \overline{u_2}$, $z_1 = z_2$에 의해 식 (9.47)은

$$\widehat{F} = (p_1 - p_2)/\rho \tag{9.51}$$

이 된다. 위 식에 패닝의 식 (9.28)을 적용하면 다음 식이 된다.

$$\widehat{F}_{\mathrm{f}} = 4f(L/d)(\overline{u}^2/2) \tag{9.52}$$

따라서 식 (9.50)으로 정의되는 마찰손실계수 K_{f}는 다음 식과 같다.

$$K_{\mathrm{f}} = 4f(L/d) \tag{9.53}$$

b. 배관 부속품의 에너지 손실 엘보나 T자관 등의 이음매류나 유량조절밸브 등의 부품이 직경 d의 관에 접속되어 있을 때 배관부품의 에너지 손실은 손실계수 K_{a} 또는 상당길이 L_{e}를 이용해 다음 식으로 평가된다.

$$F_{\mathrm{a}} = K_{\mathrm{a}}\overline{u}^2/2 = 4f(L_{\mathrm{e}}/d)(\overline{u}^2/2) \tag{9.54}$$

여기서, f는 관경 d의 직관에 대한 마찰계수이며, 또한 L_{e}는 에너지 손실이 동일해지는 관경 d의 직관의 길이이다. 각종 배관 부속품(accessary)의 L_{e}의 값이 표 9.1과 같다.

c. 확대관·축소관의 에너지 손실 단면적이 급격히 확대(expansion)된 유로[그림 9.12(a)]의 에너지 손실은

$$\widehat{F}_{\mathrm{e}} = K_{\mathrm{e}}(\overline{u_1}^2/2), \; K_{\mathrm{e}} = (1 - A_1/A_2)^2 \tag{9.55}$$

▎표 9.1▎ 배관 부속품의 상당길이

배관부품	L_e/d	배관부품	L_e/d	배관부품	L_e/d
45° 엘보	15	90° 밴드		슬루스 밸브	
90° 엘보		곡률/직경=3	24	전개	0.7
표준곡률	32	곡률/직경=4	10	1/4폐	10~40
중간곡률	26	180° 밴드	75	1/2폐	100~200
장경	20	십자 이음매	50	3/4폐	800
각경	75	T자 이음매	40~80	글로브 밸브(전개)	300

* "화학공학편람", 개정 6판, 화학공학회평, p.288, 마루젠(1999)에 의한다.

▎표 9.2▎ K_c와 단면적 축소비 A_2/A_1의 관계

A_2/A_1	0.1	0.2	0.3	0.4	0.5	0.6	0.7	0.8	0.9
K_c	0.41	0.38	0.34	0.29	0.24	0.18	0.14	0.089	0.036

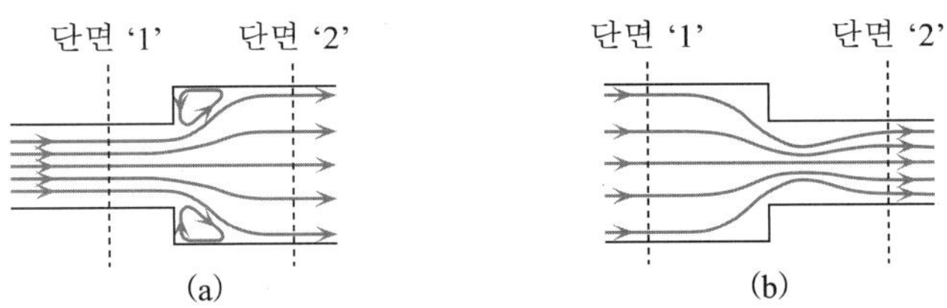

▎그림 9.12▎ 확대관(a)과 축소관(b)

또한 급격히 축소(contraction)된 유로[그림 9.12(b)]의 에너지 손실은

$$\widehat{F}_c = K_c\overline{u_2}^2/2 \tag{9.56}$$

으로 나타난다.

K_c는 표 9.2와 같이 축소관 전후의 단면적의 비 A_2/A_1에 의해 변한다. 첨자 '1', '2'는 각각 단면 '1', '2'에서의 값을 나타낸다.

9.4.3 유체 수송기와 소요 동력

유체 수송기는 크게 ① 터보방식(원심식, 축류식), ② 용적방식(왕복식, 회전식)으로 구분된다. 액체의 대표적인 수송기는 원심식 펌프이다. 회전하는 날개바퀴의 원심력에 의해 연속적으로 유체를 빨아들이고 토출한다. 용적방식 펌프에는 피스톤을 왕복운동시켜서 유체를 수송하는 플런저 펌프나, 회전방식의 기어 펌프나 나사 펌프가 있다. 기체 수송에는 압축기, 송풍기가 이용되고, 수송기 내의 압력상승이 1기압 이상인 것을 압축기, 0.1부터 1기압인 것을 블로워, 0.1기압 이하의 것을 팬이라고 한다. 그림 9.13에 원심펌프(액체용)와 루츠 블로워(기체용)를 나타났다.

액체수송기의 동력은 식 (9.46), 식 (9.47)로 계산한다. 액체에서는 밀도가 일정하므로 식 (9.47)을 이용할 수 있고 각종 배관의 에너지 손실의 총계를 $\sum\widehat{F}$로 하면, 단위질량당 펌프의 소요 동력 $\widehat{\mathrm{W}}_{\mathrm{s}}$는 다음 식과 같다.

$$\widehat{\mathrm{W}}_{\mathrm{s}} = (u_2^2 - {u_2}^2)/2 + (p_2 - p_1)/\rho + (z_2 - z_1)g + \sum\widehat{F} \tag{9.57}$$

질량 유량을 G, 펌프의 효율을 η로 하면, 소요 동력 W는 다음 식으로 구할 수 있다.

$$W = G\widehat{W}_{\mathrm{s}}/\eta \tag{9.58}$$

또한 식 (9.57)을 동력가속도 g로 나누어 $H = \widehat{W}_{\mathrm{s}}/g$로 하면, 다음 식을 얻을 수 있다.

$$H = ({u_2}^2 - {u_1}^2)/2g + (p_2 - p_1)/\rho g + (z_2 - z_1) + \sum\widehat{F}/g \tag{9.59}$$

우변의 각항은 각각 속도두, 압력두, 위치두, 손실두를 나타낸다. H는 유체수송에 필요한 동력을 높이로 환산한 것이며, 펌프의 전양정이라고 한다. 펌프의 성능은 양정, 유량, 동력을 이용해 나타낼 수 있다.

(a) 원심펌프(터보방식 액체용) (b) 루츠블로워(용적방칙, 기체용)

| 그림 9.13 | 유체 수송기

예제 9.2

오른쪽 그림과 같은 배관을 이용해 지하의 저수조에서 옥상 탱크로 물을 매시 5.4 m^3의 유량으로 퍼 올리려 한다. 흡입 측 배관에는 관경 52.9 mm, 길이 4 m의 관, 엘보 1개, 토출 측 배관에는 관경 41.6 mm, 길이 40 m의 관, 엘보 3개, 유량조절밸브가 1개 이용되고 있다. 또한 저수조 수면에서 토출측 배관출구까지의 고저차는 30 m이다. 펌프의 소요 동력을 구하라. 단, 펌프 효율은 65%, 물의 밀도는 998.2 kg m^{-3}, 점도는 1.00 m Pa · s이다.

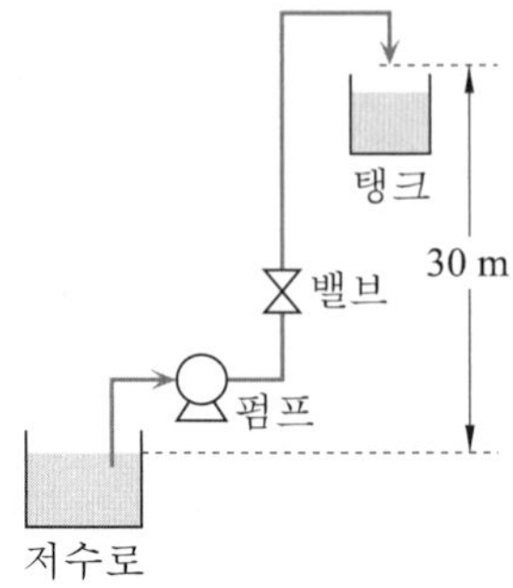

해답

유량 $Q_V = 5.4 / 3600 = 1.5 \times 10^{-3}\ m^3s^{-1}$

단면평균유속 Re수, 마찰계수 f (블라지우스의 식)는 다음과 같다.

흡입관(52.9 mm) $u_1 = 0.682\ m\ s^{-1}$, $Re = 3.60 \times 10^4$ $f = 5.74 \times 10^{-3}$

토출관(41.6 mm) $u_2 = 1.10\ ms^{-1}$, $Re = 4.57 \times 10^4$, $f = 5.41 \times 10^{-3}$

흡입관의 에너지 손실은 다음과 같다.

흡입구 : 급축소의 손실. 표 9.2의 값을 $A_2/A_1 = 0$에 외삽하면 $K_c = 0.44$

상당길이 : 관 $L/d = 75.6$, 엘보 $L_e/d = 32$

에너지 손실 : $\hat{F} = [K_c + 4f\sum(L/d)](\bar{u}^2/2) = 0.68\ J\ kg^{-1}$

토출관의 에너지 손실은 다음과 같다.

상당길이 : 관 $L/d = 961.5$, 엘보 3개 $L_e/d = (3)(32) = 96$

유량조절밸브(1/2폐) $L_e/d = 200$

에너지 손실 : $\hat{F} = 4f\sum(L/d)(\bar{u}^2/2) = 16.5\ J\ kg^{-1}$

전체 에너지 손실 : $\hat{F} = 17.2\ J\ kg^{-1}$

펌프의 소요 동력은 다음과 같다.

식 (9.57)에 의해 $\widehat{W}_s = [(1.10)^2 - (0.682)^2] / 2 + (30)(9.81) + 17.25 = 312\ J\ kg^{-1}$

소요 동력 $W = G\widehat{W}_s/\eta = (998.2)(1.5 \times 10^{-3})(312) / (0.65) = 719\ W = 0.72\ kW$

9.5 유체의 혼합

화학장치의 흐름의 모델로서 압출 흐름과 완전혼합 흐름이 있는데, 실제 흐름은 이러한 이상적 흐름이 아니다. 이상흐름에 가까운 흐름을 얻기 위해서 장치 설계나 조작에서 여러 가지 연구가 이루어지고 있다.

9.5.1 유통계 혼합 장치

유통계장치의 기본구조는 원 관이다. 공관에서는 유속은 관중심부에서 빠르고, 관 벽에서 늦기 때문에 체류시간이 반경위치에 따라 다르다. 그 결과, 공관의 반응 장치에서는 출구단면 내 위치에 의해 반응률이 다르다. 고체입자를 충진하면 흐름은 전체적으로는 균일한 속도 분포를 가지게 되지만 국소적인 입자 주변의 흐름은 균일하지 않고 유체 내부의 혼합은 분자 확산이나 흐름의 불균일에 의해 확산에 지배된다.

유로 내 유체의 혼합을 촉진시키는 장치로서 정지형 혼합기가 있다. 그 기본적인 구조가 그림 9.14와 같다. 이 종의 혼합기는 유체의 분할과 위치 변경이 규칙적으로 이루어진다. 그림 9.14(a)와 같은 판을 180° 뒤튼 엘리먼트에서는 엘리먼트 1개를 통과시키는 사이에 유체는 90° 회전해서 다음 엘리먼트에 유입하고 유체는 2분할된다. 2분할된 유체는 다음 엘리먼트에서 4분할되어 층상으로 겹쳐진다. 이 유체의 분할과 겹침이 반복되어 n개의 엘리멘트를 통과한 후에 유체는 2^n개로 층상으로 분할된다. 그 결과, 점도가 높고 확산계수가 작은 유체도 분할된 유체층의 두께는 $1/2^n$이 되므로, 확산거리가 짧아지고 단시간에 혼합이 완료된다. 그림 9.14(b)의 엘리멘트는 4개의 유로의 입구와 출구의 상대위치를 바꾸어 계통적으로 4분할이 진행되는 구조를 가진다. 그 외에도 여러 가지 구조의 정지형 혼합기가 실용화되어 있다.

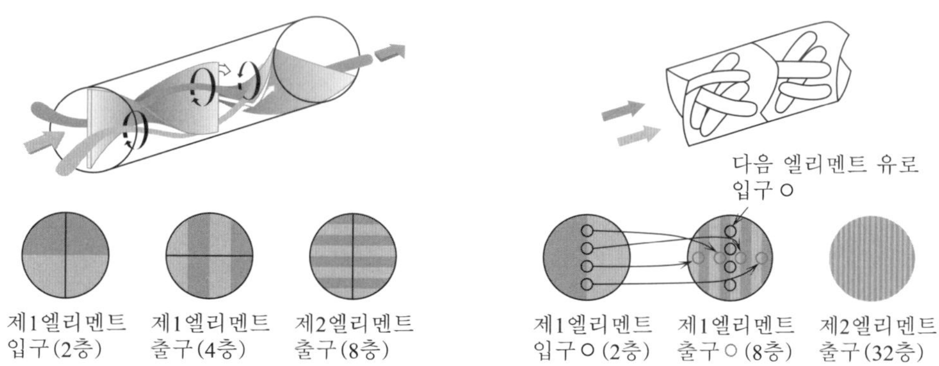

(a) 180° 비틀림판 엘리멘트를 이용한 분할, 회전, 결합방식 (1엘리멘트 당 분할 수는 23배)

(b) 입구와 출구의 상대위치의 변환에 의한 분할, 재결합방식 (4유로계, 1엘리멘트 당 분할 수는 4배)

| 그림 9.14 | 대표적인 정지형 혼합기

9.5.2 교반조

교반조(교반탱크)는 대표적인 회분계 혼합 장치이며 혼합, 분산, 물질 이동, 반응, 가열, 냉각 등 여러 가지 용도에 이용된다. 교반조는 원통조, 교반날개, 모터로 구성되어 있고, 선회류를 상하류로 변환하여 양호한 혼합을 촉진시키기 위해 조 벽에는 방해판이 설치되어 있다. 또한 가열, 냉각같은 전열 조작은 그림 9.15와 같이 교반조 벽에 붙은 재킷이나 조 내에 삽입한 전열 코일을 이용해 이루어진다.

표준적인 교반날개가 그림 9.16과 같다. 저점도액에서는 소형 날개를 비교적 고속으로 회전시키고, 고점도액에서는 대형 날개를 저속으로 회전시켜 교반한다. 저점도, 고점도의 경계는 점도 값이 수 Pa·s부터 10 Pa·s 부근이다.

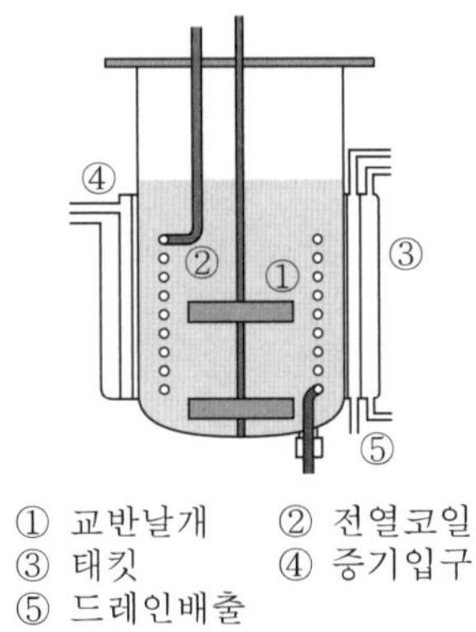

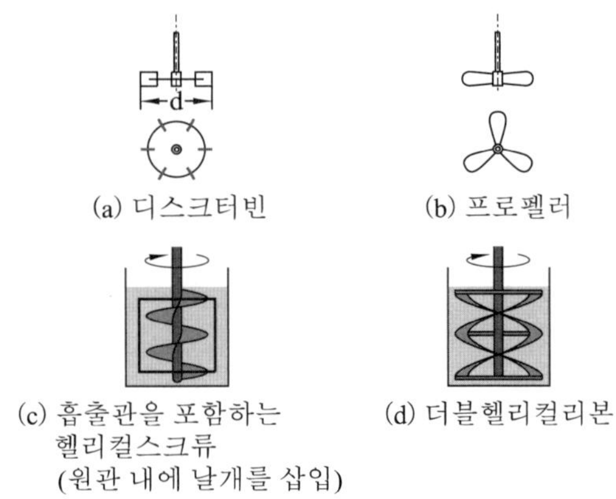

▎그림 9.15 ▎ 교반조의 표준적인 구성

▎그림 9.16 ▎ 교반날개 [저점도 교반날개 (a), (b), 고점도 교반날개(c), (d)]

교반조작에서는 어느 정도의 동력을 액에 부여하여 교반하는지가 중요하다. 회전하는 날개에 작용하는 토크를 T로 하면, 동력 P는 다음 식으로 주어진다.

$$P = 2\pi n T \tag{9.60}$$

동력의 추산에는 다음 식의 무차원의 동력수 N_p가 이용된다.

$$N_\mathrm{p} = \frac{P}{\rho n^3 d^5} \tag{9.61}$$

n은 날개 회전수, d는 날개경이다. 여러 가지 날개의 동력수가 교반 레이놀즈 수

$$Re = \frac{\rho n d^2}{\mu} \tag{9.62}$$

와 장치의 기하형상을 나타내는 파라미터를 이용해 상관되어 있다. 이 예가 그림 9.17과 같다.

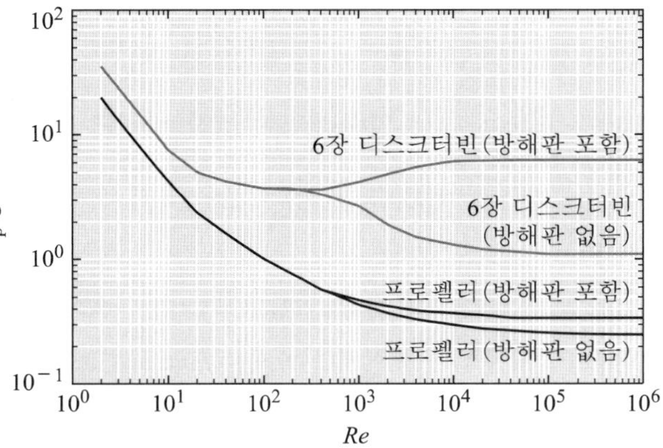

방해판 포함 : $m = 0$
방해판 없음 : $m = (2.1 - \log Re) / 8.0$ (프로펠러 $d/D = 0.33$)
$m = (1.0 - \log Re) / 40$ (터빈 $d/D = 0.308 \sim 0.33$)
d = 날개경, D = 조경, g = 중력가속도, n = 날개회전수

▌그림 9.17▐ 동력수 $N_{\rm P}$와 교반레이놀즈수 Re의 관계
["화학공학편람", 개정 6판, 화학공학편람, p.431, 마루젠(1999)에 의한다]

소형조에서 얻어진 실험결과를 바탕으로 대형조를 설계하는 것을 스케일 업이라고 한다. 스케일업의 지침으로써 조형상의 기하학적 상이성 외에 액단위체적당 동력 $P_{\rm V} = P/V$가 일정한 조건이 잘 이용된다. 교반 에너지는 최종적으로는 액체의 점성운동에 의해 열에 사라지므로 $P_{\rm V}$가 일정한 조건은 단위체적당 점성 소멸 에너지를 동일하게 하는 것과 같다. 소형조에 첨자 1을, 대형조에 첨자 2를 이용하면 기하학적 상이조건에 의해 체적에 대해서는 $V_2/V_1 = (d_2/d_1)^3$의 관계가 성립한다. 또한 $P_{\rm V} = N_P \rho n^3 d^5 / V \propto N_P n^3 d^2$이므로 $P_{\rm V}$ 일정 조건은 다음 식으로 나타낼 수 있다.

$$N_{P1} {n_1}^3 {d_1}^2 = N_{P2} {n_2}^3 {d_2}^2 \tag{9.63}$$

방해판이 있는 교반조의 경우, Re수가 큰 영역에서는 그림 9.17과 같이 $N_{\rm p}$는 일정값이 된다. 이 경우에는 식 (9.63)에서 대형조의 날개 회전수 n_2는 다음 식으로 주어진다.

$$n_2 = \left(\frac{d_1}{d_2}\right)^{\frac{2}{3}} n_1 \tag{9.64}$$

교반조 내의 액적 분산은 날개 부근의 전단속도가 큰 영역에서 발생한다. 그때 소형조에서 얻어진 액적직경과 동일한 액적직경을 대형조에서 얻기 위한 조건으로서 날개 선단속도가 일정하다는 것을 스케일업 조건으로서 고르면 $n_1 d_1 = n_2 d_2$의 관계가 된다.

대형조의 형상이 소형조와 완전히 기하학적으로 상이하게 되는 경우는 드물기 때문에 위에 설명한 스케일업 법칙을 적용하면서 일반적으로 조작조건을 적당한 범위에서 조절하여 최적교반 조건을 결정한다.

예제 9.3

날개직경 10 cm의 6장 디스크 터빈 날개를 설치한 방해판 포함 소형교반조에 밀도 1030 kg m^{-3}, 점도 0.0013 Pas의 액을 10 L 넣어 실험하자 최적의 날개회전수는 200 rpm이었다. P_V가 일정한 조건에서 10 m^{3}의 액을 교반할 때, 기하학적으로 상이한 대형교반조의 날개 회전수, 교반 레이놀즈수, 교반 소요 동력을 구하라. 또한 rpm은 1분간 당 회전수이다.

해답

소형날개 : 날개직경 $d_1 = 0.10$ m, 회전수, $n_1 = 200$ rpm $= 3.33$ s^{-1}

교반 Re 수 : $Re = (1030)(3.33)(0.1)^2 / 0.0013 = 2.64 \times 10^4$

동력수(그림 9.17) $N_{P1} = 6.1$

스케일 업 비율 $d_2/d_1 = (V_2/V_1)^{1/3} = 10$

대형 날개 : 날개직경 $d_2 = 1.0$ m, $N_{P2} = 6.1$로서 식 (9.64)로 회전수를 구하면

회전수 : $n_2 = (d_1/d_2)^{2/3} = 0.717$ s^{-1} $= 43$ rpm

교반 Re 수 : $Re = 5.68 \times 10^5$

그림 9.17에서 $N_{P2} = 6.1$을 확인

교반소요 동력[식 (9.61)]

$P = (6.1)(1030)(0.717)^3 (1.0)^5 = 2.32 \times 10^3$ W $= 2.3$ kW

문 제

9.1 회전점도계를 이용해 비뉴턴유체의 점도를 측정하여 다음의 수치를 얻었다.

γ/S^{-1}	12	24	36	48
τ/Pa	7.4	12.4	16.0	20.2

수치를 지수법칙 유체 모델로 근사했을 때의 유동 곡선을 나타내는 식을 구하라. 이 유체는 의소성 유체, 딜러턴트 유체 중 어느 것인가? 또한 r = 10, 25, 50 s^{-1}에서의 겉보기 점도를 구하라.

9.2 내경 1 mm의 수평 모세관에 밀도 0.780 × 10^3 kg m^{-3}, 점도 0.65 m Pas의 유기액체를 매분 30 mL의 유량으로 흘려보낸다. 관 길이 1 m당 압력손실을 구하라.

9.3 직경 130.8 mm, 길이 50 m의 직원관을 통해 질소를 수송한다. 관입구, 출구의 압력차가 10 cm 수주(水柱)일 때의 질량 유량을 구하라. 또한 관 내 온도는 27℃, 압력은 2기압, 질소의 점도는 17.9 μ Pas이며, 난류의 마찰계수에 대해서는 블라지우스의 식이 적용 가능하다.

9.4 단면 0.3 m × 0.1 m, 길이 10 m의 덕트를 30℃, 대기압의 공기가 유속 3 ms^{-1}로 흐를 때의 압력손실을 mm수주로 구하라. 단, 공기의 밀도는 1.165 kg m^{-3}, 점도는 18.6 μ Pas로 한다.

9.5 직경 0.35 mm의 구형 흡착제 입자를 공극률 0.55로 충진한 높이 1 m의 흡착탑이 있다. 처리액을 공탑속도 0.25 mm s^{-1}로 흘려보낼 때의 압력손실을 구하라. 단, 액의 밀도는 1.01 × 10^3 kg m^{-3}, 점도는 1.0 m Pas이다.

9.6 탱크에 저장된 비중 0.90, 점도 65 m Pas의 기름을 질량 유량 180 kg min^{-1}로 수송한다. 배관직경은 80.7 mm, 부속품도 포함한 관의 상당 길이는 500 m이며, 배관 출구는 탱크의 액면보다 15 m 높은 위치에 있다. 펌프의 소요 동력을 구하라. 단, 펌프 효율은 60%, 탱크 내 압력과 배관출구의 압력은 같다.

9.7 날개 직경 15 cm의 디스크터빈 날개를 이용해 액액분산계 교반조작을 하자, 420 rpm에서 최적조건이 되었다. 날개 선단 속도＝일정한 이 조건에서 스케일 업 할 때, 날개직경 90 cm의 날개의 회전수를 구하라. 단, 이 조작을 소형 날개, 대형날개 모두 동일한 동력수의 조건으로 할 때, 대형조의 교반동력은 소형날개의 몇 배가 되는가?

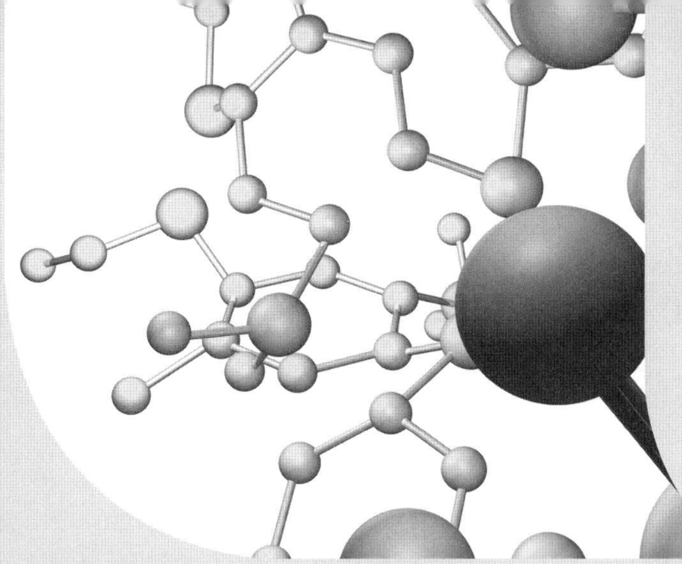

제 10 장

화학공정의 수지 해석

제 10 장 화학공정의 수지 해석

10.1 물질수지

제1장에서는 물질수지 해석의 기본적인 내용을 설명하고 기초식을 도출했다. 또한 제4장 이후의 장에서는 물질수지식을 반응속도, 물질 이동 속도, 평형관계를 나타내는 식과 조합하여 장치 설계, 조작방정식을 구성할 수 있다는 것을 설명했다. 화학공정 전체의 생산성이나 경제성을 평가하기 위해서는 원료로부터 최종제품에 이르기까지의 공정 전체의 물질수지 해석이 필요해진다.

10.1.1 유닛의 수지관계

물질수지 해석에는 공정을 흐르는 물질의 유량이나 조성이 변화하는 부분에만 주목하여, 화학공정이 합류부, 분류부, 분리기, 교환기, 반응기 유닛의 조합으로 구성되는 것을 1.4.2절에서 설명했다.

물질수지 관점에서 그림 1.1의 메탄올 합성 공정의 흐름도를 그리면 그림 10.1과 같다. 공정은 새 원료인 합성가스와 재순환된 미반응원료의 합류부, 메탄올을 합성하는 반응기, 반응기에서 나온 혼합가스를 액상 생성물과 기상 미반응물로 나누는 분리기 1(기액분리기), 미반응가스를 재순환가스와 퍼지가스로 나누는 분류부, 분리기 1에서 얻은 메탄올로부터 정제 메탄올을 얻는 분리기 2(증류탑)로 구성되어 있다.

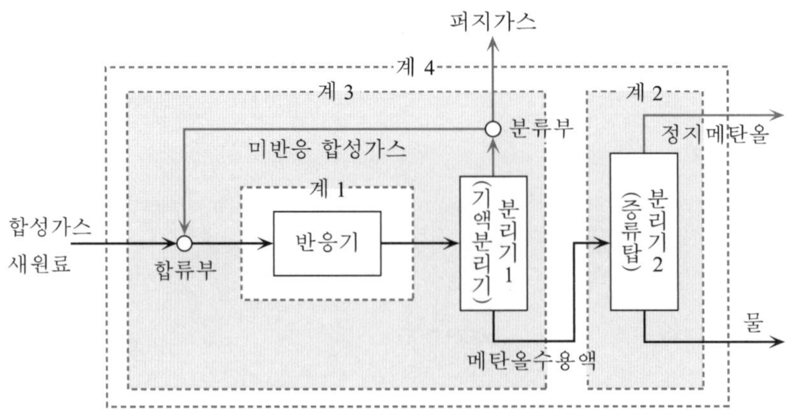

▌그림 10.1▐ 물질수지 해석을 위한 메탄올 합성, 분리 공정의 흐름도

물질수지 해석에서는 계를 설정할 필요가 있는데 계에 따라 유입되는 흐름과 유출하는 흐름의 조합이 다르다. 반응기의 물질수지에는 계 1의 유입 흐름과 유출 흐름에 주목하고, 분리기 2(증류탑)의 물질수지에는 계 2의 유입 흐름과 유출 흐름에 주목한다. 만약 분리기 1(기액분리기), 재순환가스의 루프도 포함한 계 3을 설정하면, 물질수지의 대상이 되는 흐름은 계에 유입되는 새로운 원료의 합성가스 및 계에서 유출되는 원 메탄올 수용액과 퍼지가스이다. 계 3의 물질수지에서는 재순환가스의 유량이나 조성을 구할 필요가 없다. 더욱이 계 4(메탄올 합성과 분리 정제 전체 공정)에서는 유입되는 새 원료의 합성가스와 유출되는 정제 메탄올, 물과 퍼지가스가 물질수지의 대상이 된다.

10.1.2 전량 수지와 성분 수지

반응공정은 원료혼합물을 구성하는 화학종의 원소의 재조합이 이루어지며, 제품으로의 물질변환이 발생한다. 분리 공정은 물질의 변환이 없고, 원료와 제품 사이에 성분농도가 변환된다. 원료와 제품 사이에서 이러한 변화가 발생할 때의 물질의 양적 관계는 질량보존의 법칙에 의해 다음과 같이 나타난다.

- 혼합물 전체의 수지(전량 수지) : 변화 전후에서 보존되는 것은 질량이다. 물질(몰)은 반응이 없는 경우에는 보존되지만 반응이 있는 경우에는 반드시 보존되는 것은 아니다.
- 성분 수지 : 각각 성분의 질량, 물질은 반응이 없는 경우에는 보존되지만 반응이 있는 경우에는 보존되지 않는다. 단, 반응에 불활성한 성분은 보존된다.
- 원소 수지 : 화합물을 구성하는 원소량에 주목하면 반응의 유무에 상관없이 그 질량, 물질은 모두 보존된다.

위에 설명한 보존법칙이 물질수지 해석의 기본이 된다.

10.1.3 반응을 동반하지 않는 유닛의 물질수지

공정 유체는 일반적으로 다성분 혼합물이므로, 물질수지 해석에서는 다변수의 수지식을 계통적으로 다룰 필요가 있다. 반응을 동반하지 않는 유닛(그림 10.2)에 대해서 유입·유출되는 흐름의 전량 수지와 성분 수지의 관계를 다음에 정리하겠다.

a. **합류부** 혼합 유체의 성분 수를 N, 첫 번째 유입 흐름 중의 제i성분의 유량을 $X_{i,1}$, 제2의 그것을 $X_{i,2}$라 하면, 유출 흐름 중 제i성분의 유량 Y_i는 다음 식과 같아진다.

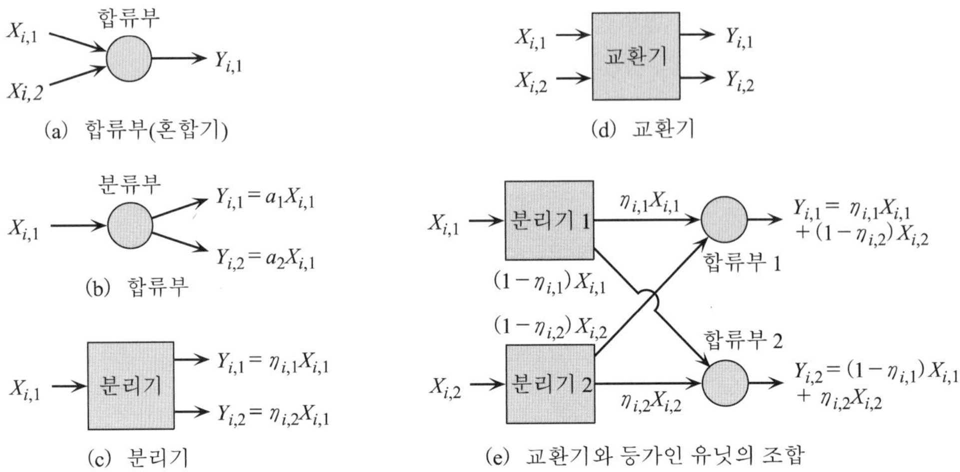

▮그림 10.2▮ 합류부, 분류부, 분리기, 교환기의 유입·유출 흐름의 관계

$$Y_{i,1} = X_{i,1} + X_{i,2} = \sum_{k=1}^{2} X_{i,k} \quad (i = 1, 2, \cdots, N) \tag{10.1}$$

여기서, 유량으로는 질량 유량 또는 물질 유량을 이용한다.

$X_k = X_{1,k} + X_{2,k} + \cdots + X_{N,k} = \sum_{i=1}^{N} X_{i,k}$, $Y_1 = \sum_{i=1}^{N} Y_{i,1}$로 하면, 전량 수지는 다음 식과 같아진다.

$$Y_1 = X_1 + X_2 = \sum_{k=1}^{2} X_k \tag{10.2}$$

위 식은 3개 이상의 흐름이 유입되는 합류부에 대해서도 용이하게 확장된다. 위 식에서 변수 X, Y의 아래첨자가 2개인 경우에는 첫 번째가 성분, 두 번째가 흐름, 한 개인 경우에는 흐름을 나타낸다. 혼합기의 물질수지식도 같다.

b. 분류부(分流部) 유입 유량을 X_1, 유출 유량을 Y_1, Y_2로 하고, 성분 i의 유입 유량을 $X_{i,1}$, 유출 유량을 $Y_{i,1}$, $Y_{u,2}$로 하면, 다음 식이 성립한다.

$$X_{i,1} = Y_{i,1} + Y_{i,2} \quad (i = 1 \sim 2) \tag{10.3}$$

$$X_1 = Y_1 + Y_2 \tag{10.4}$$

유출 유량의 비율을

$$\alpha_1 = Y_1 / X_1, \ \alpha_2 = Y_2 / X_1 \tag{10.5}$$

라 하면, 유입 유량과 유출 유량의 관계는 다음 식과 같다.

$$Y_{i,k} = \alpha_k X_{i,1} \quad (i = 1 \sim N, k = 1,2) \tag{10.6}$$

여기서,

$$\alpha_1 + \alpha_2 = 1 \tag{10.7}$$

이다. 분류부에서는 유입된 유량이 유량 분율에 따라 유출될 뿐이므로 조성변화는 없다. 위의 관계식은 용이하게 3개 이상의 분류기로 확장된다.

c. **분리기** 하나의 흐름이 유입하고, 농도가 다른 두 개의 흐름이 유출된다. 성분 i ($i = 1 \sim N$)의 유입 유량을 $X_{i,1}$, 유출 유량을 $Y_{i,1}$, $Y_{i,2}$라 하면

$$X_{i,1} = Y_{i,1} + Y_{i,2} \quad (i = 1 \sim N) \tag{10.8}$$

이 성립한다. 또한 전성분의 총합을 구하면 전량 수지식을 구할 수 있다.

$$X_1 = Y_1 + Y_2 \tag{10.9}$$

식 (10.9)는 유입 유량 $X_{i,1}$으로 유출 유량 $Y_{i,1}$, $Y_{i,2}$를 구하는 형태는 아니다. 그때, 첫 번째, 두 번째 유출 흐름의 성분 i에 대해 다음 식으로 정의되는 분리율 $\eta_{i,1}$, $\eta_{i,2}$를 도입하여 $X_{i,1}$, $Y_{i,1}$, $Y_{i,2}$의 관계가 다음과 같다.

$$\text{첫 번째 유출 흐름} \quad Y_{i,1} = \eta_{i,1} X_{i,1} \quad (i = 1, 2, \cdots, N) \tag{10.10}$$

$$\text{두 번째 유출 흐름} \quad Y_{i,2} = \eta_{i,2} X_{i,1} \quad (i = 1, 2, \cdots, N) \tag{10.11}$$

또한, $\eta_{i,1}$, $\eta_{i,2}$는 성분 수지에 의해 다음 관계를 만족한다.

$$\eta_{i,1} + \eta_{i,2} = 1 \quad (i = 1 \sim N) \tag{10.12}$$

d. **교환기** 두 개의 흐름이 유입하고, 교환기 내에서 계면을 통해 성분 이동이 일어난 후 유출한다. 유입 유량 X_1, X_2와 유출 유량 Y_1, Y_2 간의 성분 수지는 다음 식과 같다.

$$X_{i,1} + X_{i,2} = Y_{i,1} + Y_{i,2} \quad (i = 1 \sim N) \tag{10.13}$$

또한 전체 성분에 대해서 총합을 구하면

$$X_1 + X_2 = Y_1 + Y_2 \tag{10.14}$$

다음으로 X를 이용해 Y를 나타내기 위해 분리율 $\eta_{i,k}$를 도입한다. 지금 유입 흐름 1의 성분 i의 유량 $X_{i,1}$ 중에서 $\eta_{i,1}X_{i,1}$이 유출 흐름 Y_1에 분배되어 남은 $(1-\eta_{i,1})X_{i,1}$이 유출 흐름 Y_2에 분배된다고 한다. 마찬가지로 유입 흐름 2 중에서 $\eta_{i,2}X_{i,2}$가 유출 흐름 Y_2에 분배되어 $(1-\eta_{i,2})X_{i,2}$는 유출 흐름 Y_1에 분배된다고 하면 다음 식이 성립한다.

$$Y_{i,1} = \eta_{i,1}X_{i,1} + (1-\eta_{i,2})X_{i,2} \quad (i = 1, 2, \cdots, N) \tag{10.15}$$

$$Y_{i,2} = (1-\eta_{i,1})X_{i,1} + \eta_{i,2}X_{i,2} \quad (i = 1, 2, \cdots, N) \tag{10.16}$$

위 식은 교환기가 그림 10.2(e)와 같이 분리기와 합류부의 조합으로 구성되는 것을 나타내고 있다.

예제 10.1

농황산은 황산수용액에 SO_3을 흡수시켜 제조된다. 그림과 같은 농황산 제조공정에서는 SO_3의 흡수탑에서 나온 98 wt% 황산의 일부는 제품으로 나오게 되고, 나머지는 재순환되어 물과 혼합하여 96.5 wt% 황산이 된 후, 흡수탑에 공급된다. 흡수탑에서는 SO_3는 모두 흡수된다고 하고, 1일 10 t의 농환산을 제조하기 위해 필요한 물과 SO_3및 재순환되는 황산의 유량을 구하라.

해답

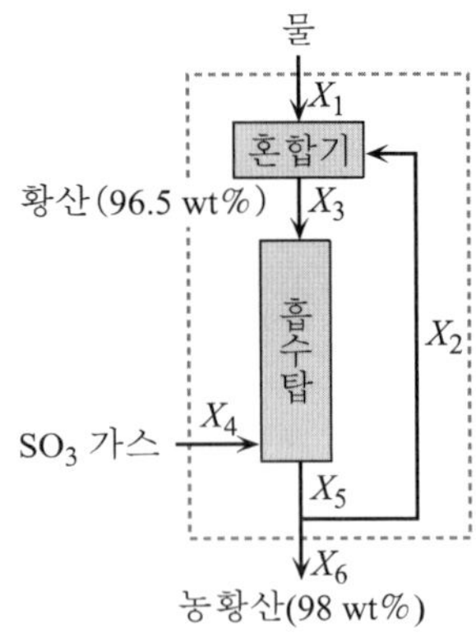

식량 및 원자량 H_2SO_4 = 98.1, S = 32.1, SO_3 = 80.1, H_2O = 18.0

그림의 각 유닛에 출입하는 질량 유량 $X_1 \sim X_6$을 나타낸다.

$$X_6 = 10 \text{ t/d} \text{ (이하 단위는 생략)}$$

계 전체(점선으로 둘러싼 계)의 SO_3(성분 1)의 질량수지

: $X_{1,1} + X_{1,4} = X_{1,6}$

$X_4 = X_{1,4} = (0.98)(80.1/98.1)X_6$에 의해 $X_4 = 8.00$

전량 수지에 의해 $X_1 = X_6 - X_4 = 2.00$

혼합기(합류부)의 물질수지 전체량 : $X_1 + X_2 = X_3$

H_2SO_4(성분 2) : $X_{2,1} + X_{2,2} = X_{2,3}$에 의해 $0.98X_2 = 0.965X_3$

$X_1 = 2.00$을 대입해서 풀면 $X_2 = 128.7$, $X_3 = 130.7$

이로부터 물 : X_1 = 2.00 t/d, SO_3가스 : X_4 = 8.00 t/d 재순환량 X_2 = 129 t/d

10.1.4 반응기의 물질수지

반응기의 유입 유량과 유출 유량의 관계에 대해서는 화학반응을 고려해야 하므로 물질수지의 정식화에는 주의할 필요가 있다. 여기에서는 메탄의 연소반응을 예로 들어 정식화 순서를 설명하겠다.

메탄과 공기(O_2, N_2)가 연소로에 공급되어 다음 식에 따라 반응한 후, 생성한 연소가스가 로를 나오는 경우를 생각해보자.

$$CH_4 + 2O_2 = CO_2 + 2H_2O \tag{A}$$

$$CH_4 + \frac{3}{2}O_2 = CO + 2H_2O \tag{B}$$

메탄의 일부가 미연소인 경우에는 유출가스의 조성은 $CH_4(i=1)$, $O_2(i=2)$, $N_2(i=3)$, $CO_2(i=4)$, $CO(i=5)$, $H_2O(i=6)$의 6성분이 된다. 그때 일반적인 수지관계를 나타내기 위해 유입가스도 6성분으로서 다룬다(그림 10.3).

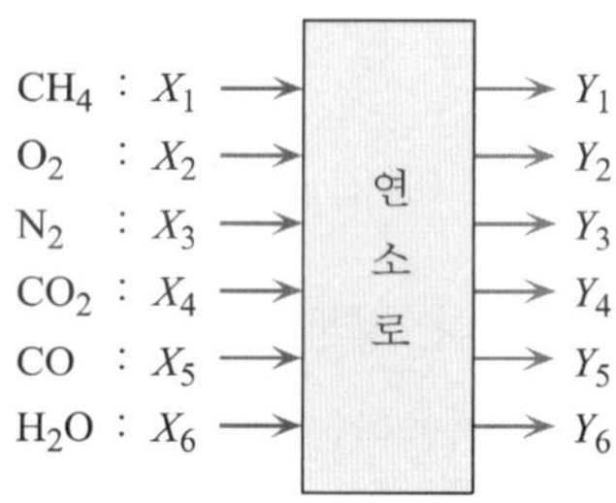

| 그림 10.3 | 메탄 연소 반응기의 물질수지

화학반응식의 반응물의 물질은 소비되므로 3.2절에서 설명했듯이 화학반응식 (A), (B)를 "반응물 + 생성계 = 0"의 형태로 나타낸다.

$$\text{제1반응}(j=1) \quad -CH_4 - 2O_2 + CO_2 + 2H_2O = 0 \tag{A'}$$

$$\text{제2반응}(j=2) \quad CH_4 - \frac{3}{2}O_2 + CO + 2H_2O = 0 \tag{B'}$$

각 성분의 식량(분자량) M을 $M_1(i=1,\ CH_4)$, $M_2(i=2,\ O_2)$, $M_3(i=3,\ N_2)$, $M_4(i=4,\ CO_2)$, $M_5(i=5,\ CO)$, $M_6(i=6,\ H_2O)$로 나타내면 질량보존의 법칙에 의해

$$\text{제1반응}(j=1) \quad -M_1 - 2M_2 + M_4 + 2M_6 = 0 \tag{A''}$$

$$\text{제2반응}(j=2) \qquad -M_1 - \frac{3}{2}M_2 + M_5 + 2M_6 = 0 \tag{B''}$$

가 성립한다. 반응물질인 메탄을 기준으로 해서 본 반응의 반응률을 나타내기 위해 메탄의 질량계수를 -1로 하면, 위의 반응식의 양론계수 ν_{ij}는 다음 식을 만족시킨다.

$$\begin{aligned} &\text{제1반응}(j=1) \quad \nu_{11}M_1 + \nu_{21}M_2 + \nu_{31}M_3 + \nu_{41}M_4 + \nu_{51}M_5 + \nu_{61}M_6 = 0 \\ &\qquad \nu_{11} = -1,\ \nu_{21} = -2,\ \nu_{31} = 0,\ \nu_{41} = 1,\ \nu_{51} = 0,\ \nu_{61} = 2 \end{aligned} \tag{10.17}$$

$$\begin{aligned} &\text{제2반응}(j=2) \quad \nu_{12}M_1 + \nu_{22}M_2 + \nu_{32}M_3 + \nu_{42}M_4 + \nu_{52}M_5 + \nu_{62}M_6 = 0 \\ &\qquad \nu_{12} = -1,\ \nu_{22} = -\frac{3}{2},\ \nu_{32} = 0,\ \nu_{42} = 0,\ \nu_{52} = 1,\ \nu_{62} = 2 \end{aligned} \tag{10.18}$$

또한 위의 양론계수 ν_{ij}의 아래첨자 ij는 화학종번호, 반응번호의 순이며 3.2절의 ν_{ji}와 반대인 것에 주의하기 바란다.

다음으로 정상상태에서의 각성분의 유량 수지를 정식화하겠다. 반응기에서는 유입 흐름, 유출 흐름은 모두 하나이므로 제i성분의 유입 유량을 X_i, 유출 유량을 Y_i로 나타내고, 정상상태의 물질수지식

$$(\text{유출 유량}) = (\text{유입 유량}) + (\text{순 생성속도}) \tag{1.6}$$

을 이용해서 X_i와 Y_i의 관계를 도출한다. 양론계수를 이용해 반응기의 물질수지를 해석하는 경우에는 질량 유량보다 물질 유량을 이용하는 편이 정식화가 쉬우므로 다음에서는 물질 유량의 수지를 다루겠다.

제1의 반응에 의한 메탄의 반응률을 f_1, 제2의 반응에 의한 반응률을 f_2라 하면 식 (1.6)으로 물질(몰) 유량의 수지는 다음과 같이 나타낼 수 있다.

$$\begin{aligned} &i=1(CH_4) && Y_1 = X_1 + \nu_{11}f_1X_1 + \nu_{12}f_2X_1 = X_1 - f_1X_1 - f_2X_1 \\ &i=2(O_2) && Y_2 = X_2 + \nu_{21}f_1X_1 + \nu_{22}f_2X_1 = X_2 - 2f_1X_1 - \frac{3}{2}f_2X_1 \\ &i=3(N_2) && Y_3 = X_3 \\ &i=4(CO_4) && Y_4 = X_4 + \nu_{41}f_1X_1 = X_4 + f_1X_1 \\ &i=5(CO) && Y_5 = X_5 + \nu_{52}f_2X_1 = X_5 + f_2X_1 \\ &i=6(H_2O) && Y_6 = X_6 + \nu_{61}f_1X_1 + \nu_{62}f_2X_1 = X_6 + 2f_1X_1 + 2f_2X_1 \end{aligned} \tag{10.19}$$

식 (10.19)의 관계를 행렬을 이용해 나타내면 다음 식이 된다.

$$\begin{bmatrix} Y_1 \\ Y_2 \\ Y_3 \\ Y_4 \\ Y_5 \\ Y_6 \end{bmatrix} = \begin{bmatrix} X_1 \\ X_2 \\ X_3 \\ X_4 \\ X_5 \\ X_6 \end{bmatrix} + \begin{bmatrix} \nu_{11} & \nu_{12} \\ \nu_{21} & \nu_{22} \\ \nu_{31} & \nu_{32} \\ \nu_{41} & \nu_{42} \\ \nu_{51} & \nu_{52} \\ \nu_{61} & \nu_{62} \end{bmatrix} \begin{bmatrix} f_1 \, X_1 \\ f_2 \, X_1 \end{bmatrix} = \begin{bmatrix} X_1 \\ X_2 \\ X_3 \\ X_4 \\ X_5 \\ X_6 \end{bmatrix} + \begin{bmatrix} -1 & -1 \\ -2 & -\frac{3}{2} \\ 0 & 0 \\ 1 & 0 \\ 0 & 1 \\ 2 & 2 \end{bmatrix} \begin{bmatrix} f_1 \, X_1 \\ f_2 \, X_1 \end{bmatrix} \tag{10.20}$$

위 식의 우변 제2항은 반응률의 기준성분 1(메탄)에 관한 행렬인데, 이것을 전성분의 유입 물질 유량 X_1과 관련시키기 위해 다음 행렬을 이용해 고쳐쓰면

$$\begin{bmatrix} Y_1 \\ Y_2 \\ Y_3 \\ Y_4 \\ Y_5 \\ Y_6 \end{bmatrix} = \begin{bmatrix} X_1 \\ X_2 \\ X_3 \\ X_4 \\ X_5 \\ X_6 \end{bmatrix} + \begin{bmatrix} \nu_{11} & \nu_{12} \\ \nu_{21} & \nu_{22} \\ \nu_{31} & \nu_{32} \\ \nu_{41} & \nu_{42} \\ \nu_{51} & \nu_{52} \\ \nu_{61} & \nu_{62} \end{bmatrix} \begin{bmatrix} f_1 & 0 & 0 & 0 & 0 & 0 \\ f_2 & 0 & 0 & 0 & 0 & 0 \end{bmatrix} \begin{bmatrix} X_1 \\ X_2 \\ X_3 \\ X_4 \\ X_5 \\ X_6 \end{bmatrix} \tag{10.21}$$

이 되며, 좌변의 유출 물질 유량 Y_i는 유입 물질 유량 X_i로 나타낸 것이 된다.

다음으로 위에서 설명한 반응기의 물질 수지식을 일반화하겠다. 반응기의 유입 흐름, 유출 흐름 중에 포함된 전체 성분의 수를 N, 그들 중 몇 개인가가 R개의 반응식을 따라 생성, 소비될 때 j번째의 반응식 중의 성분 i의 양론계수 ν_{ij}는 다음 식을 만족시킨다.

$$\sum_{i=1}^{N} \nu_{ij} M_i = 0 \;\; (j = 1 \sim R) \tag{10.22}$$

단, 반응물계를 마이너스, 생성계를 플러스, 반응률의 기준이 되는 원계의 성분의 양론계수를 -1로 한다. 또한 M_i는 성분 i의 식량이다. 이렇게 정의한 양론계수를 이용하면, 물질에 관한 유입 유량과 유출 유량의 관계는 다음과 같다.

$$Y_i = X_i + \sum_{j=1}^{R} \nu_{ij} f_i X_i \qquad (i = 1 \sim N) \tag{10.23}$$

여기서 f_j는 j번째의 반응식에 근거한 반응률, X_r은 각각의 반응률의 기준이 되는 성분(제3장에서는 키성분이라고 했다)이다. 위 식을 행렬로 나타내면 다음 식과 같아진다.

$$\begin{bmatrix} Y_1 \\ Y_2 \\ \vdots \\ Y_N \end{bmatrix} = \begin{bmatrix} X_1 \\ X_2 \\ \vdots \\ X_N \end{bmatrix} + \begin{bmatrix} \nu_{11} & \nu_{12} & \cdots & \nu_{1R} \\ \vdots & \vdots & \cdots & \vdots \\ \nu_{N1} & \nu_{N2} & \cdots & \nu_{NR} \end{bmatrix} \begin{bmatrix} 0 & \cdots & f_1 & 0 \\ \vdots & \vdots & \vdots & \vdots \\ 0 & f_R & 0 & 0 \end{bmatrix} \begin{bmatrix} X_1 \\ X_2 \\ \vdots \\ X_N \end{bmatrix} =$$

$$\left(\begin{bmatrix} 1 & 0 & \cdots & 0 \\ 0 & 1 & \cdots & 0 \\ \vdots & \vdots & \cdots & \vdots \\ 0 & 0 & \cdots & 1 \end{bmatrix} + \begin{bmatrix} \nu_{11} & \nu_{12} & \cdots & \nu_{1R} \\ \vdots & \vdots & \cdots & \vdots \\ \vdots & \vdots & \cdots & \vdots \\ \nu_{N1} & \nu_{N2} & \cdots & \nu_{NR} \end{bmatrix} \begin{bmatrix} 0 & \cdots & f_1 & 0 \\ \vdots & \vdots & \vdots & \vdots \\ 0 & f_R & 0 & 0 \end{bmatrix}\right) \begin{bmatrix} X_1 \\ X_2 \\ \vdots \\ X_N \end{bmatrix} \quad (10.24)$$

예제 10.2

메탄 88.9 mol%, 에탄 6.8 mol%, 프로판 4.3 mol%의 혼합가스를 공기(조성 $N_2 / O_2 = 79.1 / 20.9$)로 완전연소시켜 연소가스 분석을 하면 CO_2와 O_2의 몰비는 $CO_2 / O_2 = 0.863$이었다. 과잉 공기률과 습연소가스(수증기를 포함한 연소가스)의 조성을 구하라.

해답

CO의 생성은 없기 때문에 연소에 관계된 반응은 다음의 세 개이다.

$$\text{반응 } j = 1 \quad -CH_4 - 2O_2 + CO_2 + 2H_2O = 0$$
$$\text{반응 } j = 2 \quad -C_2H_6 - \frac{7}{2}O_2 + 2CO_2 + 3H_2O = 0$$
$$\text{반응 } j = 3 \quad -C_3H_8 - 5O_2 + 3CO_2 + 4H_2O = 0$$

성분 i를 $i = 1(CH_4)$, $i = 2(C_2H_6)$, $i = 3(C_3H_8)$, $i = 4(O_2)$, $i = 5(N_2)$, $i = 6(CO_2)$, $i = 7(H_2O)$로 정한다. 반응률의 기준물질을 반응 $j = 1$에서 $i = 1(CH_4)$, 반응 $j = 2$에서 $i = 2(C_2H_6)$, 반응 $j = 2$에서 $i = 3(C_3H_8)$으로 하면, 양론계수 행렬은 다음과 같아진다.

$$\begin{matrix} i=1 & (CH_4) \\ i=2 & (C_2H_6) \\ i=3 & (C_3H_8) \\ i=4 & (O_2) \\ i=5 & (N_2) \\ i=6 & (CO_2) \\ i=7 & (H_2O) \end{matrix} \begin{bmatrix} -1 & 0 & 0 \\ 0 & -1 & 0 \\ 0 & 0 & -1 \\ -2 & -\frac{7}{2} & -5 \\ 0 & 0 & 0 \\ 1 & 2 & 3 \\ 2 & 3 & 4 \end{bmatrix} \quad (1)$$

$$\begin{bmatrix} Y_1 \\ Y_2 \\ Y_3 \\ Y_4 \\ Y_5 \\ Y_6 \\ Y_7 \end{bmatrix} = \begin{bmatrix} X_1 \\ X_2 \\ X_3 \\ X_4 \\ X_5 \\ X_6 \\ X_7 \end{bmatrix} + \begin{bmatrix} -1 & 0 & 0 \\ 0 & -1 & 0 \\ 0 & 0 & -1 \\ -2 & -\frac{7}{2} & -5 \\ 0 & 0 & 0 \\ 1 & 2 & 3 \\ 2 & 3 & 4 \end{bmatrix} \begin{bmatrix} 1 & 0 & 0 & 0 & 0 & 0 & 0 \\ 0 & 1 & 0 & 0 & 0 & 0 & 0 \\ 0 & 0 & 1 & 0 & 0 & 0 & 0 \end{bmatrix} \begin{bmatrix} X_1 \\ X_2 \\ X_3 \\ X_4 \\ X_5 \\ X_6 \\ X_7 \end{bmatrix}$$

$$
= \begin{bmatrix} X_1 \\ X_2 \\ X_3 \\ X_4 \\ X_5 \\ X_6 \\ X_7 \end{bmatrix} + \begin{bmatrix} -1 & 0 & 0 & 0 & 0 & 0 & 0 \\ 0 & -1 & 0 & 0 & 0 & 0 & 0 \\ 0 & 0 & -1 & 0 & 0 & 0 & 0 \\ -2 & -\frac{7}{2} & -5 & 0 & 0 & 0 & 0 \\ 0 & 0 & 0 & 0 & 0 & 0 & 0 \\ 1 & 2 & 3 & 0 & 0 & 0 & 0 \\ 2 & 3 & 4 & 0 & 0 & 0 & 0 \end{bmatrix} \begin{bmatrix} X_1 \\ X_2 \\ X_3 \\ X_4 \\ X_5 \\ X_6 \\ X_7 \end{bmatrix}
$$

$$
= \left[\begin{bmatrix} 1 & 0 & 0 & 0 & 0 & 0 & 0 \\ 0 & 1 & 0 & 0 & 0 & 0 & 0 \\ 0 & 0 & 1 & 0 & 0 & 0 & 0 \\ 0 & 0 & 0 & 1 & 0 & 0 & 0 \\ 0 & 0 & 0 & 0 & 1 & 0 & 0 \\ 0 & 0 & 0 & 0 & 0 & 1 & 0 \\ 0 & 0 & 0 & 0 & 0 & 0 & 1 \end{bmatrix} + \begin{bmatrix} -1 & 0 & 0 & 0 & 0 & 0 & 0 \\ 0 & -1 & 0 & 0 & 0 & 0 & 0 \\ 0 & 0 & -1 & 0 & 0 & 0 & 0 \\ -2 & -\frac{7}{2} & -5 & 0 & 0 & 0 & 0 \\ 0 & 0 & 0 & 0 & 0 & 0 & 0 \\ 1 & 2 & 3 & 0 & 0 & 0 & 0 \\ 2 & 3 & 4 & 0 & 0 & 0 & 0 \end{bmatrix} \right] \begin{bmatrix} X_1 \\ X_2 \\ X_3 \\ X_4 \\ X_5 \\ X_6 \\ X_7 \end{bmatrix}
$$

$$
= \begin{bmatrix} 0 & 0 & 0 & 0 & 0 & 0 & 0 \\ 0 & 0 & 0 & 0 & 0 & 0 & 0 \\ 0 & 0 & 0 & 0 & 0 & 0 & 0 \\ -2 & -\frac{7}{2} & -5 & 1 & 0 & 0 & 0 \\ 0 & 0 & 0 & 0 & 1 & 0 & 0 \\ 1 & 2 & 3 & 0 & 0 & 1 & 0 \\ 2 & 3 & 4 & 0 & 0 & 0 & 1 \end{bmatrix} \begin{bmatrix} X_1 \\ X_2 \\ X_3 \\ X_4 \\ X_5 \\ X_6 \\ X_7 \end{bmatrix} \tag{2}
$$

완전연소반응의 반응률은 $f_1 = f_2 = f_3 = 1$이므로, 식 (10.24)를 이용해 반응기로의 유입 물질 유량과 유출 물질 유량의 관계를 나타내면 다음 식이 된다.

이 예제에서는 조성을 구하므로, 유량에는 임의의 수치를 이용할 수 있다. 그 때, 연소 반응기에 유입되는 혼합가스의 물질 유량을 100이라고 하면 혼합가스의 조성에서 $X_1 = 88.9$, $X_2 = 6.8$, $X_3 = 4.3$, $X_6 = X_7 = 0$이다.

식 (2)로 연소가스의 유량을 구하면

$$
i = 4(O_2) : Y_4 = -2X_1 - \frac{7}{2}X_2 - 5X_3 + X_4 = X_4 - 223.1 \tag{3}
$$

여기서 223.1은 혼합 가스 100 mol의 연소에 필요한 이론산소량 223.1 mol을 나타낸다.

공기의 조성은 N_2 / O_2 = 79.1/20.9로 하면

$$
i = 5(N_2) : \; Y_5 = X_5 = (79.1/20.9)X_4 = 3.785X_4 \tag{4}
$$

$$
i = 6(CO_2) : \; Y_6 = X_1 + 2X_2 + 3X_3 = 115.4 \tag{5}
$$

$$
i = 7(H_2O) : \; Y_7 = 2X_1 + 3X_2 + 4X_3 = 215.4 \tag{6}
$$

분석결과에 의해 $Y_6 / Y_4 = 0.863$이므로 $Y_4 = 133.7$, 식 (3)에 의해 $X_4 = 356.8$

과잉공기율은 $(X_4 - 223.1) / 223.1 = 0.599$, 즉 59.9%

수증기를 포함하는 습연소가스의 전체 물질 유량 : $Y_T = Y_4 + Y_5 + Y_6 + Y_7 = 1815$

이렇듯 습연소가스의 조성(몰분율)을 다음과 같이 구할 수 있다.

O_2 : $Y_4 / Y_T = 0.074$, N_2 : $Y_5 / Y_T = 0.744$

CO_2 : $Y_6 / Y_T = 0.064$ H_2O : H_2O : $Y_7 / Y_T = 0.119$

이 예제에서는 행렬의 수지식, 식 (10.24)를 이용했는데, 각성분의 유량에 관한 수지식, 식 (10.23)을 이용하면 직접 (3)~(6)을 구할 수 있고, 그 뒤는 같은 순서로 해를 구할 수 있다.

10.1.5 우회, 재순환, 퍼지

화학공정에서는 원료를 효과적으로 이용하기 위해서 흐름을 분기하는 조작이나 분기된 흐름을 상류측으로 되돌리는 조작이 이루어진다.

a. **우회조작** 그림 10.4와 같이 공정의 상류측에 분류부를 설치해 유체의 일부를 우회(분기, bypass)시켜 그 이후로 이어지는 장치, 공정에 유입·유출된 유체와 재합류시키는 조작이다. 물질수지에는 분류부, 합류부의 수지식을 이용한다.

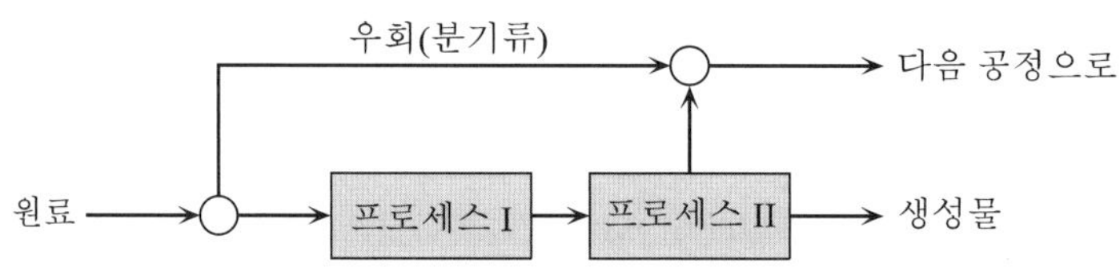

그림 10.4 우회 조작

b. **재순환(순환)조작** 공업반응에서는 원료는 반드시 완전히 생성물로 변환되는 것은 아니다. 이런 경우 회분조작에서는 미반응 원료를 생성물에서 분리시켜, 회수된 원료를 재이용한다. 연속공정에서는 그림 10.5와 같이 반응기 앞에 합류부를, 반응기 뒤에 분리기를 설치하여 분리기에서 생성물과 미반응원료를 분리시킨 후, 회수한 미반응원료를 반응기 앞의 합류부에서 새 원료와 혼합하여 반응기에 공급한다. 이러한 조작을 재순환(순환, recycle) 조작이라고 한다.

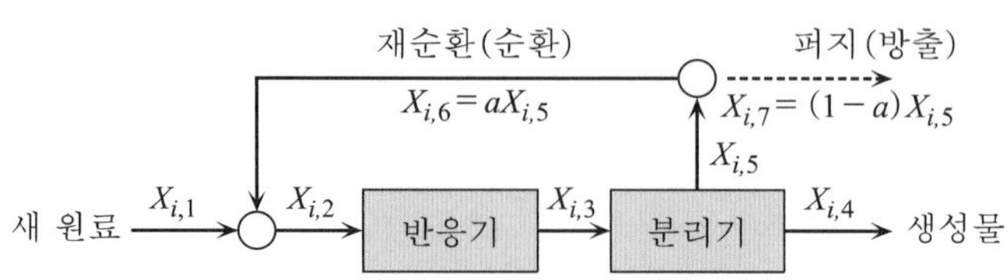

그림 10.5 재순환 조작과 퍼지 조작

공정 유체를 그림 10.5와 같이 번호를 붙이면, 반응기에 유입되는 반응유체의 유량 $X_{i,2}$와 유출 유량 $X_{i,3}$ 사이에는 식 (10.23)에 의해 다음 식이 성립한다.

$$X_{i,3} = X_{i,2} + \sum_{j=1}^{R} \nu_{ij} f_j X_{r,2} \tag{10.25}$$

이 흐름 X_3이 분리기에서 생성물을 포함하는 흐름 X_4과 그것을 포함하지 않는 흐름 X_5로 분리될 때, 그들 흐름의 성분 수지는 식 (10.26), 식 (10.27)과 같아진다.

$$X_{i,4} = \eta_{i,4} X_{i,3} \tag{10.26}$$

$$X_{i,5} = (1 - \eta_{i,4}) X_{i,3} \tag{10.27}$$

분류부에 유입되는 흐름 X_5에 대해 αX_5가 재순환된다고 하면 $X_{i,6} = \alpha X_{i,5}$이다. 재순환된 $\alpha X_{i,5}$는 원료 $X_{i,1}$과 합류하여 반응기에 공급되므로

$$X_{i,2} = X_{i,1} + \alpha X_{i,5} \tag{10.28}$$

이 된다. 이들 관계식과 원료공급량, 제품의 제조량이나 조성 등의 조건식을 조합하여 풀면, 각 유닛을 흐르는 유량과 조성을 구할 수 있다.

재순환을 포함하는 반응조작에서는 2종류의 반응률이 정의된다. 재순환을 포함하는 공정에 대해서 생각하면 새 원료 중의 성분 i의 유량 $X_{i,1}$에 대해 생성물 중의 i성분의 유량은 $X_{i,4}$이므로, 이 재순환 공정 전체의 원료의 총괄반응률(overall conversion)은 다음과 같다.

$$\text{총괄반응률} = \frac{\begin{pmatrix}\text{프로세스에 공급되는}\\ \text{원료 중의 반응성분의 양}\end{pmatrix} - \begin{pmatrix}\text{프로세스에서 유출되는}\\ \text{반응성분의 양}\end{pmatrix}}{(\text{프로세스에 공급되는 원료 중의 반응성분의 양})} = \frac{X_{i,1} - X_{i,4}}{X_{i,1}} \tag{10.29}$$

한편, 식 (10.23)의 반응률 f_j는 반응기로 유입되는 유체와 반응기에서 유출되는 유체에 대한 반응률이므로, 총괄반응률과 구별하기 위해 이것을 1회 통과 반응률(단통반응률, single pass conversion)이라고 한다.

c. **퍼지(방출)조작** 재순환 유체 중에 반응과 관계없는 불활성 물질이 포함되어 있는 경우, 그림 10.6의 ----→ 로 표시했듯이 재순환 유체의 일부를 외부로 방출하지 않으면 불활성물질이 공정 내에 축적된다. 이 목적으로 하는 조작을 퍼지(purge)라고 한다. 그림 10.5에서

는 분류부에 유입되는 흐름 X_5에 대해 $(1-\alpha)X_5$가 퍼지되므로 다음 관계가 성립된다.

$$X_{i,7} = (1-\alpha)X_{i,5} \tag{10.30}$$

예제 10.3

공업적인 암모니아 합성반응에는 수소와 공기에서 분리된 질소가 원료로 이용되기 때문에 원료 중에는 미량의 아르곤 등의 불활성 가스가 포함된다. 반응은 고압, 고온조건 하에서 이루어지는데 반응률은 낮다. 그 때 생성된 암모니아를 액화분리하고, 회수된 미반응의 수소, 질소를 재순환한다. 그 결과, 불활성가스도 재순환되므로 그 축적을 막기 위해 재순환 유체의 일부를 외부에 방출한다.

지금 질소 24.90 mol%, 수소 74.84 mol%, 아르곤 0.26 mol%의 새로운 원료를 공급하고, 재순환가스의 수소농도가 69.80 mol%의 조건에서 반응한다. 새로운 원료 100 mol 당 암모니아 양, 퍼지가스양, 재순환가스양과 그 조성을 구하라. 단, 1회 통과 반응률은 0.20으로 한다.

해답

그림 10.5가 이 공정의 흐름도에 대응한다. 질소를 성분 1, 수소를 성분 2, 아르곤을 성분 3, 암모니아를 성분 4로 하고, 새 원료의 물질 유량을 질소 $X_{1,1}$, 수소 $X_{2,1}$, 아르곤 $X_{3,1}$, 암모니아의 생성량을 $X_{4,4}$, 퍼지가스의 유량을 질소 $X_{1,7}$, 수소 $X_{2,7}$, 아르곤 $X_{3,7}$로 한다.

새 원료의 공급량을 100 mol로 하고 공정 전체의 물질수지를 구한다.

아르곤 수지 $X_{3,7} = X_{3,1} = 0.26$ mol

암모니아 합성반응식 $N_2 + 3H_2 \rightarrow 2NH_3$에 의해

$$\text{질소수지} \quad \frac{1}{2}X_{4,4} + X_{1,7} = X_{1,1} = 24.90 \tag{1}$$

$$\text{수소수지} \quad \frac{3}{2}X_{4,4} + X_{2,7} = X_{2,1} = 74.84 \tag{2}$$

재순환가스와 퍼지가스의 조성은 같으므로, 수소농도 69.80 mol%에 의해

$$(0.698)(X_{1,7} + X_{2,7} + X_{3,7}) = (0.698)(X_{1,7} + X_{2,7} + 0.26) = X_{2,7} \tag{3}$$

식 (1), (2), (3)을 풀면 암모니아 생성률, $X_{4,4} = 48.462$ mol

퍼지가스 중의 질소량 $X_{1,7} = 0.669$ mol, 수소량 $X_{2,7} = 2.147$ mol

퍼지가스의 유량 $X_7 = X_{1,1} + X_{2,7} + X_{3,7} = 3.077$

퍼지가스(재순환가스)의 조성

질소 = 21.75 mol%, 수소 = 69.80 mol%, 아르곤 = 8.45 mol%

원료조건에 의해 $X_{1,1}/X_{2,1}=0.3327<\frac{1}{3}$이므로 한정반응물질은 질소이다. 암모니아 생성량은 1 회통과반응률 0.20, 새로운 원료 중의 질소유량 $X_{1,1}=24.90$, 재순환 질소유량 $X_{1,6}$을 이용해 다음 식으로 나타낼 수 있다.

$$(0.20)(24.90+X_{1,6})=X_{4,4}=48.46/2=24.23 \quad \text{여기에서 } X_{1,6}=96.25$$

재순환 가스 중의 질소농도는 21.75 mol%이므로, 재순환 유량은

$$X_6=X_{1,6}+X_{2,6}+X_{3,6}=X_{1,6}/0.2175=4.43\times 10^2\ \text{mol}$$

이 예에서는 각각의 반응기, 분리기의 수지식을 세워서 푸는 것이 아니라 공정 전체의 물질수지에 주목하여 계를 설정하고 물질수지 해석을 하는 점에 주의하길 바란다.

10.1.6 공정 전체의 선형 물질수지식

전 절까지 설정한 각 유닛의 물질수지 관계식은 유입 유량 X_i와 유출 유량 Y_i를 요소로 하는 행렬, X, Y를 이용해 나타내면 다음과 같이 정리된다.

- 합류부 : 식 (10.0) $Y_1=X_1+X_2$
- 분류부 : 식 (10.6) $Y_1=\alpha_1X_1$, $Y_2=\alpha_2X_1=(1-\alpha_1)X_1$
- 분리기 : 식 (10.10) $Y_1=\eta_1X_1$
  식 (10.11) $Y_2=\eta_2X_1=(I-\eta_1)X_1$
- 교환기 : 식 (10.15) $Y_1=\eta_1X_1+(I-\eta_2)X_2$
  식 (10.16) $Y_2=(I-\eta_1)X_1+\eta_2X_2$
- 반응기 : 식 (10.23), 식 (10.24) $Y=(I+\nu f)X$

여기서 I는 단위행렬, η은 분리계수행렬, ν는 양론계수행렬, f는 반응률 행렬이다.

모든 유닛의 유입 유량과 유출 유량의 수지도 $Y=AX$의 선형관계로 나타낼 수 있고, 이들 유닛의 조합으로 나타나는 화학공정 전체의 물질수지에 대해서도 선형관계가 성립하므로 선형대수의 해법을 이용해 공정 전체의 물질수지를 해석할 수 있다. 일반적인 화학공정에서는 성분수, 유닛수가 많고, 풀어야하는 연립 일차방정식의 변수의 수가 방대하므로, 효율적으로 해를 구할 수 있는 컴퓨터 소프트웨어를 이용해 공정 전체의 물질수지 해석이 이루어진다.

10.2 에너지 보존식

계의 경계를 통해 물질의 유입, 유출되는 경우의 에너지 보존의 법칙의 정식화에 대해서는 1.4.3절에서 설명했다. 에너지 보존의 일반식은 식 (1.34)로 나타나고

$$\begin{aligned} \mathrm{d}(U+E_\mathrm{K}+E_\mathrm{P})_\mathrm{sys}/\mathrm{d}t &= (H+E_\mathrm{K}+E_\mathrm{P})_\mathrm{in} - (H+E_\mathrm{K}+E_\mathrm{P})_\mathrm{out} + Q + W \\ &= G_\mathrm{in}(\widehat{H}+\widehat{E_\mathrm{K}}+\widehat{E_\mathrm{p}})_\mathrm{in} - G_\mathrm{out}(\widehat{H}+\widehat{E_\mathrm{K}}+\widehat{E_\mathrm{p}})_\mathrm{out} + Q + W \end{aligned} \tag{1.34}$$

정상상태의 에너지 수지는 식 (1.36)으로 나타난다.

$$\Delta\widehat{H}+\Delta\widehat{E_\mathrm{K}}+\Delta\widehat{E_\mathrm{P}} = \widehat{Q}+\widehat{W} \tag{1.36}$$

일반적으로 유체의 운동에너지와 위치에너지의 변화는 엔탈피의 변화에 비해 작으므로, 식 (1.36)은 간략화되어 다음 식이 된다.

$$G\Delta\widehat{H} = Q+W \quad \text{또는} \quad \Delta\widehat{H} = \widehat{Q}+\widehat{W} \tag{1.37}$$

여기서 G_in, G_out은 유입 유체, 유출 유체의 질량 유량이며, 정상상태에서는 $G_\mathrm{in} = G_\mathrm{out} = G$이다. 또한 $\widehat{H}$, $\widehat{E_\mathrm{K}}$, $\widehat{E_\mathrm{P}}$는 유체 단위질량당 엔탈피, 운동에너지, 위치에너지로, $\Delta\widehat{H}$, $\Delta\widehat{E_\mathrm{K}}$, $\Delta\widehat{E_\mathrm{P}}$는 유출 유체와 유입 유체의 차이, $\widehat{Q} = Q/G$, $\widehat{W} = W/G$는 유체 단위질량당 계에 가하는 열량과 계의 경계가 유체에 가한 기계적 동력을 나타낸다.

열에너지가 전해지는 형태로서 벽을 통한 전도전열, 유체와 함께 수송되는 대류전열 외에 이 책에서는 다루지 않았던 방사(복사)전열이 있다. 방사전열은 고온물체에서 저온물체로 전자파를 통한 열에너지가 전해진다. 방사에너지는 연소로 등의 고온공정이나 태양에너지와 관련된 지구환경 공정에서 중요하다.

식 (1.34), 식 (1.36), 식 (1.37)로 알 수 있듯이 에너지 수지를 해석하기 위해서는 유입, 유출 유체의 유량과 엔탈피를 알고 있어야 한다. 유량의 수지 해석에 대해서는 전 절에서 설명했다. 이번 절에서는 공정 유체의 엔탈피를 구하는 법과 공정의 에너지 수지 해석을 설명하겠다. 또한 엔탈피에 대해 보다 자세한 내용에 대해서는 물리화학, 화학열역학, 화학공학열역학 등의 전문서를 참고하길 바란다.

10.2.1 반응이 없는 경우의 엔탈피 변화

엔탈피 H의 변화는 $\Delta H = Q + V\Delta p = T\Delta S + V\Delta p$로 나타난다. 여기서 S는 엔트로피, Δ는 변화 후에서 변화 전을 뺀 차이를 나타내는 연산자이다. 엔탈피는 상태량이므로, 상태 1에서 상태 2로 변화했을 때의 엔탈피 변화는 변화의 경로에 상관없이 $\Delta H = H(T_2, p_2) - H(T_1, p_1)$로 나타난다.

실제 계산에서는 등온과정(T=일정), 정압과정(p=일정), 정용과정(V=일정), 단열과정($\mathrm{d}Q = 0$에 의해 S= 일정)을 적당히 조합하여 계산이 용이한 변화를 설정하여, 엔탈피 변화 ΔH를 구한다. 예를 들어, 상태 1(T_1, p_1)에서 상태 2(T_2, p_2)로의 엔탈피 변화 ΔH는 정압변화 $[(T_1, p_1) \to (T_2, p_1)]$에 의해 등온변화 $[(T_2, p_1) \to (T_2, p_2)]$에 따라 구한다.

$$\begin{aligned} \Delta H &= H(T_2, P_2) - H(T_1, P_1) \\ &= H(T_2, P_2) - H(T_2, P_1) + H(T_2, P_1) - H(T_1, P_1) \end{aligned} \tag{10.31}$$

상변화가 없는 경우의 정압과정, 등온과정의 엔탈피 변화는 각각 다음과 같이 구한다. 엔탈피의 미소변화 $\mathrm{d}H$는 다음 식으로 나타난다.

$$\mathrm{d}H = \left(\frac{\partial H}{\partial T}\right)_p \mathrm{d}T + \left(\frac{\partial H}{\partial p}\right)_T \mathrm{d}p = c_p \mathrm{d}T + \left(V - T\frac{\mathrm{d}V}{\mathrm{d}T}\right)_p \mathrm{d}p \tag{10.32}$$

식 (10.32)에 의해 정압과정의 엔탈피 변화는 정압열용량 c_p를 이용해서

$$H(T_2, p_1) - H(T_1, p_1) = \int_{T_1}^{T_2} c_p|_{p=p_1} \mathrm{d}T \tag{10.33}$$

등온과정의 엔탈피의 변화는

$$H(T_2, p_2) - H(T_2, p_1) = \int_{p_1}^{p_2} \left[V - T\left(\frac{\partial V}{\partial T}\right)_p\right]_{T_2} \mathrm{d}p \tag{10.34}$$

로 나타난다.[59] 이상기체에서는 등온과정의 엔탈피 변화는 없지만, 실재유체에서는 $p-V-T$ 관계를 이용해 식 (10.34)의 우변을 계산하여 엔탈피 변화를 구한다.

a. 열역학선도 공기, 물, 암모니아 등 공업적으로 빈번하게 이용되는 물질에 대해서는 열역학

59) 식 (10.31)~식 (10.34)의 도출에 대해서는 열역학의 텍스트를 참고하기 바란다.

선도나 표가 작성되어있다. 열역학선도는 열역학적 함수인 온도 T, 압력 P, 용적 V, 엔탈피 H, 엔트로피 S를 세로축, 가로축, 남은 변수를 파라미터로 한 선도이다. $H-T$선도, $T-S$선도, $H-S$선도는 대표적인 열역학선도이다. 순물질의 $H-T$선도의 개요는 그림 10.6과 같다.

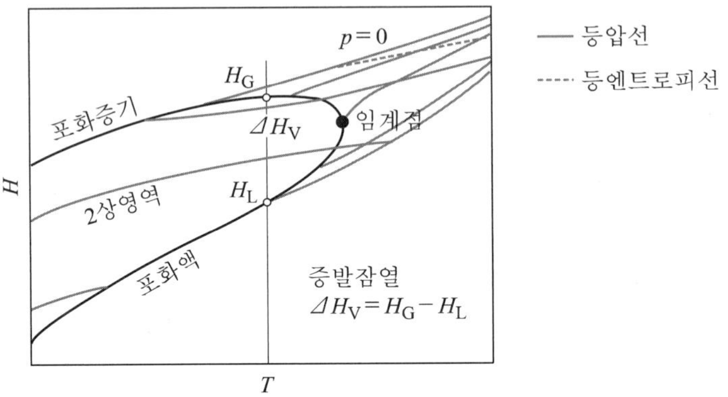

| 그림 10.6 | 순수 물질의 $H-T$선의 개요

이러한 열역학적 함수 도표에서는 표준상태의 엔탈피가 기준값으로서 정해져 있다. 식 (1.34), 식 (1.36), 식 (1.37)과 같이, 에너지 수지에 관계된 것은 엔탈피 변화이며, 엔탈피의 절대치가 아니다. 온도 T_0, 압력 p_0을 표준상태로 취했을 때의 엔탈피 $H(T_0, p_0)$를 기준치로 하면, 상태 1(온도 T_1, 압력 p_1)에서 상태 2(온도 T_2, 압력 p_2)의 변화에 동반하는 엔탈피 변화는

$$\begin{aligned}\Delta H &= H(T_2, p_2) - H(T_1, p_1) \\ &= [H(T_2, p_2) - H(T_0, p_0)] - [H(T_1, p_1) - H(T_0, p_0)] \end{aligned} \tag{10.35}$$

로 구할 수 있으므로, 기준치는 상쇄된다.

b. **현열변화** 상변화가 없는 정압과정의 엔탈피 변화는 식 (10.33)으로 나타난다. 예를 들어, 정압열용량 c_p가 절대온도 T의 2차식

$$c_p = a + bT + cT^2 \tag{10.36}$$

으로 근사되는 경우, 온도 T_0에서 T까지 기체를 가열할 때의 평균 열용량 $\bar{c}_p$는

$$\overline{c_p} = \frac{1}{T - T_0}\int_{T_0}^{T} c_p \mathrm{d}T = a + \frac{b}{2}(T + T_0) + \frac{c}{3}(T^2 + TT_0 + T^2) \tag{10.37}$$

이 되며, 엔탈피 변화는 다음 식으로 나타난다.

$$\Delta H = \overline{c_p}(T - T_0) \tag{10.38}$$

c. **상변화에 동반되는 엔탈피 변화(잠열)** 잠열은 증발, 응축, 용해, 응고, 승화[60]의 상변화가 있을 때의 엔탈피 변화를 나타낸다. 예를 들어, 증발잠열은 기상의 엔탈피 H_G와 액상의 엔탈피 H_L의 차로 나타낼 수 있다.

$$\Delta H_V = H_G - H_L \tag{10.39}$$

증발잠열 등의 잠열 수치는 편람 등에 기재되어 있다. 만약, 수치가 없는 경우에는 7.1.3절에서 설명했듯이 클라우시우스－클라페이론의 식과 이상기체의 법칙으로 도출된

$$\ln(p_1/p_2) = (\Delta \overline{H}_V/R)(1/T_1 - 1/T_2) \tag{7.14}$$

를 이용해 순물질의 증기압 온도의 수치 또는 추산식(예를 들어, 안토인의 식)에 의해 평균 증발잠열 $\Delta \overline{H}_V$를 구할 수 있다. 위 식은 승화열의 추산에도 적용 가능하다.

10.2.2 표준 반응열

반응열(heat of reaction)은 화학반응에 의해 방출 또는 흡수되는 열량이다. 증발잠열이 증발온도에 의존하듯이, 반응열도 온도에 의해 변화한다. 표준 반응열(standard heat of reaction) $\Delta H_r°$은 압력 $p° = 1 \times 10^5$ Pa에서 반응이 진행될 때의 엔탈피 변화로 정의된다. 온도는 관용적으로 $T° = 298.15$ K(25℃)을 취하는 경우가 많다. 본 절에서도 이 관용에 따른다. 발열반응(exothermic reaction)에서는 $\Delta H_r° < 0$, 흡열반응(endothermic reaction)에서는 $\Delta H_r° > 0$이다.

반응열도 병기한 화학방정식을 열화학방정식(thermochemical equation)이라고 한다. 열역학방정식 중의 반응열은 화학양론계수가 -1인 기준물질이 완전히 반응했을 때의 엔탈피 변화를 나타내므로, 반응열은 기준물질 1 mol 당의 $\Delta \widetilde{H}_r°$를 이용해서 나타낸다. 반응물질, 생성물질의 상태도 명기할 필요가 있다. 예를 들어, 메탄과 산소의 연소반응에서 기체의 물이

60) 고상으로부터 기상뿐만 아니라 기상으로부터 고상으로의 상변화도 승화라 한다.

생성되는 경우의 열역학방정식은 다음과 같다.

$$CH_4(g) + 2O_2(g) \rightarrow CO_2(g) + 2H_2O(g) \quad \Delta\widetilde{H}_r^\circ = -802 \text{ kJ mol}^{-1}$$

위 식은 메탄 1 mol을 연소시킬 때의 연소열이 802 kJ인 것을 나타낸다.

메탄의 연소반응에서 액체의 물이 생성되는 경우에는 1기압, 25℃의 기체의 물을 액체까지 응축시켰을 때의 엔탈피 변화

$$H_2O(g) \rightarrow H_2O(1) \quad \Delta\widetilde{H}^\circ = -44.0 \text{ kJ mol}^{-1}$$

을 고려할 필요가 있으므로, 열역학방정식은 다음 식과 같아진다.

$$CH_4(g) + 2O_2(g) \rightarrow CO_2(g) + 2H_2O(1) \quad \Delta\widetilde{H}_r^\circ = -890 \text{ kJ mol}^{-1}$$

또한 연소(combustion)반응의 표준 반응열(표준연소열)에는 ΔH_c°가 이용된다.

열역학 수치를 이용한 표준 반응열을 구하는 법에는 두 가지 방법이 있다.

a. **표준생성열** 화합물이 표준상태로 구성원소로부터 생성될 때의 엔탈피 변화가 표준생성열(standard heat of formation) $\Delta\widetilde{H}_f^\circ$이다. 이때, 구성원소의 생성엔탈피는 0이다. 앞에서 설명했듯이 Δ =(변화 후 상태, 생성물) − (변화 전 상태, 반응물)이므로 표준 반응열 ΔH_r°은 다음 식과 같다.

$$\Delta\widetilde{H}_r^\circ = \sum_{\text{생성물}} \Delta\widetilde{H}_f^\circ - \sum_{\text{반응물}} \Delta\widetilde{H}_f^\circ \qquad (10.40)$$

화합물의 표준생성열은 편람[61) 62)]에 기재되어 있다.

b. **헤스의 법칙** 반응열은 원료부터 생성물까지의 반응이 1단의 반응이어도, 복수의 단계의 반응을 거친 반응이어도 변화하지 않는다. 이 헤스(Hess)의 법칙을 이용하면 복수의 열화학방정식의 가감연산으로 표준 반응열을 구할 수 있다.

61) "화학편람, 기초편 II", 개정 5판, p.291. 10.10절 표준생성 엔탈피, 표준엔트로피 및 표준정제 기브스 에너지, 마루젠(2003).

62) "화학공학편람", 개정 6판, p.90, 화학평형, 반응열, 마루젠(1999).

예제 10.4

메탄, 수소, 일산화탄소의 표준연소열($-\Delta H_C°$)은 각각 802 kJ mol^{-1}, 242 kJ mol^{-1}, 283 kJ mol^{-1} 이다. 이들 연소열로부터 메탄 수증기 개질반응의 표준 반응열을 구하라.

해답

메탄, 수소, 일산화탄소의 연소반응은

$$CH_4(g) + 2O_2(g) \rightarrow CO_2(g) + 2H_2O(g) \qquad \Delta\widetilde{H}_c° = -802\ \text{kJ mol}^{-1} \qquad (1)$$

$$H_2(g) + \frac{1}{2}O_2(g) \rightarrow H_2O(g) \qquad \Delta\widetilde{H}_c° = -242\ \text{kJ mol}^{-1} \qquad (2)$$

$$CO(g) + \frac{1}{2}O_2(g) \rightarrow CO_2(g) \qquad \Delta\widetilde{H}_c° = -283\ \text{kJ mol}^{-1} \qquad (3)$$

위 식을 가감연산하여 (1) − 3 × (2) − (3)을 구하면

$$CH_4(g) + H_2O(g) \rightarrow CO(g) + 3H_2(g) \qquad \Delta\widetilde{H}_r° = 207\ \text{kJ mol}^{-1} \qquad (1)$$

10.3 화학공정의 에너지 수지

계를 설정하여 화학공정의 에너지 수지를 해석할 때, 계의 경계를 통해 유입, 유출되는 흐름은 반드시 하나의 흐름은 아니다. 복수의 유입, 유출 흐름이 있는 경우의 정상에너지 수지는 계의 경계를 통한 엔탈피 유입, 유출속도의 총 합, 계에 가해지는 열에너지 Q, 일의 총합 W를 이용해 나타낸다. 유입 흐름 X_k가 K_1개, 유출 흐름 Y_k가 K_2개 있는 경우의 식 (1.37)을 확장한 에너지 수지식은 다음 식과 같다.

$$\left[\sum_{k=1}^{K_2}(Y_kH_k)_{\text{out}} - \sum_{k=1}^{K_1}(X_kH_k)_{\text{in}}\right] = \sum Q + \sum W \qquad (10.41)$$

식의 X_kH_k는 k번째의 흐름이 N성분의 혼합물로 이루어진다고 하면, 다음 식으로 나타낼 수 있다.

$$X_kH_k = \sum_{i=1}^{N} X_{i,k}H_{i,k} \qquad (10.42)$$

유출 흐름에 대해서도 마찬가지이다. 식 중의 엔탈피로서 질량 유량을 이용하는 경우에는

비엔탈피 $\widehat{H}_{i,k}$를 물질 유량을 이용하는 경우에는 몰엔탈피 $\widetilde{H}_{i,k}$를 이용한다. 반응이 없는 경우의 에너지 수지에는 계산하기 쉬운 질량기준 또는 물질기준 중 하나를 선택해 해석한다. 반응이 있는 경우에는 화학식에 근거하여 양론계산을 하므로 물질기준을 이용하는 것이 일반적이다.

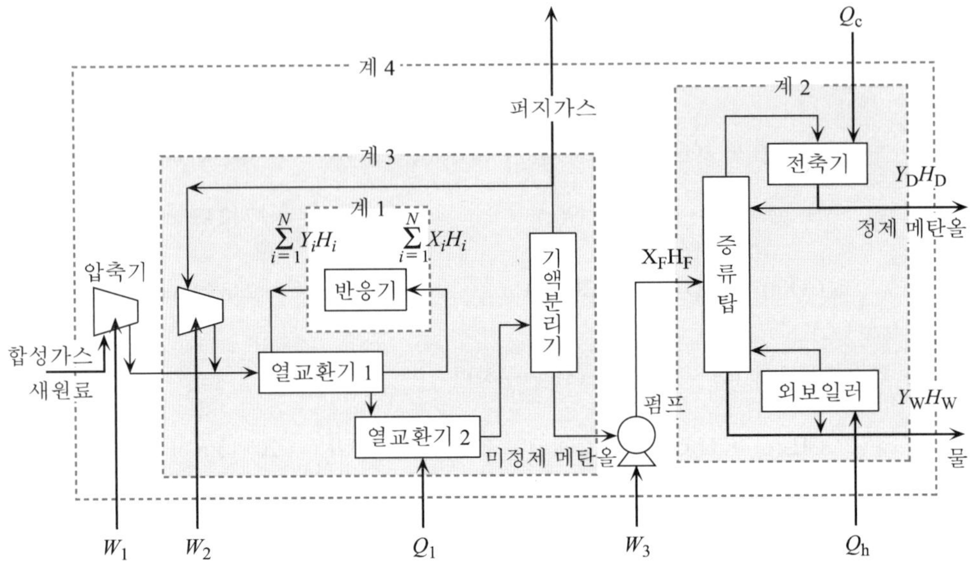

▌그림 10.7▐ 에너지 수지 해석을 위한 메탄올 합성, 분리 공정의 흐름도

그림 1.1과 같은 메탄올 합성 공정의 에너지 수지를 물질수지 흐름도 그림 10.1과 같은 계를 설정하여 생각해보자(그림 10.7 참고). 경계를 통해 기계적 일이 없는 계 1, 2에서는 $\Sigma W = 0$이다. 원료가스는 반응기에서 나온 생성가스와의 열교환기 1에 의해 가열되어, 열교환한 생성가스는 열교환기 2에 의해 더욱 냉각된다. 또한 반응기 내부가 원료가스와 생성가스와 사이의 열교환이 가능한 구조가 된 경우에는 내부 열교환은 계 1의 에너지 수지로 고료할 필요는 없다. 계 1과 같이 반응기와 주위와의 열의 교환이 없는 단열조건($Q = 0$)에서는 원료의 엔탈피 유입속도와 생성물의 엔탈피 유출속도는 같아진다.

$$\sum_{i=1}^{N}(Y_iH_i) = \sum_{i=1}^{N}(X_iH_i) \tag{10.43}$$

계 2에서는 유입 흐름, 유출 흐름 모두 하나이므로 위 식의 총합은 성분 i에 대해서 총합을 나타낸다.

계 2의 증류탑에서는 원료의 엔탈피 유입속도 X_FH_F, 유출물의 엔탈피 유입속도 Y_DH_D,

관출물의 엔탈피 유출속도 $Y_W H_W$와 리보일러의 가열속도 $Q_h(>0)$, 전축기의 냉각속도 $Q_c(<0)$이 관계하므로 에너지 수지는 다음 식과 같다.

$$Y_D H_D + Y_W H_W - X_F H_F = Q_h + Q_c \tag{10.44}$$

마찬가지로 계 3에서는 가압된 합성가스의 새 원료의 엔탈피 유입속도, 미정제 메탄올과 퍼지가스의 엔탈피 유출속도와 반응유체를 냉각시키기 위한 열교환기 2의 교환열량 Q_1, 재순환가스를 압축하기 위한 동력 W_2사이에서 식 (10.41)이 성립한다. 이 경우, 열교환기 1의 열교환은 계의 내부에서 이루어지므로 계 3의 에너지 수지에는 나타나지 않는다. 계 4에서는 합성가스의 새 원료의 엔탈피 유입속도, 정제 메탄올, 물, 퍼지가스의 엔탈피 유출속도, 열교환기 2, 리보일러, 응축기의 열교환량 Q_1, Q_h, Q_c 및 압축기, 펌프의 동력 W_1, W_2, W_3이 에너지 수지에 관계된다. 또한 압축기, 펌프의 동력계산에는 기계적 에너지 보존의 법칙에 의해 도출된 식 (9.46), 식 (9.57), 식 (9.58)이 이용된다.

이 책에서는 기계적 일 및 반응을 동반하지 않는 공정의 에너지 수지 해석으로, 7.3.4절에서 증발관의 열수지(질량기준)를, 7.4.4절에서 봉단증류탑의 열수지(물질기준)를 설명했다. 그들 절에서 도출한 식을 식 (10.41), 식 (10.42)와 비교하면, 에너지 수지의 기본적인 이해를 할 수 있을 것이다.

10.3.1 연속반응공정의 에너지 수지

반응원료가 온도 T_R로 반응기에 공급되고 반응이 표준압력 $p°$으로 진행되어, 생성물이 온도 T_P에서 반응기를 떠나는 경우를 생각해보자. 이 때 그림 10.8과 같이 ① 원료를 온도 T_R에서 표준상태의 온도 $T°$까지 변화시키는 경로, ② 표준상태에서의 반응경로, ③ 생성물

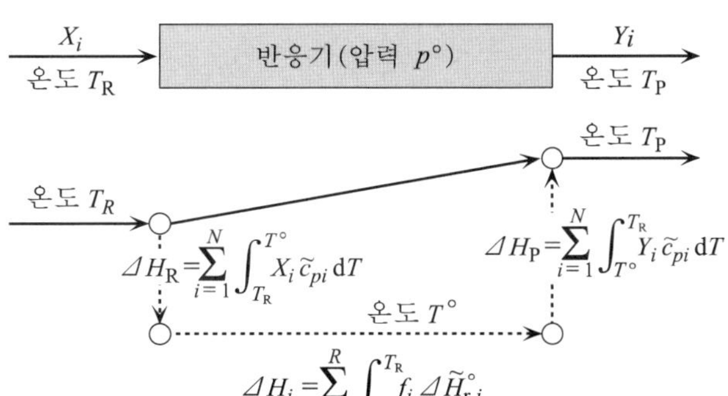

| 그림 10.8 | 반응을 동반하는 엔탈피 변화를 계산하는 경로

의 온도를 T°에서 T_P까지 변화시킬 때의 경로를 모두 합하여 엔탈피 변화를 구하면 원료가 온도 T_R로 공급되어 생성물이 온도 T_P로 유출될 때의 엔탈피의 변화량을 구할 수 있다.

그 때, 반응원료의 성분과 생성물의 성분을 아울러 N성분으로 하고, 성분 i의 원료의 물질 유량을 X_i, 생성물의 물질 유량을 Y_i로 한다.

① 원료온도를 T_R에서 T°로 변화시킬 때의 엔탈피 변화(현열변화)

$$\sum_{i=1}^{N}\left(X_i\int_{T_R}^{T^\circ}\tilde{c}_{pi}\mathrm{d}\,T\right) \tag{10.45}$$

여기서 $\tilde{c}_{pi}$는 성분 i의 정압몰열용량이다.

② 표준상태의 온도 T°에서의 반응에 의한 엔탈피 변화(반응열)

반응기 내에서는 R개의 반응이 진행된다고 하자. j번째의 반응의 반응률을 f_j, 반응률을 정의하는 기준물질의 물질 유량을 $X_{r,j}$로 하면, j번째의 반응에 의한 엔탈피 변화는 $f_jX_{r,j}\,\Delta\tilde{H}_{\mathrm{r},j}$로 나타낼 수 있다. 이것을 R개의 전체 반응에 대해서 더하면 온도 T°의 반응에 의한 엔탈피 변화량을 구할 수 있다.

$$\sum_{j=1}^{R}f_jX_{r,j}\Delta\tilde{H}^\circ_{\mathrm{r},j} \tag{10.46}$$

③ 생성물 온도를 T°에서 T_P로 변화시킬 때의 엔탈피 변화(현열변화)

$$\sum_{i=1}^{N}\left(Y_i\int_{T^\circ}^{T_P}\widetilde{c_{pi}}\mathrm{d}\,T\right) \tag{10.47}$$

이와 같이, 반응기의 에너지 수지식은 다음 식으로 나타낼 수 있다.

$$\sum_{i=1}^{N}\left(X_i\int_{T_R}^{T^\circ}\widetilde{c_{pi}}\mathrm{d}\,T\right)+\sum_{j=1}^{R}f_jX_{r,j}\,\Delta\tilde{H}^\circ_{r,j}+\sum_{i=1}^{N}\left(Y_i\int_{T^\circ}^{T_P}\widetilde{c_{pi}}\mathrm{d}\,T\right)=Q \tag{10.48}$$

연속반응기에서 유출되는 생성물의 온도를 소정의 온도로 유지시키기 위해서는 발열반응에서는 냉각이, 습열반응에서는 가열이 필요하다. 그 때의 냉각, 가열의 열량은 식 (10.48)로 구할 수 있다. 또한 발열반응에서 반응기가 단열되어있는 경우($Q=0$)에 식 (10.48)로 구할 수 있는 온도는 생성물의 최고온도를 부여한다. 연소반응에서는 그 온도를 단열화염온도(adiabatic flame temperature)라 한다.

예제 10.5

메탄의 수증기 개질반응을 1300 K로 할 때의 반응열을 구하라.

$$CH_4 + H_2O \rightarrow CO + 3H_2$$

반응기체, 생성기체의 정압몰열용량 $\tilde{c}_p$ [J mol^{-1} K^{-1}]을 절대온도 T의 2차 함수 $\tilde{c}_p = a + bT + cT^2$로 근사했을 때의 계수 a, b, c의 값은 다음 표와 같다.

	a	$b/10^{-3}$	$c/10^{-6}$
CH_4	14.156	75.550	−18.004
H_2O	30.381	9.6217	1.1849
CO	26.881	6.9714	−0.8207
H_2	29.087	−0.8374	2.0139

해답

예제 10.4에 의해 메탄의 수증기 개질반응의 표준 반응열은 $\Delta H_r° = 207$ kJ mol^{-1}이다. 반응은 1개이므로 식 (10.48)의 기준물질($R=1$)을 메탄으로 한다. 원료는 완전히 반응하므로 반응률은 $f=1$이다. 그 때 $i=1$(CH_4, 기준물질), $i=2$(H_2O), $i=3$(CO), $i=4$(H_2)로 하고, 기준물질을 $X_1 = 1$ mol로 하고, 식 (10.48)의 물질 유량 X_i를 반응식의 물수로 변환해($X_2 = 1$, $Y_3 = 1$, $Y_4 = 3$), 반응열을 구한다.

$$\sum_{i=1}^{N}\left(X_i \int_{T_R}^{T^{\circ}} \tilde{c}_{pi} \mathrm{d}T\right) = \int_{1300}^{298} (\tilde{c}_{p1} + \tilde{c}_{p2}) \mathrm{d}T,$$

$$\sum_{i=1}^{N}\left(Y_i \int_{T^{\circ}}^{T_R} \tilde{c}_{pi} \mathrm{d}T\right) = \int_{298}^{1300} (\tilde{c}_{p3} + \tilde{c}_{p4}) \mathrm{d}T$$

이므로,

$$\int_{1300}^{298} (\tilde{c}_{p1} + \tilde{c}_{p2}) \mathrm{d}T + \int_{298}^{1300} (\tilde{c}_{p3} + 3\tilde{c}_{p4}) \mathrm{d}T$$
$$= \int_{298}^{1300} (-\tilde{c}_{p1} - \tilde{c}_{p2} + \tilde{c}_{p3} + 3\tilde{c}_{p4}) \mathrm{d}T = \int_{298}^{1300} \left(\sum \Delta a + \sum \Delta bT + \sum \Delta cT^2\right) \mathrm{d}T$$

표에 주어진 계수에 의해

$$\sum \Delta a = 26.881 + (3)(29.087) - 14.156 - 30.381 = 69.605$$

$$\sum \Delta b = -80.713 \times 10^{-3}$$

$$\sum \Delta c = 22.040 \times 10^{-6}$$

식 (10.48)에 의해 1300 K의 반응열을 구하면, 메탄 1몰당 반응열은

$$\Delta \widetilde{H}_r = 207\times 10^3 + \int_{298}^{1300}(69.605-80.713\times 10^{-3}T+22.040\times 10^{-6}T^2)\,\mathrm{d}T$$
$$= 228.1\times 10^3 = 228\ \mathrm{kJ\,mol^{-1}}$$

예제 10.6

50℃의 암모니아와 공기를 반응기에 연속적으로 공급하고 암모니아의 산화반응 $4NH_3(g)$ + $5O_2(g) \rightarrow 4NO(g)$ + $6H_2O(g)$을 한다. 이론양의 20%과잉 공기를 공급했을 때, 반응생성가스 온도 400℃에서 반응률은 92%였다. 공급암모니아 1 kg당의 반응기의 가열량 또는 냉각열량을 구하라. 또한 표준생성열은 $NH_3(g)$: −46.1 k kJ mol^{-1}, NO(g) : 90.3 kg mol^{-1}, $H_2O(g)$: −241.82kJ mol^{-1}, $N_2(g)$, $O_2(g)$에서는 0이다. 또한 각각 기체의 정압몰열용량 $\tilde{c}_p$ [J mol^{-1}K^{-1}]을 절대온도 T의 2차 함수 $\tilde{c}_p = a+bT+cT^2$로 근사했을 때의 계수 a, b, c는 다음 표의 값이 된다.

물질	a	$b/10^{-3}$	$c/10^{-6}$
CH_3	24.77	37.501	−7.381
O_2	25.594	13.251	−4.205
N_2	27.016	5.812	−0.289
NO	26.944	8.657	−1.761
H_2O	30.204	9.933	1.117

해답

원료의 NH_3 1 mol을 기준으로 한다.

성분 i = 1(NH_3), i = 2(O_2), i = 3(N_2), i = 4(NO), i = 5(H_2O)

원료가스 : $X_1 = 1$, $X_2 = 1.2 \times 1.25 = 1.50$, $X_3 = 1.50 \times (79.1/20.9) = 5.68$.

생성가스 : $Y_1 = 1 - 0.92 = 0.08$, $Y_2 = 1.50 - (0.92)(5/4) = 0.35$

$Y_3 = 5.68$, $Y_4 = 0.92$, $Y_5 = (0.92)(1.5) = 1.38$

표준 반응열(NH_3 1 mol 당) $\Delta H_r{}^{\circ} = 90.3+(1.5)(-241.82)-(-46.1) = -226.3$ kJ mol^{-1}

원료가스의 엔탈피 변화 ΔH_R (50℃ → 25℃)

$$\sum_{i=1}^{N}\left(X_i\int_{T_R}^{T^{\circ}}\tilde{c}_{pi}\,\mathrm{d}T\right) = \int_{323}^{298}(\tilde{c}_{p1}+1.5\,\tilde{c}_{p2}+5.68\,\tilde{c}_{p3})\,\mathrm{d}T$$
$$= -6.08\times 10^3\,\mathrm{J\,mol^{-1}} = -6.08\ \mathrm{kJ\,mol^{-1}}$$

반응생성가스의 엔탈피 변화 $\Delta H_{\mathrm{P}}(25℃ \rightarrow 400℃)$

$$\sum_{i=1}^{N}\left(Y_i\int_{T^\circ}^{T_R}\tilde{c}_{pi}\,\mathrm{d}T\right) = \int_{298}^{673}(0.08\,\tilde{c}_{p1}+0.35\,\tilde{c}_{p2}+5.68\,\tilde{c}_{p3}+0.92\,\tilde{c}_{p4}+1.38\,\tilde{c}_{p5})\,\mathrm{d}T$$
$$= 97.57\times10^3\,\mathrm{J\,mol^{-1}} = 97.57\,\mathrm{kJ\,mol^{-1}}$$

표준상태의 반응열 $\Delta H_{\mathrm{P}} = (0.92)(-226/4) = -208\ \mathrm{kJ\ mol^{-1}}$

전체 엔탈피 변화 $\Delta H = \Delta H_{\mathrm{R}} + \Delta H_{\mathrm{r}} + \Delta H_{\mathrm{P}} = -116.8\ \mathrm{kJ\ mol^{-1}}$

식 (10.48)에 의해 $Q = \Delta H = -116.8\ \mathrm{kJ\ mol^{-1}}$(냉각열량)

NH_3 1 kg =(1/0.017) = 58.82 mol에 의해 NH_3 1 kg 당 냉각열량은

$Q = 6.87 \times 10^3\ \mathrm{kJ} = 6.87\ \mathrm{MJ}$

10.3.2 회분반응기의 에너지 수지

회분계의 반응기(그림 10.9)에서는 유입·유출이 없다. 기계적인 동력은 반응유체를 교반하기 위한 동력이다. 또한 반응기 내의 운동에너지, 위치에너지 변화는 내부에너지 변화에 비해 무시할 수 있으므로 식 (1.34)의 에너지 수지는 다음 식으로 나타낼 수 있다.

$$\mathrm{d}U_{\mathrm{sys}}/\mathrm{d}t = Q + W \tag{10.49}$$

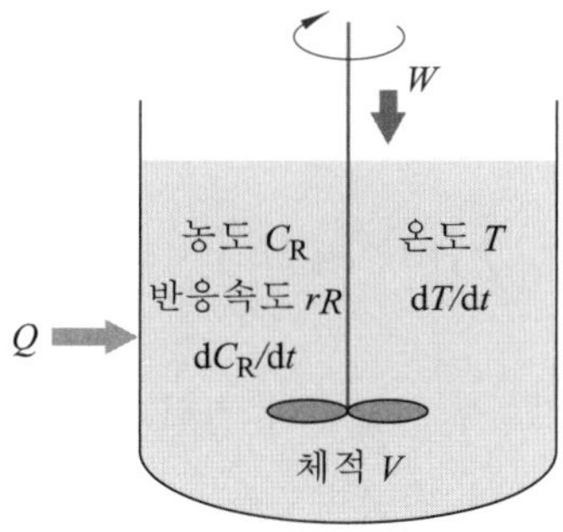

| 그림 10.9 | 회분식 반응기(교반조)

반응물질이 N성분의 혼합물(용매와 같이 반응하지 않는 성분도 포함한다)로 이루어지며, 성분 i의 물질을 n_i로 하면, 계의 내부에너지는 U_{sys} 각 성분의 몰엔탈피 $\widetilde{H}_i$를 이용해 다음 식으로 나타낼 수 있다.

$$U_{\mathrm{sys}} = (H - pV)_{\mathrm{sys}} = \sum_{i=1}^{N} n_i\widetilde{H}_i - p\sum_{i=1}^{N} n_i\widetilde{V}_i = \sum_{i=1}^{N} n_i\widetilde{H}_i - pV_{\mathrm{sys}} \tag{10.50}$$

이 식의 $\widetilde{V}_i$는 성분 i의 몰체적이며, 계의 체적은 $V_{\mathrm{sys}} = \sum_{i=1}^{N} n_i \widetilde{V}_i$로 주어진다. 일반적인 반응은 압력이 거의 일정한 조건에서 이루어지므로 내부에너지나 엔탈피 변화에 비해 pV_{sys}의 변화는 작고, 다음 근사식이 성립한다.

$$\frac{\mathrm{d}U_{sys}}{\mathrm{d}t} \approx \mathrm{d}\left(\sum_{i=1}^{N} n_i \widetilde{H}_i\right)/\mathrm{d}t = \sum_{i=1}^{N}\left[\frac{\mathrm{d}n_i}{\mathrm{d}t}\widetilde{H}_i + n_i \frac{\mathrm{d}H_i}{\mathrm{d}t}\right] \tag{10.51}$$

식 (10.51)의 우변 제1항의 $\mathrm{d}n_i/\mathrm{d}t$는 성분 i의 반응속도 r_i를 이용해 다음 식으로 나타낼 수 있다.

$$\mathrm{d}n_i/\mathrm{d}t = r_i V_{\mathrm{sys}} \tag{10.52}$$

반응속도 r_i와 양론반응식에 대응하여 정의되는 반응속도 r [정의는 식 (3.19)] 사이에는 $r_i = \nu_i r$의 관계가 성립하므로, 식 (10.51)의 우변 제1항은 다음 식과 같이 변형된다.

$$\sum_{i=1}^{N} r_i \widetilde{H}_i V_{\mathrm{sys}} = \sum_{i=1}^{N} (\nu_i \widetilde{H}_i)\, r\, V_{\mathrm{sys}} = \left(\sum_{i=1}^{N}[(\nu_i/\nu_{\mathrm{R}})\widetilde{H}_i]\right)\nu_R r\, V_{\mathrm{sys}} \tag{10.53}$$

여기서 ν_i는 양론계수, ν_{R}은 기준성분 R의 양론계수이다. 반응식에서 양론계수가 반응물질에서는 마이너스, 생성물질에서는 플러스인 것을 고려하여 반응물질의 하나를 기준성분 A로 하고, $\nu_{\mathrm{A}} = -1$로 하면

$$\sum_{i=1}^{N}[(\nu_i/\nu_{\mathrm{A}})\widetilde{H}_i] = -\Delta H_{\mathrm{r}} \tag{10.54}$$

가 되어 반응에 의한 엔탈피 변화, 즉 반응열과 관련시킬 수 있다. ΔH_{r}은 기준성분 A의 1 mol 당 반응열이며, 또한 성분 A의 반응속도가 $r_{\mathrm{A}} = \nu_{\mathrm{A}} r$로 나타나는 것을 고려하면, 식 (10.53)은 다음 식이 된다.

$$\sum_{i=1}^{N} r_i \widetilde{H}_i V_{\mathrm{sys}} = (-\Delta H_{\mathrm{r}}) r_{\mathrm{A}} V_{\mathrm{sys}} = \Delta H_{\mathrm{r}}(-r_{\mathrm{A}})\, V_{\mathrm{sys}} \tag{10.55}$$

식 (10.51)의 우변제 2항의 엔탈피 변화는 온도변화와 다음 관계에 있다.

$$\sum_{i=1}^{N}\left[n_i \frac{\mathrm{d}\widetilde{H}_i}{\mathrm{d}t}\right] = \sum_{i=1}^{N}\left[n_i\left(\tilde{c}_{pi}\frac{\mathrm{d}T}{\mathrm{d}t}\right)\right] = n_{\mathrm{T}}\tilde{c}_{pm}\frac{\mathrm{d}T}{\mathrm{d}t} = \rho\,\hat{c}_{pm} V_{\mathrm{sys}}\frac{\mathrm{d}T}{\mathrm{d}t} \tag{10.56}$$

여기서 $\tilde{c}_{pi}$는 성분 i의 정압 몰열용량, $\tilde{c}_{pm}$은 계 전체의 평균정압몰열용량, n_{T}는 전체 몰 수, $n_{\mathrm{T}}\tilde{c}_{pm}$은 계의 열용량을 나타낸다. 계의 열용량은 체적 V_{sys}, 유체의 밀도 ρ, 정압비열용량 $\hat{c}_{pm}$을 이용해 $n_{\mathrm{T}}\tilde{c}_{pm} = \rho\hat{c}_{pm}V_{\mathrm{sys}}$로 나타난다. 일반적인 반응에서는 압력변화는 작으므로 식 (10.56)이 성립한다.

식 (10.55), 식 (10.56)을 식 (10.51)에 대입하여 $V = V_{\mathrm{sys}}$라 하면 최종적으로

$$\rho V\hat{c}_{pm}\frac{\mathrm{d}T}{\mathrm{d}t} = (-\Delta H_{\mathrm{r}})(-r_{\mathrm{A}})V + Q + W \tag{10.57}$$

이 된다. 식 (10.57)이 회분반응기의 에너지 수지식이다. 반응물질인 기준성분 A의 반응속도는 $r_{\mathrm{A}} < 0$이므로, 식 (10.57)은 반응에 의한 발열량과 계에 가해진 열량의 합이 계의 현열변화와 어울리는 것을 나타내고 있다. 온도 일정한 조건에서 반응을 진행시키기 위해서는 발열반응($\Delta H_{\mathrm{r}} < 0$)에서는 $Q < 0$이 되고 제열이 필요하다. 한편 습열반응($\Delta H_{\mathrm{r}} > 0$)에서는 가열이 필요해진다.

반응기의 제열, 가열은 측벽의 재킷 또는 조 안에 삽입한 전열코일을 이용해 이루어진다. 그 때, 전열량 Q는 전열면적 A, 총괄열전달 계수 U 및 조 내 유체온도 T와 열교환유체온도 T_{m}과의 온도차를 이용해 다음 식이 된다.

$$Q = UA(T_{\mathrm{m}} - T) \tag{10.58}$$

식 (10.57)의 교반동력 W는 점도가 낮은 유체에서는 반응열에 비해 작지만, 고분자 중합반응 등 점도가 높은 액체를 교반하는 경우에는 에너지 수지를 고려할 필요가 있다.

마지막으로 비등온계반응의 해석법을 설명하겠다. 정용계에서 반응은

$$\mathrm{d}f_{\mathrm{A}}/\mathrm{d}t = -r_{\mathrm{A}}/C_{\mathrm{A}0} \tag{4.12}$$

에 따라서 진행되는 것을 4장에서 설명했다. 식 (10.52)와 식 (4.12)를 연립하여 풀면 비등온계에서의 반응 진행에 동반되는 반응률이나 온도 변화를 구할 수 있다.

식 (4.12)의 $(-r_{\mathrm{A}})$를 식 (10.57)(단, $W = 0$)에 대입하면

$$\rho\hat{c}_{pm}\frac{\mathrm{d}T}{\mathrm{d}t} - (-\Delta H_{\mathrm{r}})C_{\mathrm{A}0}\frac{\mathrm{d}f_{\mathrm{A}}}{\mathrm{d}t} = \frac{Q}{V} \tag{10.59}$$

가 성립한다. 밀도 ρ, 열용량 $\hat{c}_{pm}$이나 반응열$(-\Delta H_{\mathrm{r}})$의 온도의존성을 무시할 수 있는 경

우에는 이것들을 정수로 하고, $t=0 \rightarrow t$, $f_A = 0 \rightarrow f_A$, $T = T_0 \rightarrow T$까지 적분하면

$$\rho \hat{c}_{pm}(T - T_0) - (-\Delta H_r) C_{A0} f_A = \int_0^t \frac{Q}{V} dt \tag{10.60}$$

이 된다. 더욱이 간단히 하기 위해 단열계($Q = 0$)로 하면 다음 식이 된다.

$$T - T_0 = \frac{(-\Delta H_r) C_{A0}}{\rho \hat{c}_{pm}} f_A \tag{10.61}$$

이 식은 반응계의 온도가 반응률에 비례하여 변화하는 것을 나타내고 있다. 반응속도는 반응률과 반응계의 온도의 함수인데 식 (10.61)에 의해 온도는 반응률과 관련시킬 수 있으므로, 결국, 반응속도 r_A는 반응률만의 함수로서 나타낼 수 있다. 따라서 식 (4.12)의 적분에 의해 반응률과 반응시간의 관계를 구할 수 있다.

문 제

10.1 두 개의 증류탑을 이용해서 A, B, C의 3성분 혼합물의 연속분리를 한다. 원료조성(mol%)은 A 18%, B 42%, C 40%이며, 1단의 증류탑의 증류액 조성은 A 94%, B 4%, C 2%이다. 1단의 관출액은 2단의 증류탑에 공급되어 B 98%, C 2%의 증류액과 B 7.5%, C 92.5%의 관출액으로 나눠진다. 원료 100 mol 당 제1탑의 증류액, 제2탑의 증류액, 관출액의 액량을 구하라.

10.2 암모니아를 산소와 반응시키면 일산화질소가 생성된다.

$$4NH_3(g) + 5O_2(g) \rightarrow 4NO(g) + 6H_2O(g)$$

이론량에 대해 20% 과잉 산소를 유통계반응기에 공급하여 이 반응을 했을 때, 1회 통과반응률은 75%였다. 각 성분 $i = 1(NH_3)$, $i = 2(O_2)$, $i = 3(NO)$, $i = 4(H_2O)$로써, 다음의 질문에 답하라.

1) 암모니아를 기준물질로 했을 때의 양론계수 ν_i를 구하라.
2) 반응기 입구물질 유량 X_i와 출구유량 Y_i의 관계를 암모니아의 반응률 f와 양론계수를 이용해 각 성분마다 나타내라.
3) 2)에서 구한 연립선형방정식을 행렬로 나타내라.
4) 2), 3)을 풀어 반응률 75%일 때의 생성물가스의 조성을 구하라.

10.3 수증기에 의한 메탄의 접촉분해는 다음 식으로 나타낼 수 있다.

$$CH_4(g) + H_2(g) \rightarrow CO(g) + 3H_2(g) \quad (1)$$

이 반응은 부반응으로서 다음 수성가스반응을 동반한다.

$$CO(g) + H_2O(g) \rightarrow CO_2(g) + H_2(g) \quad (2)$$

CH_4 1 mol 에 대해 H_2O를 2 mol 비율로 고온반응기에 공급하면, 메탄은 완전히 반응하여 생성물 중에는 16.8 mol%의 CO가 포함되어 있었다. 생성물의 조성을 구하라.

10.4 포름알데히드는 메탄올의 산화반응과 메탄올의 직접분해반응에 의해 제조된다. 제조공정에서 생성물 중의 포름알데히드는 반응기 뒤에 이어지는 분리 공정에서 물과 함께 분리되어 다음 분리 공정에서 메탄올이 수소와 분리된다. 분리된 메탄올은 재순환되어 메탄올과 산소로 이루어진 새로운 원료와 혼합되어 반응기에 공급된다. 산소 1 mol 당 메탄올 4 mol의 조성비의 새로운 원료를 공급했을 때, 원료 중의 산소는 완전히 반응하고, 반응기의 1회 통과반응률은 60%였다. 산소 1 mol 당 각 공정의 유량을 구하라.

10.5 연소열 ΔH_c° 은 연소반응에 의해 액상의 물이 생성되는 경우의 엔탈피 변화이다.

1) C_2H_2의 표준생성열($2C + H_2 \rightarrow C_2H_2$에 대응)을 다음 수치를 이용해 구하라.

$H_2O(1)$의 생성열 $\Delta H_f^\circ = -285.83\ kJ\ mol^{-1}$, C의 연소열 $\Delta H_c^\circ = -393.51\ kJ\ mol^{-1}$,
C_2H_2의 연소열 $\Delta H_c^\circ = 1299.61\ kJ\ mol^{-1}$

2) 수증기에 의한 메탄의 접촉분해반응 $CH_4(g) + H_2O(g) \rightarrow CO(g)\ 3H_2(g)$의 표준 반응열을 다음 수치를 이용해 구하라.

표준연소열 : CH_4 − $890.36\ kJ\ mol^{-1}$, CO − $282.94\ kJ\ mol^{-1}$, H_2 − $285.83\ kJ\ mol^{-1}$,
$H_2O(g) \rightarrow H_2O(1)$ $\Delta H^\circ = -44.01\ kJ\ mol^{-1}$

10.6 온도 50℃의 암모니아와 산소를 각각 $100\ mol\ h^{-1}$, $135\ mol\ h^{-1}$의 유량으로 반응기에 공급하고 문제 10.2와 같은 암모니아의 산화반응($\Delta H_r^\circ = -266.3\ kJ\ mol^{-1}$)을 하자, 반응기를 유출하는 생성물의 온도는 300℃, 반응률은 95%였다. 반응기의 공급열량 또는 제거열량을 구하라. 평균 몰열용량은 $NH_3 : 36.77\ J\ mol^{-1}K^{-1}$, $O_2 : 30.50\ J\ mol^{-1}K^{-1}$, NO : $29.68\ J\ mol^{-1}K^{-1}$, $H_2 : 35.19\ J\ mol^{-1}K^{-1}$로 한다.

10.7 메탄 20% 과잉 공기를 25℃로 연소기에 공급하고, 완전연소시킨다. 표준상태에서의 반응열은 $-890.36\ kJ\ mol^{-1}$($H_2O(1)$이 생성)이었다. 단열화염온도를 구하라. 단, 평균몰열용량은 $CH_4 : 75.63\ J\ mol^{-1}K^{-1}$, $O_2 : 34.72\ J\ mol^{-1}K^{-1}$, $CO_2 : 52.90\ J\ mol^{-1}K^{-1}$, $H_2O : 45.42\ J\ mol^{-1}K^{-1}$, $N : 32.77\ J\ mol^{-1}K^{-1}$로 한다. 또한 화염온도에서의 생성물의 해리 등의 효과는 무시한다.

10.8 교반조반응기를 이용해 액상 1차 발열반응(반응속도정수 k, 반응열 ΔH_r)을 한다. 반응온도가 일정한 조건에서 회분조작을 하고 싶다. 제거해야 하는 열량 Q는 시간 t에 대해 어떻게 바꾸면 되는가?

문제 • 정답

• 제 1 장 •

1.1 $X = 2.22 \times 10^2 \text{ kg} \cdot \text{min}^{-1}$

1.2 절대습도 : $H = 19.02 / 298.51 = 0.0637$ kg − 물 / kg − 건조공기

1.3 결정 $Y_1 = 4.5 \text{ kg min}^{-1}$, 용액 $Y_2 = 95.5 \text{ kg min}^{-1}$

1.4 연소가스의 조성(mol%); CO_2 : 9.8, H_2O : 13.1, O_2 : 3.3, N_2 : 73.8

1.5 조성(mol%); H_2 : 66.8, N_2 : 21.89, NH_3 : 10.94, Ar : 0.29

1.6 $T = 66.5$℃, 향류

1.7 수증기의 응축속도 : $0.062 \text{ kg} \cdot \text{s}^{-1}$

• 제 2 장 •

2.1 $\displaystyle\int_{x_{A,0}}^{x_A} \frac{dx_A}{N_{A0} - x_A(N_{A0} + N_{B0})} = -\int_0^z \frac{dz}{CD_{AB}}$ 을 적분

2.2 1일의 벤젠 증발량 : $W = N_{A0}S = 1.03 \text{ mol} = (1.03)(0.078) = 0.080 \text{ kg}$

2.3 1) 식 (1)과 예제 2.4의 식 (5)를 조합하면,

$R\mathrm{d}R/\mathrm{d}t = -(MD_{AB}/\rho)(C_{Ai} - C_{Ab})$를 적분하여 $R = 0$이 되는 시간 t를 구하면 식 (2)이다.

2) $t = 1.67 \times 10^7 \text{sec} = 193 \text{ days}$

2.4 물질 이동 계수 k_C에 영향을 끼치는 인자로서,

- 관경 d, 유속 u, 밀도 ρ, 점도 μ, 확산계수 D_A를 고려하여 다음 거듭제곱 식으로 나타내어

  $k_C = \text{const} \times d^{n_1} u^{n_2} \rho^{n_3} \mu^{n_4} D_A^{\ n_5}$
- 차원비교를 통해

  $k_C = \text{const} \times d^{n_2 - 1} u^{n_2} \rho^{n_2 + n_5 - 1} \mu^{-n_2 - n_5 + 1} D_A^{\ n_5}$ 를 구하고, 정리하면 식 (2.83)이 된다.

2.5 항력 F를 ρ, μ, u, d의 거듭제곱으로 나타낸다.

$$F = \text{const} \times \rho^{n_1} \mu^{n_2} \mathrm{u}^{n_3} \mathrm{d}^{n_4} \qquad (1)$$

차원의 비교를 통해

$$F/\rho u^2 d^2 = \text{const} \times (\mu/\rho u d)^{n_2}$$

즉, $F/\rho u^2 d^2 = f(\rho u d/\mu)$의 형태로 정리할 수 있다.

2.6 $k_C = (52.4)(2.34 \times 10^{-9} / 1.0 \times 10^{-3}) = 1.23 \times 10^{-4}\ \mathrm{m \cdot s^{-1}}$

2.7 전열량 : $Q = 52.8\ \mathrm{W}$
수증기의 응축량 : $= 2.40 \times 10^{-5}\ \mathrm{kg \cdot s^{-1}}$

2.8 1) 외부로 누설되는 열량 : $Q_1 = 3.64 \times 10^5\ \mathrm{W}$
2) 누설열량 : $Q_2 = 2.57 \times 10^2\ \mathrm{W}$

2.9 전열관의 길이 $L = 14.9\ \mathrm{m}$

• 제 3 장 •

3.1 1) $\xi_1 = 0.05\ \mathrm{mol}$, $\xi_2 = 0.02\ \mathrm{mol}$
2) $n_{N_2} = 0.04\ \mathrm{mol}$
3) 전체 물질변화 : 3.00 mol에서 3.07 mol
4) 반응률 $f = 1 - \dfrac{0.72}{1.0} = 0.28$

3.2 • $\beta = 0.1$일 때 $D_{a,0.8} = 3.1$, $\beta = 0.5$일 때 $D_{a,0.8} = 1.7$
• 동일한 C_{A0}에 대해 필요한 시간의 비는 1.7/3.1 = 0.55이고, B의 과잉률이 커지면, 필요한 반응시간은 대폭 감소

3.3 활성화 에너지는 $E_{a,O_3,ss} = \dfrac{2}{3}E_{a,1} - \dfrac{2}{3}E_{a,2} + \dfrac{2}{3}E_{a,3} + \dfrac{1}{3}E_{a,4}$

3.4 1) $f_{NO} = 1 - C_{NO}/C_{NO,0} = 0.52$
2) $t = 3.0 \times 10^1\mathrm{s}$

3.5 1) $E_a = 55\ \mathrm{kJ\ mol^{-1}}$
2) $T_2 = 330\ \mathrm{K}$ (= 57℃)

• 제 4 장 •

4.1 정압계 회분반응에서는 반응물이 차지하는 체적(반응기 체적 V)은 변화한다. 이 경우도 식 (4.11)은 성립한다.

$$\mathrm{d}f_A/\mathrm{d}t = -rV/n_{A0} \tag{4.11}$$

1차 반응의 관계식 $r_A = -k_1C_A = -k(n_A/V)$ 및 $n_A = n_{A0}(1-f_A)$의 관계[식 (3.9)]를 식 (4.11)에 대입하면 $\mathrm{d}f_A/\mathrm{d}t = -k_1(1-f_A)$, 적분하여 $t = \dfrac{1}{k_1}\ln\dfrac{1}{1-f_A}$

4.2 $\tau_{\mathrm{CSTR}}=\dfrac{f_{\mathrm{A}}}{k_2 C_{\mathrm{A,in}}(1-f_{\mathrm{A}})^2}$, $\tau_{\mathrm{PFR}}=\dfrac{1}{k_2 C_{\mathrm{A,in}}}[(1-f_{\mathrm{A}})^{-1}-1]$

4.3 1) $t=\dfrac{1}{k_1}\ln\dfrac{1}{1-f_{\mathrm{A}}}$, 수치를 대입하면 t = 41.3 s

2) 정압계의 식 $\tau=\dfrac{f_{\mathrm{A}}+\epsilon_{\mathrm{A}}f_{\mathrm{A}})}{k_1(1-f_{\mathrm{A}})}$에 대입하면 τ = 65.5 s

4.4 표 4.4를 참고하여 2차 반응의 공간시간과 반응률의 관계는

$$\tau=\frac{f_{\mathrm{A}}}{k_2(1-f_{\mathrm{A}})(C_{\mathrm{B,in}}-bf_{\mathrm{A}}C_{\mathrm{A,in}})}$$

위 식에 $b=1$, $C_{\mathrm{B,in}}=C_{\mathrm{A,in}}(1+\beta)$를 대입하면

$$\tau=\frac{f_{\mathrm{A}}}{k_2(1-f_{\mathrm{A}})C_{\mathrm{A,in}}(1+\beta-f_{\mathrm{A}})}$$

따라서 $k_2 C_{\mathrm{A,in}}\tau=\dfrac{f_{\mathrm{A}}}{(1-f_{\mathrm{A}})(1+\beta-f_{\mathrm{A}})}$

$k_2 C_{\mathrm{A,in}}$을 댐코욜러 수 D_{a}로 정의한다.

- f_{A} = 0.8에 대해 β = 0.1이면 D_{a} = 13.3, β = 0.5이면, D_{a} = 5.7. 이들 값은 회분반응기에서의 결과(제3장 마지막의 문제 3.2 : β = 0.1일 때, D_{a} = 3.1; β = 0.5일 때 D_{a} = 1.7)에 비해 큰 값이 된다. 또한 CSTR반응기에서도 PFR반응기와 같이, B의 과잉률이 커지면 필요한 공간시간은 대폭 작아진다.

4.5 식 (4.69)에 $-r_{\mathrm{A}}=k_1 C_{\mathrm{A0}}(1-f_{\mathrm{A}})$를 대입하여 적분계산한다. 그 결과는

$$\frac{V}{Q_o}=\frac{(1+R)}{k_1}\ln\frac{1-\dfrac{R}{(1+R)}f_{\mathrm{A}}}{1-(f_{\mathrm{A}})}$$

f_{A} = 0.9일 때 $V/Q_0=4.3/k_1$이 되는 R은 R = 2.3

4.6 $S_{\mathrm{B}}=\dfrac{1-f_{\mathrm{A}}}{(1-\kappa)f_{\mathrm{A}}}[(1-f_{\mathrm{A}})^{\kappa-1}-1]$ $(\kappa\neq 1)$

• 제5장 •

5.1 반응 셀 단면에 평행으로 $z=z$, $z=z+\Delta z$에 둘러싸인 체적부분의 물질수지에 의해

$$S(uC_{\mathrm{A}}|_z-uC_{\mathrm{A}}|_{z+\Delta z})=a_{\mathrm{L}}\Delta z k_{\mathrm{G}}(C_{\mathrm{A}}-C_{\mathrm{As}}) \tag{1}$$

따라서

$$uS\frac{\mathrm{d}C_{\mathrm{A}}}{\mathrm{d}z}+a_{\mathrm{L}}k_{\mathrm{G}}(C_{\mathrm{A}}-C_{\mathrm{As}})=0 \tag{2}$$

- 표면 1차 반응속도와 벽면으로의 물질 이동 속도가 균형을 이루고 있다는 점에서 표면농도 C_{As}를 도출해 식 (2)에 대입하여

$$uS\frac{\mathrm{d}\,C_\mathrm{A}}{\mathrm{d}z}+a_\mathrm{L}\frac{k_\mathrm{G}k_s}{k_\mathrm{G}+k_\mathrm{s}}C_\mathrm{A}=0 \tag{3}$$

- $z=0$이고, $C_\mathrm{A}=C_\mathrm{A0}$으로 하고 반응률을 $f_\mathrm{A}=1-C_\mathrm{A}/C_\mathrm{A0}$으로 하면

$$1-f_\mathrm{A}=\frac{C_\mathrm{A}}{C_\mathrm{A0}}=\exp\left(-\frac{a_\mathrm{L}}{uS}\frac{k_\mathrm{G}k_s}{k_\mathrm{G}+k_\mathrm{s}}z\right)=\exp\left(-\frac{2}{ur}\frac{k_\mathrm{G}k_\mathrm{s}}{k_\mathrm{G}+k_\mathrm{s}}z\right) \tag{4}$$

5.2 $\left.\frac{\mathrm{d}\,C_\mathrm{A}}{\mathrm{d}r}\right|_{r=R_\mathrm{P}}=\frac{1}{R_\mathrm{P}}\left(\left.\frac{\mathrm{d}\,C_\mathrm{A}}{d\xi}\right|_{\xi=1}\right)$을 구해 식 (5.53)에 대입하여 $\phi=\frac{R_\mathrm{P}}{3}\sqrt{\frac{k_\mathrm{ml}\rho_\mathrm{P}}{D_\mathrm{eA}}}$를 이용해 정리하여, 식 (5.54)를 구한다.

- $x=3\phi$라 하면 $\eta=\frac{3}{x}\left(\frac{1}{\tanh(x)}-\frac{1}{x}\right)$이다.
- $x\to 0$에 대해서 $\eta=\frac{3}{x}\left(\frac{1}{\tanh x}-\frac{1}{x}\right)\to\frac{3}{x}\left(\frac{1+\frac{x^2}{3}-\frac{x^4}{45}+\cdots}{x}-\frac{1}{x}\right)\to 1$에 접근한다.

  즉, ϕ가 충분히 작은 $\phi<0.1$인 경우

$$\eta\approx 1 \tag{5.55}$$

- 한편 ϕ가 커지면, $1/\tanh(3\phi)\to 1$, 따라서

$$\eta\approx 1/\phi \tag{5.56}$$

5.3 $\frac{1}{K_\mathrm{G}{}'}=\frac{1}{a_\mathrm{b}}\left(\frac{1}{k_\mathrm{G}}+\frac{m}{k_\mathrm{L}}\right)+\frac{m}{a_\mathrm{p}}\left(\frac{1}{k_\mathrm{p}}+\frac{1}{k_\mathrm{s}}\right)$

$K_\mathrm{G}{}'$는 이 계에서의 농도 추진력에 의한 기체상 기준총괄 물질 이동 계수이다.

5.4 $V=3.0\times 10^{-3}\mathrm{m}^3$ − 촉매(=고정층 접촉체적)

5.5 1.0% O_3의 1 atm 대기 중의 농도는 $C_\mathrm{AG,in}=p_\mathrm{A}/(RT)=0.41\ \mathrm{mol\ m^{-3}}$

다음으로 하타수 γ와 반응계수 β를 구한다.

예제 5.6의 식 (5.79)의 γ에는 C_B가 포함되어 있으며, 이 C_B는 예제 5.6의 식 (4)로 구해야 한다. 그러나 번잡하므로 여기에서는 $C_\mathrm{BL}=C_\mathrm{BL,in}$으로써 하타수를 계산하고, 이것을 이용한 결과가 식 (4)를 충족시키도록, 필요하다면 반복계산으로 수정한다.

$$\gamma=\frac{\sqrt{k_2C_\mathrm{BL}D_\mathrm{A}}}{k_\mathrm{L}}\approx\frac{\sqrt{k_2C_\mathrm{BL,in}D_\mathrm{A}}}{k_\mathrm{L}}$$

$$=\frac{\sqrt{7.5\,\mathrm{m^3mol^{-1}s^{-1}}\times 1.0\,\mathrm{mol\,m^{-3}}\times 2.0\times 10^{-9}\,\mathrm{m^2s^{-1}}}}{3.0\times 10^{-4}\,\mathrm{m\,s^{-1}}}=0.41$$

- $\beta=\gamma/\tanh\gamma=1.05$, 이 β를 이용해 $aS\beta k_\mathrm{L}/(mQ_\mathrm{G})=0.74\ \mathrm{m^{-1}}$

  O_3가 90% 반응 시에는 예제 5.6의 식 (6)에 의해 $\ln(0.1)=-0.74Z$이다.

  이로 인해 탑높이 $Z=3.1\ \mathrm{m}$

  또한 예제 5.6의 식 (7)에 각각 값을 대입하여 $C_\mathrm{BL}=0.96\ \mathrm{mol\ m^{-3}}$, 반응률은 $1-0.96/1=0.04$. 이 C_BL의 값을 이용해 $\beta=1.05$를 얻을 수 있으므로, 당초 $C_\mathrm{BL,in}=C_\mathrm{BL}$로서 반응계수

를 구한 것은 오차가 없다.

- 계산결과로부터는 높이 3.1 m의 기포탑을 이용해 O_3의 반응률 90%에 대해 유기화합물의 반응률은 4%이다.
  유기화합물의 반응률을 올리기 위해서는 복수의 반응기를 겹치는 등의 연구가 필요하다.

• 제6장 •

6.1 용존산소농도 1.17 mol m^{-3}

6.2 해리되면 알칼리성이 되므로 $[H^+] \ll [OH^-]$, $[NH_4^+] = [OH^-]$
해리 평형식에 의해 $[NH_4^+] = K^{1/2}[NH_3]^{1/2}$
헨리의 법칙에 의해 $[NH_3] = p/H_C$

- 암모니아 총농도 $[NH_3^*] = [NH_3] + [NH_4^-] = p/H_C + (K/H_C)^{1/2}p^{1/2}$ 변형하면 주어진 식을 구할 수 있다.

6.3 • 조작선

$$y = ax + b \tag{1}$$

- 평형선

$$y_i = mx_i + n \tag{2}$$

- 기울기 $c = -k_y/k_x$의 타이라인(대응선)의 식

$$x_i - x = (1/c)(y_i - y) \tag{3}$$

식 (2), 식 (3)에 의해 x_i를 소거하면,

$$x = y/c + (1/m - 1/c)y_i - n/m \tag{4}$$

식 (1), 식 (4)에서 x를 소거하면

$$y = (a/c)y + a(1/m - 1/c)y_i - na/m + b \tag{5}$$

식 (5)를 정리하면

$$\begin{aligned} y - y_i &= [1 - (1/a - 1c)/(1/m - 1/c)]y + (n/m - b/a)/(1/m - 1/c) \\ &= Ay + B \end{aligned} \tag{6}$$

- 이동단위수 식 (6.37)의 계산

$$\int_{y_T}^{y_B} \frac{dy}{y - y_i} = \frac{1}{A} \ln\left(\frac{Ay_B + B}{Ay_T + B}\right) = \frac{1}{A} \ln\left(\frac{(y - y_i)_B}{(y - y_i)_T}\right) \tag{7}$$

또한 식 (6)에 의해

$$(y - y_i)_B - (y - y_i)_T = A(y_B - y_T) \tag{8}$$

- 식 (8)을 식 (7)에 대입하면 N_G는 식 (6.46)으로 나타낼 수 있다.

- 다른 경우에도, 피적분함수의 분모는 식 (6)과 유사한 일차식으로 나타낼 수 있으므로 N_L, N_{OG}, N_{OL}은 식 (6.46), 식 (6.47)과 같이 추진력의 대수평균을 이용해 나타내진다.

6.4 • 탑정 가스농도 : $y_T = (0.1)(0.03) = 0.003$, $x_T = 0$, $x_B = 0.035$

- 식 (6.30)을 탑 전체의 물질수지에 적용시키면 $L/G = 0.771$을 얻을 수 있고, 조작선은 $y = 0.771x + 0.003$. 조작선과 평형선($y = 0.5x$)를 이용해 N_{OG}를 계산한다.

$$N_{OG} = \int_{y_T}^{y_B} \frac{dy}{y - y^*} = \int_{x_T}^{x_B} \frac{0.771 dx}{0.271x + 0.003} = 4.05$$

$$Z = H_{OG} N_{OG} = (0.8)(4.05) = 3.2\,\mathrm{m}$$

- 탑정과 탑저의 조성을 이용해 $(y - y^*)_{lm}$을 구해 식 (6.47)에 의해 N_{OG}를 산출해도 좋다.

6.5 식 (6.55a)에 따라 계산한 p/q의 값과 p의 관계를 최소자승법을 이용해 직선근사하면
$p/q = 1.09 \times 10^2 + 2.74p$
여기에서, $K_A = 0.0251\ \mathrm{Pa}^{-1}$, $q_s = 0.365$(kg－톨루엔)(kg － 활성탄)$^{-1}$을 구한다.

6.6 1) $m = 1.26$ kg
2) 두 번째에서 흡착제량은 0.72 kg

6.7 흡착량 $\bar{q}$, q_0과 농도 C^*, C_0의 관계는 흡착등온식 식 (6.54)에서

$$\bar{q} = q_s K_A C^* / (1 + K_A C^*) \quad (1)$$

$$q_0 = q_s K_A C_0 (1 + K_A C_0) \quad (2)$$

식 (1), (2)를 식 (6.77)에 대입하여 정리하면

$$C - C^* = \frac{K_A (C_0 - C) C}{1 + K_A C_0 - K_A C} \quad (3)$$

식 (3)을 이용해 식 (6.80)의 적분을 구하면 식 (6.83)이 된다.

6.8 $t_B = 1.27 \times 10^6$ sec = 14.7 days

6.9 1) 추출률 : 73%, 2) 추출율 : 78%

6.10 3단

• 제7장 •

7.1 71℃ , 83℃

7.2 1) 65℃의 포화수증기압, 안토인정수를 이용해 계산
$p_1° = 25.0$ kPa, 공기 중의 수증기 몰분율 : $x_1 = (0.60)(25.0)/(101.3) = 0.148$
2) 30℃의 포화수증기압 $p_2° = 4.22$ kPa
0.3 MPa 공기 중의 수증기 몰분율 $x_2 = 0.0141$

- 공기 100 mol을 기준으로 하면 대기압 공기 중의 수분 14.9mol, 공기 85.1mol
- 가압 공기 중의 수분 : (85.1)(0.0141)/(1 − 0.0141) = 1.22 mol, 제거율 = 91.8%

7.3 원료 $F = 6 \times 10^3 / 3600 = 1.667\ \mathrm{kg\ s^{-1}}$
식 (7.26), 식 (7.27)에 의해
- 관출액량 $L = (0.05)(1.667) / (0.4) = 0.208\ \mathrm{kg\ s^{-1}}$, 증기유량 $D = 1.459\ \mathrm{kg\ s^{-1}}$
- 가열량 식 (7.32) $Q = (2.35 \times 10^3)(1.459) + (3.75)(50 - 30)(1.667) = 3.55 \times 10^3\ \mathrm{kW}$
- 전열면적 식 (7.34) $A = Q/U\Delta T$에 의해 $A = 34\ \mathrm{m^2}$
- 수증기 응축량 $S = 3.55 / 2.20 = 1.61\ \mathrm{kg\ s^{-1}}$

7.4 기액평형 데이터를 이용해 $z = 1(y - x)$의 값을 계산하고
$x = 0.05$부터 0.5의 범위에서 최소자승법으로 근사하면
$z = 4.442 - 17.393x + 49.470x^2 - 36.321x^3$
- 이 근사식을 식 (7.37)에 대입하여 $x_0 = 0.40$부터 $x = 0.1$까지 적분하면 $\ln(L/L_0) = -0.8355$
  이로부터 $L/L_0 = 0.434$, $D/L = 1.30$
  식 (7.39)로부터 $x_D = 0.630$

7.5 $i = 1$(벤젠), $i = 2$(톨루엔), $i = 3$(크실렌)
- 기액평형비 $K_1 = 2.031$, $K_2 = 0.850$, $K_3 = 0.363$
- 원료조성 $z_1 = 0.50$, $z_2 = 0.30$, $z_3 = 0.20$
- $\sum_{i=1}^{3} z_i/[K_1(D/F) + (W/F)] = 1$을 만족시키는 유량비는 $D/F = 0.724$, $W/F = 0.258$
- 조성 : $x_1 = 0.283$, $x_2 = 0.338$, $x_3 = 0.379$, $y_1 = 0.575$, $y_2 = 0.287$, $y_3 = 0.138$

7.6 이론단수는 9.6단, 원료공급은 탑정으로부터 7.7단

7.7 이론단 N = 9.7

• 제 8 장 •

8.1 JIS체는 눈금 300μm

8.2 바닥 면적 $WL = Q/u_t = 0.2/0.0327 = 6.1\ \mathrm{m^2}$

8.3 스토크스의 침강속도를 u_t, 원심효과를 Z_c로 한다.
- 반경방향의 이동 : $\mathrm{d}r_p/\mathrm{d}t = Z_c u_t = r_p \omega^2 u_t / g$,
  여기서

$$\mathrm{d}r_p/r_p = (\omega^2 u_t/g)\mathrm{d}t \tag{1}$$

- 식 (1)을 r_1부터 r_2까지 적분

$$\ln(r_2/r_1) = (\omega^2/g)u_t t = (\omega^2/g)z \tag{2}$$

- 식 (2)로 중력방향의 침강거리 $z = (g/\omega^2)\ln(r_2/r_1)$

8.4 $D_p = 3.2 \times 10^{-6}$m

8.5 필터 두께 2.3 mm

8.6 소형기(첨자 1)의 측정 데이터를 식 (8.54) $t/v = v/k + 2v_0/k$로 변환

v/cm^2	58	84.4	120
$(t/v)/\mathrm{min\ cm}^{-2}$	0.0862	0.119	0.167

- 최소자승법으로 근사 $1/k_1 = 1.31 \times 10^{-3}$, $2v_0/k_1 = 9.86 \times 10^{-3}$
  $k_1 = 763 = 2\Delta p_{f1}/\alpha c\mu$에 의해 $2\alpha c\mu = 763/0.2 = 3.82 \times 10^3$, $v_0 = R_m/\alpha c = 3.76$
- 대형장치 $\Delta p_{f1} = 0.12$ MPa에 의해 $k_2 = (3.82 \times 10^3)(0.12) = 458$, $2v_0/k_2 = 0.0164$
- 식 (8.53) $v_2 + 7.52v = (458)(30) = 13740$이고, 이것을 풀면 $v = 114\ \mathrm{cm^3/cm^2} = 1.14\ \mathrm{m^3/m^2}$
- 여액량 $V = 10\ \mathrm{m^2}$이므로 필요 여과면적 $A = 10/1.14 = 8.77\ \mathrm{m^2}$
- 1장의 여포면적은 $0.8 \times 0.8\mathrm{m^2}$이므로, 여포의 필요장수 $8.77 / (0.8)^2 = 13.7$장

8.7 식 (8.64)를 경계조건 $z = 0$에서 $C = C_m$, $z = \ell_m$에서 $C = C_p$를 바탕으로 풀면 막 내 농도 분포는 다음 식으로 주어진다.

$$\frac{C_p}{C_m} = \frac{1-\sigma}{1-\sigma\exp[-J_v(1-\sigma)P_m]}$$

이 식에서 저지율 $r = 1 - C_{Ap}/C_{Am}$을 구하면 식 (8.65)가 된다.

8.8 물질수지로부터 $\mathrm{d}(C_bQ) = C_p\mathrm{d}Q$에서

$$(C_b - C_p)\mathrm{d}Q = -Q\mathrm{d}C_d \qquad (1)$$

- 식 (1)을 $Q = Q_F$에서 $C_b = C_F$, $Q = Q_R$에서 $C = C_R$의 경계조건으로 적분하면 식 (8.67)이 된다.
- $\bar{r} = 1 - C_p/C_b$를 식 (8.67)의 좌변에 대입하면
  $\int_{C_F}^{C_R} \frac{\mathrm{d}C_b}{C_b(1-C_p/C_b)} = \frac{1}{\bar{r}}\ln\frac{C_R}{C_F} = -\ln(1-\eta)$로 식 (8.68)을 구할 수 있다.

• 제9장 •

9.1 최소자승법을 이용해 주어진 수치를 지수법칙 유체 모델로 근사하면
$\tau = 1.25\,\dot{\gamma}^{0.717}$, 의소성유체 겉보기 점도는 $\mu_{app} = 0.896\,\dot{\gamma}^{-0.283}$으로 나타내진다.

$\dot{\gamma}/s^{-1}$	10	25	50
μ_{app}/Pas	0.467	0.360	0.276

9.2 유량 $Q_v = 0.5 \times 10^{-6}\ \mathrm{m^3s^{-1}}$, 단면평균속도 $u = 0.637\ \mathrm{ms^{-1}}$
$Re = 764.4$, 마찰계수 $f = 16/Re = 0.0209$
- 주어진 수치를 식 (9.28)에 대입하면 압력손실
  $-\Delta p = 1.32 \times 10^5$ Pa, $\hat{F} = -\Delta p/\rho = 1.69 \times 10^2\ \mathrm{J\ kg^{-}1}$

9.3 질량 유량 : $\rho u S = 0.375\ \text{kg}\cdot\text{s}^{-1}$

9.4 $-\Delta p = (4)\,(6.10\times10^{-3})\,(10/0.15)\,(1/2)\,(1.165)\,(3)^2 = 8.53\ \text{Pa}$

$= (8.53)\,/\,[(1000)\,(9.81)] = 8.69\times10^{-4}\ \text{m} = 0.87\ \text{mm}$

9.5 Ergun의 식 (9.42)를 이용한다.

• $-\Delta p/L = (150)\,(1\times10^{-3})\,(0.25\times10^{-3})\,(1-0.55)^2\,/\,[(0.55)^3\ \ (0.35\times10^{-3})^2\ ]$

$+(1.75)\,(1.01\times10^3)\,(0.25\times10^{-3})^2\,(1-0.55)\,/\,[(0.55)^3\ \ (0.35\times10^{-3})]$

$= 373+0.85 = 374\ \text{Pa m}^{-1}$

(우변 제1항의 층류의 기여가 압력강하의 대부분을 차지한다)

• 길이 $L = 1\text{m}$에서는 $-\Delta p = 3.74\times10^2\ \text{Pa}$

9.6 펌프동력 $W_s = (3.0)(263)\,/\,(0.60) = 1.32\times10^3\ \text{W} = 1.32\ \text{kW}$

9.7 • 날개 선단 속도가 일정한 조건($n_1 d_1 = n_2 d_2$)에 의해

$n_2 = (420)\,(15/90) = 70\ \text{rpm}$

• 동력 $P = N_p \rho n^3 d^5$, $N_p =$일정에 의해

$P_2/P_1 = (n_2/n_1)^3 (d_2/d_1)^5 = (d_2/d_1)^2 = 36$

• 제 10 장 •

10.1 제1탑의 유출 유량을 $Y_1 = 19.15\ \text{mol}$

제2탑의 유출액 $Y_2 = 38.86\ \text{mol}$

관출액 $Y_3 = 41.99\ \text{mol}$

10.2 1) $\nu_1 = -1,\ \nu_2 = -1.25,\ \nu_3 = 1,\ \nu_4 = 1.5$

2) $Y_1 = X_1 - fX_1,\ \ Y_2 = X_2 - 1.25fX_1,\ \ Y_3 = X_3 + fX_1,\ \ Y_4 = X_4 + 1.5fX_1$

3) $$\begin{bmatrix} Y_1 \\ Y_2 \\ Y_3 \\ Y_4 \end{bmatrix} = \begin{bmatrix} X_1 \\ X_2 \\ X_3 \\ X_4 \end{bmatrix} + \begin{bmatrix} -1 \\ -1.25 \\ 1 \\ 1.5 \end{bmatrix} [f\ \ 0\ \ 0\ \ 0] \begin{bmatrix} Y_1 \\ Y_2 \\ Y_3 \\ Y_4 \end{bmatrix}$$

4) NH_3 : 9.3 mol%, O_2 : 20.9 mol%, NO : 27.9 mol%, H_2O : 41.9 mol%

10.3 $i = 1(CH_4)$, $i = 2(H_2O)$, $i = 3(H_2)$, $i = 4(CO)$, $i = 5(CO_2)$라 한다.

• 양론계수

ν_{ij} : $i = 1$의 반응, $\nu_{11} = -1,\ \nu_{21} = -1,\ \nu_{31} = 3,\ \nu_{41} = 1,\ \nu_{51} = 0$

$j = 2$의 반응, $\nu_{12} = 0,\ \nu_{22} = -1,\ \nu_{32} = 1,\ \nu_{41} = -1,\ \nu_{51} = 1$

• CH_4를 1 mol로 기준한다.

반응률의 기본물질을 $j = 2(H_2O)$로 하고, $j = 1$의 반응률을 f_1, $j = 2$의 반응률을 f_2로 한다.

• 물질수지식인 식 (10.24)에 의해

$$\begin{bmatrix} Y_1 \\ Y_2 \\ Y_3 \\ Y_4 \\ Y_5 \end{bmatrix} = \begin{bmatrix} 1 \\ 2 \\ 0 \\ 0 \\ 0 \end{bmatrix} + \begin{bmatrix} -1 & 0 \\ -1 & -1 \\ 3 & 1 \\ 1 & -1 \\ 0 & 1 \end{bmatrix} \begin{bmatrix} 0 & f_1 & 0 & 0 & 0 \\ 0 & f_2 & 0 & 0 & 0 \end{bmatrix} \begin{bmatrix} 1 \\ 2 \\ 0 \\ 0 \\ 0 \end{bmatrix} = \begin{bmatrix} 1-2f_1 \\ 2-2f_1-2f_2 \\ 6f_1+2f_2 \\ 2f_1-2f_2 \\ 2f_2 \end{bmatrix}$$

- 메탄($i=1$)이 완전히 반응했으므로 $Y_1=0$에 의해 $f_1=0.5$
- 행렬의 각 요소로부터 $Y_2=1-2f_2$, $Y_3=3+2f_2$, $Y_4=1-2f_2$, $Y_5=2f_2$
- $\sum Y_i=5$에서 $Y_4/Y=0.168$, $f_2=0.08$

따라서 $Y_2/Y=0.168$, $Y_3/Y=0.632$, $Y_5/Y=0.032$

10.4 반응식 기본물질은 메탄올로 하고, 각각 반응률을 f_1, f_2로 한다.

$CH_3OH + \frac{1}{2}O_2 \rightarrow CH_2O + H_2O$ $\quad j=1$ 반응률 f_1

$CH_3OH \rightarrow CH_2O + H_2$ $\quad j=2$ 반응률 f_2

- $i=1(CH_3OH)$, $i=2(O_2)$, $i=3(CH_2O)$, $i=4(H_2O)$, $i=5(H_2)$ 양론계수
- $j=1$의 반응 : $\nu_{11}=-1$, $\nu_{21}=-\frac{1}{2}$, $\nu_{31}=1$, $\nu_{41}=1$, $\nu_{51}=0$
- $j=2$의 반응 : $\nu_{12}=-1$, $\nu_{22}=0$, $\nu_{32}=1$, $\nu_{42}=0$, $\nu_{52}=1$
- 반응기의 유입 유량 X, 유출 유량 Y의 관계

$$\begin{bmatrix} Y_1 \\ Y_2 \\ Y_3 \\ Y_4 \\ Y_5 \end{bmatrix} = \begin{bmatrix} X_1 \\ X_2 \\ X_3 \\ X_4 \\ X_5 \end{bmatrix} + \begin{bmatrix} -1 & -1 \\ -\frac{1}{2} & 0 \\ 1 & 1 \\ 1 & 0 \\ 0 & 1 \end{bmatrix} \begin{bmatrix} f_1X_1 & f_2X_1 \end{bmatrix}$$

여기서 $f_1+f_2=0.60$

- $i=1$ (CH_3OH)의 수지, $Y_1=[1-(f_1+f_2)]X_1=0.40X_1$에서
  새 원료 $0.6X_1=4$ mol, $X_1=6.67$ mol, 재순환 유량 $Y_1=2.67$ mol
- $i=2$ (O_2)의 수지 $Y_2=1-\frac{1}{2}f_1X_1=0$에 의해 $f_1=0.30$, $f_2=0.30$
- $i=3$ (CH_2O) $Y_3=(f_1+f_2)X_1=4$ mol
  $j=4$ (H_2O) $Y_4=f_1X_1=2$ mol
- $i=5$ (H_2) $Y_5=f_2X_z=2$ mol

10.5 1) $\Delta H_f{}^\circ=226.76$ kJ mol^{-1}

2) $\Delta H_r{}^\circ=206.06$ kJ mol^{-1}

10.6 $Q=-1.935\times10^7$ J h^{-1} $=-5.38$ kW(제열량)

10.7 $T=1794$℃

10.8 1차 반응의 반응률은 $f_A=1-\exp(-kt)$로부터 $df_A/dt=k\exp(-kt)$

식 (10.59)로 $dT/dt=0$으로 하면 $Q=\Delta H_r C_{A0} Vk\exp(-kt)<0$ (제열)

찾아보기

▌바

▮ 사

▮ 아

▮ 자

▮ 차

▌카

▌타

▌파

▌하

▌숫자, 영문

정민철

전남대학교 화학공학과 학사
한국과학기술원 화학공학과 석사
일본 동경공업대학 화학환경공학 박사
삼성종합화학(현 삼성토탈)/삼성종합기술원/삼성정밀화학 수석연구원
현재 순천대학교 화학공학과 교수

양오봉

고려대학교 화학공학과 학사
한국과학기술원 화학공학과 석사/박사
University of California-Davis, post-doc
전북창조경제혁신센터장
현재 전북대학교 화학공학과 교수

기초부터 심화까지 총정리한
화학공학총론 정가 20,000원

인 쇄 2015년 9월 10일 초판 1쇄
발 행 2015년 9월 20일 초판 1쇄
저 자 平田雄志 · 幸田清一郎
역 자 정민철 · 양오봉
발행인 정우용
발행처 도서출판 동화기술
경기도 파주시 광인사길 201(문발동, 파주출판도시)
Tel (031)955-4211~6 donghwae@kornet.net
Fax (031)955-4217 www.donghwapub.co.kr
(등록) 1977년 12월 19일/9-16호

ISBN 978-89-425-9010-0